Seemanns Wandbilder

Meisterwerke der Baukunst, Bildnerei und Malerei.

100 Lichtdrucke 60:78 cm.

Zehn Lieferungen zu je 10 Blatt. Jede Lieferung kostet 15 Mk. Einzelne Blätter kosten 3 Mk.; zehn beliebig gewählte 25 Mk.

Auf starke Pappe gezogene Blätter kosten 1 Mk. mehr. Wechselrahmen werden einzeln mit Verpackung in Kiste für 10 Mk., 2 Rahmen desgleichen für 18 Mk. geliefert.

Drei bestimmte Probeblätter (Sixtinische Madonna, von Raffael, Straßburger Münster, Augustusstatue) sind zu je 50 Pf. zu haben. Porto 50 Pf. extra.

Die meisten der Blätter, die viel billiger sind als gleich große Photographien, sind als prachtvoller wohlfeiler Wandschmuck zu verwerten. Viele Blätter bilden treffliche Vorlagen zum Freihandzeichnen.

NB. **Falls nicht ausdrücklich unlackiert bestellt, werden die Blätter mit Lack überzogen geliefert.**

INHALT:

Erste Lieferung: Neptunstempel (Paestum). — Das römische Forum. — Die sixtinische Madonna, von Raffael. — Das heilige Abendmahl, von Lionardo. — Laokoongruppe. — Korinthisches Kapitäl. — Pavillon des Dresdner Zwingers. — Zeusbüste von Otricoli. — Friedrich der Grosse in Sanssouci, von A. Menzel. — Schlosshof zu Heidelberg.

Zweite Lieferung: Medusa Rondanini (München). — Homerbüste (Neapel). — Augustusstatue von Primaporta. — Das Strassburger Münster (Aeusseres). — Die Goldene Pforte des Doms zu Freiberg. — Der Dom zu Florenz (Aeusseres). — Madonnenrelief, von Andrea della Robbia. — Die Heilige Nacht, von Correggio. — Gebet der Schweizer vor der Schlacht bei Sempach, von A. Rethel. — Bismarck, von Franz v. Lenbach.

Dritte Lieferung: Hera Ludovisi. — Hermes des Praxiteles (neueste Ergänzung). — Apollo vom Belvedere. — Fürstenpaar, Steinbild im Dom zu Naumburg. — Pietà, von Michelangelo. — Die Abteikirche in Maria-Laach (Aeusseres). — Der Schöne Brunnen und die Frauenkirche in Nürnberg. — Das Allerheiligenbild von Dürer. — Jane Seymour, von Holbein d. J. — Selbstbildnis Rembrandts (Palazzo Pitti).

Vierte Lieferung: Das Erechtheion. — Die Arena in Verona. — Bischof Ambrosius und Kaiser Theodosius, von Rubens. — Der Kölner Dom (Inneres). — Minerva Medica (Vatikan). — Thaliastatue (Vatikan). — Reitergruppe vom Fries des Parthenons. — Aurora, von Guido Reni. — Das Pantheon (Aeusseres). — Lavinia, von Tizian.

Fünfte Lieferung: St. Paul vor den Mauern Roms (Inneres). — Hof des Dogenpalastes in Venedig. — Die Peterskirche in Rom (Aeusseres). — Ruhender Hermes (Bronze, Neapel). — Sophoklesstatue (Rom, Lateran). — Mosesstatue vom Juliusdenkmal Michelangelos. — Schiller und Goethe, Doppelstandbild von E. Rietschel. — Iphigenie, von A. Feuerbach. — Odysseus und die Rinder des Helios, von Fr. Preller (nach der Kartonzeichnung im Leipziger Museum). — Kaiser Maximilian I., Holzschnitt von Dürer.

Sechste Lieferung: Menelaos und Patroklos, Marmorgruppe in der Loggia de' Lanzi zu Florenz (richtig ergänzt). — Nike des Painonios (ergänzt). — Reliefs von der Hauptthür des Baptisteriums zu Florenz, von Ghiberti. — Marmorgruppe der Caritas, von P. Dubois. — Dorischer Tempel (Ecke des Parthenons), nach Modell von Prof. G. Niemann. — Die Michaelskirche in Hildesheim (Inneres). — Der Palazzo Riccardi-Medici in Florenz. — Die Peterskirche in Rom (Inneres). — Der hl. Antonius mit dem Christuskinde, von Murillo. — Festmahl der Jorisdoelen, von Frans Hals.

Siebente Lieferung: Der Triumphbogen Constantins in Rom. — Löwenhof der Alhambra. — Der Dom zu Limburg a. d. Lahn (Aeusseres, Choransicht). — Die Karl-Borromäuskirche in Wien (Aeusseres). — Das Sebaldusgrab, von Peter Vischer. — Reiterstandbild des Marc Aurel auf dem Capitol. — Reiterstandbild des B. Colleoni in Venedig, von Verrocchio. — Reiterstandbild des Grossen Kurfürsten, von A. Schlüter. — Madonna mit Engeln (Magnificat), von Botticelli (Uffizien). — Gastmahl im Hause des Levi, von Veronese (Venedig).

Achte Lieferung: Das Colosseum in Rom. — Jonische Ordnung, vom Mausoleum zu Halikarnassos. — Uhrpavillon des Louvre. — Der Kaiserpalast in Strassburg. — Grabstele der Ameinokleia. — Voltaire, Porträtstatue von Houdon. — Kopf eines sterbenden Kriegers, von A. Schlüter. — Der Segen Jacobs, von Rembrandt. — Die vier Apostel, von Dürer. — Die heilige Justina von Moretto.

Neunte Lieferung: Die Engelsburg in Rom (Mausoleum des Hadrian). — Das Pantheon in Rom (Inneres). — Palazzo vecchio in Florenz. — Venus von Milo. — Diana von Versailles. — Hebe, Marmorstatue von Thorwaldsen. — Gotischer Schnitzaltar in Kaufbeuren. — Der heilige Georg, von Donatello (Florenz). — Die Elisabethkirche in Marburg (Inneres). — Der Wasserfall, von Jacob van Ruisdael (Kassel).

Zehnte Lieferung: Die Kathedrale von Rheims (Aeusseres). — Das Rathaus in Bremen (Aeusseres). — Hofarchitektur des Berliner Schlosses. — Hekaterelief von Pergamon. — Prinzessinnengruppe, von Schadow. — Kreuzabnahme, von Rubens. — Apokalyptische Reiter, von Cornelius. — Karl I., von Van Dyck. — Napoleon I. in Fontainebleau, 1814, von Delaroche. — Der Falkensteiner Ritt, von M. v. Schwind).

J. Burckhardt

Die Cultur der Renaissance in Italien

Zweiter Band.

Die Cultur

der

Renaissance in Italien

Ein Versuch

von

Jacob Burckhardt

Siebente, durchgearbeitete Auflage

von

Ludwig Geiger

Zweiter Band

Leipzig

Verlag von E. A. Seemann

1899.

Druck von August Pries in Leipzig.

Inhaltsverzeichniß.

Vierter Abschnitt.

Die Entdeckung der Welt und des Menschen.

Fünfter Abschnitt.

Die Geselligkeit und die Feste.

Sechster Abschnitt.

Sitte und Religion.

Vierter Abschnitt.

Die Entdeckung der Welt und des Menschen.

Erstes Capitel.

Reisen der Italiener.

Frei von zahllosen Schranken, die anderwärts den Fortschritt hemmten, individuell hoch entwickelt und durch das Alterthum geschult, wendet sich der italienische Geist auf die Entdeckung der äußern Welt und wagt sich an deren Darstellung in Wort und Form.

Ueber die Reisen der Italiener nach fernen Weltgegenden ist uns hier nur eine allgemeine Bemerkung gestattet. Die Kreuzzüge hatten allen Europäern die Ferne geöffnet und überall den abenteuernden Wandertrieb geweckt. Es wird immer schwer sein, den Punkt anzugeben, wo derselbe sich mit dem Wissensdrang verbindet oder vollends dessen Diener wird; am frühsten und vollständigsten aber ist dies bei den Italienern geschehen. Schon an den Kreuzzügen selbst hatten sie sich in einem andern Sinne betheiligt als die übrigen Völker, weil sie bereits Flotten und Handelsinteressen im Orient besaßen; von jeher hatte das Mittelmeer seine Anwohner anders erzogen als das Binnenland die seinigen, und Abenteurer im nordischen Sinne konnten die Italiener nach ihrer Naturanlage überhaupt nie sein. Als sie nun in allen östlichen Häfen des Mittelmeers heimisch geworden waren, geschah es leicht, daß sich die Unternehmendsten dem grandiosen mohammedanischen Wanderleben, welches dort ausmündete, anschlossen; eine ganze große Seite der Erde lag dann gleichsam schon entdeckt vor ihnen. Oder sie geriethen, wie die Polo von Venedig, in die Wellenschläge der mongolischen Welt hinein und wurden weiter getragen bis an die Stufen des

Thrones des Großchans. Frühe finden wir einzelne Italiener auch schon im atlantischen Meere als Theilnehmer von Entdeckungen, wie denn z. B. Genuesen im 13. Jahrhundert bereits die canarischen Inseln fanden[1]); in demselben Jahre, 1291, da Ptolemais, der letzte Rest des christlichen Ostens, verloren ging, machten wiederum Genuesen den ersten bekannten Versuch zur Entdeckung eines Seeweges nach Ostindien[2]); Columbus ist nur der größte einer ganzen Reihe von Italienern, welche im Dienste der Westvölker in ferne Meere fuhren. Nun ist aber der wahre Entdecker nicht der, welcher zufällig zuerst irgendwohin geräth, sondern der, welcher gesucht hat und findet; ein solcher allein wird auch im Zusammenhange stehen mit den Gedanken und Interessen seiner Vorgänger, und die Rechenschaft, die er ablegt, wird danach beschaffen sein. Deshalb werden die Italiener, auch wenn ihnen jede einzelne Priorität der Ankunft an diesem oder jenem Strande abgestritten würde, doch immer das moderne Entdeckervolk im vorzugsweisen Sinne für das ganze Spätmittelalter bleiben.

Die nähere Begründung dieses Satzes gehört der Specialgeschichte der Entdeckungen an.[3]) Immer von Neuem aber wendet sich die Bewunderung der ehrwürdigen Gestalt des großen Genuesen zu, der einen neuen Continent jenseits der Wasser forderte, suchte und fand, und der es zuerst aussprechen durfte: il mondo è poco, die Erde ist nicht so groß, als man glaubt. Während Spanien den Italienern einen Alexander VI. sendet, gibt Italien den Spaniern den Columbus; wenige Wochen vor dem Tode jenes Papstes (7. Juli 1503) datirt dieser aus Jamaica seinen herrlichen Brief an die undankbaren katholischen Könige, den die ganze Nachwelt nie wird ohne die stärkste Erregung lesen können. In einem Codicill zu seinem

[1]) Luigi Bossi, Vita di Cristoforo Colombo, wo sich eine Uebersicht der früheren ital. Reisen und Entdeckungen findet, p. 91. fg. Die ganze große neue Columbus-Lit. mußte hier unerwähnt und unbenutzt bleiben.

[2]) Hierüber eine Abhandlung von Pertz. Eine ungenügende Kunde davon schon bei Aeneas Sylvius, Europae Status sub Friderico III. Imp. cap. 44. (U. a. in Frehers Scriptores, Ausg. v. 1624, Vol. II. p. 87.)

[3]) Vgl. nun O. Peschel, Geschichte der Erdkunde 2. Aufl. von Sophus Ruge. München 1877. S. 209 ff. und passim.

Testamente, datirt zu Valladolid, 4. Mai 1506 vermacht er „seiner „geliebten Heimath, der Republik Genua, das Gebetbuch, welches ihm „Papst Alexander geschenkt, und welches ihm in Kerker, Kampf und „Widerwärtigkeiten zum höchsten Troste gereicht hatte." Es ist, als ob damit auf den fürchterlichen Namen Borgia ein letzter Schimmer von Gnade und Güte fiele.

Ebenso wie die Geschichte der Reisen dürfen wir auch die Entwickelung des geographischen Darstellens bei den Italienern, ihren Antheil an der Cosmographie, nur kurz berühren. Schon eine flüchtige Vergleichung ihrer Leistungen mit denjenigen anderer Völker zeigt eine frühe und augenfällige Ueberlegenheit. Wo hätte sich um die Mitte des 15. Jahrhunderts außerhalb Italiens eine solche Verbindung des geographischen, statistischen und historischen Interesses gefunden, wie in Enea Silvio? wo eine so gleichmäßig ausgebildete Darstellung? Nicht nur in seiner eigentlich cosmographischen Hauptarbeit, sondern auch in seinen Briefen und Commentarien schildert er mit gleicher Virtuosität Landschaften, Städte, Sitten, Gewerbe und Erträgnisse, politische Zustände und Verfassungen, sobald ihm die eigene Wahrnehmung oder lebendige Kunde zu Gebote steht, wenn er auch nicht immer richtig beobachtet und wie z. B. bei der Schilderung Basels das Gesehene willkürlich ergänzt; was er nur nach Büchern beschreibt, ist natürlich geringer. Schon die kurze Skizze[1]) jenes tyrolischen Alpenthales, wo er durch Friedrich III. eine Pfründe bekommen hatte, besonders aber seine Schilderung Schottlands berührt alle wesentlichen Lebensbeziehungen und zeigt eine Gabe und Methode des objektiven Beobachtens und Vergleichens, wie sie nur ein durch die Alten gebildeter Landsmann des Columbus besitzen konnte. Tausende sahen und wußten wenigstens stückweise was er wußte, aber sie hatten keinen Drang, ein Bild davon zu entwerfen, und kein Bewußtsein, daß die Welt solche Bilder verlange.

Auch in der Cosmographie[2]) wird man umsonst genau zu sondern suchen, wie viel dem Studium der Alten, wie viel dem eigen-

[1]) Pii II. comment. L. I. p. 14. — Ueber die Beschreibung Basels: G. Voigt, Enea Silvio II, S. I, S. 228; über E. S. als Cosmographen II, S. 302–309. Vgl. das. I, S. 91 ff.

[2]) Vgl. Excurs LXI.

thümlichen Genius der Italiener auf die Rechnung zu schreiben sei. Sie beobachten und behandeln die Dinge dieser Welt objectiv, noch bevor sie die Alten genauer kennen, weil sie selber noch ein halbantikes Volk sind und weil ihr politischer Zustand sie dazu vorbereitet; sie würden aber nicht zu solcher raschen Reife darin gelangt sein, hätten ihnen nicht die alten Geographen den Weg gewiesen. Ganz unberechenbar ist endlich die Einwirkung der schon vorhandenen italienischen Cosmographien auf Geist und Tendenz der Reisenden, der Entdecker. Auch der dilettantische Bearbeiter einer Wissenschaft, wenn wir z. B. im vorliegenden Fall den Enea Silvio so niedrig taxiren wollen, kann gerade diejenige Art von allgemeinem Interesse für die Sache verbreiten, welche für neue Unternehmer den unentbehrlichen neuen Boden einer herrschenden Meinung, eines günstigsten Vorurtheils bildet. Wahre Entdecker in allen Fächern wissen recht wohl, was sie solchen Vermittlern verdanken.

Zweites Capitel.

Die Naturwissenschaft in Italien.

Für die Stellung der Italiener im Bereich der Naturwissenschaften müssen wir auf die besonderen Fachbücher verweisen, von welchen uns nur das offenbar sehr flüchtige und absprechende Werk Libris bekannt ist.[1]) Der Streit über Priorität gewisser einzelner Entdeckungen berührt uns um so weniger, da wir der Ansicht sind, daß in jeder Zeit und in jedem Culturvolke möglicherweise ein Mensch aufstehen kann, der sich, von sehr mäßiger Vorbildung ausgehend, aus unwiderstehlichem Drange der Empirie in die Arme wirft und vermöge angeborner Begabung die erstaunlichsten Fortschritte macht. Solche Männer waren Gerbert von Rheims (Papst Sylvester II.) im 10., und Roger Bacon im 13. Jahrhundert; daß sie sich überdies

[1]) Libri, Histoire des sciences mathématiques en Italie. 4 vols., Paris 1838.

des ganzen Wissens ihrer Zeit in ihren Fächern bemächtigten, war dann bloße nothwendige Consequenz ihres Strebens. Sobald einmal die allgemeine Hülle des Wahns durchgerissen, die Knechtschaft unter der Tradition und den Büchern, die Scheu vor der Natur überwunden war, lagen die Probleme massenweise vor ihren Augen. Ein anderes ist es aber, wenn einem ganzen Volke das Betrachten und Erforschen der Natur vorzugsweise und früher als anderen Völkern eigen ist, wenn also der Entdecker nicht bedroht und todt geschwiegen wird, sondern auf das Entgegenkommen verwandter Geister rechnen kann. Daß dies sich in Italien so verhalten habe, wird versichert.[1]) Nicht ohne Stolz verfolgen die italienischen Naturforscher in der Divina Commedia die Beweise und Anklänge von Dantes empirischer Naturforschung.[2]) Ueber die einzelnen Entdeckungen oder Prioritäten der Erwähnung, die sie ihm beilegen, haben wir kein Urtheil, aber jeden Laien muß die Fülle der Betrachtung der äußern Welt auffallen, welche schon aus Dantes Bildern und Vergleichungen spricht. Mehr als wohl irgend ein neuerer Dichter entnimmt er sie der Wirklichkeit, sei es Natur oder Menschenleben, braucht sie auch nie als bloßen Schmuck, sondern um die möglichst adäquate Vorstellung von dem zu erwecken, was er zu sagen hat. Als specieller Gelehrter tritt er dann vorzüglich in der Astronomie auf, wenngleich nicht zu verkennen ist, daß manche astronomische Stelle in dem großen Gedichte, die uns jetzt gelehrt erscheint, damals allgemein verständlich gewesen sein muß. Dante appellirt, abgesehen von seiner Gelehrsamkeit, an eine populäre Himmelskunde, welche die damaligen Italiener, schon als Seefahrer, mit den Alten gemein hatten. Diese Kennt-

[1]) Um hier zu einem bündigen Urtheil zu gelangen, müßte das Zunehmen des Sammelns von Beobachtungen, getrennt von den wesentlich mathematischen Wissenschaften, constatirt werden, was unsere Sache nicht ist.

[2]) Libri, a. a. O. II, p. 174 fg. Hier ist auch auf Dantes Abhandlungen de aqua et terra zu verweisen. Vgl. nun W. Schmidt, Dantes Stellung in der Geschichte der Cosmographie. Graz 1876. Die cosmographischen und naturwissenschaftlichen Stellen aus dem Tesoro des Brunetto Latini sind besonders herausgegeben: Il trattato della sfera di S. Br. L. von Bartolomeo Sorio Mail. 1858, der ein System der historischen Chronologie nach Br. L. hinzugefügt hat.

niß des Aufganges und Nieederganges der Sternbilder ist für die neuere Welt durch Uhren und Kalender entbehrlich geworden, und mit ihr ging verloren, was sich sonst von astronomischem Interesse im Volke entwickelt hatte. Gegenwärtig fehlt es nicht an Handbüchern und Gymnasialunterricht, und jedes Kind weiß, daß die Erde sich um die Sonne bewegt, was Dante nicht wußte, aber die Theilnahme an der Sache ist der vollkommensten Gleichgültigkeit gewichen mit Ausnahme der Fachleute.

Die Wahnwissenschaft, welche sich an die Sterne hing, beweist nichts gegen den empirischen Sinn der damaligen Italiener; derselbe wurde nur durchkreuzt und überwältigt durch die Leidenschaft, den heftigen Wunsch die Zukunft zu wissen. Auch wird von der Astrologie bei Anlaß des sittlichen und religiösen Charakters der Nation zu reden sein.

Die Kirche war gegen diese und andere falsche Wissenschaften fast immer tolerant, und auch gegen die echte Naturforschung schritt sie wohl nur dann ein, wenn die Anklage — wahr oder unwahr — zugleich auf Ketzerei und Necromantie lautete, was denn allerdings ziemlich nahe lag. Der Punkt, auf welchen es ankömmt, wäre: zu ermitteln, ob und in welchen Fällen die dominicanischen Inquisitoren (und wohl auch die Franciscaner) in Italien sich der Falschheit dieser Anklagen bewußt waren und dennoch verurtheilten, sei es aus Connivenz gegen Feinde des Betreffenden oder aus stillem Haß gegen die Naturbeobachtung überhaupt und besonders gegen die Experimente. Letzteres wird wohl vorgekommen, aber kaum je zu beweisen sein. Was im Norden solche Verfolgungen mit veranlassen mochte, der Widerstand des von den Scholastikern recipirten, officiellen Systems der Naturkunde gegen die Neuerer als solche, möchte für Italien weniger oder auch gar nicht in Betracht kommen. Pietro von Abano (zu Anfang des 14. Jahrhunderts) fiel notorisch als Opfer des collegialischen Neides eines andern Arztes, der ihn bei der Inquisition wegen Irrglaubens und Zauberei verklagte,[1])

[1]) Scardeonius, de urb. Patav. antiq. in Graevii Thesaur. ant. Ital. Tom. VI. pars. III. Col. 227. Ab. starb 1312 während der Untersuchung; seine Bildsäule wurde verbrannt, über Giov. Sang. a. a. O. Col. 228 ff. — Vgl.

und auch bei seinem paduanischen Zeitgenossen Giovannino Sanguinacci wird man etwas Aehnliches vermuthen dürfen, da derselbe als Arzt ein practischer Neuerer war; derselbe kam mit bloßer Verbannung davon. Endlich ist nicht zu vergessen, daß die Macht der Dominicaner als Inquisitoren in Italien weniger gleichmäßig geübt werden konnte als in Norden; Tyrannen sowohl als freie Staaten zeigten bisweilen im 14. Jahrhundert der ganzen Clerisei eine solche Verachtung, daß noch ganz andere Dinge als bloße Naturforschung ungeahndet durchgingen.[1]) Als aber mit dem 15. Jahrhundert das Alterthum mächtig in den Vordergrund trat, war die ins alte System gelegte Bresche eine gemeinsame zu Gunsten jeder Art profanen Forschens, nur daß allerdings der Humanismus die besten Kräfte an sich zog und damit auch wohl der empirischen Naturkunde Eintrag that.[2]) Hie und da erwacht dazwischen immer wieder die Inquisition und straft oder verbrennt Aerzte als Lästerer und Necromanten, wobei nie sicher zu ermitteln ist, welches das wahre, tiefste Motiv der Verurteilung gewesen. Bei alledem stand Italien zu Ende des 15. Jahrhunderts mit Paolo Toscanelli, Luca Paccioli und Lionardo da Vinci in Mathematik und Naturwissenschaften ohne allen Vergleich als das erste Volk Europas da, und die Gelehrten aller Länder bekannten sich als seine Schüler, auch Regiomontanus und Copernicus.[3])

Ein bedeutsamer Wink für die allgemeine Verbreitung des naturgeschichtlichen Interesses liegt auch in dem früh geäußerten Sammlersinn, der vergleichenden Betrachtung der Pflanzen und

über ihn Fabricius, Bibl. Lat. s. v. Petrus de Apono. — Sprenger in Ersch. u. Gruber I, p. 33. Er übersetzt 1292/93 astrologische Schriften von Abraham ibn Esra aus dem Französischen, gedruckt 1506. Vgl. Z. d. D. M. G. XVIII, S. 190. XXV.

[1]) Vgl. unten 6. Abschn. 2. Cap.

[2]) S. die übertriebenen Klagen Libris, a. a. O. II, p. 258 fg. So sehr es zu bedauern sein mag, daß das hochbegabte Volk nicht einen größern Theil seiner Kraft auf die Naturwissenschaften wandte, so glauben wir doch, daß dasselbe noch wichtigere Ziele hatte und theilweise erreichte.

[3]) Ueber die Studien des letztern in Italien sind die überaus gründlichen Nachweisungen von C. Malagola in seinem Werke über Codro Urceo (Bologna 1878 cap. VII, p. 360—366 zu vergleichen.

Thiere. Italien rühmt sich zunächst der frühesten botanischen Gärten, doch mag hier der praktische Zweck überwogen haben und selbst die Priorität streitig sein.[1]) Ungleich wichtiger ist es, daß, ähnlich wie der Ackerbau als eine Kunst und Industrie betrachtet wurde — Zeuge dessen ist das schon im 14. Jahrhundert viel verbreitete Compendium der Landwirthschaft von Pier' de Crescenzii — nun auch bei der Anlage von Lustgärten Fürsten und reiche Privatleute von selbst auf das Sammeln möglichst vieler verschiedenen Pflanzen und Species und Varietäten geriethen und die Vermehrung von Frucht- und Blumenarten gern als ein Verdienst rühmen ließen, das ihren übrigen Leistungen würdig an die Seite zu stellen sei. So wird uns im 15. Jahrhundert der prächtige Garten der Mediceischen Villa Careggi beinahe wie ein botanischer Garten geschildert,[2]) mit zahllosen einzelnen Gattungen von Bäumen und Sträuchern. So im Beginn des 16. Jahrhunderts eine Villa des Cardinal Triulzio in der römischen Campagna,[3]) gegen Tivoli hin, mit Hecken von verschiedenen Rosengattungen, mit Bäumen aller Art, worunter die Fruchtbäume in allen möglichen Varietäten; endlich zwanzig Rebengattungen und ein großer Küchengarten. Hier handelt es sich offenbar um etwas Anderes als um ein paar Dutzend allbekannte Medicinalpflanzen, wie sie durch das ganze Abendland in keinem Schloß- oder Klostergarten fehlten; neben einer höchst verfeinerten Cultur des Tafelobstes zeigt sich ein Interesse für die Pflanze als solche, um ihres merkwürdigen Anblicks willen. Die Kunstgeschichte belehrt uns darüber, wie spät erst die Gärten sich von dieser Sammlerlust

[1]) Die Urkunde einer römischen Gärtnergenossenschaft vom J. 1030 veröffentlichte L. M. Hartmann, Freib. i/Br. 1892. — Italiener legen auch im Auslande botanische Gärten an: Angelo von Florenz, der Zeitgenosse Petrarcas in Prag. Friedjung, Karl IV., S. 311, A. 4. Vgl. neuerdings Alex. Kauffmanns Mittheilungen über Gartenbau im Mittelalter und während der Periode der Renaissance (Picks Monatsschrift für die Geschichte Westdeutschland VII, S. 129—155). Vgl. auch Excurs LXII.

[2]) Alexandri Braccii descriptio horti Laurentii Med., abgedruckt u. a. als Beilage Nr. 58 zu Roscoes Leben des Lorenzo. Auch in den Beilagen zu Fabronis Laurentius.

[3]) Mondanarii villa, abgedruckt in den Poemata aliqua insignia illustr. poetar. recent.

befreiten, um fortan einer großen architectonisch-malerischen Anlage zu dienen.

Auch das Unterhalten fremder Thiere ist gewiß nicht ohne Zusammenhang mit einem höhern Interesse der Beobachtung zu denken. Der leichte Transport aus den südlichen und östlichen Häfen des Mittelmeeres und die Gunst des italienischen Klimas machten es möglich, die mächtigsten Thiere des Südens anzukaufen oder von den Sultanen als Geschenk anzunehmen.[1]) Vor Allem hielten die Städte und Fürsten gern lebendige Löwen, auch wenn der Löwe nicht gerade das Wappenthier war wie in Florenz.[2]) Die Löwengruben befanden sich in oder bei den Staatspalästen, so in Perugia und in Florenz; diejenige in Rom lag am Abhang des Capitols. Diese Thiere dienten nämlich bisweilen als Vollstrecker politischer Urtheile,[3]) hielten wohl auch sonst einen gewissen Schrecken unter dem Volke wach, obgleich man schon frühzeitig bemerkte, daß sie in der Gefangenschaft ihre Wildheit ablegten, so daß einmal ein Stier sie „wie Schafe in den Stall" zurücktrieb.[4]) Außerdem galt ihr Verhalten als vorbedeutungsvoll; als ein prächtiger Löwe aus Lorenzos

[1]) Der Thiergarten von Palermo unter Heinrich VI., Otto de S. Blasio ad a. 1194. Böhmer, Fontes III, 623.

[2]) Als solcher heißt er hier, gemalt oder in Stein gehauen, marzocco. — In Pisa unterhielt man Adler, vgl. die Ausleger zu Dante, Inferno XXXIII, 22; der Falke bei Boccaccio, Decamerone V, 9. Vgl. im Allgemeinen: G. Spezi: Due trattati del governo e delle infermita degli ucelli, testi di lingua inediti. Rom 1864, Tractate aus dem 14. Jahrh., möglicherweise aus dem Persischen übersetzt.

[3]) S. das Excerpt aus Aegid. Viterb. bei Papencordt, Gesch. der Stadt Rom im Mittelalter, S. 367, Anm. mit einem Ereigniß von 1328. — Kämpfe der wilden Thiere untereinander und gegen Hunde dienten bei großen Anlässen zur Belustigung des Volkes. Beim Empfang Pius' II. und des Galeazzo Maria Sforza zu Florenz 1459 ließ man auf dem Signorenplatz in einem geschlossenen Raum Stiere, Pferde, Eber, Hunde, Löwen und eine Giraffe zusammen auftreten, aber die Löwen legten sich hin und wollten die anderen Thiere nicht angreifen. Vgl. Ricordi di Firenze, Rer. ital. scriptt. ex florent. codd. T. II, Col. 741. Abweichend hievon Vita Pii II., Murat. III, II, Col. 977. (Voigt, Enea Silvio III, S. 40 fg. Eine zweite Giraffe schenkte später der Mamelukensultan Kaytbey an Lorenzo magnifico. Vgl. Paul. Jov. Vita Leonis X, L. I.

[4]) Lettere di Alessandra Strozzi (1877) S. 432.

von Medici Menagerie durch einen andern Löwen zerfleischt ward, betrachtete man dies als Vorzeichen von Lorenzos Tode. Ihre Fruchtbarkeit dagegen war ein Zeichen allgemeinen Gedeihens; auch ein Giovanni Villani verschmähte es nicht anzumerken, daß er bei einem Wurf der Löwin zugegen gewesen, und Matteo widmet ein ganzes Capitel dem Nachweise, daß in Italien Löwen geboren würden und daß dieselben lebendig zur Welt kämen.[1]) Die Jungen pflegte man zum Theil an befreundete Städte und Tyrannen außerhalb Italiens[2]) zu verschenken, auch an Condottieren als Preis der Tapferkeit.[3]) Außerdem hielten die Florentiner schon sehr früh Leoparden, für welche ein besonderer Leopardenmeister unterhalten wurde.[4]) Borso von Ferrara[5]) ließ seinen Löwen mit Stieren, Bären und Wildschweinen kämpfen. Benedetto Dei bringt dem Lorenzo von Medici ein acht Arme langes Crokodil mit, über das der Berichterstatter äußert; „wahrlich ein schönes Thier.“[6])

Zu Ende des 15. Jahrhunderts aber gab es schon an mehreren Fürstenhöfen wahre Menagerien (Serragli), als Sache des standesgemäßen Luxus. „Zu der Pracht eines Herrn, sagt Matarazzo,[7])

[1]) Gio. Villani X, 185. XI, 66. Matteo Villani III, 90. V. 68. — Wenn die Löwen stritten oder gar einander tödteten, so galt dies als ein schlimmes Omen. Vgl. Varchi, Stor. fiorent. III, p. 143.

[2]) Vgl. Excurs LXII.

[3]) Matt. Vill. a. a. O. Cron. di Perugia. Arch. Stor. XVI, II, p. 77. Zum J. 1497. — Den Peruginern entwischte einmal ihr Löwenpaar, ibid. XVI, I, p. 382, zum J. 1434.

[4]) Gaye, Carteggio, I, p. 422, zum J. 1291. — Die Visconti brauchten sogar abgerichtete Leoparden als Jagdthiere, und zwar auf Hasen, die man durch kleine Hunde auftreiben ließ. Vgl. v. Kobell, Wildanger, S. 247, wo auch spätere Beispiele der Jagd mit Leoparden verzeichnet sind.

[5]) Strozii poetae, Fol. 146, de Leone Borsii ducis. Der Löwe schont der Hasen und Hündchen; darin ahme er, so meint der Dichter, seinem Herrn nach. Vgl. Fol. 188 die Worte et inclusis condita septa feris und Fol. 193 ein vierzeiliges Epigramm in Leporarii ingressu quam maximi und über den Wildpark das.

[6]) Luigi Pulci Lettere (1868) S. 29.

[7]) Cron. di Perugia, l. c XVI, II, p. 199. — Aehnliches schon bei Petrarca, de remed. utriusque fortunae, I, 61, doch noch weniger deutlich ausgesprochen; hier rühmt sich nur Gaudium (in der Unterredung mit Ratio) des Besitzes von Affen und ludicra animalia.

„gehören Pferde, Hunde, Maulthiere, Sperber und andere Vögel, „Hofnarren, Sänger und fremde Thiere." Die Menagerie von Neapel enthielt unter Ferrante u. a. eine Giraffe und ein Zebra, Geschenke des damaligen Fürsten von Bagdad, wie es scheint.[1]) Filippo Maria Visconti besaß nicht nur Pferde, die mit 500, ja 1000 Goldstücken bezahlt wurden, und kostbare englische Hunde, sondern auch viele Leoparden, welche aus dem ganzen Orient zusammengebracht waren; die Pflege seiner Jagdvögel, die er aus dem Norden zusammensuchen ließ, kostete monatlich 3000 Goldstücke.[2]) „Die Cremonesen „erzählen, daß Kaiser Friedrich der Zweite einen Elephanten in ihre „Stadt brachte, welchen ihm der Priester Johannes aus Indien ge„schickt hatte," berichtet Brunetto Latini; Petrarca constatirt das Aussterben der Elephanten;[3]) König Emanuel der Große von Portugal wußte wohl was er that, als er an Leo X. einen Elephanten und ein Rhinoceros als Zeugnisse seiner Siege über die Ungläubigen schickte.[4]) Der russische Herrscher sandte einen Geierfalken und Zobelthiere (oder Pelze?) nach Mailand.[5]) Inzwischen war bereits der Grund zu einer wissenschaftlichen Zoologie so gut wie zur Botanik gelegt worden.

Eine practische Seite der Thierkunde entwickelte sich dann in den Gestüten, von welchen das estensische und neapolitanische[6]) berühmt war, das aber unter Francesco Gonzaga als das erste in

[1]) Jovian. Pontan. de magnificentia. — Im Thiergarten des Cardinals von Aquileja zu Albano fanden sich 1463 außer Pfauen und indischen Hühnern auch syrische Ziegen mit langen Ohren. Pii II. comment., L. XI, p. 562 fg.

[2]) Decembrio, ap. Murat. XX, Col. 1012.

[3]) Brunetti Latini Tresor (ed Chaballe, Paris 1863) lib. I. Petrarca de rem. utr. fort. I, 60.

[4]) Par. de Grassis (ed. 1884) p. 16. Das Nähere, recht ergötzlich, in Paul. Jov. Elogia p. 229 fg., bei Anlaß des Tristanus Acunius. Der Elephant wurde bei seinem Tode vom Volke tief betrauert, sein Bild gemalt und mit Versen des jüngern Beroaldus geschmückt. Die Stachelschweine u. Strauße im Pal. Strozzi zu Florenz, vgl. Rabelais, Pantagruel IV, chap. 11. Vgl. Excurs LXIII.

[5]) Macusceo (vgl. unten Excurs LXIV) I, S. 526 fg.: 18. Nov. 1493 cinque mazi di zibellini di XL per mezo.

[6]) Sannazar, Elegiae lib. III: Tam veteres superas dives Ferraria ludos! Aurea dum celeri praemia ponis equo Für Neapel, Pontanus De magnificentia XX.

Europa galt.[1]) Die vergleichende Schätzung der Pferderacen ist wohl so alt als das Reiten überhaupt, und die künstliche Erzeugung von Mischracen muß namentlich seit den Kreuzzügen üblich gewesen sein; für Italien aber waren die Ehrengewinnste bei den Pferderennen aller irgend bedeutenden Städte der stärkste Beweggrund, möglichst rasche Pferde hervorzubringen. Im mantuanischen Gestüt wuchsen die unfehlbaren Gewinner dieser Art, außerdem aber auch die edelsten Streitrosse und überhaupt Pferde, welche unter allen Geschenken an große Herren als das fürstlichste erschienen. Der Gonzaga hatte Hengste und Stuten aus Spanien und Irland wie aus Africa, Thracien und Cilicien; um letzterer willen unterhielt er Verkehr und Freundschaft mit den Großsultanen. Alle Varietäten wurden hier versucht, um das Trefflichste hervorzubringen.

Aber auch an einer Menschenmenagerie [2]) fehlte es nicht; der bekannte Cardinal Ippolito Medici,[3]) Bastard des Giuliano, Herzogs von Nemours, hielt an seinem wunderlichen Hofe eine Schaar von Barbaren, welche mehr als zwanzig verschiedene Sprachen redeten und jeder in seiner Art und Race ausgezeichnet waren. Da fand man unvergleichliche Voltigeurs von edlem nordafricanischen Maurengeblüt, tatarische Bogenschützen, schwarze Ringer, indische Taucher, Türken, welche hauptsächlich auf der Jagd die Begleiter des Cardinals waren. Als ihn sein frühes Schicksal (1535) ereilte, trug diese bunte Schaar die Leiche auf den Schultern von Itri nach Rom und mischte in die allgemeine Trauer der Stadt um den freigebigen Herrn ihre vielsprachige, von heftigen Geberden begleitete Todtenklage.[4])

Diese zerstreuten Notizen über das Verhältniß der Italiener zur

[1]) Vgl. Paul. Jov. Elogia p. 234 fg. bei Anlaß des Franc. Gonzaga. Aelter ist das Zeugniß des Merlinus Coccajus Maccar. 3. Gesang: Stalla cavallorem sua stallas vicerit omnes. — Der mailändische Luxus in Pferderacen, Bandello Parte II, Nov. 3 und 8. — Auch in den erzählenden Gedichten hört man bisweilen den Pferdekenner sprechen. Vgl. Pulci, il Morgante, c. XV, str. 105 fg.

[2]) Auf die Zwerge, die am Hofe von Mantua und auch sonst gehalten wurden, sei nur kurz hingewiesen. Characteristisch ist, daß der eine (in Mantua) Morgante genannt wurde!

[3]) Paul. Jov. Elogia p. 307 fg.

[4]) Vgl. Excurs LXIV.

Naturwissenschaft und ihre Theilnahme für das Verschiedene und Reiche in den Producten der Natur sollen nur zeigen, welcher Lücke der Verfasser sich an dieser Stelle bewußt ist. Von den Specialwerken, welche dieselbe überreichlich ausfüllen würden, sind ihm kaum die Namen genügend bekannt.

Drittes Capitel.

Entdeckung der landschaftlichen Schönheit.

Allein außer dem Forschen und Wissen gab es noch eine andere Art, der Natur nahe zu treten, und zwar zunächst in einem besondern Sinne. Die Italiener sind die frühesten unter den Modernen, welche die Gestalt der Landschaft als etwas mehr oder weniger Schönes wahrgenommen und genossen haben.[1])

Diese Fähigkeit ist immer das Resultat langer, complicirter Culturprocesse, und ihr Entstehen läßt sich schwer verfolgen, indem ein verhülltes Gefühl dieser Art lange vorhanden sein kann, ehe es sich in Dichtung und Malerei verrathen und damit seiner selbst bewußt werden wird. Bei den Alten z. B. waren Kunst und Poesie mit dem ganzen Menschenleben gewissermaßen fertig, ehe sie an die landschaftliche Darstellung gingen, und diese blieb immer nur eine beschränkte Gattung, während doch von Homer an der starke Eindruck der Natur auf den Menschen aus zahllosen einzelnen Worten und Versen hervorleuchtet. Sodann waren die germanischen Stämme, welche auf dem Boden des römischen Reiches ihre Herrschaften gründeten, von Hause aus im höchsten Sinne ausgerüstet zur Erkenntniß des Geistes in der landschaftlichen Natur, und wenn sie auch das Christenthum eine Zeitlang nöthigte, in den bisher verehrten Quellen und Bergen, in See und Wald das Antlitz falscher Dämonen zu

[1]) Es ist kaum nöthig, auf die berühmte Darstellung dieses Gegenstandes im zweiten Bande von Humboldts Kosmos zu verweisen.

ahnen, so war doch dieses Durchgangsstadium ohne Zweifel bald überwunden. Auf der Höhe des Mittelalters, um das Jahr 1200, existirt wieder ein völlig naiver Genuß der äußern Welt und gibt sich lebendig zu erkennen bei den Minnedichtern der verschiedenen Nationen.[1]) Dieselben verrathen das stärkste Mitleben in den einfachsten Erscheinungen, als da sind der Frühling und seine Blumen, die grüne Haide und der Wald. Aber es ist lauter Vordergrund ohne Ferne, selbst noch in dem besondern Sinne, daß die weitgereisten Kreuzfahrer in ihren Liedern kaum als solche sich verrathen. Auch die epische Poesie, welche z. B. Trachten und Waffen so genau bezeichnet, bleibt in der Schilderung der Oertlichkeit skizzenhaft, und der große Wolfram von Eschenbach erweckt kaum irgend ein genügendes Bild von der Scene, auf welcher seine handelnden Personen sich bewegen. Aus den Gesängen würde vollends Niemand errathen, daß dieser dichtende Adel aller Länder tausend hochgelegene, weitschauende Schlösser bewohnte oder besuchte und kannte. Auch in jenen lateinischen Dichtungen der fahrenden Cleriker (Bd. I, Abschn. III, Cap. 1) fehlt noch der Blick in die Ferne, die eigentliche Landschaft, aber die Nähe wird bisweilen mit einer so glühenden Farbenpracht geschildert, wie sie vielleicht kein ritterlicher Minnedichter wiedergibt. Oder existirt noch eine Schilderung vom Haine des Amor wie bei jenem, wie wir annehmen, italienischen Dichter des 12. Jahrhunders?

> Immortalis fieret
> Ibi manens homo;
> Arbor ibi quælibet
> Suo gaudet pomo;
> Viæ myrrha, cinnamo
> Flagrant, et amomo —
> Conjectari poterat
> Dominus ex domo[2]) etc.

Für Italiener jedenfalls ist die Natur längst entsündigt und von jeder dämonischen Einwirkung befreit. San Francesco von

[1]) Hierher gehören bei Humboldt a. a. O. die Mittheil. v. Wilh. Grimm.

[2]) Carmina Burana p. 162, de Phyllide et Flora, str. 66.

Assissi preist in seinem Sonnenhymnus den Herrn ganz harmlos um der Schöpfung der Himmelslichter und der vier Elemente willen.

Aber die festen Beweise für eine tiefere Wirkung großer landschaftlicher Anblicke auf das Gemüth beginnen mit Dante. Er schildert nicht nur überzeugend in wenigen Zeilen die Morgenlüfte mit dem fernzitternden Licht des sanft bewegten Meeres, den Sturm im Walde u. dergl., sondern er besteigt hohe Berge in der einzig möglichen Absicht, den Fernblick zu genießen;[1]) vielleicht seit dem Alterthum einer der ersten, der dies gethan hat. Boccaccio läßt mehr errathen, als daß er es schilderte, wie ihn die Landschaft ergreift; doch wird man in seinen Hirtenromanen[2]) die wenigstens in seiner Phantasie vorhandene mächtige Naturscenerie nicht verkennen. Vollständig und mit größter Entschiedenheit bezeugt dann Petrarca, einer der frühsten völlig modernen Menschen, die Bedeutung der Landschaft für die erregbare Seele. Der lichte Geist, welcher zuerst aus allen Litteraturen die Anfänge und Fortschritte des malerischen Natursinnes zusammengesucht und in den „Ansichten der Natur" selber das höchste Meisterwerk der Schilderung vollbracht hat, Alexander von Humboldt, ist gegen Petrarca nicht völlig gerecht gewesen, so daß uns nach dem großen Schnitter noch eine kleine Aehrenlese übrig bleibt.

Petrarca war nämlich nicht blos ein bedeutender Geograph und Kartograph — die früheste Karte von Italien[3]) soll er haben entwerfen lassen —, er wiederholte auch nicht blos, was die Alten ge-

[1]) Man wird schwer errathen, was er sonst auf dem Gipfel der Bismantova, im Gebiet von Reggio, könnte zu thun gehabt haben. Purgat. IV, 26. Schon die Präcision, womit er alle Theile seines Jenseits zu verdeutlichen sucht, beweist vielen Raum- und Formensinn. Wie sich früher an Berggipfel die Lüsternheit nach dort befindlichen Schätzen und zugleich abergläubischer Schrecken anknüpfte, zeigt anschaulich Chron. Novaliciense II, 5 (Mon. Germ. S. S. VII und Monumenta hist. patr. S. S. III).

[2]) Außer der Schilderung von Bajae in der Fiammetta, von dem Hain im Ameto ist eine Stelle de genealogia Deor. XV, 11 von Bedeutung, wo er eine Anzahl landschaftlicher Einzelheiten, Bäume, Wiesen, Bäche, Heerden, Hütten 2c. aufzählt und beifügt, diese Dinge animum mulcent; ihre Wirkung sei, mentem in se colligere.

[3]) S. Excurs LXI.

sagt hatten,[1]) sondern der Anblick der Natur traf ihn unmittelbar. Der Naturgenuß ist für ihn der erwünschteste Begleiter jeder geistigen Beschäftigung; auf der Verflechtung beider beruht sein gelehrtes Anachoretenleben in Vaucluse und anderswo, seine periodische Flucht aus Zeit und Welt.[2]) Man würde ihm Unrecht thun, wenn man aus seinem noch schwachen und wenig entwickelten Vermögen des landschaftlichen Schilderns auf einen Mangel an Empfindung schließen wollte. Seine Beschreibung des wunderbaren Golfes von Spezzia und Porto Venere z. B., die er deshalb am Ende des VI. Gesanges der „Africa" einlegt, weil sie bis jetzt weder von Alten noch von Neueren besungen worden,[3]) ist allerdings eine bloße Aufzählung; aber die in den Briefen an seine Freunde enthaltenen Schilderungen von Rom, Neapel und anderen italienischen Städten, in denen er sich gern aufhielt, sind anschaulich und der behandelten Gegenstände würdig. Derselbe Petrarca kennt auch bereits die Schönheit von Felsbildungen und weiß überhaupt die malerische Bedeutung einer Landschaft von der Nutzbarkeit zu trennen.[4]) Bei seinem Aufenthalt in den Wäldern von Reggio wirkt der plötzliche Anblick einer großartigen Landschaft so auf ihn, daß er ein längst unterbrochenes Gedicht wieder fortsetzt.[5]) Die wahrste und tiefste Aufregung aber kommt über ihn bei der Besteigung des Mont Ventoux unweit

[1]) Obwohl er sich gern auf sie beruft, z. B. de vita solitaria, bes. (Opera, ed. Basil. 1581) p. 241, wo er die Beschreibung einer Weinlaube aus S. Augustin citirt.

[2]) Epist. famil. VII, ed. Fracassetti, vol. I, p. 367. Interea utinam scire posses, quanta cum voluptate solivagus ac liber, inter montes et nemora, inter fontes et flumina, inter libros et maximorum hominum ingenia respiro, quamque me in ea, quae ante sunt, cum Apostolo extendens et praeterita oblivisci nitor et praesentia non videre. Vgl. VI, 3, a. a. O. 316 ff., bes. 334 f., vgl. ferner die Zusammenstellung bei L. Geiger, Petrarca S. 75, A. 5, 266.

[3]) Jacuit sine carmine sacro. — Vgl. Itinerar. syriacum, Opp. p. 558.

[4]) Er unterscheidet im Itinerar. syr. p. 557, an der Riviera di Levante: colles asperitate gratissima et mira fertilitate conspicuos. Ueber das Gestade von Gaeta vgl. de remediis utriusque fort. I, 54.

[5]) Brief an die Nachwelt: subito loci specie percussus. Schilderung großer Naturereignisse: eines Sturmes zu Neapel: Epp. fam. (ed. Fracass.) I, p. 263 ff., des Erdbebens in Basel 1355 Epp. sen. lib. X, 2 und de rem. utr. fort. II, 91.

Avignon.[1]) Ein unbestimmter Drang nach einer weiten Rundsicht steigert sich in ihm aufs Höchste, bis endlich das zufällige Treffen jener Stelle im Livius, wo König Philipp, der Römerfeind, den Hämus besteigt, den Entscheid gibt. Er denkt: was an einem königlichen Greise nicht getadelt werde, sei auch bei einem jungen Manne aus dem Privatstande wohl zu entschuldigen. Planloses Bergsteigen war nämlich in seiner Umgebung etwas Unerhörtes, und an die Begleitung von Freunden oder Bekannten war nicht zu denken. Petrarca nahm nur seinen jüngern Bruder und vom letzten Rastort aus zwei Landleute mit. Am Gebirge beschwor sie ein alter Hirte umzukehren; er habe vor fünfzig Jahren dasselbe versucht und nichts als Reue, zerschlagene Glieder und zerfetzte Kleider heimgebracht; vorher und seitdem habe sich Niemand mehr des Weges unterstanden. Allein sie dringen mit unsäglicher Mühe weiter empor, bis die Wolken unter ihren Füßen schweben, und erreichen den Gipfel. Eine ausführliche Beschreibung der Aussicht erwartet man nun allerdings vergebens, erhält vielmehr nur eine kurze Nennung der Hauptpunkte, welche die Wanderer erblicken; die Beschreibung fehlt, aber nicht weil der Dichter dagegen unempfindlich wäre, sondern im Gegentheil, weil der Eindruck allzugewaltig auf ihn wirkt. Vor seine Seele tritt nämlich sein ganzes vergangenes Leben mit allen Thorheiten; er erinnert sich, daß es an diesem Tage zehn Jahre sind, seit er jung aus Bologna gezogen, und wendet einen sehnsüchtigen Blick in der Richtung gen Italien hin; er schlägt ein Büchlein auf, das damals sein Begleiter war, die Bekenntnisse des heil. Augustin — allein siehe, sein Auge fällt auf die Stelle im zehnten Abschnitt: „und da gehen „die Menschen hin und bewundern hohe Berge und weite Meeres„fluthen und mächtig daherrauschende Ströme und den Ocean und den Lauf der Gestirne, vergessen sich aber selbst darob.“ Sein Bruder, dem er diese Worte vorliest, kann nicht begreifen, warum er hierauf das Buch schließt und schweigt.

Einige Jahrzehnte später schildert Fazio degli Uberti in seiner

[1]) Epist. famil. IV, 1. ed. Fracassi. vol. I, p. 193 fg. Sehr schön wird die Besteigung des Mont Ventoux geschildert von Zumbini, Nuova antol. 3. ser. vol. 57, p. 209—233, abgedruckt in: Zumbini, Nuovi studii sul P.

gereimten Cosmographie [1]) (Bd. I, Abschn. 3, Cap. 2) die weite Aussicht vom Gebirge Alvernia zwar nur mit der Theilnahme des Geographen und Antiquars, doch deutlich als eine wirklich von ihm gesehene. Er muß aber noch viel höhere Gipfel erstiegen haben, da er Phänomene kennt, die sich erst mit mehr als 10000 Fuß über Meer einstellen, das Blutwallen, Augendrücken und Herzklopfen, wogegen sein mythischer Gefährte Solinus durch einen Schwamm mit einer Essenz Hilfe schafft. Die Besteigungen des Parnasses und des Olymp, [2]) von welchen er spricht, mögen freilich bloße Fictionen sein. [3])

Mit dem 15. Jahrhundert rauben dann auf einmal die großen Meister der flandrischen Schule, Hubert und Johann van Eyk, der Natur ihr Bild. Und zwar ist ihre Landschaft nicht blos Consequenz ihres allgemeinen Strebens, einen Schein der Wirklichkeit hervorzubringen, sondern sie hat bereits einen selbständigen poetischen Gehalt, eine Seele, wenn auch nur in befangener Weise. Der Eindruck derselben auf die ganze abendländische Kunst ist unläugbar, und so blieb auch die italienische Landschaftsmalerei davon nicht unberührt. Allein daneben geht das eigenthümliche Interesse des gebildeten italienischen Auges für die Landschaft seinen eigenen Weg.

Wie in der wissenschaftlichen Cosmographik, so ist auch hier Aeneas Sylvius eine der wichtigsten Stimmen der Zeit. Man könnte den Menschen Aeneas völlig Preis geben und müßte gleichwohl dabei gestehen, daß in wenigen Anderen das Bild der Zeit und ihrer Geistescultur sich so vollständig und lebendig spiegelte, daß wenige Andere dem Normalmenschen der Frührenaissance so nahe kommen. Uebrigens wird man ihn auch in moralischer Beziehung, beiläufig gesagt, nicht ganz billig beurtheilen, wenn man einseitig die Be-

[1]) Il Dittamondo, III, cap. 9.

[2]) Dittamondo, III, cap. 21. IV, cap. 4. — Zwei Bergpartien werden anschaulich geschildert in einem Gedicht des Andreas Dactius ad amicum, eine andere verna profectio. Die Lust sich zu bewegen, der Stadt zu entfliehen, ungestört mit Freunden zusammen zu sein, sind die Ursachen dieser Spaziergänge, deren eigentliches Ziel nicht genau genug angegeben wird. Rüdiger, Dactius S. 23. 32.

[3]) Für Bergbesteigungen (Anf. des 16. Jahrh.) Uziellis unten erwähnte Schrift. Welcher Berg der von ihm bestiegene Monboso ist, bleibt dunkel (Monte Rosa?).

schwerden der mit Hilfe seiner Wandelbarkeit um ihr Concil betrogenen deutschen Kirche zum Ausgangspunkt nimmt.

Hier interessirt er uns als der erste, welcher die Herrlichkeit der italienischen Landschaft nicht blos genossen, sondern mit Begeisterung bis ins Einzelne geschildert hat. Den Kirchenstaat und das südliche Toscana (seine Heimat) kannte er besonders genau, und als er Papst wurde, wandte er seine Muße in der guten Jahreszeit wesentlich auf Ausflüge und Landaufenthalte (s. Bd. I, Abschn. 3, Cap. 2). Jetzt wenigstens hat der längst podagrische Mann die Mittel, sich auf dem Tragsessel über Berg und Thal bringen zu lassen, und wenn man die Genüsse der folgenden Päpste damit vergleicht, so erscheint Pius, dessen höchste Freude Natur, Alterthum und mäßige, aber edelzierliche Bauten waren, wie ein halber Heiliger. In dem schönen lebendigen Latein seiner Commentarien legt er ganz unbefangen das Zeugniß seines Glückes nieder.[1])

Sein Auge erscheint so vielseitig gebildet wie dasjenige irgend eines modernen Menschen. Er genießt mit Entzücken die große panoramatische Pracht der Aussicht vom höchsten Gipfel des Albanergebirges, dem Monte Cavo, von wo er das Gestade der Kirche von Terracina und dem Vorgebirge der Circe bis nach Monte Argentaro überschaut und das weite Land mit all den Ruinenstädten der Urzeit, mit den Bergzügen Mittelitaliens, mit dem Blick auf die in der Tiefe ringsum grünenden Wälder und die nahe scheinenden Seen des Gebirges. Er empfindet die Schönheit der Lage von Todi, wie es thront über seinen Weinbergen und Oelhalden, mit dem Blick auf ferne Wälder und auf das Tiberthal, wo die vielen Castelle und Städtchen über dem schlängelnden Fluß ragen. Das reizende Hügelland um Siena mit seinen Villen und Klöstern auf allen Höhen

[1]) Die bedeutendsten Stellen sind folgende. Pii II. P. M. Commentarii. L. IV, p. 183: Der Frühling in der Heimath. L. V, p. 251: Der Sommeraufenthalt in Tibur. L. VI, p. 306: Das Mahl an der Quelle von Vicovaro. L. VIII, p. 378: Die Umgegend von Viterbo. p. 387: Das Bergkloster S. Martino. p. 388: Der See von Bolsena. L. IX, p. 396: Die herrliche Schilderung von Monte Amiata. L. X, p. 483: Die Lage von Monteoliveto. p. 497: Die Aussicht von Todi. L. XI, p. 554: Ostia und Porto. p. 562: Beschreibung des Albanergebirges. L. XII, p. 609: Frascati und Grottaferrata.

ist freilich seine Heimath, und seine Schilderung zeigt eine besondere Vorliebe. Aber auch das einzelne malerische Motiv im engern Sinn beglückt ihn, wie z. B. jene in den Bolsener See vortretende Landzunge, Capo di Monti: „Felstreppen, von Weinlaub beschattet, „führen steil nieder ans Gestade, wo zwischen den Klippen die immer„grünen Eichen stehen, stets belebt vom Gesang der Drosseln." Auf dem Wege rings um den See von Nemi, unter den Castanien und anderen Fruchtbäumen fühlt er, daß hier wenn irgendwo das Gemüth eines Dichters erwachen müßte, hier in „Dianens Versteck". Oft und viel hat er Consistorium und Segnatura gehalten oder Gesandte angehört unter alten Riesencastanien oder unter Oelbäumen, auf grüner Wiese, neben sprudelnden Gewässern. Einem Anblick wie der einer sich verengenden Waldschlucht mit einer kühn gewölbten Brücke gewinnt er sofort seine hohe Bedeutung ab. Auch das Einzelste erfreut ihn dann wieder durch seine schöne oder vollständig ausgebildete und charakteristische Erscheinung: die blauwogenden Flachsfelder, der gelbe Ginster, welcher die Hügel überzieht, selbst das wilde Gestrüpp jeder Art, und ebenso einzelne prächtige Bäume und Quellen, die ihm wie Naturwunder erscheinen.

Den Gipfel seines landschaftlichen Schwelgens bildet sein Aufenthalt auf dem Monte Amiata im Sommer 1462, als Pest und Gluthhitze die Tieflande schrecklich machten. In der halben Höhe des Berges, in dem alten longobardischen Kloster San Salvatore schlug er mit der Curie sein Quartier auf; dort, zwischen Castanien über dem schroffen Abhang, überschaut man das ganze südliche Toscana und sieht in der Ferne die Thürme von Siena. Die Ersteigung der höchsten Spitze überließ er seinen Begleitern, zu welchen sich auch der venezianische Orator gesellte; sie fanden oben zwei gewaltige Steinblöcke übereinander, vielleicht die Opferstätte eines Urvolkes, und glaubten über dem Meere in weiter Ferne auch Corsica und Sardinien[1]) zu entdecken. In der herrlichen Sommerkühle, zwischen den alten Eichen und Castanien, auf dem frischen Rasen, wo kein Dorn den Fuß ritzte, kein Insect und keine Schlange sich lästig oder

[1]) So muß es wohl heißen statt: Sicilien.

gefährlich machte, genoß der Papst der glücklichsten Stimmung; für die Segnatura, welche an bestimmten Wochentagen stattfand, suchte er jedesmal neue schattige Plätze[1]) auf — „novos in convallibus fontes et novas inveniens umbras, quae dubiam facerent electionem“. Dabei geschah es wohl, daß die Hunde einen gewaltigen Hirsch aus seinem nahen Lager aufjagten, den man mit Klauen und Geweih sich vertheidigen und bergaufwärts fliehen sah. Des Abends pflegte der Papst vor dem Kloster zu sitzen an der Stelle, von wo man in das Thal der Paglia niederschaut, und mit den Cardinälen heitere Gespräche zu führen. Curialen, die sich auf der Jagd abwärts wagten, fanden unten die Hitze unleidlich und alles verbrannt, eine wahre Hölle, während das Kloster in seiner grünen, kühlen Umgebung eine Wohnung der Seligen schien.

Dies ist lauter wesentlich moderner Genuß, nicht Einwirkung des Alterthums. So gewiß die Alten ähnlich empfanden, so gewiß hätten doch die spärlichen Aussagen hierüber, welche Pius kennen mochte, nicht hingereicht, um in ihm eine solche Begeisterung zu entzünden.[2])

Die nun folgende zweite Blüthezeit der italienischen Poesie zu Ende des 15. und zu Anfang des 16. Jahrhunderts nebst der gleichzeitigen lateinischen Dichtung ist reich an Beweisen für die starke Wirkung der landschaftlichen Umgebung auf das Gemüth, wie der erste Blick auf die damaligen Lyriker lehren mag. Eigentliche Beschreibungen großer landschaftlicher Anblicke aber finden sich deshalb kaum, weil Lyrik, Epos und Novelle in dieser energischen Zeit anderes zu thun haben. Bojardo und Ariosto zeichnen ihre Naturscenerie sehr entschieden, aber so kurz als möglich, ohne sie je durch Fernen und

[1]) Er nennt sich selbst mit Anspielung auf seinen Namen: Silvarum amator et varia videndi cupidus.

[2]) Ueber Leonbattista Albertis Verhältniß zur Landschaft vgl. Bd. I, S. 133 fg. Alberti, ein jüngerer Zeitgenosse des Enea (Trattato del gov. della famiglia, p. 90) freut sich auf dem Lande „der buschigen Hügel“, „der reizvollen Ebenen und der rauschenden Gewässer“. Erwähnt mag hier auch sein das Schriftchen „Aetna“ von P. Bembus, zuerst Venedig 1495 erschienen, später häufig aufgelegt, das, trotz vieler und langer Abschweifungen mannigfachen Inhalts, auch bemerkenswerthe landschaftliche und geographische Schilderungen enthält.

große Perspectiven zur Stimmung beitragen zu lassen,[1]) denn diese liegt ausschließlich in den Gestalten und Ereignissen. Beschauliche Dialogenschreiber und Epistolographen können viel eher eine Quelle für das wachsende Naturgefühl sein als Dichter. Merkwürdig bewußt hält z. B. Bandello die Gesetze seiner Litteraturgattung fest: in den Novellen selbst kein Wort mehr als das Nothwendigste über die Naturumgebung,[2]) in den jedesmal vorangehenden Widmungen dagegen mehrmals eine behagliche Schilderung derselben als Scene von Gespräch und Geselligkeit. Von den Briefschreibern ist leider Aretino[3]) zu nennen als derjenige, welcher vielleicht zuerst einen prachtvollen abendlichen Licht- und Wolkeneffect umständlich in Worte gefaßt hat.

Doch auch bei Dichtern kommt bisweilen eine merkwürdige Verflechtung ihres Gefühlslebens mit einer liebevoll und zwar genrehaft geschilderten Naturumgebung vor. Tito Strozza beschreibt in einer lateinischen Elegie[4]) (Spätsommer 1458) den Aufenhalt seiner Geliebten: ein altes, von Epheu umzogenes Häuschen mit verwitterten Heiligenfresken, in Bäumen versteckt, daneben eine Capelle, übel zugerichtet von den reißenden Hochwassern des hart vorbei strömenden Po; in der Nähe ackert der Caplan seine sieben mageren Juch arten mit entlehntem Gespann. Dies ist keine Reminiscenz aus den römischen Elegikern, sondern eigene moderne Empfindung, und die Parallele dazu, eine wahre, nicht künstlich bucolische Schilderung des Landlebens, wird uns zu Ende dieses Abschnitts auch nicht fehlen.

Man könnte nun einwenden, daß unsere deutschen Meister des beginnenden 16. Jahrhunderts solche realistische Umgebungen des Menschenlebens bisweilen mit vollster Meisterschaft darstellen, wie z. B. Albrecht Dürer in seinem Kupferstich des verlorenen Sohnes.

[1]) Das ausgeführteste Bild dieser Art bei Ariosto; sein sechster Gesang besteht aus lauter Vordergrund.

[2]) Ueber die architektonische Umgebung denkt er anders, er will einen bestimmten Luxus schildern und hier kann auch die Decoration noch von ihm lernen.

[3]) Lettere pittoriche III, 36. An Tizian, Mai 1544.

[4]) Strozzii poetae, in den Erotica. L. VI, Fol. 183 in dem Gedicht: Hortatur se ipse, ut ad amicam properet.

Aber es sind zwei ganz verschiedene Dinge, ob ein Maler, der mit dem Realismus großgewachsen, solche Scenerien beifügt, oder ob ein Dichter, der sich sonst ideal und mythologisch drapirt, aus innerm Drange in die Wirklichkeit niedersteigt. Ueberdies ist die zeitliche Priorität hier wie bei den Schilderungen des Landlebens auf der Seite der italienischen Dichter.

Viertes Capitel.

Entdeckung des Menschen; geistige Schilderung in der Poesie.

Zu der Entdeckung der Welt fügt die Cultur der Renaissance noch eine größere Leistung, indem sie zuerst den ganzen, vollen Gehalt des Menschen entdeckt und zu Tage fördert.[1])

Zunächst entwickelt dies Weltalter, wie wir sahen, auf das Stärkste den Individualismus; dann leitet es denselben zur eifrigsten, vielseitigsten Erkenntniß des Individuellen auf allen Stufen an. Die Entwickelung der Persönlichkeit ist wesentlich an das Erkennen derselben bei sich und Anderen gebunden. Zwischen beide große Erscheinungen hinein haben wir die Einwirkung der antiken Literatur deshalb versetzen müssen, weil die Art des Erkennens und Schilderns des Individuellen wie des allgemein Menschlichen wesentlich durch dieses Medium gefärbt und bestimmt wird. Die Kraft des Erkennens aber lag in der Zeit und in der Nation.

Der beweisenden Phänomene, auf welche wir uns berufen, werden wenige sein. Wenn irgendwo im Verlauf dieser Darstellung, so hat der Verfasser hier das Gefühl, daß er das bedenkliche Gebiet der Ahnung betreten hat und daß, was ihm als zarter, doch deutlicher Farbenübergang in der geistigen Geschichte des 14. und 15. Jahrhunderts vor Augen schwebt, von Anderen doch schwerlich mag als

[1]) Diese treffenden Ausdrücke sind aus dem 7. Bande von Michelets Histoire de France (Introd.) entnommen.

Thatsache anerkannt werden. Dieses allmähliche Durchsichtigwerden einer Volksseele ist eine Erscheinung, welche jedem Beschauer anders vorkommen mag. Die Zeit wird sichten und richten.

Glücklicherweise begann die Erkenntniß des geistigen Wesens des Menschen nicht mit dem Grübeln nach einer theoretischen Psychologie — denn dafür genügte Aristoteles —, sondern mit der Gabe der Beobachtung und der Schilderung. Der unerläßliche theoretische Ballast beschränkt sich auf die Lehre von den vier Temperamenten in ihrer damals üblichen Verbindung mit dem Dogma vom Einfluß der Planeten. Diese starren Elemente behaupten sich als unauflöslich seit unvordenklichen Zeiten in der Beurtheilung der Einzelmenschen, ohne weiter dem großen allgemeinen Fortschritt Schaden zu thun. Freilich nimmt es sich sonderbar aus, wenn damit manövrirt wird in einer Zeit, da bereits nicht nur die exacte Schilderung, sondern auch eine unvergängliche Kunst und Poesie den vollständigen Menschen in seinem tiefsten Wesen wie in seinen charakteristischen Aeußerlichkeiten darzustellen vermochten. Fast komisch lautet es, wenn ein sonst tüchtiger Beobachter Clemens VII. zwar für melancholischen Temperamentes hält, sein Urtheil aber demjenigen der Aerzte unterordnet, welche in dem Papste eher ein sanguinisch-cholerisches Temperament erkennen.[1]) Oder wenn wir erfahren, daß derselbe Gaston de Foix, der Sieger von Ravenna, welchen Giorgione malte und Bambaja meißelte, und welchen alle Historiker schildern, ein saturnisches, d. h. „unglückliches" oder „unglückbringendes" Gemüth gehabt habe.[2]) Freilich wollen die, welche Solches melden, damit etwas sehr Bestimmtes bezeichnen: wunderlich und überlebt erscheinen nur die Kategorien, durch welche sie ihre Meinung ausdrücken.

Im Reiche der freien geistigen Schilderung empfangen uns zunächst die großen Dichter des 14. Jahrhunderts.

Wenn man aus der ganzen abendländischen Hof- und Ritter-

[1]) Tomm. Gar. Relaz. della corte di Roma I, p. 278. 279. In der Rel. des Soriano vom J. 1533.

[2]) Prato, Arch. stor. III, p. 295 fg. Das Verhältniß der Planeten zu den menschlichen Characteren überhaupt bei Corn. Agrippa, de occulta philosophia, c. 52.

dichtung der beiden vorhergehenden Jahrhunderte die Perlen zusammensucht, so wird eine Summe von herrlichen Ahnungen und Einzelbildern von Seelenbewegungen zum Vorschein kommen, welche den Italienern auf den ersten Blick den Preis streitig zu machen scheint. Selbst abgesehen von der ganzen Lyrik gibt schon der einzige Gottfried von Straßburg mit „Tristan und Isolde“ ein Bild der Leidenschaft, welches unvergängliche Züge hat. Allein diese Perlen liegen zerstreut in einem Meere des Conventionellen und Künstlichen, und ihr Inhalt bleibt noch immer weit entfernt von einer vollständigen Objectivmachung des inneren Menschen und seines geistigen Reichthums.

Auch Italien hatte damals, im 13. Jahrhundert, seinen Antheil an der Hof- und Ritterdichtung durch seine Trovatoren. Von ihnen stammt wesentlich die Canzone her, die sie so künstlich und schwierig bauen als irgend ein nordischer Minnesänger sein Lied; Inhalt und Gedankengang sogar ist der conventionell höfische, mag der Dichter auch bürgerlichen oder gelehrten Standes sein.

Aber schon offenbaren sich zwei Auswege, die auf eine neue, der italienischen Poesie eigene Zukunft hindeuten und die nicht für unwichtig gehalten werden dürfen, wenn es sich schon nur um Formelles handelt.

Von demselben Brunetto Latini (dem Lehrer des Dante), welcher in der Canzonendichtung die gewöhnliche Manier der Trovatoren vertritt, stammen die frühesten bekannten Versi sciolti, reimlose Hendecasyllaben[1]) her, und in dieser scheinbaren Formlosigkeit äußert sich auf einmal eine wahre, erlebte Leidenschaft. Es ist eine ähnliche bewußte Beschränkung der äußeren Mittel im Vertrauen auf die Kraft des Inhaltes, wie sie sich einige Jahrzehnte später in der Frescomalerei und noch später sogar in der Tafelmalerei zeigt, indem auf die Farben verzichtet und blos in einem hellern oder dunklern Tone gemalt wird. Für jene Zeit, welche sonst auf das Künstliche in der Poesie so große Stücke hielt, sind diese Verse des Brunetto der Anfang einer neuen Richtung. Diese reimlosen Verse gewannen später bekanntlich die Herrschaft im Drama. Die Dichter, die sich

[1]) Mitgetheilt von Trucchi, Poesie italiane inedite I, p. 165 fg.

derselben bedienen, sind bemüht, die Schwierigkeiten ihres Unternehmens lebhaft zu betonen. Trissino in seiner Widmung der Sofonisba an Leo X. hofft, daß der Papst diese Versart erkennen werde als das, was sie sei, als besser, edler und weniger leicht als es den Anschein habe.[1]

Daneben aber, ja noch in der ersten Hälfte des 13. Jahrhunderts, bildet sich eine von den vielen strenggemessenen Strophenformen, die das Abendland damals hervorbrachte, für Italien zu einer herrschenden Durchschnittsform aus: das Sonett. Die Reimstellung und sogar die Zahl der Verse schwankt[2]) noch hundert Jahre lang, bis Petrarca die bleibende Normalgestalt durchsetzte. In diese Form wird Anfangs jeder höhere lyrische und contemplative, später jeder mögliche Inhalt gegossen, so daß Madrigale, Sestinen und selbst die Canzonen daneben nur eine untergeordnete Stelle einnehmen. Spätere Italiener haben selber bald scherzend, bald mißmuthig geklagt über diese unvermeidliche Schablone, dieses vierzehnzeilige Prokrustesbett der Gefühle und Gedanken. Andere waren und sind gerade mit dieser Form sehr zufrieden und brauchen sie viel tausendmal, um darin Reminiscenzen und müßigen Singsang ohne allen tiefern Ernst und ohne Nothwendigkeit niederzulegen. Deshalb gibt es sehr viel mehr unbedeutende und schlechte Sonette als gute.

Nichtsdestoweniger erscheint uns das Sonett als ein ungeheurer Segen für die italienische Poesie. Die Klarheit und Schönheit seines Baues, die Aufforderung zur Steigerung des Inhaltes in der lebhafter gegliederten zweiten Hälfte, dann die Leichtigkeit des Auswendiglernens, mußten es auch den größten Meistern immer von Neuem lieb und werth machen. Oder meint man im Ernst, dieselben hätten es bis auf unser Jahrhundert beibehalten, wenn sie nicht von seinem hohen Werthe wären durchdrungen gewesen? Nun hätten allerdings diese Meister ersten Ranges auch in anderen Formen der verschiedensten Art dieselbe Macht äußern können. Allein weil sie das

[1]) Roscoe, Leone X, ed. Bossi VIII, 174.

[2]) Man vgl. z. B. die sehr auffallenden Formen bei Dante, Vita nuova, ed. Witte (Leipzig 1876) p. 13 fg. und p. 16 fg. Beide haben je 20 unregelmäßige Verse; in der ersten kommt z. B. ein Reim 8 mal vor.

Sonett zur lyrischen Hauptform erhoben, wurden auch sehr viele andere von hoher, wenn auch nur bedingter Begabung, die sonst in einer weitläufigen Lyrik untergegangen wären, genöthigt, ihre Empfindungen zu concentriren. Das Sonett wurde ein allgemeingiltiger Condensator der Gedanken und Empfindungen, wie ihn die Poesie keines andern modernen Volkes besitzt.

So tritt uns nun die italienische Gefühlswelt in einer Menge von höchst entschiedenen, gedrängten und in ihrer Kürze höchst wirksamen Bildern entgegen. Hätten andere Völker eine conventionelle Form von dieser Gattung besessen, so wüßten wir vielleicht auch mehr von ihrem Seelenleben; wir besäßen möglicherweise auch eine Reihe abgeschlossener Darstellungen äußerer und innerer Situationen oder Spiegelbilder des Gemüthes und wären nicht auf eine vorgebliche Lyrik des vierzehnten und fünfzehnten Jahrhunderts verwiesen, die fast nirgends ernstlich genießbar ist. Bei den Italienern erkennt man einen sichern Fortschritt fast von der Geburt des Sonettes an; in der zweiten Hälfte des 13. Jahrhunderts bilden die sogenannten „Trovatori della transizione" in der That einen Uebergang von den Trovatoren zu den Poeten, d. h. zu den Dichtern unter antikem Einfluß; die einfache, starke Empfindung, die kräftige Bezeichnung der Situation, der präcise Ausdruck und Abschluß in ihren Sonetten und anderen Gedichten kündet zum Voraus einen Dante an. Einige Parteisonette der Guelfen und Ghibellinen (1260—1270) tönen schon in der Art wie seine Leidenschaft, Anderes erinnert an das Süßeste in seiner Lyrik.

Wie er selbst das Sonett theoretisch ansah, wissen wir nur deshalb nicht, weil die letzten Bücher seiner Schrift „von der Vulgärsprache", worin er von Balladen und Sonetten handeln wollte, entweder ungeschrieben geblieben oder verloren gegangen sind. Praktisch aber hat er in Sonett und Canzone die herrlichsten Seelenschilderungen niedergelegt. Und in welchen Rahmen sind sie eingefaßt! Die Prosa seiner „Vita nuova", worin er Rechenschaft gibt von dem Anlaß jedes Gedichtes, ist so wunderbar als die Verse selbst und

[1]) Trucchi, a. a. O. I, p. 181 fg.

bildet mit denselben ein gleichmäßig von der tiefsten Gluth beseeltes Ganzes. Rücksichtslos gegen die Seele selbst constatirt er alle Schattirungen ihrer Wonne und ihres Leides und prägt dann dies Alles mit fester Willenskraft in der strengsten Kunstform aus. Wenn man diese Sonette und Canzonen und dazwischen diese wundersamen Bruchstücke des Tagebuches seiner Jugend aufmerksam liest, so scheint es, als ob das ganze Mittelalter hindurch alle Dichter sich selber gemieden, er zuerst sich selber aufgesucht hätte. Künstliche Strophen haben Unzählige vor ihm gebaut; aber er zuerst ist in vollem Sinne ein Künstler, weil er mit Bewußtsein unvergänglichen Inhalt in eine unvergängliche Form bildet. Hier ist subjective Lyrik von völlig objectiver Wahrheit und Größe; das Meiste so durchgearbeitet, daß alle Völke und Jahrhunderte es sich aneignen und nachempfinden können.[1]) Wo er aber völlig objectiv dichtet und die Macht seines Gefühles nur durch einen außer ihm liegenden Thatbestand errathen läßt, wie in den grandiosen Sonetten Tanto gentile ꝛc. und Vede perfettamente ꝛc., glaubt er noch sich entschuldigen zu müssen.[2]) Im Grunde gehört auch das allerschönste dieser Gedichte hierher, das Sonett Deh peregrini che pensosi andate ꝛc.

Auch ohne die Divina Commedia wäre Dante durch diese bloße Jugendgeschichte ein Markstein zwischen Mittelalter und neuer Zeit. Geist und Seele thun hier plötzlich einen gewaltigen Schritt zur Erkenntniß ihres geheimsten Lebens.

Was hierauf die Commedia an solchen Offenbarungen enthält, ist vollends unermeßlich, und wir müßten das ganze große Gedicht, einen Gesang nach dem andern, durchgehen, um seinen vollen Werth in dieser Beziehung darzulegen. Glücklicherweise bedarf es dessen nicht, da die Commedia längst eine tägliche Speise aller abendländischen Völker geworden ist. Ihre Anlage und Grundidee ge-

[1]) Diese Canzonen und Sonette sind es, die jener Schmied und jener Eseltreiber sangen und entstellten, über welche Dante so böse wurde. (Vgl. Franco Sacchetti, Nov. 114. 115.) So rasch ging diese Poesie in den Mund des Volkes über. — Daß seine ital. Gedichte Eigenthum des Volks geworden seien, bezeugt auch Petrarca einmal Sen. V, 2.

[2]) Vita nuova, ed. Witte S. 81. 82 fg. — Deh peregrini, das. Seite 116 fg.

hört dem Mittelalter und spricht unser Bewußtsein nur historisch an; ein Anfang aller modernen Poesie aber ist das Gedicht wesentlich wegen des Reichthums und der hohen plastischen Macht in der Schilderung des Geistigen auf jeder Stufe und in jeder Wandlung.[1])

Fortan mag diese Poesie ihre schwankenden Schicksale haben und auf halbe Jahrhunderte einen sogenannten Rückgang zeigen — ihr höheres Lebensprincip ist auf immer gerettet, und wo im 14., 15. und beginnenden 16. Jahrhundert ein tiefer, originaler Geist in Italien sich ihr hingibt, stellt er von selbst eine wesentlich höhere Potenz dar als irgend ein außeritalienischer Dichter, wenn man Gleichheit der Begabung — freilich eine schwer zu ermittelnde Sache — voraussetzt.

Wie in allen Dingen bei den Italienern die Bildung (wozu die Poesie gehört) der bildenden Kunst vorangeht, ja dieselbe erst wesentlich anregen hilft, so auch hier. Es dauert mehr als ein Jahrhundert, bis das Geistig-Bewegte, das Seelenleben in Sculptur und Malerei einen Ausdruck erreicht, welcher demjenigen bei Dante nur irgendwie analog ist. Wie viel oder wie wenig dies von der Kunstentwickelung anderer Völker gilt[2]), und wie weit die Frage im Ganzen von Werthe ist, kümmert hier uns wenig. Für die italienische Cultur hat sie ein entscheidendes Gewicht.

Was Petrarca in dieser Beziehung gelten soll, mögen die Leser des vielverbreiteten Dichters entscheiden. Wer ihm mit der Absicht eines Verhörrichters naht und die Widersprüche zwischen dem Menschen und dem Dichter, die erwiesenen Nebenliebschaften und andere schwache Seiten recht emsig aufspürt, der kann in der That bei einiger Anstrengung die Lust an seinen Sonetten gänzlich verlieren. Man hat dann statt eines poetischen Genusses die Kenntniß des Mannes in seiner „Totalität“. Nur schade, daß Petrarcas Briefe so wenigen avignonesischen Klatsch enthalten, woran man

[1]) Für Dantes theoretische Psychologie ist Purgat. IV, Anfang, eine der wichtigsten Stellen. Außerdem vgl. die betreffenden Partien des Convito.

[2]) Die Portraits der Eyck'schen Schule würden für den Norden eher das Gegentheil beweisen. Sie bleiben allen Schilderungen in Worten noch auf lange Zeit überlegen.

ihn fassen könnte, und daß die Correspondenzen seiner Bekannten und der Freunde dieser Bekannten entweder verloren gegangen sind oder gar nie existirt haben. Anstatt dem Himmel zu danken, wenn man nicht zu erforschen braucht, wie und mit welchen Kämpfen ein Dichter das Unvergängliche aus seiner Umgebung und seinem armen Leben heraus ins Sichere brachte, hat man gleichwohl auch für Petrarca aus den wenigen „Reliquien" solcher Art eine Lebensgeschichte zusammengestellt, welche einer Anklageacte ähnlich sieht. Uebrigens mag sich der Dichter trösten; wenn das Drucken und Verarbeiten von Briefwechseln berühmter Leute in Deutschland, Frankreich und England noch fünfzig Jahre so fort geht, so wird die Armesünderbank, auf welcher er sitzt, allgemach die erlauchteste Gesellschaft enthalten.

Ohne das viele Künstliche und Gesuchte zu verkennen, wo Petrarca sich selber nachahmt und in seiner eigenen Manier weiterdichtet, bewundern wir in ihm eine Fülle herrlicher Seelenbilder, Schilderungen seliger und unseliger Momente, die ihm wohl eigen sein müssen, weil kein Anderer vor ihm sie aufweist, und welche seinen eigentlichen Werth für die Nation und die Welt ausmachen. Nicht überall ist der Ausdruck gleichmäßig durchsichtig; nicht selten gesellt sich dem Schönsten etwas für uns Fremdartiges bei, allegorisches Spielwerk und spitzfindige Sophistik; allein das Vorzügliche überwiegt.

Auch Boccaccio erreicht in seinen zu wenig beachteteten Sonetten[1]) eine bisweilen höchst ergreifende Darstellung seines Gefühles. Der Wiederbesuch einer durch Liebe geweihten Stätte (Son. 22), die Frühlings-Melancholie (Son. 33), die Wehmuth des alternden Dichters (Son. 65) sind von ihm ganz herrlich besungen. Sodann hat er im Ameto die veredelnde und verklärende Kraft der Liebe in einer Weise geschildert, wie man es von dem Verfasser des Decamerone schwerlich erwarten würde.[2]) Endlich aber ist seine „Fiametta"

[1]) Opere volgari XVI.

[2]) Im Gesang des Hirten Teogapen, nach dem Venusfeste, Opp. ed. Moutier vol. XV, 2, p. 67 fg. vgl. Landau, S. 58—64; über die Fiammetta Landau S. 96—105, der unsere Stelle nicht beachtet.

ein großes, umständliches Seelengemälde voll der tiefsten Beobachtung, wenn auch nichts weniger als gleichmäßig durchgeführt, ja stellenweise unläugbar beherrscht von der Lust an der prachtvoll tönenden Phrase; auch Mythologie und Alterthum mischen sich bisweilen unglücklich ein. Wenn wir nicht irren, so ist die Fiametta ein weibliches Seitenstück zur Vita nuova des Dante, oder doch auf Anregung von dieser Seite her entstanden.

Daß die antiken Dichter, zumal die Elegiker und das vierte Buch der Aeneide, nicht ohne Einfluß[1]) auf diese und die folgenden Italiener blieben, versteht sich von selbst, aber die Quelle des Gefühls sprudelt mächtig genug in ihrem Innern. Wer sie nach dieser Seite hin mit ihren außeritalienischen Zeitgenossen vergleicht, wird in ihnen den frühsten vollständigen Ausdruck der modernen europäischen Gefühlswelt überhaupt erkennen. Es handelt sich hier durchaus nicht darum, zu wissen, ob ausgezeichnete Menschen anderer Nationen nicht ebenso tief und schön empfunden haben, sondern wer zuerst die reichste Kenntniß der Seelenregungen urkundlich erwiesen hat.

Warum haben aber die Italiener der Renaissance in der Tragödie nur Untergeordnetes geleistet? Dort war die Stelle, Charakter, Geist und Leidenschaft tausendgestaltig im Wachsen, Kämpfen und Unterliegen der Menschen zur Anschauung zu bringen. Mit anderen Worten: warum hat Italien keinen Shakespeare hervorgebracht? — denn dem übrigen nordischen Theater des 16. und 17. Jahrhunderts möchten die Italiener wohl gewachsen sein, und mit dem spanischen konnten sie nicht concurriren, weil sie keinen religiösen Fanatismus empfanden, den abstracten Ehrenpunkt nur pro forma mitmachten und ihr tyrannisches, illegitimes Fürstenthum als solches anzubeten

[1]) Der berühmte Lionardo Aretin als Haupt des Humanismus zu Anfang des 15. Jahrh. meint zwar: che gli antichi Greci d'umanitá e di gentilezza di cuore abbino avanzato di gran lunga i nostri Italiani, allein er sagt es am Eingang einer Novelle, welche die weichliche Geschichte vom kranken Prinzen Antiochus und seiner Stiefmutter Stratonice, also einen an sich zweideutigen und dazu halbasiatischen Beleg enthält. (Abdruck u. a. als Beilage zu den cento novelle antiche.)

und zu verklären zu klug und zu stolz waren.[1]) Es handelt sich also einzig nur um die kurze Blüthezeit des englischen Theaters.

Hierauf ließe sich erwidern, daß das ganze übrige Europa auch nur Einen Shakespeare hervorgebracht hat, und daß ein solcher Genius überhaupt ein seltenes Geschenk des Himmels ist. Ferner könnte möglicherweise ein hohe Blüthe des italienischen Theaters im Anzuge gewesen sein, als die Gegenreformation hereinbrach und im Zusammenhange mit der spanischen Herrschaft (über Neapel und Mailand und indirect fast über ganz Italien) die besten Blüthen des italienischen Geistes knickte oder verdorren ließ.[2]) Man denke sich nur Shakespeare selber z. B. unter einem spanischen Vicekönig oder in der Nähe des heil. Officiums zu Rom, oder nur in seinem eigenen Lande ein paar Jahrzehnte später, zur Zeit der englischen Revolution. Das Drama, in seiner Vollkommenheit ein spätes Kind jeder Cultur, will seine Zeit und sein besonderes Glück haben.

Bei diesem Anlaß müssen wir jedoch einiger Umstände gedenken, welche allerdings geeignet waren, eine höhere Blüthe des Dramas in Italien zu erschweren oder zu verzögern, bis es zu spät war.

Als den wichtigsten dieser Umstände darf man ohne Zweifel die große anderweitige Beschäftigung der Schaulust bezeichnen, zunächst vermöge der Mysterien u. a. religiöser Aufzüge. Im ganzen Abendlande sind Aufführungen der dramatisirten heiligen Geschichte und Legende gerade Quelle und Anfang des Dramas und des Theaters gewesen; Italien aber hatte sich, wie im folgenden Abschnitt erörtert werden soll, den Mysterien mit einem solchen künstlerisch decorativen Prachtsinne hingegeben, daß darunter nothwendig das dramatische Element in Nachtheil gerathen mußte. Aus all den unzähligen kostbaren Aufführungen entwickelte sich dann nicht einmal eine poetische Kunstgattung wie die „Autos sagramentales“ bei Calderon u. a.

[1]) Dem einzelnen Hofe oder Fürsten allerdings wurde von den Gelegenheitsdramatikern hinlänglich geschmeichelt.

[2]) Diese Ansichten von Gregorovius bekämpft, werden von Hillebrand dahin weiter ausgeführt, daß in Italien das nationale Leben fehlte, die Grundlage jedes Dramas. d'Ancona, Origini 2. Aufl. I, 4. Anm., der dies bemerkt, sucht darzuthun, daß die Abhängigkeit vom Alterthum die Entwicklung des Dramas gehindert habe. (Vgl. auch das. I, 522, A. 4.)

spanischen Dichtern, geschweige denn ein Vortheil oder Anhalt für das profane Drama.[1])

Als letzteres dennoch emporkam, nahm es sofort nach Kräften an der Pracht der Ausstattung Theil, an welche man eben von den Mysterien her nur allzusehr gewöhnt war. Man erfährt mit Staunen, wie reich und bunt die Decoration der Scene in Italien war, zu einer Zeit, da man sich im Norden noch mit der einfachsten Andeutung der Oertlichkeit begnügte. Allein selbst dies wäre vielleicht noch von keinem entscheidenden Gewichte gewesen, wenn nicht die Aufführung selbst theils durch die Pracht der Costüme, theils und hauptsächlich durch bunte Intermezzi den Sinn von dem poetischen Gehalte des Stückes abgelenkt hätte.

Daß man an vielen Orten, namentlich in Rom und Ferrara, Plautus und Terenz, auch wohl Stücke alter Tragiker aufführte (Bd. I, Absch. 3 Cap. 7 u. 8), bald lateinisch, bald italienisch, daß jene Academien (Bd. I, Abschn. 3 Cap. 11) sich eine förmliche Aufgabe hieraus machten, und daß die Dichter der Renaissance selbst in ihren Dramen von diesen Vorbildern mehr als billig abhingen, gereichte dem italienischen Drama für die betreffenden Jahrzehnte allerdings auch zum Nachtheil, doch halte ich diesen Umstand für untergeordnet. Wäre nicht Gegenreformation und Fremdherrschaft dazwischen gekommen, so hätte sich jener Nachtheil gar wohl in eine nützliche Uebergangsstufe verwandeln können. War doch schon bald nach 1520 wenigstens der Sieg der Muttersprache in Tragödie und Comödie zum großen Verdruß der Humanisten[2]) so viel als entschieden. Von dieser Seite hätte der entwickeltsten Nation Europas kein Hinderniß mehr im Wege gestanden, wenn es sich darum handelte, das Drama im höchsten Sinne des Wortes zu einem geistigen Abbild des Menschenlebens zu erheben. Inquisitoren und Spanier waren es, welche die Italiener verschüchterten und die dramatische Schilderung der wahrsten und größten Conflicte, zumal im Gewande nationaler Erinnerungen, unmöglich machten. Daneben aber müssen wir doch

[1]) Vgl. Excurs LXV.

[2]) Paul. Jovius, Dialog. de viris lit. illustr., bei Tiraboschi, Tom. VII, IV. — Lil. Greg. Gyraldus, de poëtis nostri temp. ed. A. Wotke, S. 40.

auch jene zerstreuenden Intermezzi[1]) als einen wahren Schaden des Dramas näher ins Auge fassen.

Als die Hochzeit des Prinzen Alfonso von Ferrara mit Lucrezia Borgia gefeiert wurde, zeigte der Herzog Ercole in Person den erlauchten Gästen die 110 Costüme, welche zur Aufführung von fünf plautinischen Comödien dienen sollten, damit man sehe, daß keines zweimal diene.[2]) Aber was wollte dieser Luxus von Taffet und Kamelot sagen im Vergleich mit der Ausstattung der Ballete und Pantomimen, welche als Zwischenacte der plautinischen Stücke aufgeführt wurden. Daß Plautus daneben einer lebhaften jungen Dame wie Isabella Gonzaga schmerzlich langweilig vorkam, und daß Jedermann sich während des Dramas auch den Zwischenacten sehnte, ist begreiflich, sobald man den bunten Glanz derselben in Betracht zieht. Da gab es Kämpfe römischer Krieger, welche ihre antiken Waffen kunstgerecht zum Tacte der Musik bewegten, Fackeltänze von Mohren, einen Tanz von wilden Männern mit Füllhörnern, aus welchen flüssiges Feuer sprühte; sie bildeten das Ballet zu einer Pantomime, welche die Rettung eines Mädchens von einem Drachen darstellte. Dann tanzten Narren in Pulcinelltracht und schlugen einander mit Schweinsblasen u. dgl. m. Solche Aufführungen, die bisweilen auch im Freien stattfanden, dauerten manchmal bis drei Uhr Nachts. Sie befriedigten nur die Schaulust, ließen aber, da sie weder zu dem Stücke noch zu den anwesenden Personen in bestimmter Beziehung standen, die denkenden Zuschauer unbefriedigt, so daß die oben erwähnte Isabella Gonzaga, die allerdings von Sehnsucht nach Gemahl und Kind ergriffen war und außerdem die Verbindung ihres Bruders mit Lucrezia nicht gern sah, von der „Frostigkeit und Kühle" der Hochzeit und der bei dieser gefeierten Festlichkeit sprechen konnte. Es war am Hofe von Ferrara durchaus üblich, daß jede Comödie „ihr" Ballet (moresca) habe.[3]) Wie man sich vollends die Aufführung der plautinischen

[1]) Ueber intermezzi e pompe sceniche (in den sacre rappr.) d'Ancona, Origini I, 515 ff. Bei den französischen Mystères marschirten die Schauspieler selbst vorher in Procession auf, was man la montre hieß.

[2]) Isabella Gonzaga an ihren Gemahl, 3. Febr. 1502, Arch. stor. Append. II, p. 306 fg.

[3]) Diario Ferrarese, bei Murat. XXIV, Col. 404. Andere Stellen über das

Menächmen daselbst (1491, bei Alfonsos erster Vermählung mit Anna Sforza) zu denken habe, ob vielleicht schon mehr als Pantomime mit Musik, denn als Drama, bleibt zweifelhaft.[1]) Das Eingelegte überwog jedenfalls das Stück selber; da sah man, von einem rauschenden Orchester begleitet, einen Chortanz von Jünglingen in Epheu gehüllt, in künstlich verschlungenen Figuren; dann erschien Apoll, schlug die Lyra mit dem Plectrum und sang dazu ein Preislied auf das Brautpaar, das Haus Este und dessen Gäste; darauf folgte, gleichsam als Intermezzo im Intermezzo, eine bäurische Genrescene oder Posse: Landleute ahmten die Verrichtung des Landbaues nach, worauf wieder die Mythologie mit Venus, Juno, Apoll, Bacchus und ihrem Gefolge die Scene in Beschlag nahm und eine Pantomime — Paris auf dem Ida — vorging. Nun erst kam die zweite Hälfte der Fabel des Amphitruo, mit deutlicher Anspielung auf die künftige Geburt eines Herkules aus dem Hause Este. Bei einer frühern Aufführung desselben Stückes im Hofe des Palastes (1487) brannte fortwährend „ein Paradies mit Sternen und anderen Rädern", d. h. eine Illumination vielleicht mit Feuerwerk, welche gewiß die beste Aufmerksamkeit absorbirte. Offenbar war es besser, wenn dergleichen Zuthaten für sich als eigene Darstellungen auftraten, wie etwa an anderen Höfen geschah. Von den festlichen Aufführungen beim Cardinal Pietro Riario, bei den Bentivogli zu Bologna 2c. wird deshalb bei Anlaß der Feste zu handeln sein.

Für die italienische Originaltragödie war die nun einmal ge-

dortige Theaterwesen Col. 278. 279. 282—285. 361. 380. 381. 393. 397. Bei einer Aufführung des Eunuchus in Ferrara (Briefe des Jano Percaro 1499, Giorn. storico XI, 182 ff.), erschienen zuerst 10 Bauern, die den Landbau vorführten, dann 12 Narren, darauf 6 Nymphen, 12 Männer mit je einem Thiere (Pfau, Hahn u. s. w.); das Hauptinteresse erregte ein Bär quale tanto aptamente fece l'officio che a molti parve esser naturale. — Ueber andere Aufführungen Gion. stor. XXI, 261 fg.

1) Strozii poetae fol. 232, im IV. Buch der Aeolosticha des Tito Strozza. Die Verse lauten:

Ecce superveniens rerum argumenta retexit
Mimus et ad populum verba diserta refert.
Tum similes habitu formaque et voce Menaechmi
Dulcibus oblectant lumina nostra modis.

(Für den Text Albrecht S. 23.) Die Menächmen auch 1486 in Ferrara, die Kosten betrugen mehr als 1000 Ducaten. Mur. XXIV, 278.

bräuchliche Pracht der Ausstattung wohl ganz besonders verhängnißvoll. „Man hat früher in Venedig", schreibt Francesco Sansovino um 1570, „oft außer den Comödien, auch Tragödien von antiken „und modernen Dichtern mit großem Pomp aufgeführt. Um des „Ruhmes der Ausstattung (apparati) willen strömten Zuschauer von „fern und nahe dazu herbei. Heutzutage jedoch finden Festlichkeiten, „die von Privatleuten veranstaltet werden, zwischen vier Mauern „Statt, und seit einiger Zeit hat sich von selbst der Gebrauch so „festgesetzt, daß die Carnevalszeit mit Comödien und anderen heiteren „und schätzbaren Vergnügungen hingebracht wird." [1]) D. h. der Pomp hat die Tragödie tödten helfen.

Die einzelnen Anläufe und Versuche dieser modernen Tragiker, worunter die Sofonisba des Trissino (1515) den größten Ruhm gewann, gehören in die Literaturgeschichte. Und auch von der vornehmern, dem Plautus und Terenz nachgebildeten Comödie läßt sich dasselbe sagen. Selbst ein Ariost konnte in dieser Gattung nichts Ausgezeichnetes leisten. Dagegen hätte die populäre Comödie in Prosa, wie sie Machiavelli, Bibbiena, Aretino behandelten, gar wohl eine Zukunft haben können, wenn sie nicht um ihres Inhaltes willen dem Untergang verfallen gewesen wäre. Dieser war nämlich einstweilen theils äußerst unsittlich, theils gegen einzelne Stände gerichtet, welche sich seit etwa 1540 nicht mehr eine so öffentliche Feindschaft bieten ließen. Wenn in der Sofonisba die Charakteristik vor einer glanzvollen Declamation hatte weichen müssen, so war sie hier, nebst ihrer Stiefschwester, der Caricatur, nur zu rücksichtslos gehandhabt gewesen. Immerhin waren die italienischen Lustspiele, wenn wir nicht irren, die frühsten in Prosa, und in völlig realistischem Ton gedichteten, so daß die europäische Literaturgeschichte ihrer nicht vergessen darf.

Nun dauert das Dichten von Tragödien und Comödien unaufhörlich fort, und auch an zahlreichen wirklichen Aufführungen antiker und moderner Stücke fehlt es fortwährend nicht; allein man nimmt davon nur Anlaß und Gelegenheit, um bei Festen die standesmäßige

[1]) Vgl. Excurs LXVI.

Pracht zu entwickeln, und der Genius der Nation hat sich davon als von einer lebendigen Gattung völlig abgewandt. Sobald Schäferspiel und Oper auftraten, konnte man jene Versuche vollends entbehren.

National war und blieb nun nur Eine Gattung: die ungeschriebene Commedia dell' Arte, welche nach einem vorliegenden Scenarium improvisirt wurde. Sie kommt der höhern Charakteristik deshalb nicht sonderlich zu Gute, weil sie wenige und feststehende Masken hat, deren Charakter Jedermann auswendig weiß. Die Begabung der Nation aber neigte so sehr nach dieser Gattung hin, daß man auch mitten in den Aufführungen geschriebener Comödien sich der eigenen Improvisation überließ, [1]) so daß eine förmliche Mischgattung sich hie und da geltend machen konnte. In dieser Weise mögen die Comödien gehalten gewesen sein, welche in Venedig Antonio da Molino, genannt Burchiello, und dann die Gesellschaft des Armonio, Val. Zuccato, Lod. Dolce rc. aufführte; [2]) von Burchiello erfährt man bereits, daß er die Komik durch einen mit Griechisch und Slavonisch versetzten venezianischen Dialect zu steigern wußte. Eine fast oder ganz vollständige Commedia dell' Arte war dann die des Angelo Beolco, genannt il Ruzzante (1502—1524), der, Dichter und Schauspieler zugleich, den höchsten Ruhm genoß, als Dichter dem Plautus; als Schauspieler dem Roscius gleichgestellt wurde, und der sich mit mehreren Freunden verband, die er in einigen seiner Stücke als paduanische Bauern unter den Namen: Menato, Vezzo, Billora auftreten ließ; ihren Dialect pflegte er zu studiren, wenn er auf der Villa seines Gönners Luigi Cornaro (Aloysius Cornelius) zu Codevico den Sommer zubrachte. [3]) Allmählich tauchen dann all

[1]) Dies meint wohl Sansovino, Venezia fol. 168, wenn er klagt, die recitanti verdürben die Comödien „con invenzioni o personnagi tropo ridicoli".

[2]) Sansovino, a. a. O.

[3]) Scardeonius, de urb. Patav. antiq. bei Graevius, Thes. IV, III, Col. 288 fg. Eine wichtige Stelle auch für die Dialectliteratur überhaupt. Die eine der benutzten Stellen lautet: Huic ad recitandas comoedias socii scenici et gregales et aemuli fuere nobiles juvenes Patavini, Marcus Aurelius Alvarotus quem in comoediis suis Menatum appellitabat et Hieronymus Zanetus quem Vezzam et Castegnola quem Billoram vocitabat et alii quidam qui sermonem agrestium imi-

die berühmten Localmasken auf, an deren Ueberresten Italien sich noch heute ergötzt: Pantalone, der Dottore, Brighella, Pulcinella, Arlecchino u. s. w. Sie sind gewiß großentheils sehr viel älter, ja möglicherweise im Zusammenhang mit den Masken altrömischer Farsen, allein erst das 16. Jahrhundert vereinigte mehrere von ihnen in Einem Stücke. Gegenwärtig geschieht dies nicht mehr leicht, aber jede große Stadt hält wenigstens ihre Localmaske fest: Neapel seinen Pulcinella, Florenz den Stenterello, Mailand den bisweilen herrlichen Meneking.[1])

Ein dürftiger Ersatz freilich für eine große Nation, welche vielleicht vor allen die Gabe gehabt hätte, ihr Höchstes im Spiegel des Dramas objectiv zu schildern und anzuschauen. Aber dies sollte ihr auf Jahrhunderte verwehrt bleiben durch feindselige Mächte, an deren Aufkommen sie nur zum Theil Schuld war. Nicht auszurotten war freilich das allverbreitete Talent der dramatischen Darstellung, und mit der Musik hat Italien vollends Europa zinspflichtig gehalten. Wer in dieser Tonwelt einen Ersatz oder einen verhüllten Ausdruck für das verwehrte Drama erkennen will, mag sich damit nach Gefallen trösten.

Was das Drama nicht geleistet hatte, darf man es etwa vom Epos erwarten? Gerade das italienische Heldengedicht wird scharf darob angeklagt, daß die Haltung und Durchführung der Charaktere seine allerschwächste Seite sei.

Andere Vorzüge sind ihm nicht abzustreiten, u. a. der, daß es seit vierthalb Jahrhunderten wirklich gelesen und immer von Neuem abgedruckt wird, während fast die ganze epische Poesie der übrigen Völker zur bloßen literargeschichtlichen Curiosität geworden ist. Oder liegt es etwa an den Lesern, die etwas anderes verlangen und an-

tando prae ceteris callebant. Ich führe sie deshalb an, weil ich auf sie gestützt den Text geändert habe. 6 Comödien des Ruzzante sind Venedig 1561 gedruckt.

1) Daß Letzterer mindestens im 15. Jahrh. schon vorhanden ist, läßt sich aus dem Diario Ferrarese schließen, das zum 2. Febr. 1501 erzählt: Il duca Hercole fece una festa di Menechino secondo il suo uso. Diar. Ferr. bei Murat. XXIV, Col. 393. An ein Mißverständniß, hergeleitet aus Plautus' Menächmen, ist hier nicht zu denken, denn diese werden (l. c. Col. 278) richtig genannt. Vgl. oben S. 37, A. 1.

erkennen als im Norden? Wenigstens gehört für uns schon eine theilweise Aneignung des italienischen Gesichtskreises dazu, um diesen Dichtungen ihren eigenthümlichen Werth abzugewinnen, und es gibt sehr ausgezeichnete Menschen, welche erklären, nichts damit anfangen zu können. Freilich, wer Pulci, Bojardo, Ariosto und Berni auf den reinen sogenannten Gedankengehalt hin analysirt, der muß dabei zu kurz kommen. Sie sind Künstler der eigensten Art, welche für ein entschieden und vorherrschend künstlerisches Volk dichten.

Die mittelalterlichen Sagenkreise hatten nach dem allmählichen Erlöschen der Ritterdichtung theils in Gestalt von gereimten Umarbeitungen und Sammlungen, theils als Prosaromane weiter gelebt. Letzteres war in Italien während des 14. Jahrhunderts der Fall; doch wuchsen die neu erwachenden Erinnerungen des Alterthums riesengroß daneben empor und stellten alle Phantasiebilder des Mittelalters in tiefen Schatten. Boccaccio z. B. in seiner Visione amorosa nennt zwar unter den in seinem Zauberpalast dargestellten Heroen auch einen Tristan, Artus, Galeotto rc. mit, aber ganz kurz, als schämte er sich ihrer (oben Bd. I, II. Abschn. 3. Cap.), und die folgenden Schriftsteller aller Art nennen sie entweder gar nicht mehr oder nur im Scherz. Das Volk jedoch behielt sie im Gedächtniß, und aus seinen Händen gingen sie dann wieder an die Dichter des 15. Jahrhunderts über. Dieselben konnten ihren Stoff nun ganz neu und frei empfinden und darstellen; sie thaten aber noch mehr, indem sie unmittelbar daran weiter dichteten, ja sogar bei Weitem das Meiste neu erfanden. Eines muß man nicht von ihnen verlangen: daß sie einen so überkommenen Stoff hätten mit einem vorweltlichen Respect behandeln sollen. Das ganze neuere Europa darf sie darum beneiden, daß sie noch an die Theilnahme ihres Volkes für eine bestimmte Phantasiewelt anknüpfen konnten, aber sie hätten Heuchler sein müssen, wenn sie dieselbe als Mythus verehrt hätten.[1])

Statt dessen bewegen sie sich auf dem neu für die Kunst-

[1]) Pulci in seinem Muthwillen fingirt für seine Geschichte des Riesen Margutte eine feierliche uralte Tradition. (Morgante, canto XIX, str. 153 fg.) Vgl. S. 42 A. 1.) — Noch drolliger lautet die kritische Einleitung des Limerno Pitocco (Orlandino, cap. 1, str. 12—22).

poesie gewonnenen Gebiete als Souveräne. Ihr Hauptziel scheint die möglichst schöne und muntere Wirkung des einzelnen Gesanges beim Recitiren gewesen zu sein, wie denn auch diese Gedichte außerordentlich gewinnen, wenn man sie stückweise und vortrefflich, mit einem leisen Anflug von Komik in Stimme und Geberde, hersagen hört. Eine tiefere, durchgeführte Charakterzeichnung hätte zur Erhöhung dieses Effects nicht sonderlich beigetragen; der Leser mag sie verlangen, der Hörer denkt nicht daran, da er immer nur ein Stück hört und zuletzt nur den Rhapsoden vor sich sieht. In Betreff der vorgeschriebenen Figuren ist die Stimmung des Dichters eine doppelte: seine humanistische Bildung protestirt gegen das mittelalterliche Wesen derselben, während doch ihre Kämpfe als Seitenbild des damaligen Turnier- und Kriegswesens alle mögliche Kennerschaft und poetische Hingebung erfordern und zugleich eine Glanzaufgabe des Recitanten sind. Deshalb kommt es selbst bei Pulci[1]) zu keiner eigentlichen Parodie des Ritterthums, wenn auch die komisch derbe Redeweise seiner Paladine oft daran streift. Daneben stellt er das Ideal der Rauflust, seinen drolligen und gutmüthigen Morgante, der mit seinem Glockenschwengel ganze Armeen bändigt; ja, er weiß auch diesen wiederum relativ zu verklären durch die Gegenüberstellung des absurden und dabei höchst merkwürdigen Monstrums Margutte. Ein besonderes Gewicht legt aber Pulci auf diese beiden derb und kräftig gezeichneten Charaktere keineswegs, und seine Geschichte geht auch, nachdem sie längst daraus verschwunden sind, ihren wunderlichen Gang weiter. Auch Bojardo[2]) steht ganz bewußt

[1]) Morgante, begonnen 1460, nach langer Pause beendet 1470. Der Name Margutte lehnt sich an einen Giganten Margotto in ital. Ged. des 13. Jahrh. an, hat viel Aehnlichkeit mit dem Sosia im Driadeo. Astarotte hängt vielleicht mit einer bestimmten Persönlichkeit zusammen: Toscanella, Ficino, vielleicht nur im Allgemeinen mit Pulcis Intensi für naturwissenschaftliche Dinge. Vgl. Volpi, Note critiche sul Morgante (Bibl. d. scuole class. ital. n. s. VI, 17. 18. Modena 1894), der Morgante ist zuerst gedruckt Venedig 1481, neue Ausgabe von P. Sermolli, Florenz 1855. — Das Turnierwesen s. u. 5. Abschn., 1. Cap. Für das hier und im Folgenden Behandelte mag kurz auf L. Ranke, Zur Geschichte der italienischen Poesie, Berlin 1837, verwiesen werden.

[2]) Der Orlando inamorato zuerst gedruckt 1494. Ueber Bojardo 1894 ein großer Band ges. Abhandlungen und eine Ausg. seiner Lyrika.

über seinen Gestalten und gebraucht sie nach Belieben ernst und komisch; selbst mit den dämonischen Wesen treibt er seinen Spaß und schildert sie bisweilen absichtlich als tölpelhaft. Es gibt aber eine künstlerische Aufgabe, mit welcher er es sich so sehr ernst sein läßt wie Pulci; nämlich die äußerst lebendige und, man möchte sagen, technisch genaue Schilderung aller Hergänge. — Pulci recitirte sein Gedicht, sobald wieder ein Gesang fertig war, vor der Gesellschaft des Lorenzo magnifico, und gleichermaßen Bojardo das seinige vor dem Hofe des Ercole von Ferrara; nun erräth man leicht, auf was für Vorzüge hier geachtet wurde und wie wenig Dank die durchgeführten Charaktere geerntet haben würden. Natürlich bilden auch die Gedichte selbst bei sobewandten Umständen kein geschlossenes Ganzes und könnten halb oder auch doppelt so lang sein als sie sind; ihre Composition ist nicht die eines großen Historienbildes, sondern die eines Frieses oder einer von bunten Gestalten umgaukelten prachtvollen Fruchtschnur. So wenig man in den Figuren und dem Rankenwerk eines Frieses durchgeführte individuelle Formen, tiefe Perspectiven und verschiedene Pläne fordert oder auch nur gestattet, so wenig erwartete man es in diesen Gedichten.

Die bunte Fülle der Erfindungen, durch welche besonders Bojardo stets von Neuem überrascht, spottet aller unserer jetzt geltenden Schuldefinitionen vom Wesen der epischen Poesie. Für die damalige Zeit war es die angenehmste Diversion gegenüber der Beschäftigung mit dem Alterthum, ja der einzig mögliche Ausweg, wenn man überhaupt wieder zu einer selbständigen erzählenden Dichtung gelangen sollte. Denn die Poetisirung der Geschichte des Alterthums führte doch nur auf jene Irrpfade, welche Petrarca betrat mit seiner „Africa" in lateinischen Hexametern und anderthalb Jahrhunderte später Trissino mit seinem „von den Gothen befreiten Italien" in versi sciolti, einem enormen Gedichte von tadelloser Sprache und Versification, wo man nur im Zweifel sein kann, ob die Geschichte oder die Poesie bei dem unglücklichen Bündniß übler weggekommen sei.[1])

Und wohin verlockte Dante diejenigen, die ihn nachahmten?

[1]) L'Italia liberata da Goti. Rom. 1547.

Die visionären Trionfi des Petrarca sind eben noch das Letzte, was dabei mit Geschmack zu erreichen, Boccaccios „Verliebte Vision" ist schon wesentlich bloße Aufzählung historischer und fabelhafter Personen nach allegorischen Categorien.[1]) Andere leiten dann, was sie irgend vorzubringen haben, mit einer barocken Nachahmung von Dantes erstem Gesang ein und versehen sich dabei mit irgend einem allegorischen Begleiter, der die Stelle des Virgil einnimmt; Uberti hat für sein geographisches Gedicht (Dittamondo) den Solinus gewählt, Giovanni Santi für sein Lobgedicht auf Federigo von Urbino den Plutarch.[2]) Von diesen falschen Fährten erlöste einstweilen nur diejenige epische Dichtung, welche von Pulci und Bojardo vertreten war. Die Begierde und Bewunderung, mit der man ihr entgegenkam — wie man vielleicht bis an der Tage Abend mit dem Epos nicht mehr thun wird — beweist glänzend, wie sehr die Sache ein Bedürfniß war. Es handelt sich gar nicht darum, ob in diesen Schöpfungen die seit unserm Jahrhundert aus Homer und den Nibelungen abstrahirten Ideale des wahren Heldengedichtes verwirklicht seien oder nicht; ein Ideal ihrer Zeit verwirklichten sie jedenfalls. Mit ihren massenhaften Kampfbeschreibungen, die für uns der am meisten ermüdende Bestandtheil sind, begegneten sie überdies, wie gesagt, einem Sachinteresse, von dem wir uns schwer eine richtige Vorstellung machen,[3]) so wenig als von der Hochschätzung des lebendigen momentanen Schilderns überhaupt.

So kann man denn auch an Ariosto keinen falschern Maßstab legen, als wenn man in seinem Orlando furioso[4]) nach Charakteren suchen geht. Sie sind hie und da vorhanden und sogar mit Liebe behandelt, allein das Gedicht stützt sich keinen Augenblick auf sie und würde durch ihre Hervorhebung sogar eher verlieren als gewinnen. Jene Anforderung hängt aber mit einem allgemeinen

1) Vgl. oben S. 41. Doch ist zu beachten, daß das genannte Werk s B.s vor 1344 geschrieben ist, während das Werk Petrarcas nach Lauras Tode, also nach 1348 gedichtet wurde.

2) Ueber Santis Gedicht oben Bd. I, Excurs.

3) Wie vieles der Art würde nicht der jetzige Geschmack selbst in der Ilias entbehrlich finden?

4) Die erste Ausgabe 1516.

Begehren zusammen, welchem Ariosto nicht im Sinne unserer Zeit genügt; von einem so gewaltig begabten und berühmten Dichter nämlich hätte man gerne überhaupt etwas Anderes als Rolandsabenteuer u. dgl. Er hätte sollen in einem großen Werke die tiefsten Conflicte der Menschenbrust, die höchsten Anschauungen der Zeit über göttliche und menschliche Dinge, mit einem Worte: eines jener abschließenden Weltbilder darstellen, wie die göttliche Comödie und der Faust sie bieten. Statt dessen verfährt er ganz wie die damaligen bildenden Künstler und wird unsterblich, indem er von der Originalität in unserm jetzigen Sinne abstrahirt, an einem bekannten Kreise von Gestalten weiterbildet und selbst das schon dagewesene Detail noch einmal benützt, wo es ihm dient. Was für Vorzüge bei einem solchen Verfahren noch immer erreicht werden können, das wird Leuten ohne künstlerisches Naturell um so viel schwerer begreiflich zu machen sein, je gelehrter und geistreicher sie sonst sein mögen. Das Kunstziel des Ariosto ist das glanzvoll lebendige „Geschehen“, welches sich gleichmäßig durch das ganze große Gedicht verbreitet. Er bedarf dazu einer Dispensation nicht nur von der tiefern Charakterzeichnung, sondern auch von allem strengern Zusammenhang der Geschichten. Er muß verlorene und vergessene Fäden wieder anknüpfen dürfen, wo es ihm beliebt; seine Figuren müssen kommen und verschwinden, nicht weil ihr tieferes persönliches Wesen, sondern weil das Gedicht es so verlangt. Freilich innerhalb dieser scheinbar irrationellen, willkürlichen Compositionsweise entwickelt er eine völlig gesetzmäßige Schönheit. Er verliert sich nie ins Beschreiben, sondern gibt immer nur so viel Scenerie und Personenschilderung, als mit dem Vorwärtsrücken der Ereignisse harmonisch verschmolzen werden kann; noch weniger verliert er sich in Gespräche und Monologe — die eingelegten Reden sind nämlich wiederum nur Erzählungen —, sondern er behauptet das majestätische Privilegium des wahren Epos, Alles zu lebendigen Vorgängen zu gestalten. Das Pathos liegt bei ihm nie in den Worten — was sich Pulci wohl erlaubt hatte [1]) —, vollends nicht in dem be=

[1]) Morgante, Canto XIX, Str. 20 fg.

rühmten dreiundzwanzigsten Gesange und den folgenden, wo Rolands Raserei geschildert wird. Daß die Liebesgeschichten im Heldengedicht keinen lyrischen Schmelz haben, ist ein Verdienst mehr, wenn man sie auch von moralischer Seite nicht immer gut heißen kann. Bisweilen besitzen sie dafür eine solche Wahrheit und Wirklichkeit trotz allem Zauber- und Ritterwesen, das sie umgibt, daß man darin unmittelbare Angelegenheiten des Dichters selbst zu erkennen glaubt. Im Vollgefühl seiner Meisterschaft hat er dann unbedenklich noch manches Andere aus der Gegenwart in das große Werk verflochten und den Ruhm des Hauses Este in Gestalt von Erscheinungen und Weissagungen mit hineingenommen. Der wunderbare Strom seiner Ottaven trägt dieses Alles in gleichmäßiger Bewegung vorwärts.

Mit Teofilo Folengo oder, wie er sich hier nennt, Limerno Pitocco tritt dann die Parodie des ganzen Ritterwesens in ihr längst ersehntes Recht,[1]) zudem aber meldet sich mit der Komik und ihrem Realismus nothwendig auch das strengere Charakterisiren wieder. Unter den Püffen und Steinwürfen der wilden Gassenjugend eines römischen Landstädtchens, Sutri, wächst der kleine Orlando sichtbarlich zum muthigen Helden, Mönchsfeind und Raisonneur auf. Die conventionelle Phantasiewelt, wie sie sich seit Pulci ausgebildet und als Rahmen des Epos gegolten hatte, springt hier freilich in Splitter auseinander; Herkunft und Wesen der Paladine werden offen verhöhnt, z. B. durch jenes Eselsturnier im zweiten Gesange, wobei die Ritter mit den sonderbarsten Rüstungen und Waffen erscheinen. Der Dichter zeigt bisweilen ein komisches Bedauern über die unerklärliche Treulosigkeit, die in der Familie des Gano von Mainz zu Hause gewesen, über die mühselige Erlangung des Schwertes Durindana u. dgl., ja das Ueberlieferte dient ihm überhaupt nur noch als Substrat für lächerliche Einfälle, Episoden, Tendenzausbrüche (worunter sehr schöne, z. B. der Schluß von Cap. VI) und Zoten. Neben alledem ist endlich noch ein gewisser Spott auf Ariosto nicht zu verkennen, und es war wohl für den Orlando furioso

[1]) Sein Orlandino, erste Ausg., 1526. Neu edirt von Att. Portioli, Mantua 1888 (Opere maccheroniche di Merlin Cocai Bd. III).

ein Glück, daß der Orlandino mit seinen lutherischen Ketzereien ziemlich bald der Inquisition und der künstlichen Vergessenheit anheim fiel. Eine kenntliche Parodie scheint z. B. durch, wenn (Cap. IV, Str. 28) das Haus Gonzaga von dem Paladin Guidone abgeleitet wird, sintemal von Orlando die Colonnesen, von Rinaldo die Orsinen und von Ruggiero — laut Ariost — die Estenser abstammen sollten. Vielleicht war Ferrante Gonzaga, der Patron des Dichters, dieser Anzüglichkeit gegen das Haus Este nicht fremd.

Daß endlich in der Gerusalemme liberata des Torquato Tasso die Charakteristik eine der höchsten Angelegenheiten des Dichters ist, beweist allein schon, wie weit seine Denkweise von der um ein halbes Jahrhundert früher herrschenden abweicht. Sein bewundernswürdiges Werk ist wesentlich ein Denkmal der inzwischen vollzogenen Gegenreformation und ihrer Tendenz.

Fünftes Capitel.

Die Biographik.

Außerhalb des Gebietes der Poesie haben die Italiener zuerst von allen Europäern den historischen Menschen nach seinen äußeren und inneren Zügen und Eigenschaften genau zu schildern eine durchgehende Neigung und Begabung gehabt.

Allerdings zeigt schon das frühere Mittelalter bemerkenswerthe Versuche dieser Art, und die Legende mußte als eine stehende Aufgabe der Biographie das Interesse und das Geschick für individuelle Schilderung wenigstens bis zu einem gewissen Grade aufrecht halten. In den Kloster- und Domstiftsannalen werden manche Hierarchen, z. B. Meinwerk von Paderborn, Godehard von Hildesheim ꝛc. recht anschaulich beschrieben, und von mehreren unserer deutschen Kaiser gibt es Schilderungen, nach antiken Mustern, etwa Sueton, verfaßt, welche die kostbarsten Züge enthalten; ja diese und ähnliche profane „vitæ“ bilden allmählich eine fortlaufende Parallele zu den Heiligengeschichten. Doch wird man weder Einhard noch Radevicus [1]) nennen dürfen neben Joinvilles Schilderung des heiligen Ludwig, welche als das erste vollkommene Geistesbildniß eines neu-europäischen Menschen allerdings sehr vereinzelt dasteht. Charaktere wie St. Ludwig sind überhaupt selten, und dazu gesellt sich noch das seltene Glück, daß ein völlig naiver Schilderer aus allen einzelnen Zügen und Ereignissen eines Lebens die Gesinnung heraus erkennt und sprechend darstellt. Aus welch kümmerlichen Quellen muß man das innere Wesen eines Friedrich II., eines Philipp des Schönen zusammen errathen. Vieles, was sich dann bis zu Ende des Mittelalters als Biographie gibt, ist eigentlich nur Zeitgeschichte und ohne Sinn für das Individuelle des zu preisenden Menschen geschrieben.

Bei den Italienern wird nun das Aufsuchen der charakteristischen Züge bedeutender Menschen eine herrschende Tendenz, und dies ist es, was sie von den übrigen Abendländern unterscheidet, bei welchen dergleichen mehr nur zufällig und in außerordentlichen Fällen vorkommt. Diesen entwickelten Sinn für das Individuelle kann überhaupt nur derjenige haben, welcher selbst aus der Race herausgetreten und zum Individuum geworden ist.

Im Zusammenhang mit dem weitherrschenden Begriff des Ruhms (Bd. I, S. 143 fg.) entsteht eine sammelnde und vergleichende Biographik, welche nicht mehr nöthig hat, sich an Dynastien und geistliche Reihenfolgen zu halten wie Anastasius, Agnellus [2]) und ihre Nachfolger, oder wie die Dogenbiographen von Venedig. Sie darf vielmehr den Menschen schildern, wenn und weil er bedeutend ist. Als Vorbilder wirken hierauf außer Sueton auch Cornelius Nepos, die viri illustres und Plutarch ein, so weit er bekannt und übersetzt war; für literaturgeschichtliche Aufzeichnungen scheinen die Lebensbeschreibungen der Grammatiker, Rhetoren und Dichter, welche wir als Beilagen zu Sueton kennen, [3]) wesentlich als Vorbilder gedient zu haben, auch das vielgelesene Leben Vergils von Donatus.

[1]) Radevicus, de gestis Friderici imp., bes. II, 76. — Die ausgezeichnete Vita Heinrici IV. enthält gerade wenig Personalschilderung; ebenso die Vita Chuonradi imp. von Wipo.

[2]) Verfasser einer Bisthumsgeschichte von Ravenna (9. Jahrh.)

[3]) Wie früh auch Philostratus, wage ich nicht zu entscheiden.

Wie nun biographische Sammlungen, Leben berühmter Männer, berühmter Frauen mit dem 14. Jahrhundert aufkamen, wurde schon oben (Bd. I, II. Abschn. 3. Cap.) erwähnt. Soweit sie nicht Zeitgenossen schildern, hängen sie natürlich von den früheren Darstellern ab; die erste bedeutende freie Leistung ist wohl das Leben Dantes von Boccaccio. Leicht und schwungvoll hingeschrieben und reich an Willkürlichkeiten, gibt diese Arbeit doch das lebhafte Gefühl von dem Außerordentlichen in Dantes Wesen.[1]) Dann folgen, zu Ende des 14. Jahrhunderts, die „vite" ausgezeichneter Florentiner, von Filippo Villani. Es sind Leute jeden Faches: Dichter, Juristen, Aerzte, Philologen, Theologen, Astrologen, Künstler, Staats- und Kriegsmänner, darunter noch lebende. Florenz wird hier behandelt wie eine begabte Familie. wo man die Sprößlinge notirt, in welchen der Geist des Hauses besonders kräftig ausgesprochen ist. Die Charakteristiken sind nur kurz, aber mit einem wahren Talent für das Bezeichnende gegeben und noch besonders merkwürdig durch das Zusammenfassen der äußern Physiognomie mit der innern.[2]) Fortan[3]) haben die Toscaner nie aufgehört, die Menschenschilderung als eine Sache ihrer speciellen Befähigung zu betrachten, und von ihnen haben wir die wichtigsten

[1]) Vgl. die schöne Würdigung bei M. Landau, Boccaccio S. 180—182 und die Untersuchung bei Scheffer-Boichhorst, Aus Dantes Verbannung S. 191—226, die zu dem Resultate führt, daß die beiden erhaltenen Fassungen von Boccaccio sind und welche die Mängel und Vorzüge jener Biographie geistreich und scharfsinnig auseinandersetzt.

[2]) Das Original (lateinisch) ist erst Florenz 1847 von Galletti herausgegeben worden, u. d. T.: Philippi Villani liber de civitatis Florentiae famosis civibus; eine alte italienische Uebersetzung ist seit 1747 öfter gedruckt worden, zuletzt Triest 1858. Hierher gehört nur das zweite Buch, das erste, das niemals gedruckt worden, behandelt die Urgeschichte von Florenz und Rom. Besonders interessant in der Villanischen Abhandlung ist die Abtheilung de semipoetis, d. h. solchen, die theils in Prosa, theils in Versen geschrieben oder solchen, die außer ihren anderen Berufsarbeiten auch Dichtungen veröffentlicht haben. Fil. Villani schickte sein biographisches Werk zur Critik an Salutati; aus dessen sehr verstümmelter Antwort (Briefe II, 47) scheint hervorzugehen, daß das Werk manche nicht mehr erhaltene Artikel gehabt hätte.

[3]) Hier ist wieder auf die früher Bd. I, II. Abschn. 2. Cap. excerpirte Biographie des L. B. Alberti hinzuweisen, sowie auf die zahlreichen florentinischen Biographien bei Muratori, im Archivio storico u. a. a. O.

Charakteristiken der Italiener des 15. und 16. Jahrhunderts überhaupt. Giovanni Cavalcanti (in den Beilagen zu seiner florentinischen Geschichte, vor 1450)[1]) sammelt Beispiele bürgerlicher Trefflichkeit und Aufopferung, politischen Verstandes, sowie auch kriegerischer Tüchtigkeit, von lauter Florentinern. Papst Pius II. gibt in seinen Commentarien werthvolle Lebensbilder von berühmten Zeitgenossen; neuerlich ist auch eine besondere Schrift seiner frühern Zeit[2]) wieder abgedruckt worden, welche gleichsam die Vorarbeiten zu jenen Porträts, aber mit eigenthümlichen Zügen und Farben enthält. Dem Jacob von Volterra verdanken wir pikante Porträts der römischen Curie[3]) in der Zeit Sixtus' IV.[4]) Von Vespasiano Fiorentino war schon oft die Rede, und als Quelle im Ganzen gehört er zum Wichtigsten, was wir besitzen; aber seine Gabe des Charakterisirens kommt noch nicht in Betracht neben derjenigen eines Machiavelli, Nicolò Valori, Guicciardini, Varchi, Francesco Vettori u. a., von welchen die europäische Geschichtschreibung vielleicht so nachdrücklich als von den alten auf diesen Weg gewiesen wurde. Man darf nämlich nicht vergessen, daß mehrere dieser Autoren in lateinischen Uebersetzungen frühe ihren Weg nach dem Norden fanden. Und ebenso gäbe es ohne Giorgio Vasari von Arezzo und sein unvergleichlich wichtiges Werk noch keine Kunstgeschichte des Nordens und des neuern Europas überhaupt.

Von den Oberitalienern des 15. Jahrhunderts hat Bartolommeo Fazio (von Spezzia) höhere Bedeutung (Bd. I, Excurs). Platina, aus dem Cremonesischen gebürtig, repräsentirt in seinem „Leben

1) Storia fiorentina hgg. von F. L. Polidori, Florenz 1838.

2) De viris illustribus, in den Schriften des Stuttgarter literarisch. Vereins, Nr. I, Stuttgart 1839. Vgl. G. Voigt II, S. 324. Von den 65 Lebensbeschreibungen sind 21 verloren gegangen.

3) Sein Diarium Romanum von 1472–1484 bei Murat. XXIII, p. 81 bis 202.

4) Auch Ugolini Verini poetae Florentini (eines Zeitgenossen Lorenzos, eines Schülers des Landinus Fol. 13 und Lehrers des Petrus Crinitus Fol. 14) de illustratione urbis Florentinae libri tres. Paris 1583 bes. 2. Buch verdient eine Erwähnung. Dante, Petrarca, Boccaccio werden ohne jedes tadelnde Beiwort genannt und charakterisirt; auch einige Frauen Fol. 11.

Pauls II." (Bd. I, Abschn. 3, Cap. 6) bereits die biographische Caricatur. Vorzüglich wichtig aber ist die von Piercandido Decembrio verfaßte Schilderung des letzten Visconti,[1]) eine große, erweiterte Nachahmung des Sueton. Sismondi bedauert, daß soviel Mühe an einen solchen Gegenstand gewandt worden, allein für einen größern Mann hätte vielleicht der Autor nicht ausgereicht, während er völlig genügt, um den gemischten Charakter des Filippo Maria und an und in demselben mit wunderwürdiger Genauigkeit die Voraussetzungen, Formen und Folgerungen einer bestimmten Art von Tyrannis darzustellen. Das Bild des 15. Jahrhunderts wäre unvollständig ohne diese in ihrer Art einzige Biographie, welche bis in die feinsten Miniaturpünktchen hinein charakteristisch ist. — Späterhin besitzt Mailand an dem Geschichtschreiber Corio einen bedeutenden Bildnißmaler; dann folgt der Comaske Paolo Giovio, dessen größere Biographien und kleinere Elogien weltberühmt und für Nachfolger aller Länder ein Vorbild geworden sind. Es ist leicht, an hundert Stellen Giovios Flüchtigkeit, oft auch, doch wohl nicht so häufig, seine Unredlichkeit nachzuweisen, und eine ernste höhere Absicht liegt ohnehin nie in einem Menschen, wie er war. Allein der Athem des Jahrhunderts weht durch seine Blätter, und sein Leo, sein Alfonso, sein Pompeo Colonna leben und bewegen sich vor uns mit völliger Wahrheit und Nothwendigkeit, wenngleich ihr tiefstes Wesen uns hier nicht kund wird.

Unter den Neapolitanern nimmt Tristan Caracciolo (Bd. I, S. 37 A. 2), soweit wir urtheilen können, ohne Frage die erste Stelle ein, obwohl seine Absicht nicht einmal eine streng biographische ist. Wundersam verflechten sich in den Gestalten, die er uns vorführt, Schuld und Schicksal, ja man könnte ihn wohl einen unbewußten Tragiker nennen. Die wahre Tragödie, welche damals auf der Scene keine Stätte fand, schritt mächtig einher durch die Paläste, Straßen und Plätze. — Die „Worte und Thaten Alfons' des Großen", von Antonio Panormita[2]) bei Lebzeiten des Königs geschrieben und

[1]) Petri Candidi Decembrii Vita Philippi Mariae Vicecomitis, bei Murat. XX. Vgl. oben Bd. I, S. 40 und Anm. 1.

[2]) S. oben Bd. I, Abschn. III, Cap. 6.

gerade deshalb von Schmeichelei und Bewunderung mehr erfüllt, als die historische Wahrheit verträgt, sind merkwürdig als eine der frühesten derartigen Sammlungen von Anekdoten und weisen wie scherzhaften Reden.

Langsam nur folgte das übrige Europa den italienischen Leistungen in der geistigen Charakteristik, obschon die großen politischen und religiösen Bewegungen so manche Bande gesprengt, so viele Tausende zum Geistesleben geweckt hatten. Ueber die wichtigsten Persönlichkeiten der damaligen europäischen Welt sind wiederum im Ganzen unsere besten Gewährsmänner Italiener, sowohl Literaten als Diplomaten. Wie rasch und unwidersprochen haben in neuester Zeit die venezianischen Gesandtschaftsberichte des 16. und 17. Jahrhunderts in Betreff der Personalschilderungen die erste Stelle errungen.

Auch die Selbstbiographie nimmt bei den Italienern hie und da einen kräftigen Flug in die Tiefe und Weite und schildert neben dem buntesten Außenleben ergreifend das eigene Innere, während sie bei anderen Nationen, auch bei den Deutschen der Reformationszeit, sich an die merkwürdigen äußeren Schicksale hält und den Geist mehr nur aus der Darstellungsweise errathen läßt.[1]) Es ist, als ob Dantes vita nuova mit ihrer unerbittlichen Wahrheit der Nation die Wege gewiesen hätte.

Den Anfang dazu macht Petrarcas Brief „an die Nachwelt“, der Beginn einer Selbstbiographie, wie sie, nach Petrarcas ausdrücklichem Zeugniß vor ihm kaum Einer versucht habe;[2]) dann folgen die Haus- und Familiengeschichten aus dem 14. und 15. Jahrhundert, welche noch in ziemlicher Anzahl namentlich in den florentinischen Bibliotheken handschriftlich vorhanden sein sollen; naive, im Interesse des Hauses und des Schreibenden abgefaßte Lebensläufe, wie z. B. des Buonaccorso Pitti.[3])

Eine tiefere Selbstkritik ist auch nicht gerade in den Commen-

[1]) Vgl. Excurs LXVII.

[2]) Petr. epp. var. 25: quod ante me, ut arbitror, fecit nemo.

[3]) Sie ist von G. Manni mit Anmerkungen von S. Salvini hgg. Flor. 1720. Salutati Briefe III, 75 nennt ihn frater meus. Novati versprach (1896) über den interessanten Mann genauere Mittheilungen zu machen.

tarien Pius' II. zu suchen; was man hier von ihm als Menschen erfährt, beschränkt sich sogar dem ersten Anschein nach darauf, daß er meldet, wie er seine Carriere machte. Allein bei weiterm Nachdenken wird man dieses merkwürdige Buch anders beurtheilen. Es gibt Menschen, die wesentlich Spiegel dessen sind, was sie umgibt; man thut ihnen Unrecht, wenn man sich beharrlich nach ihrer Ueberzeugung, nach ihren inneren Kämpfen und tieferen Lebensresultaten erkundigt. So ging Aeneas Sylvius völlig auf in den Dingen, ohne sich um irgend einen sittlichen Zwiespalt sonderlich zu grämen; nach dieser Seite deckte ihn seine gutkatholische Orthodoxie soweit als nöthig war. Und nachdem er in allen geistigen Fragen, die sein Jahrhundert beschäftigten, mitgelebt und mehr als einen Zweig derselben wesentlich gefördert hatte, behielt er doch am Ende seiner Laufbahn noch Temperament genug übrig, um den Kreuzzug gegen die Türken zu betreiben und am Gram ob dessen Vereitelung zu sterben.[1])

Auch die Selbstbiographie des Benvenuto Cellini geht nicht gerade auf Beobachtungen über das eigene Innere aus. Gleichwohl schildert sie den ganzen Menschen, zum Theil wider Willen, mit einer hinreißenden Wahrheit und Fülle. Es ist wahrlich kein Kleines, daß Benvenuto, dessen bedeutendste Arbeiten bloßer Entwurf geblieben und untergegangen sind, und der uns als Künstler nur im kleinen decorativen Fach vollendet erscheint, sonst aber, wenn man bloß nach seinen erhaltenen Werken urtheilt, neben so vielen größeren Zeitgenossen zurückstehen muß, — daß Benvenuto als Mensch die Menschen beschäftigen wird bis ans Ende der Tage. Es schadet ihm nicht, daß der Leser häufig ahnt, er möchte gelogen oder geprahlt haben; denn der Eindruck der gewaltig energischen, völlig durchgebildeten Natur überwiegt. Neben ihm erscheinen z. B. unsere nordischen Selbstbiographen, so viel höher ihre Tendenz und ihr sittliches Wesen bisweilen zu achten sein mag, doch als ungleich weniger vollständig in der Darstellung. Er ist ein Mensch, der Alles kann, Alles wagt und sein Maß in sich selber trägt.[2])

[1]) Vgl. Excurs LXVIII.

[2]) Von den nordischen Selbstbiographien wird man vielleicht am ehesten hier die (freilich bedeutend spätere) des

Und noch ein Anderer ist hier zu nennen, der es ebenfalls mit der Wahrheit nicht immer soll genau genommen haben: Girolamo Cardano von Mailand (geb. 1500). Sein Büchlein de propria vita[1]) wird selbst sein großes Andenken in der Geschichte der Naturforschung und der Philosophie überleben und übertönen wie die vita Benvenutos dessen Werke, obwohl der Werth der Schrift wesentlich ein anderer ist. Cardano fühlt sich als Arzt selber den Puls und schildert seine physische, intellectuelle und sittliche Persönlichkeit sammt den Bedingungen, unter welchen sich dieselbe entwickelt hatte, und zwar aufrichtig und objectiv, soweit ihm dies möglich war. Sein zugestandenes Vorbild, Marc Aurels Selbstgespräche, konnte er in dieser Beziehung deshalb überbieten, weil ihn kein stoisches Tugendgebot genirte. Er begehrt weder sich noch die Welt zu schonen; beginnt doch sein Lebenslauf damit, daß seiner Mutter die versuchte Abtreibung der Leibesfrucht nicht gelang. Es ist schon viel, daß er den Gestirnen, die in seiner Geburtsstunde gewaltet, nur seine Schicksale und seine intellectuellen Eigenschaften auf die Rechnung schreibt und nicht auch die sittlichen; übrigens gesteht er (Cap. 10) offen ein, daß ihm der astrologisch erworbene Wahn, er werde das vierzigste und höchstens das fünfundvierzigste Jahr nicht überleben, in seiner Jugend viel geschadet habe. Doch es ist uns hier nicht erlaubt, ein so stark verbreitetes, in jeder Bibliothek vorhandenes Buch zu excerpiren. Wer es liest, wird in die Dienstbarkeit jenes Mannes kommen, bis er damit zu Ende ist. Cardano bekennt allerdings, daß er ein falscher Spieler, rachsüchtig, gegen jede Reue verhärtet, absichtlich verletzend im Reden gewesen; er bekennt es freilich ohne Frechheit wie ohne fromme Zerknirschung, ja ohne damit interessant werden zu wollen, vielmehr mit dem einfachen, objectiven Wahrheitssinn eines Naturforschers. Und was das Anstößigste ist, der 76jährige Mann findet sich nach den schauerlichen Erlebnissen, z. B. der Hinrichtung seines ältesten Sohnes, der seine verbuhlte Gemahlin vergiftet hatte

Agrippa d'Aubigné vergleichen können, wenn es sich um den völlig runden, sprechenden Ausdruck der Individualität handelt.

[1]) Verfaßt im hohen Alter, um 1576. — Ueber Cardano als Forscher und Entdecker vgl. Libri, Hist. des sciences mathém., III, p. 167 fg.

(Cap. 27. 50), bei einem sehr erschütterten Zutrauen zu den Menschen, gleichwohl leidlich glücklich: noch lebt ihm ja ein Enkel, noch besitzt er sein ungeheures Wissen, den Ruhm wegen seiner Werke, ein hübsches Vermögen, Rang und Ansehen, mächtige Freunde, Kunde von Geheimnissen, und was das Beste ist: den Glauben an Gott. Nachträglich zählt er die Zähne in seinem Munde; es sind ihrer noch fünfzehn.

Doch als Cardano schrieb, sorgten auch in Italien Inquisitoren und Spanier bereits dafür, daß solche Menschen entweder sich nicht mehr ausbilden konnten oder auf irgend eine Weise umkamen. Es ist ein großer Sprung von da bis auf die Memoiren des Alfieri.

Es wäre indeß ungerecht, diese Zusammenstellung von Selbstbiographen zu schließen, ohne einen sowohl achtbaren als glücklichen Menschen zu Worte kommen zu lassen. Es ist dies der bekannte Lebensphilosoph Luigi Cornaro (geb. 1467), dessen Wohnung in Padua schon als Bauwerk classisch und zugleich eine Heimath aller Musen war. In seinem berühmten Tractat „vom mäßigen Leben" [1]) schildert er zunächst die strenge Diät, durch welche es ihm gelungen, nach früherer Unmäßigkeit und dadurch entstandener Kränklichkeit ein gesundes und hohes Alter, damals von 83 Jahren, zu erreichen, dann antwortet er denjenigen, welche das Alter über 65 Jahre hinaus überhaupt als einen lebendigen Tod verschmähen; er beweist ihnen, daß sein Leben ein höchst lebendiges und kein todtes sei. „Sie mögen kommen, sehen und sich wundern über mein Wohlbefinden, wie ich ohne Hilfe zu Pferde steige, Treppen und Hügel hinauf laufe, wie ich lustig, amusant und zufrieden bin, wie frei von Gemüthsorgen und widerwärtigen Gedanken. Freude und Friede verlassen mich nicht. . . Mein Umgang sind weise, gelehrte, ausgezeichnete Leute von Stande, und wenn diese nicht bei mir sind, lese und schreibe ich und suche damit wie auf jede andere Weise Anderen nützlich zu sein nach Kräften. Von diesen Dingen thue ich jedes zu seiner Zeit, bequem, in meiner schönen Behausung, welche in der besten Gegend

[1]) Discorsi della vita sobria, bestehend aus dem eigentlichen trattato, einem compendio, einer esortazione und einer lettera an Daniel Barbaro. — Oefter gedruckt.

Paduas gelegen und mit allen Mitteln der Baukunst auf Sommer und Winter eingerichtet, auch mit Gärten am fließenden Wasser versehen ist. Im Frühling und Herbst gehe ich für einige Tage auf meinen Hügel in der schönsten Lage der Euganeen, mit Brunnen, Gärten und bequemer und zierlicher Wohnung; da mache ich auch wohl eine leichte und vergnügliche Jagd mit, wie sie für mein Alter paßt. Einige Zeit bringe ich dann in meiner schönen Villa in der Ebene[1]) zu; dort laufen alle Wege auf einem Platz zusammen, dessen Mitte eine artige Kirche einnimmt; ein mächtiger Arm der Brenta strömt mitten durch die Anlagen, lauter fruchtbare, wohl angebaute Felder, Alles jetzt stark bewohnt, wo früher nur Sumpf und schlechte Luft und eher ein Wohnsitz für Schlangen als für Menschen war. Ich war's, der die Gewässer ableitete; da wurde die Luft gut, und die Leute siedelten sich an und vermehrten sich, und der Ort wurde so ausgebaut, wie man ihn jetzt sieht, so daß ich in Wahrheit sagen kann: an dieser Stätte gab ich Gott einen Altar und einen Tempel und Seelen, um ihn anzubeten. Dies ist mein Trost und mein Glück, so oft ich hinkomme. Im Frühling und Herbst besuche ich auch die nahen Städte und sehe und spreche meine Freunde und mache durch sie die Bekanntschaft anderer ausgezeichneter Leute, Architekten, Maler, Bildhauer, Musiker und Landökonomen. Ich schaue an, was sie Neues geschaffen haben, betrachte das schon Bekannte wieder und lerne immer Vieles, was mir dient, in und an Palästen, Gärten, Alterthümern, Stadtanlagen, Kirchen und Festungswerken. Vor allem aber entzückt mich auf der Reise die Schönheit der Gegenden und der Ortschaften, wie sie bald in der Ebene, bald auf Hügeln, an Flüssen und Bächen mit ihren Landhäusern und Gärten ringsum da liegen. Und diese meine Genüsse werden mir nicht geschmälert durch Abnahme des Gesichts oder des Gehörs; alle meine Sinne sind Gott sei Dank in vollkommen gutem Zustande, auch der Geschmack, indem mir jetzt das Wenige und Einfache, das ich zu mir nehme, besser schmeckt, als einst die Leckerbissen, zur Zeit da ich unordentlich lebte. Ich bin nicht verwöhnt, kann

[1]) Ist dies wohl die S. 39 erwähnte Villa von Codevico?

vielmehr auf der Reise überall schlafen, ohne von häßlichen Träumen gequält zu werden; selbst meine Träume sind schön und angenehm."

Nachdem er hierauf die von ihm für die Republik betriebenen Entsumpfungsarbeiten und die von ihm beharrlich vorgeschlagenen Projecte zur Erhaltung der Lagunen erwähnt hat, schließt er: „Dies sind die wahren Erholungen eines durch Gottes Hilfe gesunden Alters, das von jenen geistigen und körperlichen Leiden frei ist, welchen so manche jüngere Leute und so manche hinsiechende Greise unterliegen. Und wenn es erlaubt ist, zum Großen das Geringe, zum Ernst den Scherz hinzuzufügen, so ist auch das eine Frucht meines mäßigen Lebens, daß ich in diesem meinem 83. Altersjahre noch eine sehr ergötzliche Comödie voll ehrbarer Spaßhaftigkeit geschrieben habe. Dergleichen ist sonst Sache der Jugend, wie die Tragödie Sache des Alters; wenn man es nun jenem berühmten Griechen zum Ruhm anrechnet, daß er noch im 73. Jahre eine Tragödie gedichtet, muß ich nicht mit zehn Jahren darüber gesünder und heiterer sein, als jener damals war? — Und damit der Fülle meines Alters kein Trost fehle, sehe ich eine Art leiblicher Unsterblichkeit in Gestalt meiner Nachkommenschaft vor Augen. Wenn ich nach Hause komme, habe ich nicht einen oder zwei, sondern elf Enkel vor mir, zwischen zwei und achtzehn Jahren, alle von einem Vater und Mutter, alle kerngesund nnd (so viel bis jetzt zu sehen ist) mit Talent und Neigung für Bildung und gute Sitten begabt. Einen von den kleineren habe ich immer als meinen Possenmacher (buffoncello) bei mir, wie denn die Kinder vom dritten bis zum fünften Jahre geborene Buffonen sind; die größeren behandle ich schon als meine Gesellschaft und freue mich auch, da sie herrliche Stimmen haben, sie singen und auf verschiedenen Instrumenten spielen zu hören; ja ich selbst singe auch und habe jetzt eine bessere, hellere, tönendere Stimme als je. Das sind die Freuden meines Alters. Mein Leben ist also ein lebendiges und kein todtes, und ich möchte mein Alter nicht tauschen gegen die Jugend eines Solchen, der den Leidenschaften verfallen ist."

In der „Ermahnung", welche Cornaro viel später, in seinem

95. Jahre beifügte, rechnet er zu seinem Glück unter anderm auch, daß sein „Tractat“ viele Proselyten gewonnen habe. Er starb zu Padua 1565, fast hundertjährig.[1])

Sechstes Capitel.

Charakteristik von Völkern und Städten.

Neben der Charakteristik der einzelnen Individuen entsteht auch eine Gabe des Urtheils und der Schilderung für ganze Bevölkerungen. Während des Mittelalters hatten sich im ganzen Abendlande Städte, Stämme und Völker gegenseitig mit Spott- und Scherzworten verfolgt, welche meistens einen wahren Kern in starker Verzerrung enthielten. Von jeher aber thaten sich die Italiener im Bewußtsein der geistigen Unterschiede ihrer Städte und Landschaften besonders hervor; ihr Lokalpatriotismus, so groß oder größer als bei irgend einem mittelalterlichen Volke, hatte früher schon eine literarische Seite und verband sich mit dem Begriff des Ruhmes; die Topographie entsteht als eine Parallele der Biographie (Bd. I, II. Abschn. 3. Cap.). Während sich nun jede größere Stadt in Prosa und Versen zu preisen anfing,[2]) traten auch Schriftsteller auf, welche

[1]) Nach Anderen: 104 Jahre alt. — Schwer glaubliche Beispiele von sehr hohem Lebensalter, freilich aus früheren Jahrhunderten oder fernen Ländern, die letzteren nach Berichten italienischer Reisenden zählt Cardano auf De subtilitate lib. XII. — Ein Alter von 102 Jahren erreichte Giorgio, Bischof von Porto, der seit 1476 Cardinal, in Rom 19. Sept. 1508 starb.

[2]) Dies zum Theil schon sehr früh, in den lombardischen Städten schon im 12. Jahrh. Vgl. Landulfus senior, Ricobaldus und (bei Murat. X.) den merkwürdigen Anonymus De laudibus Papiae, aus dem 14. Jahrh. — Sodann (bei Murat. I, b) Liber de situ urbis Mediol. — Eine Beschreibung Brescias 1493 neuerdings gedruckt im Arch. stor. lomb. XIII. 676 ff. — Dazu gehören auch die Gedichte Pand. Collenuccios zum Lobe von Florenz. Salviotti, S. 53 ff. — Ein Gedicht zum Lobe Veronas aus dem 15. Jahrh. (ital.) hgg. von U. Marchesini im Nuovo Arch. stor. Vol. X, 313—323. — Poetische Schilderung von Belluno in Pierio Valer. amorum lib. V, abgedruckt bei Cian Cavassico I, p. X ff.

sämmtliche wichtigere Städte und Bevölkerungen theils ernsthaft neben einander beschrieben, theils witzig verspotteten, wohl auch so besprachen, daß Ernst und Spott nicht scharf von einander zu trennen sind.

Zunächst ist Brunetto Latini zu erwähnen. Er kennt außer seiner Heimath auch Frankreich durch einen siebenjährigen Aufenthalt und gibt in längerer Ausführung die charakteristischen Unterschiede in Wohnung und Lebensweise zwischen Franzosen und Italienern, den Gegensatz zwischen der monarchischen Regierungsform Frankreichs und der republikanischen Verfassung der Städte Italiens an.[1]) Sodann kommt nächst einigen berühmten Stellen in der Divina Commedia der Dittamondo des Uberti in Betracht. Hier werden hauptsächlich nur einzelne auffallende Erscheinungen und Wahrzeichen namhaft gemacht: das Krähenfest zu St. Apollinare in Ravenna, die Brunnen in Treviso, der große Keller bei Vicenza, die hohen Zölle von Mantua, der Wald von Thürmen in Lucca; doch finden sich dazwischen auch Lobeserhebungen und anzügliche Kritiken anderer Art; Arezzo figurirt bereits mit dem subtilen Ingenium seiner Stadtkinder, Genua mit den künstlich geschwärzten Augen und Zähnen(?) der Weiber, Bologna mit dem Geldverthun, Bergamo mit dem groben Dialect und den gescheidten Köpfen und dgl.[2]) Im 15. Jahrhundert rühmt dann Jeder seine eigene Heimath auch auf Kosten anderer Städte, wie etwa der Neapolitaner auf Kosten der Bolognesen, die alles besser wissen wollen, als die Leute anderswo.[3]) Michele Savonarola z. B. läßt neben seinem Padua nur Venedig und Rom als herrlicher, Florenz höchstens als fröhlicher gelten,[4]) womit denn

[1]) Li Tresors ed. Chabaille. Paris 1863, p. 179—180. Vgl. das. p. 577 (Lib. III, p. II c. 1).

[2]) Ueber Paris, welches damals noch dem Italiener vom Mittelalter her weit mehr galt, als hundert Jahre später, s. Dittamondo IV, cap. 18. Die Franzosen qui veluti parentes omnis urbanitatis esse feruntur, werden getadelt, weil sie in der Anrede die Einzahl vermeiden quo latinitatem extinguere moliuntur, Salutati, Briefe II, 413. Den Gegensatz zwischen Frankreich und Italien hebt auch Petrarca in der Invectiva contra Gallum, [nämlich Jean de Hesdin vgl. P. de Nolhac, Romania XXI], hervor.

[3]) Masuccio, bei Gothein S. 317 A. 2.

[4]) Savonarola, bei Murat. XXIV, Col. 1186. Oben Bd. I, II. Abschn. 3. Cap.

natürlich der objectiven Erkenntniß wenig gedient war. Am Ende des Jahrhunderts schildert Pontanus in seinem „Antonius" eine fingirte Reise durch Italien, nur um boshafte Bemerkungen dabei vorbringen zu können. Aber mit dem 16. Jahrhundert beginnt eine Reihe wahrer und tiefer Charakteristiken,[1]) wie sie damals wohl kein anderes Volk in diese Weise besaß. Machiavelli schildert in einigen kostbaren Aufsätzen die Art und den politischen Zustand der Deutschen und Franzosen, so daß auch der geborne Nordländer, der seine Landesgeschichte kennt, dem florentinischen Weisen für seine Lichtblicke dankbar sein wird. Dann zeichnen die Florentiner (Bd. I, S. 78. 84) gerne sich selbst[2]) und sonnen sich dabei im reich verdienten Glanze ihres geistigen Ruhmes; vielleicht ist es der Gipfel ihres Selbstgefühls, wenn sie z. B. den künstlerischen Primat Toscanas über Italien nicht einmal von einer besondern genialen Begabung, sondern von der Anstrengung, von den Studien herleiten.[3]) Huldigungen berühmter Italiener anderer Gegenden, wie z. B. das herrliche sechzehnte Capitolo des Ariost, mochte man wohl wie einen schuldigen Tribut in Empfang nehmen.

Eine vortreffliche Schilderung der Italiener nach ihren verschiedenen Beschäftigungen und Charakteren, freilich in knappen Worten und mit besonderer Hervorhebung der Lucchesen, deren einem die Schrift gewidmet war, gab Ortensio Landi, der freilich das Versteckspielen mit seinem Namen und das freie Schalten mit geschichtlichen Thatsachen so sehr liebte, daß er auch da, wo er ernst zu berichten

— Ueber Venedig s. oben Bd. I, S. 68. Die älteste Beschreibung Roms von Signorili (handschriftlich) ist in dem Pontificat Martins V. (1417) geschrieben, vgl. Gregorovius VII, 569; die älteste Beschreibung Roms durch einen Deutschen H. Muffel (Mitte des 15. Jahrhunderts) herausgegeben von W. Vogt, Tübingen 1876.

[1]) Der Charakter der rastlos thätigen Bergamasken voll Argwohn und Neugier ist sehr artig geschildert bei Bandello, Parte I, Nov. 34.

[2]) So Varchi, im IX. Buch der Storie Fiorentine (Vol. III, p. 56 fg.)

[3]) Vasari, XII, p. 158, v. di Michelangelo. Anfang. Andere Male wird dann doch laut genug der Mutter Natur gedankt, wie z. B. in dem Sonett des Alfonso de' Pazzi an den Nicht-Toscaner Annibal Caro (bei Trucchi, l. c. III, p. 187):

Misero il Varchi! e più infelici noi
Se a vostri virtudi accidentali
Aggiunto fosse 'l natural, ch'è in noi!

scheint, mit Vorsicht und nach sorgfältiger Prüfung aufgenommen werden muß.[1]) Derselbe Landi hat etwa ein Jahrzehnt später anonym einen Commentario herausgegeben,[2]) welcher zwischen vielen Thorheiten auch manchen werthvollen Wink über den unglücklichen zerfallenen Zustand um die Mitte des Jahrhunderts enthält. Leandro Alberti[3]) ist in der Schilderung des Genius der einzelnen Städte nicht so ausgiebig, als man erwarten sollte.

Wie nun diese vergleichende Betrachtung der Bevölkerungen, hauptsächlich durch den italienischen Humanismus, auf andere Nationen eingewirkt haben mag, sind wir nicht im Stande näher nachzuweisen.[4]) Jedenfalls gehört Italien dabei die Priorität wie bei der Cosmographie im Großen.

Siebentes Capitel.

Schilderung des äußern Menschen.

Allein die Entdeckung des Menschen bleibt nicht stehen bei der geistigen Schilderung der Individuen und der Völker; auch der äußere Mensch ist in Italien auf ganz andere Weise das Object der Betrachtung als im Norden.[5])

[1]) Vgl. Excurs LXIX.

[2]) Vgl. Excurs LXX.

[3]) Descrizione di tutta l'Italia. 1562.

[4]) Possenhafte Aufzählungen der Städte gibt es fortan häufig; z. B. Macaroneide. Phantas. II. Für Frankreich ist dann Rabelais, welcher die Macaroneide gekannt hat, die große Quelle lokaler und provinzialer Späße, Anspielungen und Bosheiten.

[5]) Allerdings sind auch manche schon im Verfall begriffene Literaturen eifrig in peinlich genauen Beschreibungen. Vgl. z. B. bei Sidonius Apolinaris die Schilderungen eines westgothischen Königs (Epist. I, 2), die eines persönlichen Feindes (Epist. III, 13), oder in seinen Gedichten die Typen der einzelnen germanischen Völkerschaften. — Um nur eine Stelle eines wenig bekannten Autors anzuführen, weise ich auf die sehr anschauliche Schilderung des Henkers in Forli hin: Babonio: non me pareva cristiano d'afigia: pareva un lurvo horibile e fero da vedere. Grande de statura, grosso de persona, crudele in facti: certo non vide mai la più spaventosa cosa. percosso in quilli occhi, quilli capilli soi torti, bistorti sucidi, bructi, lunghi. Cobelli 335.

Von der Stellung der großen italienischen Aerzte[1]) zu den Fortschritten der Physiologie wagen wir nicht zu sprechen, und die künstlerische Ergründung der Menschengestalt gehört nicht hierher, sondern in die Kunstgeschichte. Wohl aber muß hier von der allgemeinen Bildung des Auges die Rede sein, welche in Italien ein objectives, allgiltiges Urtheil über körperliche Schönheit und Häßlichkeit möglich machte.[2])

Fürs erste wird man bei der aufmerksamen Lesung der damaligen italienischen Autoren erstaunen über die Genauigkeit und Schärfe in der Bezeichnung der äußeren Züge und über die Vollständigkeit mancher Personalbeschreibungen überhaupt.[2]) Noch heutzutage haben besonders die Römer das Talent, einen Menschen, von dem die Rede ist, in drei Worten kenntlich zu machen! Dieses rasche Erfassen des Charakteristischen aber ist eine wesentliche Vorbedingung für die Erkenntniß des Schönen und für die Fähigkeit, dasselbe zu beschreiben. Bei Dichtern kann allerdings das umständliche Beschreiben ein Fehler sein, da ein einziger Zug, von der tiefern Leidenschaft eingegeben, im Leser ein viel mächtigeres Bild von der betreffenden Gestalt zu erwecken vermag. Dante hat seine Beatrice nirgends herrlicher gepriesen, als wo er nur den Reflex schildert, der von ihrem Wesen ausgeht auf ihre ganze Umgebung. Allein es handelt sich hier nicht um die Poesie, welche als solche ihren eigenen Zielen nachgeht, sondern um das Vermögen, specielle sowohl als ideale Formen in Worten zu malen.

Hier ist Boccaccio Meister, nicht im Decamerone, da die Novelle alles lange Beschreiben verbietet, sondern in seinen Romanen, wo er sich die Muße und den nöthigen Schwung dazu nehmen darf. In seinem Ameto schildert er eine Blonde und eine Braune ungefähr wie ein Maler sie hundert Jahre später würde gemalt haben — denn auch hier geht die Bildung der Kunst lange voran. Bei der Braunen (oder eigentlich nur weniger Blonden) erscheinen schon einige Züge, die wir classisch nennen würden: in seinen Worten

[1]) Vgl. Excurs LXXI.

[2]) Die Häßlichkeit Karls VIII. nahm die Italiener gegen ihn ein, vgl. die bei Pastor III, 311 zusammengestellten Zeugnisse. Vgl. auch oben Bd. I, S. 93. A. 2.

„la spazioza testa e distesa" liegt die Ahnung großer Formen, die über das Niedliche hinausgehen; die Augenbrauen bilden nicht mehr wie beim Ideal der Byzantiner zwei Bogen, sondern zusammen eine geschwungene Linie; die Nase scheint er sich der sogenannten Adlernase genähert zu denken;[1]) auch die breite Brust, die mäßig langen Arme, die Wirkung der schönen Hand, wie sie auf dem Purpurgewande liegt, — all diese Züge deuten wesentlich auf das Schönheitsgefühl einer kommenden Zeit, welches zugleich dem des hohen classischen Alterthumes unbewußt sich nähert. In anderen Schilderungen erwähnt Boccaccio auch eine ebene (nicht mittelalterlich gerundete) Stirn, ein ernstes langgezogenes braunes Auge, einen runden, nicht ausgehöhlten Hals, freilich auch das sehr moderne „kleine Füßchen", und bei einer schwarzhaarigen Nymphe bereits „zwei spitzbübisch rollende Augen".[2]) U. a. m.

Ob das 15. Jahrhundert schriftliche Rechenschaft über sein Schönheitsideal hinterlassen hat, weiß ich nicht zu sagen; die Leistungen der Maler und Bildhauer würden dieselbe nicht so ganz entbehrlich machen, wie es auf den ersten Anblick scheint, da gerade ihrem Realismus gegenüber in den Schreibenden ein specielles Postulat der Schönheit fortgelebt haben könnte.[3]) Im 16. Jahrhundert tritt dann Firenzuola hervor mit seiner höchst merkwürdigen Schrift von der weiblichen Schönheit.[4]) Man muß vor Allem ausscheiden, was

[1]) Die Lesart ist hier offenbar verdorben. Die Stelle lautet (Ameto, Venezia 1586, p. 54) del mezo de' quali non camuso naso in linea diritta discende, quanto ad aquilineo non essere dimanda il dovere.

[2]) Due occhi ladri nelloro movimento. Die ganze Schrift ist reich an solchen Beschreibungen.

[3]) Das sehr schöne Liederbuch des Giusto de' Conti: la bella mano (häufig gedruckt, z. B. Florenz 1882) meldet nicht einmal von dieser berühmten Hand seiner Geliebten so viel Specielles wie Boccaccio an zehn Stellen seines Ameto von den Händen seiner Nymphen erzählt.

[4]) Della bellezza delle donne, im I. Band der Opere di Firenzuola Milano 1802. — Nach Morsolin (Atti del R. Istit. Veneto, Ser. VII, tom. III, 1893) hat Fir. die Rittratti des Trissino benutzt. Ueber Firenzuolas Tractat vgl. O. Guerrini in der neuen Ausg. der Novelle des A. F., Flor. 1886; vgl. auch C. Guasti in der Ausg. der Prose des A. F., Flor. 1892 passim. — Eine interessante Parodie gegen die oft gepriesene Idealschönheit: Calmos Ecloghe vgl. Rossi, Calmo p. LXXXVII. — Fir.'s

er nur von antiken Autoren und von Künstlern gelernt hat, wie die Maßbestimmungen nach Kopflängen, einzelne abstracte Begriffe &c. Was übrig bleibt, ist eigene echte Wahrnehmung, die er mit Beispielen von lauter Frauen und Mädchen aus Prato belegt. Da nun sein Werkchen eine Art von Vortrag ist, den er vor seinen Prateserinnen, also den strengsten Richterinnen hält, so muß er dabei sich wohl an die Wahrheit angeschlossen haben. Sein Princip ist zugestandenermaßen das des Zeuxis und Lucian: ein Zusammensuchen von einzelnen schönsten Theilen zu einer höchsten Schönheit. Er definirt die Ausdrücke der Farben, die an Haut und Haaren vorkommen, und gibt dem biondo den Vorzug als der wesentlichen und schönen Haarfarbe[1]), nur daß er darunter ein sanftes, dem Bräunlichen zugeneigtes Gelb versteht. Ferner verlangt er das Haar dicht, lockig und lang, die Stirn heiter und doppelt so breit als hoch, die Haut hell leuchtend (candido), aber nicht von todter Weiße (bianchezza), die Brauen dunkel, seidenweich, in der Mitte am stärkten und gegen Nase und Ohr abnehmend, das Weiße im Auge leise bläulich, die Iris nicht gerade schwarz, obwohl alle Dichter nach occhi neri als einer Gabe der Venus schreien, während doch das Himmelblau selbst Göttinnen eigen gewesen und das sanfte, fröhlich blickende Dunkelbraun allbeliebt sei. Das Auge selbst soll groß gebildet sein und vortreten; die Lider sind weiß mit kaum sichtbaren rothen Aederchen am schönsten; die Wimpern weder zu dicht noch zu lang, noch zu dunkel. Die Augenhöhle muß die Farbe der Wangen haben.[2]) Das Ohr, von mittlerer Größe, fest und wohl angesetzt, muß in den geschwungenen Theilen lebhafter gefärbt sein als in den flacheren, der Saum durchsichtig und rothglänzend wie Granatenkern. Die Schläfen sind weiß und flach und nicht zu schmal

Ansicht über die Körperschönheit als Anzeige der Seelenschönheit vgl. vol. II, p. 48—52, in den ragionamenti vor seinen Novellen. — Unter den vielen Anderen, welche dies, zum Theil nach Art der Alten, verfechten, nennen wir nur Castiglione, il Cortigliano, L. IV, fol. 176.

[1]) Worüber Jedermann einverstanden war, nicht blos die Maler aus Gründen des Colorits. Vgl. auch unten. Das Goldhaar der Lucr. Borgia war besonders berühmt, vgl. den unten angeführten Bericht in Excurs LXXII.

[2]) Vgl. Excurs LXXII.

am schönsten.[1]) Auf den Wangen muß das Roth mit der Rundung zunehmen. Die Nase, welche wesentlich den Werth des Profiles bestimmt, muß nach oben sehr sanft und gleichmäßig abnehmen; wo der Knorpel aufhört, darf eine kleine Erhöhung sein, doch nicht, daß daraus eine Adlernase würde, die an Frauen nicht gefällt; der untere Theil muß sanfter gefärbt sein als die Ohren, nur nicht erfroren weiß, die mittlere Wand über der Lippe leise geröthet. Den Mund verlangt der Autor eher klein, doch weder gespitzt noch platt, die Lippen nicht zu subtil und schön auf einander passend; beim zufälligen Oeffnen (d. h. ohne Lachen oder Reden) darf man höchstens sechs Oberzähne sehen. Besondere Delicatessen sind das Grübchen in der Oberlippe, ein schönes Anschwellen der Unterlippe, ein liebreizendes Lächeln im linken Mundwinkel 2c. Die Zähne sollen sein: nicht zu winzig, ferner gleichmäßig, schön getrennt, elfenbeinfarbig; das Zahnfleisch nicht zu dunkel, ja nicht etwa wie rother Sammet. Das Kinn sei rund, weder gestülpt noch spitzig, gegen die Erhöhung sich röthend, sein besonderer Ruhm ist das Grübchen. Der Hals muß weiß und rund und eher zu lang als zu kurz sein, Grube und Adamsapfel nur angedeutet; die Haut muß bei jeder Wendung schöne Falten bilden. Die Schultern verlangt er breit, und bei der Brust erkennt er sogar in der Breite das höchste Erforderniß der Schönheit; außerdem muß daran kein Knochen sichtbar, alles Zu- und Abnehmen kaum bemerklich, die Farbe „candidissimo" sein. Das Bein soll lang und an dem untern Theil zart, doch am Schienbein nicht zu fleischlos und überdies mit starken weißen Waden versehen sein. Den Fuß will er klein, doch nicht mager, die Spannung (scheint es) hoch, die Farbe weiß wie Alabaster. Die Arme sollen weiß sein und sich an den erhöhten Theilen leise röthen; ihre Consistenz beschreibt er als fleischig und musculös, doch sanft wie die der Pallas, da sie vor dem Hirten auf Ida stand, mit einem Worte:

[1]) Bei diesem Anlaß, da das Aussehen der Schläfe durch die Anordnung der Haare modificirt wird, erlaubt sich F. einen komischen Ausfall gegen die allzuvielen Blumen im Haar, welche dem Gesicht ein Ansehen geben, „gleich einem Topf voll Nelken oder einem Geisviertel an einem Bratspieß". Ueberhaupt versteht er recht wohl zu cariciren.

saftig, frisch und fest. Die Hand verlangt er weiß, besonders oben, aber groß und etwas voll, und anzufühlen wie feine Seide, das rosige Innere mit wenigen, aber deutlichen, nicht gekreuzten Linien und nicht zu hohen Hügeln versehen, den Raum zwischen Daumen und Zeigefinger lebhaft gefärbt und ohne Runzeln, die Finger lang, zart und gegen das Ende hin kaum merklich dünner, mit hellen, wenig gebogenen und nicht zu langen noch zu viereckigen Nägeln, die beschnitten sein sollen nur bis auf die Breite eines Messerrückens.

Neben dieser speciellen Aesthetik nimmt die allgemeine nur eine untergeordnete Stelle ein. Die tiefsten Gründe des Schönfindens, nach welchen das Auge „senza appello" richtet, sind auch für Firenzuola ein Geheimniß, wie er offen eingesteht, und seine Definitionen von Leggiadria, Grazia, Vaghezza, Venustà, Aria, Maestà sind zum Theil, wie bemerkt, philologisch erworben, zum Theil ein vergebliches Ringen mit dem Unaussprechlichen. Das Lachen definirt er — wahrscheinlich nach einem alten Autor — recht hübsch als ein Erglänzen der Seele.

Alle Literaturen werden am Ausgange des Mittelalters einzelne Versuche aufweisen, die Schönheit gleichsam dogmatisch festzustellen.[1]) Allein neben Firenzuola wird schwerlich ein anderes Werk irgend aufkommen.[2]) Der um ein starkes halbes Jahrhundert spätere Brantome z. B. ist ein geringer Kenner dagegen, weil ihn die Lüsternheit und nicht der Schönheitssinn leitet.

[1]) Das Schönheitsideal der Minnesänger, s. bei Falke, die deutsche Trachten- und Modenwelt, I, S. 85 ff.

[2]) Die speciellen Schönheiten der Frauen einzelner Gegenden und Länder werden z. B. in den Pompe des A. F. Rainerio, Venedig 1554, aufgezählt, vgl. Wotke in Ztschr. f. österr. Gymn. 43, 609 ff. Neben Firenzuola könnte man nennen: Federico Luigini dà Udine: Il libro della bella donna, Venedig 1554, analysirt von P. Mantegazza, Il concetto del bello femminile attraverso i tempi in Nuova antologia. 3. ser. vol. 43, p. 331 ff. — Detaillirte Beschreibungen der Frauenschönheit lieferten (vgl. Cian, Cavassico I, LII und CCIV) Bart. Cavassico, Francesco Cei (1503), Venturino da Pesaro (1502), Baldassare, Olympo da Sassoferrato u. A.

Achtes Capitel.

Schilderungen des bewegten Lebens.

Zu der Entdeckung des Menschen dürfen wir endlich auch die schildernde Theilnahme an dem wirklichen bewegten Menschenleben rechnen.

Die ganze komische und satirische Seite der mittelalterlichen Literaturen hatte zu ihren Zwecken das Bild des gemeinen Lebens nicht entbehren können. Etwas ganz anderes ist es, wenn die Italiener der Renaissance dieses Bild um seiner selber willen ausmalen, weil es an sich interessant, weil es ein Stück des großen allgemeinen Weltlebens ist, von welchem sie sich zauberhaft umwogt fühlen. Statt und neben der Tendenzkomik, welche sich in den Häusern, auf den Gassen, in den Dörfern herumtreibt, weil sie Bürgern, Bauern und Pfaffen eines anhängen will, treffen wir hier in der Literatur die Anfänge des echten Genre, lange Zeit bevor sich die Malerei damit abgibt. Daß Beides sich dann oft wieder verbindet, hindert nicht, daß es verschiedene Dinge sind.

Wie viel irdisches Geschehen muß Dante aufmerksam und theilnehmend angesehen haben, bis er die Vorgänge seines Jenseits so ganz sinnlich wahr schildern konnte.[1]) Die berühmten Bilder von der Thätigkeit im Arsenal zu Venedig, vom Aneinanderlehnen der Blinden vor den Kirchthüren[2]) u. dgl. sind lange nicht die einzigen Beweise dieser Art; schon seine Kunst, den Seelenzustand in der äußern Geberde darzustellen, zeigt ein großes und beharrliches Studium des Lebens.

Die Dichter, welche auf ihn folgen, erreichen ihn in dieser Beziehung selten, und den Novellisten verbietet es das höchste Gesetz ihrer Literaturgattung, bei dem Einzelnen zu verweilen. Sie dürfen so weitschweifig präludiren und erzählen als sie wollen, aber nicht genrehaft schildern. Wir müssen uns gedulden, bis die Männer

[1]) Ueber die Wahrheit seines Raumsinnes vgl. S. 7, Anm. 2.

[2]) Inferno XXI, 7. Purgat. XIII, 61

des Alterthums Lust und Gelegenheit finden, sich in der Beschreibung zu ergehen.

Hier tritt uns wiederum der Mensch entgegen, welcher Sinn hatte für Alles: Aeneas Sylvius. Nicht blos die Schönheit der Landschaft, nicht blos das cosmographisch oder antiquarisch Interessante (oben Bd. II, S. 20 fg.) reizt ihn zur Darstellung, sondern jeder lebendige Vorgang.[1]) Unter den sehr vielen Stellen seiner Memoiren, wo Scenen geschildert werden, welchen damals kaum Jemand einen Federstrich gegönnt hätte, heben wir hier nur das Wettrudern auf dem Bolsener See hervor.[2]) Man wird nicht näher ermitteln können, aus welchen antiken Epistolographen oder Erzählern die specielle Anregung zu so lebensvollen Bildern auf ihn übergegangen ist, wie denn überhaupt die geistigen Berührungen zwischen Alterthum und Renaissance oft überaus zart und geheimnißvoll sind.

Sodann gehören hierher jene beschreibenden lateinischen Gedichte, von welchen oben (Bd. I, Abschn. III, Cap. 10) die Rede war: Jagden, Reisen, Ceremonien u. dgl. Es gibt auch Italienisches dieser Gattung; wie z. B. die Schilderungen der berühmten mediceischen Turniere von Poliziano und Luigi Pulci.[3]) Die eigentlichen epischen Dichter, der ebengenannte Luigi Pulci, Bojardo und Ariost, treibt ihr Gegenstand schon rascher vorwärts, doch wird man bei Allen die leichte Präcision in der Schilderung des Bewegten als ein Hauptelement ihrer Meisterschaft anerkennen müssen. Franco Sacchetti macht sich einmal das Vergnügen, die kurzen Reden eines Zuges hübscher Weiber aufzuzeichnen,[4]) die im Wald vom Regen überrascht werden.

Andere Beschreibungen der bewegten Wirklichkeit findet man am

[1]) Man muß es nicht zu ernst nehmen, daß er an seinem Hofe eine Art Spottdrossel, den Florentiner Greco hatte, hominem certe cuiusvis mores, naturam, linguam cum maximo omnium qui audiebant risu facile exprimentem. Platina, Vitae Pontiff. p. 310.

[2]) Pii II. Comment. VIII, p. 381.

[3]) Vgl. Excurs LXXIII.

[4]) Die sogenannte Caccia ist aus einer römischen Handschrift abgedruckt in: Lettere del conte B. Castiglione, hgg. von Pierantonio Serassi, vol. II. (Padua 1771) p. 269 (Commentar zu Castigliona's Ecloge).

ehesten bei Kriegsschriftstellern u. dgl. (Vgl. Bd. I, S. 105 fg.) Schon aus frühester Zeit ist uns in einem umständlichen Gedicht[1]) das getreue Abbild einer Söldnerschlacht des 14. Jahrhunderts erhalten, hauptsächlich in Gestalt der Zurufe, Commandos und Gespräche, die während einer solchen vorkommen.

Das Merkwürdigste dieser Art aber ist die echte Schilderung des Bauernlebens, welche besonders bei Lorenzo magnifico und den Dichtern in seiner Umgebung bemerklich wird.

Seit Petrarca[2]) gab es eine falsche, conventionelle Bucolik oder Eclogendichtung, eine Nachahmung Vergils, mochten die Verse lateinisch oder italienisch sein. Als ihre Nebengattungen traten auf der Hirtenroman von Boccaccio an (Bd. I, Abschn. III, Cap. 10) bis auf Sannazaros Arcadia, und später das Schäferspiel in der Art des Tasso und Guarini, Werke der allerschönsten Prosa, wie des vollendetsten Versbaues, worin jedoch das Hirtenwesen nur ein äußerlich übergeworfenes ideales Costüm für Empfindungen ist, die einem ganz andern Bildungskreis entstammen. So gibt Boccaccio in seinem Ameto (oben S. 62) schon eine Art von mythisch verkleidetem Decamerone und fällt bisweilen auf komische Weise aus dem Costüm. Eine seiner Nymphen ist gut katholisch und wird in Rom von den Prälaten lüstern angesehen; eine andere heirathet. Im Ninfale Fiesolano zieht die schwangere Nymphe Mensola eine „alte, weise Nymphe" zu Rathe, u. dgl.

Daneben aber tritt gegen das Ende des 15. Jahrhunderts jene echt genrehafte Behandlung des ländlichen Daseins in die Dichtung ein. Sie war nur in Italien möglich, weil nur hier der Bauer

[1]) S. die Serventese des Giannozzo von Florenz, bei Trucchi, poesie italiane inedite, II, p. 99. Die Worte sind zum Theil ganz unverständlich, d. h. wirklich oder scheinbar aus den Sprachen der fremden Söldner entlehnt. — Auch Machiavellis Beschreibung von Florenz während der Pest von 1527 gehört gewissermaßen hierher. Lauter lebendig sprechende Einzelbilder eines schrecklichen Zustandes.

[2]) Schon Dante soll, wie zuerst Boccaccio (Vita di Dante p. 77) berichtet, zwei lateinische Eclogen gedichtet haben. Vgl. Fraticelli, Opp. min. di D. vol. I, 417 ff. Petrarcas bucolisches Gedicht in P. Carmina minora ed. Rossetti I. Ferner vgl. A. Hortis. Scritti inediti di F. P. Triest 1874. Vgl. Excurs LXXIV.

(sowohl der Colone als der Eigenthümer) Menschenwürde und persönliche Freiheit und Freizügigkeit hatte, so hart bisweilen auch sein Loos sein mochte.[1]) In der Gewährung einer bessern Stellung für die Bauern war Florenz vorangegangen. Ein in den Statuten von 1415 enthaltenes Gesetz bestimmte die „zwangsweise unbedingte Aufhebung aller Leibeigenschaft und Zinshörigkeit, aller Gebundenheit an den Boden, aller Frohnden und Rechtsverhältnisse zwischen Privaten, aus welchen sich Verpflichtungen gegen die persönliche Freiheit insbesondere zu feudalrechtlicher Abhängigkeit oder öffentlich rechtlicher Unterthänigkeit ergaben.“[2]) Der Unterschied zwischen Stadt und Dorf ist bei weitem nicht so ausgesprochen wie im Norden; eine Menge Städtchen sind ausschließlich von Bauern bewohnt, die sich des Abends Städter nennen können. Die Wanderungen der comaskischen Maurer gingen fast durch ganz Italien; das Kind Giotto durfte von seinen Schafen hinweg und konnte in Florenz zünftig werden; überhaupt war ein beständiger Zustrom vom Lande nach den Städten, und gewisse Bergbevölkerungen schienen dafür eigentlich geboren.[3]) Nun sorgen zwar Bildungshochmuth und städtischer Dünkel noch immer dafür, daß Dichter und Novellisten sich über den villano lustig machen,[4]) und die Improvisir-Comödie (S. 39) that vollends das Uebrige. Aber wo fände sich ein Ton von jenem grausamen, verachtungsvollen Racenhaß gegen die vilains, der die adligen provenzalischen Dichter und stellenweise die französischen Chronisten beseelt? Vielmehr tröstet sich ein Gutsbesitzer, der von

[1]) Im Allgemeinen war aber die Wohlhabenheit der italienischen Bauern damals größer als die der Bauern in irgend einem andern Lande vgl. Sacchetti, nov. 88 und 222, L. Pulci, in der Beca da Dicomano (Villari, Machiavelli I, 198, A. 2).

[2]) Pöhlmann, S. 4 fg. Vgl. unten Excurs LXXV.

[3]) Nullum est hominum genus aptius urbi, sagt Battista Mantovano (Ecl. VIII) von den zu allen Dingen brauchbaren Bewohnern des Monte Baldo und der Val. Sassina. Bekanntlich haben einzelne Landbevölkerungen noch heute ein Vorrecht auf gewisse Beschäftigungen in großen Städten.

[4]) Vielleicht eine der stärksten Stellen: Orlandino, cap. V, str. 54—58. Auch der sehr ruhige und nicht gelehrte Vesp. Bisticci sagt einmal (Comm. sulla vita di Giov. Mannetti p. 96) Sono dua ispezie di uomini difficili a sopportare per la loro ignoranza, l'una sono i servi, la seconda i contadini. Vgl. Ferneres Excurs LXXVI.

Gier und Trug seiner Pachtbauern zu leiden hat, damit, daß man sich dabei in die Leute schicken lerne; in der Lombardei scheuten sich zu Anfang des 16. Jahrhunderts die Edelleute nicht, mit den Bauern zu tanzen, zu ringen, zu springen und um die Wette zu laufen.[1]) Italienische Autoren jeder Gattung erkennen sodann das Bedeutende und Große, wo es sich im Bauernleben zeigt, freiwillig an und heben es hervor. Gioviano Pontano erzählt[2]) mit Bewunderung Züge von Seelenstärke der wilden Abruzzesen; in den biographischen Sammelwerken wie bei den Novellisten fehlt auch das heroische Bauernmädchen[3]) nicht, welches sein Leben dransetzt, um seine Unschuld oder seine Familie zu vertheidigen.

Unter solchen Voraussetzungen war eine poetische Betrachtung des Bauernlebens möglich. Zunächst sind hier zu erwähnen die einst viel gelesenen und noch heute lesenswerthen Eclogen des Battista Mantovano (eines seiner frühesten Werke, noch in seinen Studentenjahren verfaßt 1480). Sie schwanken noch zwischen echter und conventioneller Ländlichkeit, doch überwiegt die erstere. Im Wesentlichen spricht daraus der Sinn eines wohldenkenden Dorfgeistlichen, nicht ohne einen gewissen aufklärerischen Eifer. Als Carmelitermönch mag er viel mit Landleuten verkehrt haben.

Allein mit einer ganz andern Kraft versetzt sich Lorenzo magnifico in den bäuerischen Gesichtskreis hinein. Seine Nencia da Barberino[4]) liest sich wie ein Inbegriff echter Volkslieder aus der Umgegend von Florenz, zusammengegossen in einen großen Strom von Ottaven. Die Objectivität des Dichters ist der Art, daß man im Zweifel bleibt, ob er für den Redenden (den Bauernburschen Vallera, welcher der Nencia seine Liebe erklärt) Sympathie oder Hohn empfindet. Ein bewußter Gegensatz zur conventionellen Bukolik mit Pan und Nymphen ist unverkennbar; Lorenzo ergeht sich absichtlich

[1]) L. B. Alberti, im Trattato del governo della famiglia, p. 86. — Il cortigiano lib II, fol. 54.

[2]) Jovian. Pontan. de fortitudine, lib. II.

[3]) Die berühmte veltlinische Bäuerin Bona Lombarda als Gemahlin des Condottiere Pietro Brunoro lernt man kennen aus Jacobus Bergomensis und aus Porcellius, bei Murat. XXV, Col. 43.

[4]) Poesie di Lorenzo magnif., I, p. 37.

im derben Realismus des bäuerischen Kleinlebens, und doch macht das Ganze einen wahrhaft poetischen Eindruck.

Ein zugestandenes Seitenstück zur Nencia ist die Beca da Dicomano des Luigi Pulci.[1]) Allein es fehlt der tiefere objective Ernst; die Beca ist nicht sowohl gedichtet aus innerm Drang, ein Stück Volksleben darzustellen, als vielmehr aus dem Verlangen, durch etwas der Art den Beifall gebildeter Florentiner zu gewinnen. Daher die viel größere, absichtlichere Derbheit des Genrehaften und die beigemischten Zoten. Doch wird der Gesichtskreis des ländlichen Liebhabers noch sehr geschickt festgehalten.

Der dritte in diesem Verein ist Angelo Poliziano mit seinem Rusticus[2]) in lateinischen Hexametern. Er schildert unabhängig von Vergils Georgica, speciell das toscanische Bauernjahr, beginnend mit dem Spätherbst, da der Landmann einen neuen Pflug schnitzt und die Wintersaat bestellt. Sehr reich und schön ist die Schilderung der Fluren im Frühling, und auch der Sommer enthält vorzügliche Stellen; als eine Perle aller neulateinischen Poesie aber darf das Kelterfest im Herbste gelten. Auch auf italienisch hat Poliziano Einzelnes gedichtet, woraus hervorgeht, daß man im Kreise des Lorenzo bereits irgend ein Bild aus dem leidenschaftlich bewegten Leben der unteren Stände realistisch behandeln durfte. Sein Liebeslied des Zigeuners[3]) ist wohl eines der frühesten Produkte der echt modernen Tendenz, sich in die Lage irgend einer Menschenklasse mit poetischem Bewußtsein hineinzuversetzen. Mit komischer Absicht war dergleichen wohl von jeher versucht worden — dahin gehört schon das Nachmachen verschiedener Dialekte, wozu das der Landesmanieren sich gesellt haben muß — und in Florenz boten die Gesänge der Maskenzüge sogar eine bei jedem Carneval wiederkehrende Gelegenheit hierzu. Neu aber ist das Eingehen auf die Gefühlswelt eines

[1]) Poesie di Lorenzo magn. II, p. 149.

[2]) U. a. in den Deliciae poetar. ital. und in den Werken Polizianos. Erste Separatausgabe Florenz 1493. — Die Lehrgedichte des Rucellai Le Api zuerst gedruckt 1539 und La coltivazione zuerst Paris 1546, enthalten einiges Aehnliche. — Vgl. auch die Beschreibung der Villa des Lorenzo Valla, wobei Aufzählung der Obliegenheiten des villicus u. A. bei Galateo, De situ Japygiae Basel 1558, p. 163—168.

[3]) Poesie di Lorenzo mag. II, p. 75.

Andern, womit die Nencia und diese „Canzone zingaresca" einen denkwürdigen neuen Anfang in der Geschichte der Poesie ausmachen.

Auch hier muß schließlich darauf hingewiesen werden, wie die Bildung der Kunst vorangeht. Von der Nencia an dauert es wohl achtzig Jahre bis zu den ländlichen Genremalereien des Jacopo Bassano und seiner Schule.

Im nächsten Abschnitt wird es sich zeigen, daß in Italien damals die Geburtsunterschiede zwischen den Menschenklassen ihre Geltung verloren. Gewiß trug hierzu viel bei, daß man hier zuerst die Menschen und die Menschheit in ihrem tiefern Wesen vollständig erkannt hatte. Schon dieses eine Resultat der Renaissance darf uns mit ewigem Dankgefühl erfüllen. Den logischen Begriff der Menschheit hatte man von jeher gehabt, aber sie kannte die Sache.

Die höchsten Ahnungen auf diesem Gebiete spricht Pico della Mirandola aus in seiner Rede von der Würde des Menschen,[1]) welche wohl eines der edelsten Vermächtnisse der Culturepoche heißen darf. Gott hat am Ende der Schöpfungstage den Menschen geschaffen, damit derselbe die Gesetze des Weltalls erkenne, dessen Schönheit liebe, dessen Größe bewundere. Er band denselben an keinen festen Sitz, an kein bestimmtes Thun, an keine Nothwendigkeiten, sondern er gab ihm Beweglichkeit und freien Willen. „Mitten in die Welt," spricht der Schöpfer zu Adam, „habe ich dich gestellt, damit du um so leichter um dich schauest und sehest alles, was darinnen ist. Ich schuf dich als ein Wesen, weder himmlisch noch irdisch, weder sterblich noch unsterblich allein, damit du dein eigener freier Bildner und Ueberwinder seiest; du kannst zum Thiere entarten und zum gottähnlichen Wesen dich wiedergebären. Die Thiere bringen aus dem Mutterleibe mit, was sie haben sollen, die höheren Geister sind von Anfang an oder doch bald hernach,[2]) was sie in Ewigkeit bleiben werden. Du allein hast eine Entwickelung, ein Wachsen nach freiem Willen, du hast Keime eines allartigen Lebens in dir."

[1]) Vgl. Excurs LXXVII.

[2]) Eine Anspielung auf den Sturz Lucifers und seiner Genossen.

Fünfter Abschnitt.

Die Geselligkeit und die Feste.

Erstes Capitel.

Ausgleichung der Stände.

Jede Culturepoche, die in sich ein vollständig durchgebildetes Ganzes vorstellt, spricht sich nicht nur im staatlichen Zusammenleben, in Religion, Kunst und Wissenschaft kenntlich aus, sondern sie drückt auch dem geselligen Dasein ihren bestimmten Stempel auf. So hatte das Mittelalter seine nach Ländern nur wenig verschiedene Hof- und Adelssitte und Etikette, sein bestimmtes Bürgerthum.

Die Sitte der italienischen Renaissance ist hiervon in den wichtigsten Beziehungen das wahre Widerspiel. Schon die Basis ist eine andere, indem es für die höhere Geselligkeit keine Kastenunterschiede mehr, sondern einen gebildeten Stand im modernen Sinne gibt, auf welchen Geburt und Herkunft nur noch dann Einfluß haben, wenn sie mit ererbtem Reichthum und gesicherter Muße verbunden sind. In absolutem Sinne ist dies nicht zu verstehen, indem die Standeskategorien des Mittelalters bald mehr, bald weniger sich noch geltend zu machen suchen, und wäre es auch nur, um mit der außeritalienischen, europäischen Vornehmheit in irgend einem Rangverhältniß zu bleiben; aber der allgemeine Zug der Zeit war offenbar die Verschmelzung der Stände im Sinn der neuern Welt.

Von erster Wichtigkeit war hierfür das Zusammenwohnen von Adligen und Bürgern in den Städten mindestens seit dem 12. Jahrhundert,[1]) wodurch Schicksale und Vergnügungen gemeinschaftlich wurden und die Anschauung der Welt vom Bergschloß aus von

[1]) Bei dem piemontesischem Adel fiel das Wohnen auf den Landschlössern als eine Ausnahme auf. Bandello, Parte II, Nov. 7. (?).

vornherein am Entstehen verhindert war. Sodann ließ sich die Kirche in Italien niemals zur Apanagierung der jüngeren Söhne des Adels gebrauchen, wie im Norden; Bisthümer, Domherrnstellen und Abteien wurden oft nach den unwürdigsten Rücksichten, aber doch nicht wesentlich nach Stammtafeln, vergeben, und wenn die Bischöfe viel zahlreicher, ärmer und aller weltlichen Fürstenhoheit in der Regel baar und ledig waren, so blieben sie dafür in der Stadt wohnen, wo ihre Cathedrale stand, und bildeten sammt ihrem Domcapitel ein Element der gebildeten Bevölkerung derselben. Als hierauf absolute Fürsten und Tyrannen emporkamen, hatte der Adel in den meisten Städten allen Anlaß und alle Muße, sich ein Privatleben zu schaffen, welches politisch gefahrlos und mit jeglichem feineren Lebensgenusse geschmückt, dabei übrigens von dem der reichen Bürger gewiß kaum zu unterscheiden war. Und als die neue Poesie und Literatur seit Dante Sache eines Jeden [1]) wurde, als vollends die Bildung im Sinne des Alterthums und das Interesse für den Menschen als solchen hinzutrat, während Condottieren Fürsten wurden und nicht nur die Ebenbürtigkeit, sondern auch die eheliche Geburt aufhörten Requisite des Thrones zu sein (Bd. I, S. 21), da konnte man glauben, ein Zeitalter der Gleichheit sei angebrochen, der Begriff des Adels völlig verflüchtigt.

Die Theorie, wenn sie sich auf das Alterthum berief, konnte schon aus dem einen Aristoteles die Berechtigung des Adels bejahen oder verneinen. Dante z. B. leitet noch [2]) aus der einen aristotelischen Definition, „Adel beruhe auf Trefflichkeit und ererbtem Reichthum" seinen Satz her: Adel beruhe auf eigener Trefflichkeit oder auf der der Vorfahren. Aber an anderen Stellen gibt er sich damit nicht mehr zufrieden; er tadelt sich, [3]) weil er selbst im Paradies, im Gespräch mit seinem Ahn Cacciaguida, der edlen Herkunft gedacht habe, welche doch nur ein Mantel sei, von dem die Zeit beständig abschneide, wenn man nicht täglich neuen Werth hinzusetze. Und im

[1]) Dies schon lange vor dem Bücherdruck. Eine Menge Manuscripte, und von den besten, gehörten florentinischen Arbeiten. Ohne Savonarolas Opferbrand wären noch viel mehr davon vorhanden. Vgl. Bd. I, Abschn. 3. Cap.

[2]) Dante, de monarchia L. II, cap. 3.

[3]) Paradiso XVI, Anfang.

Convivio[1]) löst er den Begriff nobile und nobiltà fast gänzlich von jeder Bedingung der Geburt ab und identificirt ihn mit der Anlage zu jedem sittlichen und intellectuellen Vorrang; ein besonderer Accent wird dabei auf die höhere Bildung gelegt, indem die nobiltà die Schwester der filosofia sein soll.

Je consequenter hierauf der Humanismus sich die Anschauungsweise der Italiener dienstbar machte, desto fester überzeugte man sich auch, daß die Abstammung über den Werth des Menschen nicht entscheide. Im 15. Jahrhundert war dies schon die herrschende Theorie. Poggio in seinem Gespräch „vom Adel“[2]) ist mit seinen Interlocutoren — Nicolo Niccoli und Lorenzo Medici, Bruder des großen Cosimo — schon darüber einverstanden, daß es keine andere Nobilität mehr gebe, als die des persönlichen Verdienstes. Mit den schärfsten Wendungen wird Manches von dem persiflirt, was nach dem gewöhnlichen Vorurtheil zum adligen Leben gehört. „Vom wahren Adel „sei Einer nur um so viel weiter entfernt, je länger seine Vorfahren „kühne Missethäter gewesen. Der Eifer für Vogelbeize und Jagd „rieche nicht stärker nach Adel, als die Nester der betreffenden Thiere „nach Balsam. Landbau, wie ihn die Alten trieben, wäre viel edler, „als dies unsinnige Herumrennen im Wald und Gebirge, wobei man „am meisten den Thieren selber gleiche. Eine Erholung dürfe der„gleichen etwa vorstellen, nicht aber ein Lebensgeschäft.“ Vollends unadlig erscheine das französische und englische Ritterleben auf dem Lande oder in Waldschlössern, oder gar das deutsche Raubritterthum. Der Medici nimmt hierauf einigermaßen die Partei des Adels, aber

[1]) Dante, Convivio, fast der ganze Trattato IV. u. m. a. Stellen. Schon Brunetto Latini sagt (Il tesoro Lib. I, p. 2, cap. 50 ed. Chabaille p. 343): De ce (la vertu) nasqui premierement la nobleté de gentil gent, non pas de ses ancêtres und er warnt (Lib. II, p. 2, cap. 196 p. 440) vor schlechten Handlungen, weil man durch dieselben den wahrhaften Adel verlieren könne. Aehnlich dann Petrarca de rem. utr. fort. Lib. I. dial. XVII, wo u. A. der Satz: Verus nobilis non nascitur sed fit. Gaspary (It. Litt. I, 518) hat nachgewiesen, daß der Satz: der Adel beruhe nicht auf Geburt, sondern allein auf Tugend, damals ein Gemeinplatz für die Dichter und für die Dispute der Rhetorenschulen war. Vgl. Excurs. LXXVIII.

[2]) Poggii opera, Dial. de nobilitate. — Aristoteles' Ausspruch wird ausdrücklich bekämpft von B. Platina: de vera nobilitate (Opp. ed. Colon. 1573).

— bezeichnend genug — nicht mit Berufung auf ein angeborenes Gefühl, sondern weil Aristoteles im V. Buch der Politica den Adel als etwas Seiendes anerkenne und definire, nämlich eben als beruhend auf Trefflichkeit und ererbtem Reichthum. Allein Niccoli erwidert: Aristoteles sage dies nicht als seine Ueberzeugung, sondern als allgemeine Meinung; in der Ethik, wo er sage, was er denke, nenne er denjenigen adlig, welcher nach dem wahren Guten strebe. Umsonst hält ihm nun der Medici den griechischen Ausdruck für Adel, nämlich Wohlgeborenheit, Eugeneia, entgegen; Niccoli findet das römische Wort nobilis, d. h. bemerkenswerth, richtiger, indem selbiges den Adel von den Thaten abhängig mache.[1])

Außer diesen Raisonnements wird die Stellung des Adels in den verschiedenen Gegenden Italiens folgendermaßen skizzirt. In Neapel ist der Adel träge, und gibt sich weder mit seinen Gütern, noch mit dem als schmachvoll geltenden Handel ab; entweder tagediebt er zu Hause[2]) oder sitzt zu Pferde. Auch der römische Adel verachtet den Handel, bewirthschaftet aber seine Güter selbst; ja, wer das Land baut, dem eröffnet sich von selbst der Andrang;[3])

[1]) Dieselbe Verachtung des Geburtsadels findet sich dann bei den Humanisten häufig. Vgl. die scharfen Stellen bei Aen. Sylvius, Opera, p. 84 (Hist. bohem. cap. 2) und 640 (Gesch. von Lucretia und Euryalus). Auffällig genug erscheint die Aeußerung Polizians in der praelectio: Lamia: nec esse regem quemquam, qui non sit e servis natus, nec item servum, cui non origo sint reges. Sie geht weit über die Negation des Adels hinaus. Zu dieser Negation mag man auch die Erhebung der Bürgertugend rechnen. Als ein unerreichbares Muster von Bürgertugend wurde von vielen Zeitgenossen der Florentiner Guido da Palagio († 1394) gepriesen, so daß Salutatis Lob (Briefe III, 353) kaum übertrieben erscheint: non enim vir tantus utilis solum erat praesens patriae totique Italicae nationi, sed universo mundo, quocunque nomen et fama sua potuit pervenire, ipse quidem hujus urbis columen, Italiae gloria, nurumque gentium cunctarum exemplum.

[2]) Und zwar in der Hauptstadt. Vgl. Bandello, Parte II, Nov. 7. — Joviani Pontani Antonius (wo der Verfall der Adelskraft erst von den Aragonesen an datirt wird). Gegen den nap. Adel auch Tansillo ed. Flamini, Neapel 1893, p. XCI fg.

[3]) In ganz Italien galt wenigstens soviel, daß, wer bedeutende Landrenten hatte, vom Adel nicht mehr zu unterscheiden war. — Ist es bloße Schmeichelei, wenn J. A. Campanus bei der Bearbeitung von Pius' II. Erzählung (Commentarii p. 1): er habe als Knabe

„es ist eine ehrbare, wenn auch bäurische Nobilität". Auch in der Lombardei leben die Adligen vom Ertrag der ererbten Landgüter; Abstammung und Enthaltung von gewöhnlichen Geschäften machen hier schon den Adel aus.[1] In Venedig treiben die Nobili, die regierende Kaste, sämmtlich Handel; ebenso sind in Genua Adlige und Nichtadlige sämmtlich Kaufleute und Seefahrer und nur durch die Geburt unterschieden; einige freilich lauern auch als Wegelagerer in Bergschlössern. In Florenz hat sich ein Theil des alten Adels dem Handel ergeben; ein anderer Theil (gewiß der weit kleinere) erfreut sich seines Ranges und gibt sich mit gar nichts ab als mit Jagd und Vogelbeize.[2]

Das Entscheidende war, daß fast in ganz Italien auch die, welche auf ihre Geburt stolz sein mochten, doch gegenüber der Bildung und dem Reichthum keinen Dünkel geltend machen konnten, und daß sie durch ihre politischen oder höfischen Vorrechte zu keinem erhöhten Standesgefühl provocirt wurden. Venedig macht hier nur eine scheinbare Ausnahme, weil das Leben der Nobili durchaus nur ein bürgerliches, durch wenige Ehrenrechte bevorzugtes war. Anders verhält es sich allerdings mit Neapel, welches durch die strengere Ausscheidung und die Pompsucht seines Adels mehr als aus irgend einem andern Grunde von der geistigen Bewegung der Renaissance abgeschnitten blieb. Zu einer starken Nachwirkung des longobardischen und normannischen Mittelalters und des spätfranzösischen Adelswesens kam hier schon vor der Mitte des 15. Jahrhunderts die aragonesische Herrschaft, und so vollzog sich hier am frühesten, was erst hundert Jahre später im übrigen Italien überhand nahm: die theilweise Hispanisirung des Lebens,[3] deren Hauptelement die Verachtung der

seinen armen Eltern bei der ländlichen Arbeit geholfen, hinzugefügt: dies sei zur Erheiterung des Gemüths geschehn und eine Sitte junger Adligen gewesen? (G. Voigt, II, 339).

[1]) Für die Taxirung des Adels in Oberitalien ist Bandello mit seiner mehrmaligen Polemik gegen die Mißheirathen nicht ohne Bedeutung. Parte I, Nov. 4. 26. Parte III, 60. IV, 8. Der Mailänd. Nobile als Kaufmann ist eine Ausnahme. Parte III, Nov. 37.

[2]) Vgl. Excurs LXXIX.

[3]) Sehr merkwürdig ist der starke Widerstand gegen spanische Sitten und Erziehung in A. Galateo, De educatione. 1504 oder 1505. Der Verf. sagt von sich selbst: Plus est Italus quam Hispa-

Arbeit und die Sucht nach Adelstiteln war. Der Einfluß hiervon zeigte sich schon vor dem Jahre 1500 selbst in kleinen Städten; aus La Cava wird geklagt: der Ort sei sprichwörtlich reich gewesen, so lange dort lauter Maurer und Tuchweber lebten; jetzt, da man statt Maurerzeug und Webstühlen nur Sporen, Steigbügel und vergoldete Gürtel sehe, da Jedermann Doktor der Rechte oder der Medicin, Notar, Officier und Ritter zu werden trachte, sei die bitterste Armuth eingekehrt.[1]) In Florenz wird eine analoge Entwicklung erst unter Cosimo, dem ersten Großherzog, constatiert; es wird ihm dafür gedankt, daß er die jungen Leute, welche jetzt Handel und Gewerbe verachteten, zur Ritterschaft in seinem Stephansorden heranziehe.[2]) Es ist das directe Gegentheil jener früheren florentinischen Denkweise, da die Väter den Söhnen eine Beschäftigung zur Bedingung des Erbes machten (Bd. I, S. 84). Wenn sich dagegen schon im 15. Jahrhundert Vespasiano Florentino dahin ausspricht, daß die Reichen ihr ererbtes Vermögen nicht vermehren, sondern jährlich ihre ganze Einnahme ausgeben sollten, so kann dies im Munde eines Florentiners nur von den großen Grundbesitzern gelten.

Aber eine besondere Art von Rangsucht kreuzt namentlich bei den Florentinern den gleichmachenden Cultus von Kunst und Bildung auf eine oft komische Weise; es ist das Streben nach der Ritterwürde, welches als Modethorheit erst recht in Schwung kam, als es bereits jeden Schatten von eigentlicher Geltung eingebüßt hatte.

„Vor ein paar Jahren", schreibt Franco Sacchetti[3]) gegen Ende des 14. Jahrhunderts, „hat Jedermann sehen können, wie sich Handwerker, bis zu den Bäckern herunter, ja bis zu den Wollekratzern, Wucherern, Wechslern und Halunken zu Rittern machen ließen. Weshalb braucht ein Beamter, um als Rettore in eine Landstadt gehen zu können, die Ritterwürde? Zu irgend einem gewöhnlichen

nus, Giorn. stor. 23, 400 ff. Der Haß gegen die Spanier ultimi hominum et pessimi durchzieht das ganze Buch. — 1510 hatte G. seine Gesinnung geändert.

[1]) Masuccio, nov. 19.

[2]) Jac. Pitti an Cosimo I, Archiv. stor. IV, II, p. 99. Auch in Oberitalien kam Aehnliches erst mit der spanischen Herrschaft auf. Bandello, parte II, nov. 40 stammt aus dieser Zeit.

[3]) Franco Sacchetti, Nov. 153. Vgl. Nov. 82 und 150.

Broderwerb paßt dieselbe vollends nicht. O wie bist du gesunken, unglückliche Würde! von all der langen Liste von Ritterpflichten thun diese Ritter das Gegentheil. Ich habe von diesen Dingen reden wollen, damit die Leser inne werden, daß das Ritterthum gestorben ist.[1]) So gut wie man jetzt sogar Verstorbene zu Rittern erklärt, könnte man auch eine Figur von Holz oder Stein, ja einen Ochsen zum Ritter machen." — Die Geschichten, welche Sacchetti als Beleg erzählt, sind in der That sprechend genug; da lesen wir, wie Bernabò Visconti den Sieger eines Saufduells und dann auch den Besiegten höhnisch mit jenem Titel schmückt, wie deutsche Ritter mit ihren Helmzierden und Abzeichen zum Besten gehalten werden u. dgl. Später moquirt sich Poggio[2]) über die vielen Ritter ohne Pferd und ohne Kriegsübung. Wer die Ehrenrechte des Standes, z. B. das Ausreiten mit Fahnen, geltend machen wollte, hatte in Florenz, sowohl gegenüber der Regierung als gegen die Spötter, eine schwere Stellung.[3])

Bei näherer Betrachtung wird man inne, daß dieses von allem Geburtsadel unabhängige verspätete Ritterwesen allerdings zum Theil Sache der bloßen lächerlichen, titelsüchtigen Eitelkeit ist, daß es aber auch eine andere Seite hat. Die Turniere dauern nämlich fort, und wer daran Theil nehmen will, muß der Form wegen Ritter sein. Der Kampf in geschlossener Bahn aber, und zwar das regelrechte, je nach Umständen sehr gefährliche Lanzenrennen ist ein Anlaß, Kraft und Muth zu zeigen, welchen sich das entwickelte Individuum — abgesehen von aller Herkunft — nicht will entgehen lassen.[4])

Da half es nichts, daß schon Petrarca sich mit dem lebhaftesten Abscheu über das Turnier als über einen gefährlichen Unsinn aus-

[1]) Che la cavalleria è morta.

[2]) Poggius, de nobilitate, fol. 27. Vgl. auch oben Bd. I, S. 19 A. 5 nebst den dort angeführten Stellen. — Enea Silvio (hist. Fried. III. ed. Kollar p. 294) tadelt die von Friedrich allzuhäufig verliehenen Rittertitel in Italien.

[3]) Vasari III, 49 und Anm., Vita di Dello. Die Gemeinde in Florenz beansprucht das Recht, den Ritterschlag zu ertheilen. Ritterschlagsceremonien 1378 und 1389 s. Reumont, Lorenzo, II, S. 444 fg. Es gibt ein Ceremoniale della Repubblica fiorentina nel far Cavalieri e ricever oratori compilato da Francisco Filarete Araldo (Hgg. Pisa 1884 nozze.)

[4]) Vgl. Excurs LXXX.

gelassen hatte; er bekehrte die Leute nicht mit seinem pathetischen Ausruf: „man liest nirgends, daß Scipio oder Cäsar turniert hätten!" Die Sache wurde gerade in Florenz förmlich populär; der Bürger fing an, sein Turnier — ohne Zweifel in einer weniger gefährlichen Form — als eine Art von regelrechtem Vergnügen zu betrachten, und Franco Sacchetti[1]) hat uns das unendlich komische Bild eines solchen Sonntagsturnierers, eines siebzigjährigen Notars, aufbehalten. Derselbe reitet hinaus nach Peretola, wo man um ein Billiges turnieren konnte, auf einem gemietheten Färbergaul, welchem dann durch Bösewichter eine Distel unter den Schwanz gebunden wird; das Thier nimmt Reißaus und jagt mit dem behelmten Ritter, der viele Verletzungen von dem tollen Ritte davonträgt, in die Stadt zurück. Der unvermeidliche Schluß der Geschichte ist die Gardinenpredigt der über solche halsbrechende Streiche empörten Gattin.[2])

Endlich nehmen die ersten Medici sich des Turnierwesens mit einer wahren Leidenschaft an, als wollten sie, die unadligen Privatleute, gerade hierin zeigen, daß ihr geselliger Kreis jedem Hofe gleich stehe.[3]) Schon unter Cosimo (1459), dann unter Pietro dem ältern fanden weltberühmte große Turniere in Florenz statt; Pietro der jüngere ließ über solchen Bestrebungen sogar das Regieren liegen und wollte nur noch im Harnisch abgemalt sein. Auch am Hofe Alexanders VI. kamen Turniere vor. Als Cardinal Ascanio Sforza den Türkenprinzen Dschem (Bd. I, S. 98, 115) fragte, wie ihm dies Schauspiel gefalle, antwortete derselbe sehr weise: in seiner Heimath lasse man dergleichen durch Sklaven aufführen, um welche es, wenn sie fielen, nicht Schade sei. Der Orientale stimmt hier unbewußt mit den alten Römern zusammen, gegenüber der Sitte des Mittelalters.

[1]) Nov. 64. — Deshalb heißt es auch im Orlandino (II. Str. 7) von einem Turnier unter Karl d. Großen ausdrücklich: da stritten nicht Köche und Küchenjungen, sondern Könige, Herzoge und Markgrafen.

[2]) Immerhin eine der frühesten Parodien des Turnierwesens. Es dauerte dann wohl noch 60 Jahre, bis Jacques Coeur, der bürgerliche Finanzminister Karls VII., an seinem Palast zu Bourges ein Eselturnier ausmeißeln ließ (um 1450). Das Glänzendste in dieser Art, der ebencitirte zweite Gesang des Orlandino, ist erst im Jahre 1526 herausgegeben.

[3]) Vgl. Excurs LXXXI.

Abgesehen von diesem nicht unwesentlichen Anhalt der Ritterwürde gab es auch bereits, z. B. in Ferrara (Bd. I, S. 57 fg.), wahre Hoforden, welche den Titel Cavaliere mit sich führten.

Welches aber auch die einzelnen Ansprüche und die Eitelkeiten der Adligen und Cavaliere sein mochten, immerhin nahm der italienische Adel seine Stellung in der Mitte des Lebens und nicht an einem äußern Rande desselben. Jeden Augenblick verkehrt er mit allen Ständen auf dem Fuße der Gleichheit, und das Talent und die Bildung sind seine Hausgenossen. Allerdings wird für den eigentlichen Cortigiano des Fürsten der Adel einbedungen,[1]) allein zugestandener Maßen hauptsächlich um des Vorurtheils der Leute willen (per l'oppenion universale) und unter ausdrücklicher Verwahrung gegen den Wahn, als könnte der Nichtadlige nicht denselben innern Werth haben. Der sonstige Aufenthalt von Nichtadligen in der Nähe des Fürsten ist damit vollends nicht ausgeschlossen; es handelt sich nur darum, daß dem vollkommenen Menschen, dem Cortigiano, kein irgend denkbarer Vorzug fehle. Wenn ihm dann eine gewisse Zurückhaltung in allen Dingen zum Gesetze gemacht wird, so geschieht dies nicht, weil er von edlerm Geblüte stammt, sondern weil seine zarte individuelle Vollendung es so verlangt. Es handelt sich um eine moderne Vornehmheit, wobei doch Bildung und Reichthum schon überall die Gradmesser des gesellschaftlichen Werthes sind, und zwar der Reichthum nur insofern er es möglich macht, das Leben der Bildung zu widmen und deren Interessen im Großen zu fördern.

Zweites Capitel.

Aeußere Verfeinerung des Lebens.

Je weniger nun die Unterschiede der Geburt einen bestimmten Vorzug verliehen, desto mehr war das Individuum als solches aufgefordert, all seine Vortheile geltend zu machen; desto mehr mußte

[1]) Bald. Castiglione, il Cortigiano L. I. fol. 18.

auch die Geselligkeit sich aus eigener Kraft beschränken und veredeln. Das Auftreten des Einzelnen und die höhere Form der Geselligkeit werden ein freies, bewußtes Kunstwerk.

Schon die äußere Erscheinung und Umgebung des Menschen und die Sitte des täglichen Lebens ist vollkommener, schöner, mehr verfeinert als bei den Völkern außerhalb Italiens. Von der Wohnung der höheren Stände handelt die Kunstgeschichte; hier ist nur hervorzuheben, wie sehr dieselbe an Bequemlichkeit und harmonischer, vernünftiger Anlage das Schloß und den Stadthof oder Stadtpalast der nordischen Großen übertraf. Die Kleidung wechselte dergestalt, daß es unmöglich ist, eine durchgehende Parallele mit den Moden anderer Länder zu ziehen, zumal da sie sich seit Ende des 15. Jahrhunderts häufig den letzteren anschloß. Was die italienischen Maler als Zeittracht darstellen, ist insgemein das Schönste und Kleidsamste, was damals in Europa vorkam, allein man weiß nicht sicher, ob sie das Herrschende, und ob sie es genau darstellen. So viel bleibt aber doch wohl außer Zweifel, daß nirgends ein so großer Werth auf die Tracht gelegt wurde, wie in Italien. Die Nation war und ist eitel; außerdem aber rechneten auch ernste Leute die möglichst schöne und günstige Kleidung mit zur Vollendung der Persönlichkeit. Einst gab es ja in Florenz [1]) einen Augenblick, da die Tracht etwas Individuelles war, da Jeder seine eigene Mode trug (Bd. I, S. 124, A. 1), und noch bis tief ins 16. Jahrhundert gab es bedeutende Leute, die diesen Muth hatten; [2]) die Uebrigen wußten wenigstens in die herrschende Mode etwas Individuelles zu legen. Es ist ein Zeichen des sinkenden Italiens, wenn Giovanni della Casa vor dem Auffallenden, vor der Abweichung vor der herrschenden Mode warnt. [3]) Unsere Zeit, welche wenigstens in der Männerkleidung das Nichtauffallen als höchstes Gesetz respectirt, verzichtet damit auf Größeres,

[1]) Für Florenz im 14. Jahrh. wichtig: Rendiconti della R Accademia dei Lincei (Serie V, vol. VI, 9—10): E. Merkel, Come vestivano gli uomini del „Decamerone". Die Studie behandelt: 1. la camicia e la biancheria; 2. il farsetto e la giubbia; 3. i panni di gamba, e la calzatura.

[2]) Paul. Jovii Elogia, vir. litt. ill. p. 138 fg., 112 fg. u. 143 fg. sub. tit. Petrus Gravina, Alex. Achillinus, Balth. Castellio etc.

[3]) Casa, il Galateo, p. 78.

als sie selber weiß. Sie erspart sich aber damit viel Zeit, wodurch allein schon (nach unserm Maßstab der Geschäftigkeit) jeder Nachtheil aufgewogen würde.

In Venedig[1]) und Florenz gab es zur Zeit der Renaissance für die Männer vorgeschriebene Trachten und für die Frauen Luxusgesetze. Die letzteren waren theilweise von solcher Peinlichkeit und Härte, daß sie einen beständigen Kampf der Weiberlist gegen Männergewalt veranlaßten, manchmal, z. B. in Genua, wurden sie als große Staatsaktionen betrachtet, wohl geeignet den gesunkenen Wohlstand einer Stadt zu heben.[2])

Solche Luxusgesetze indessen, die selbst auf dem Papier nur ein verhältnißmäßig kurzes Dasein fristeten, waren in der Praxis gar nicht durchzuführen, und es gibt Zeugnisse genug, wie wenig sie beachtet wurden. Ein solches ist z. B. das Verzeichniß der Hochzeitsgeschenke, welche Marco Florenti seiner Braut Catarina, der Tochter der Alessandra Macinghi überreichte (1447). Darin findet man: ein weißes Damastkleid mit Marderfell besetzt, ein Kleid von hellblauem Stoff mit Aermeln von alexandrinischem Sammet, siebenzehn gestickte Hemden, zehn Handtücher, dreißig Taschentücher, ein „Baccio" von weißem Damast, ein Gebetbuch, zwei Reihen großer Korallen, sechs seidene Mützen, drei Nadelkästchen, zwei Elfenbein-

[1]) Hierüber die venezian. Trachtenbücher und Sansovino: Venezia, fol. 150 fg. In Venedig die Einrichtung der Proveditori alle pompe 1514. Mittheilungen aus ihren Bestimmungen bei Armand Baschet: Souvenirs d'une mission, Paris 1857. Der Vorwurf, sich zu kleiden a la forestiera wird bitter empfunden vgl. Marino Sanudo 40, 723. Ein Luxusgesetz für die Frauen 1525 das. 749 fg. — Verbot goldener Kleider in Venedig, 1481, die früher selbst von Bäckersfrauen getragen wurden, statt dessen alles mit gemmis unionibus verziert, so daß frugalissimus ornatus 4000 Goldgulden kostet. M. Ant. Sabellic. epist. Lib. III. (an M. Anto. Barbavarus). Die Brauttracht bei der Verlobung — weiß, mit aufgelöst über die Schultern wallendem Haar — ist die von Tizians Flora. Lucrezia Borgia reformirt die Moden in Ferrara nach Pistofilo, dem Biographen Alfonsos I. von Ferrara: Bisher habe man Kleider getragen, wo man die carni nude del petto e delle spalle gezeigt; Lucrezia habe den uso di gorgiere eingeführt, welche den ganzen Theil dalle spalle fin sotto li capelli verdeckten.

[2]) Vgl. ein genuesisches Kleiderverbot aus dem J. 1499 mitgetheilt von F. Eyßenhardt, Im neuen Reich 1881, I, Nr. 35.

kämme, ein gesticktes Taschentuch, drei Paar rothe Beinkleider, ein Kleid von rothem Atlas und Sammetbrokat mit weißem Pelz garnirt, ein Oberkleid aus denselben Stoffen mit Gold und Perlen besetzt, einen Kranz von Pfauenschweifen in Silber gefaßt, mit Perlen, goldenen Blättern und emaillirten Blumen einen rothen, golddurchwirkten Gürtel mit vergoldeter Schnalle, eine goldene Schulterverzierung mit zwei Saphiren und drei Perlen, ein Perlenhalsband.[1])

Wo die Trachten frei waren, wie z. B. in Neapel, da constatiren die Moralisten, sogar nicht ohne Schmerz, daß kein Unterschied mehr zwischen Adel und Bürger zu bemerken sei.[2]) Außerdem beklagen sie den bereits äußerst raschen Wechsel der Moden und (wenn wir die Worte richtig deuten) die thörichte Verehrung alles dessen, was aus Frankreich kommt, während es doch oft ursprünglich italienische Moden seien, die man nur von den Franzosen zurück erhalte. Insofern nun der häufige Wechsel der Kleiderformen und die Annahme französischer und spanischer Moden[3]) der gewöhnlichen Putzsucht diente, haben wir uns damit nicht weiter zu beschäftigen; allein es liegt darin außerdem ein culturgeschichtlicher Beleg für das rasche Leben Italiens überhaupt in den Jahrzehnten um 1500. Mit der Occupation einzelner Theile Italiens durch die Fremden wurden die Bewohner derselben nicht nur veranlaßt fremde Moden anzunehmen, sondern häufig zur Abschaffung des Kleiderluxus überhaupt gebracht; einen solchen Umschwung in der Gesinnung der Stadt Mailand constatirt Landi. Doch dauerte, wie derselbe

[1]) Vgl. Excurs LXXXII.

[2]) Jovian. Pontan. de principe: Utinam autem non eo impudentiae perventum esset, ut inter mercatorem et patricium nullum sit in vestitu ceteroque ornatu discrimen. Sed haec tanta licentia reprehendi potest, coerceri non potest, quanquam mutari vestes sic quotidie videamus, ut quas quarto ante mense in deliciis habebamus, nunc repudiemus et tanquam veteramenta abjiciamus. Quodque tolerari vix potest nullum fere vestimenti genus probatur, quod e Galliis non fuerit adductum, in quibus levia pleraque in pretio sunt tametsi nostri persaepe homines modum illis et quasi formulam quandam praescribant.

[3]) Hierüber z. B. Diario Ferrarese, bei Murat. XXIV. Col. 297. 320. 376. 299. In der letzten Stelle wird auch deutsche Mode erwähnt, einmal sagt der Chronist: che pareno buffoni tali portatori.

bezeugt, die Verschiedenheit in den Trachten fort, Neapel that sich, wie ehedem, durch allzugroße Pracht hervor, die Mode von Florenz aber erschien dem Berichterstatter lächerlich.[1])

Eine besondere Beachtung verdient die Bemühung der Frauen, durch Toilettenmittel aller Art ihr Aussehen wesentlich zu verändern. In keinem Lande Europas seit dem Untergange des römischen Reiches hat man wohl der Gestalt, der Hautfarbe, dem Haarwuchs von so vielen Seiten zugesetzt, wie damals in Italien. Alles strebt einer Normalbildung zu, selbst mit den auffallendsten, sichtbarsten Täuschungen. Wir sehen hierbei gänzlich ab von der sonstigen Tracht, die im 14. Jahrhundert[2]) äußerst bunt und schmuckbeladen, später von einem mehr veredelten Reichthum war, und beschränken uns auf die Toilette im engern Sinne.

Vor Allem werden falsche Haartouren, auch aus weißer und gelber Seide,[3]) in Masse getragen, verboten und wieder getragen, bis etwa ein Bußprediger die weltlichen Gemüther rührt; da erhebt sich auf einem öffentlichen Platz ein zierlicher Scheiterhaufen (talamo),

[1]) Vgl. Excurs LXXXIII.

[2]) Ueber die Florentinerinnen vgl. die Hauptstellen bei Giov. Villani X, 10 und 152 (Kleiderverordnungen und Aufhebung derselben); Matteo Villani I, 4. (Der ungeheure Luxus in Folge der Pest.) Im großen Modenedict von 1330 werden u. a. nur eingewirkte Figuren auf den Frauengewändern erlaubt, die blos „aufgemalten“ (dipinto) dagegen verboten. (Hierbei wird man nicht an Modelldruck zu denken haben; vielmehr waren die Figuren wahrscheinlich mit der Hand ansgemalt, was die Kleider bei weitem kostspieliger machte, und dies wird der Grund zum Verbot dieses ganz besondern Luxus gewesen sein. Modelldruck würde billiger gewesen sein, als gewebte Figuren.) Eine Aufzählung vieler von den Frauen angewendeten Toilettenkünste bei Boccaccio de cas. vir. ill. Lib. I. cap. 18, in mulieres.

[3]) Diejenigen aus echten Haaren heißen capelli morti. Perücken werden auch von Männern getragen: so von Giannozzo Manetti Vesp. Bist. commentario p. 103 (so wird wohl die nicht ganz deutliche Stelle aufzufassen sein). Falsche Haare capigliara, Perücken vgl. Luzio=Renier 65, 668. Haarfärben, Kopfwaschen, wofür es besondere Geräthe gab. Das. 671 fg. — Falsche Zähne aus Elfenbein, die ein ital. Prälat, doch nur um der deutlichen Aussprache willen, einsetzt, bei Anshelm, Berner Chronik, IV, S. 30. (1508.) — Elfenbeinzähne schon bei Boccaccio a. a. O.: Dentes casu sublatos reformare ebore fuscatos pigmentis gemmisque in albedinem revocare pristinam. — Künstliche Zähne aus os de cerf, Delicado, Lozana II, 159.

auf welchen neben Lauten, Spielgeräthen, Masken, Zauberzetteln, Liederbüchern und anderm Tand auch die Haartouren [1]) zu liegen kommen; die reinigende Flamme nimmt Alles mit in die Lüfte. Die Idealfarbe aber, welche man in den eigenen, wie in den aufgesetzten Haaren zu erreichen strebte, war blond. Und da die Sonne im Rufe stand, das Haar blond machen zu können, [2]) so gab es Damen, welche bei gutem Wetter den ganzen Tag nicht aus der Sonne gingen, [3]) sonst gebrauchte man auch Färbemittel und Mixturen für den Haarwuchs. Dazu kommt aber noch ein Arsenal von Schönheitswassern, Teigpflastern und Schminken für jeden einzelnen Theil des Gesichtes, selbst für Augenlider und Zähne, wovon unsere Zeit keinen Begriff mehr hat; gehörte doch eine facies picta zu den drei berühmten Geschenken, welche Bona von Aragonien ihrem Bräutigam Sigismund von Polen mitbrachte. Kein Hohn der Dichter, [4]) kein Zorn der Bußprediger, keine Warnung vor frühem Verderben der Haut konnte die Weiber von dem Gebrauch abwendig machen, ihrem Antlitz eine andere Farbe und sogar eine theilweis andere Gestalt zu geben. Es ist möglich, daß die häufigen und prachtvollen Auf-

[1]) Infessura, bei Eccard, scriptores II, Col. 1874. — Allegretto, bei Murat. XXIII, Col. 823. — Dann die Autoren über Savonarola, s. unten.

[2]) Sansovino, Venezia, fol. 152: capelli biondissimi per forza di sole. — Vgl. oben S. 64 und die seltenen, von Yriarte, Vie d'un patricien de Venise (1874) S. 56 citirten Schriften. — Dem Florentiner Wasser wurde dieselbe Kraft zugeschrieben Arch. stor. Lomb. 19, 492. — Für das Blondmachen der Haare vgl. Calmo, Lettere IV, 6. 31. 46, Warnung dagegen IV, 15 vgl. Rossi p. 267.

[3]) Wie auch in Deutschland geschah. — Poesie satiriche, Milano 1808 p. 119, in der Satire des Bern. Giambullari: per prender moglie (p. 107 bis 126). Ein Inbegriff der ganzen Toilettenchemie, welche sich offenbar noch sehr an Aberglauben und Magie anlehnt. Für diese ganze „Toilettenchemie" vgl. jetzt Gli Experimenti der Caterina Sforza in dem dieser gewidmeten Werke von Pasolini III. 599—907. Freilich nehmen die Heilmittel mehr Platz ein als die Toilettenmittel. Vgl. ferner Lettere del Calmo ed. Rossi 321 fg. und das unten S. 92 A. 3 angeführte Werk von Marinelli.

[4]) Welche sich doch alle Mühe gaben, das Ekelhafte, Gefährliche und Lächerliche dieser Schmiererei hervorzuheben. Vgl. Ariosto Satira III. vs. 202 fg. — Aretino, il marescalco, Atto II, scena 5 und mehrere Stellen in den Ragionamenti. Dann Giambullari a. a. O. — Phil. Beroald. sen. Carmina. Auch Filelfo in seinen Satiren (Venedig, 1502, IV, 2 f. 5 fg.).

führungen von Mysterien, wobei Hunderte von Menschen bemalt und geputzt wurden,[1]) den Mißbrauch im täglichen Leben fördern halfen; jedenfalls war er ein allgemeiner, und die Landmädchen hielten dabei nach Kräften mit.[2]) Man konnte lange predigen, daß dergleichen ein Abzeichen von Buhlerinnen sei; gerade die ehrbarsten Hausfrauen, die sonst das ganze Jahr keine Schminke anrührten, schminkten sich doch an Festtagen, wo sie sich öffentlich zeigten.[3]) — Möge man nun diese ganze Unsitte betrachten als einen Zug von Barbarei, wofür sich das Schminken der Wilden als Parallele anführen läßt, oder als Consequenz des Verlangens nach normaler jugendlicher Schönheit in Zügen und Farbe, wofür die große Sorgfalt und Vielseitigkeit dieser Toilette spräche — jedenfalls haben es die Männer an Abmahnungen nicht fehlen lassen. Andere Männer dagegen, mitunter wohl auch die Strafredner, benutzten selbst die Mittel, vor deren Gebrauch sie warnten: wenigstens färbten junge Männer Haare und Bart, theils um durch eine besonders schöne Farbe Wohlgefallen der Frauen zu erregen, theils, z. B. in Venedig, um trotz der Jugend ein würdiges Ansehen zu erlangen und ein Amt sich zu verschaffen.[4])

Das Parfumiren ging ebenfalls über alles Maß hinaus und erstreckte sich auf die ganze Umgebung des Menschen. Bei Festlichkeiten wurden sogar Maulthiere mit Salben und Wohlgerüchen be-

[1]) Cennino Cennini, Trattato della pittura (hgg. von C. und G. Milanesi, Florenz 1859, Deutsch von A. Ilg, Wien 1871) gibt cap. 161 ein Recept des Bemalens von Gesichtern, offenbar für Mysterien oder Maskeraden, denn cap. 162 warnt er ernstlich vor Schminken und Schönheitswassern im Allgemeinen, deren Gebrauch, wie er sagt, huaptsächsächlich in Toskana heimisch sei (p. 146 fg.). Vgl. über das Bemalen der Frauen Piccolomini, La Raffaella, orvero della bella creanza delle donne 1539, Neudr. Mail. 1862, und Ricettario galante del secolo XVI. hgg. von O. Guerrini, Bologna 1853. Ueber Schminken vgl. auch die Zusammenstellung von A. Ilg, Zeitstimmen über Kunst und Künstler, Wien 1881, S. 47 fg.

[2]) Vgl. La Nencia di Barberino, Str. 20 und 40. Der Geliebte verspricht ihr Schminke und Bleiweiß aus der Stadt in einer Düte mitzubringen.

[3]) Trattato del governo della famiglia, p. 118. Der Verfasser tritt freilich auch sehr energisch gegen diesen Mißbrauch auf.

[4]) L. Tansillo, Capitoli, Neap. 1870, S. 107—116.

handelt,[1]) und Pietro Aretino dankt dem Cosimo I. für eine parfumirte Geldsendung.[2])

Sodann waren die Italiener damals überzeugt, daß sie reinlicher seien als die Nordländer. Aus allgemeinen culturgeschichtlichen Gründen kann man diesen Anspruch eher billigen als verwerfen, indem die Reinlichkeit mit zur Vollendung der modernen Persönlichkeit gehört, diese aber bei den Italienern am frühesten durchgebildet ist; auch daß sie eine der reichsten Nationen der damaligen Welt waren, spräche eher dafür, als dagegen.[3]) Ein Beweis wird sich jedoch natürlich niemals leisten lassen, und wenn es sich um die Priorität von Reinlichkeitsvorschriften handelt, so möchte die Ritterpoesie des Mittelalters deren ältere aufweisen können. Immerhin ist soviel gewiß, daß bei einigen vorzüglichen Vertretern der Renaissance die ausgezeichnete Sauberkeit ihres ganzen Wesens, zumal bei Tische, mit Nachdruck hervorgehoben wird,[4]) und daß als Inbegriff alles Schmutzes nach italienischem Vorurtheil der Deutsche gilt.[5]) Was Massimiliano Sforza von seiner deutschen Erziehung für unreinliche Gewohnheiten mitbrachte, daß er z. B. selbst von Frauen nicht veranlaßt werden konnte, seine Unterkleider zu wechseln, und wie unangenehm solche Unsitten bemerkt wurden, erfahren wir aus Giovio.[6]) Es ist dabei auffallend, daß man wenigstens im 15. Jahrhundert die Gastwirthschaft wesentlich in den Händen der Deutschen

[1]) Tristan. Caracciolo, bei Murat. XXII, Col. 87. — Bandello, Parte II, Nov. 47; ja man scheint auch sie gefärbt zu haben, Tansillo S. 109.

[2]) Capitolo I. an Cosimo: Quei cento scudi nuovi e profumati che l'altra dì mi mandaste a donare. Gegenstände aus jener Zeit riechen noch jetzt bisweilen. Luzio-Renier 65, 678 halten den Ausdruck profumati für bildlich etwa in dem Sinne reichlich.

[3]) Trotz des Anspruchs auf Reinlichkeit waren Hautkrankheiten, die ihren Ursprung nur in Unsauberkeit hatten, sehr häufig, vgl. die Mittel dagegen bei G. Marinelli, Gli ornamenti delle donne 1562 und öfter. Auch die Sitte, sich täglich gründlich zu waschen, war nichts weniger als allgemein, Luzio-Renier 63, 469.

[4]) Vespasiano Fiorent. im Leben des Donato Acciajuoli, und im Leben des Niccoli. Vgl. auch oben Bd. I, III. Abschn. 6. Cap. — Das Schnupftuch (fazzoletto) wird schon bei einem jüdisch-italienischen Schriftsteller des 13. Jahrh. erwähnt, vgl. Güdemann S. 192 A. 4.

[5]) Vgl. Excurs LXXXIV.

[6]) Paul. Jov. Elogia. p. 289.

ließ,[1]) welche sich wohl hauptsächlich um der Kompilger willen diesem Geschäfte widmeten. Doch könnte in der betreffenden Aussage vorzugsweise nur das offene Land gemeint sein, da in den größeren Städten notorisch italienische Wirthschaften den ersten Rang behaupteten.[2]) Der Mangel an leidlichen Herbergen auf dem Lande würde sich auch durch die große Unsicherheit erklären.

Aus der ersten Hälfte des 16. Jahrhunderts haben wir dann jene Schule der Höflichkeit, welche Giovanni della Casa, ein geborener Florentiner, unter dem Titel: Il Galateo herausgab. Hier wird nicht nur die Reinlichkeit im engern Sinne, sondern auch die Entwöhnung von allen Gewohnheiten, die wir „unschicklich" zu nennen pflegen, mit derselben untrüglichen Sicherheit vorgeschrieben, mit welcher der Moralist für die höchsten Sittengesetze redet. In anderen Literaturen wird dergleichen weniger von der systematischen Seite, als vielmehr mittelbar gelehrt, durch die abschreckende Schilderung des Unflätigen.[3])

Außerdem aber ist der Galateo eine schön und geistvoll geschriebene Unterweisung in der guten Lebensart, in Delicatesse und Tact überhaupt. Noch heute können ihn Leute jedes Standes mit großem Nutzen lesen, und die Höflichkeit des alten Europa wird wohl schwerlich mehr über seine Vorschriften hinauskommen. Insofern der Tact Herzenssache ist, wird er von Anfang aller Cultur an bei allen Völkern gewissen Menschen angeboren gewesen sein, und Einige werden ihn auch durch Willenskraft erworben haben, allein als allgemeine gesellige Pflicht und als Kennzeichen von Bildung und Erziehung haben ihn erst die Italiener erkannt. Und Italien selbst hatte seit zwei Jahrhunderten sich sehr verändert. Man empfindet deutlich, daß die Zeit der bösen Späße, zwischen Bekannten und

[1]) Aeneas Sylvius (Vitae Paparum, ap. Murat. III, II, Col. 880) sagt bei Anlaß von Baccano: pauca sunt mapalia, eaque hospitia faciunt Theutonici; hoc hominum genus totam fere Italiam hospitalem facit; ubi non repereris hos, neque diversorium quaeras.

[2]) Franco Sacchetti, Nov. 21. Vgl. Excurs LXXXV.

[3]) Man vgl. z. B. die betreffenden Partien in Sebastian Brants Narrenschiff, in Wimpfelings pädagogischen Schriften, in Erasmus' Colloquien, in dem lateinischen Gedicht Grobianus ꝛc. und Gedichte über die Tischzucht.

Halbbekannten, der burle und beffe (Bd. I, S. 167 ff), in der guten Gesellschaft vorüber ist,[1]) daß die Nation aus den Mauern ihrer Städte heraustritt und eine cosmopolitische, neutrale Höflichkeit und Rücksicht entwickelt. Von der eigentlichen, positiven Geselligkeit wird weiterhin die Rede sein.

Das ganze äußere Dasein war überhaupt im 15. und beginnenden 16. Jahrhundert verfeinert und verschönert wie sonst bei keinem Volke der Welt. Schon eine Menge jener kleinen und großen Dinge, welche zusammen die moderne Bequemlichkeit, den Comfort ausmachen,[2]) waren in Italien zum Theil erweislich zuerst vorhanden. Auf den wohlgepflasterten Straßen italienischer Städte wurde das Fahren allgemeiner, während man sonst überall ging oder ritt oder doch nicht zum Vergnügen fuhr. Von Mailand sagt Bandello, daß es über sechzig vierspännige Wagen besitze und zweispännige in Unzahl, mit den reichsten seidenen, bunten, golddurchwirkten Decken, dergestalt, daß, wenn die Frauen durch die Straßen führen, es aussehe, als ginge ein Triumphzug durch die Stadt, wie es sonst bei den Römern Sitte war, wenn sie im Triumph nach Hause zurückkehrten.[3]) Weiche, elastische Betten, köstliche Bodenteppiche, Toilettengeräthe, von welchen sonst noch nirgends die Rede ist, lernt man besonders bei den Novellisten kennen.[4]) Die Menge und Zierlichkeit des Weißzeugs wird öfter ganz besonders hervorgehoben. Manches gehört schon zugleich in das Gebiet der Kunst; man wird mit Bewunderung inne, wie sie von allen Seiten her den Luxus adelt, wie sie nicht blos das mächtige Buffet und die leichtere Etagere mit herrlichen Gefäßen, die Mauern mit der beweglichen Pracht der Teppiche, den Nachtisch mit endlosem plastischen Confect

[1]) Die Mäßigung der Burla geht u. a. aus den Beispielen im Cortigiano, L. II (Venezia 1549), fol. 96 fg. hervor. In Florenz hielt sich die bösartige Burla doch so lange sie konnte. Die Novellen des Antonio Francesco Grazini gen. il Lasca (geb. 1503, gest. 1582), welche in Florenz 1550 erschienen, sind ein Zeugniß hievon.

[2]) Daß ein Spiegel Ende des 14. Jahrh. in gewöhnlichen Bürgerhäusern eine Seltenheit war, geht aus Mazzeo I, 14 hervor.

[3]) Bandello, Parte II, Nov. 4. 9. — Ariosto. sat. III, vs. 127. Vgl. Excurs LXXXVI.

[4]) Bandello, Parte I, Nov. 3. III, 42. IV, 25.

schmückt, sondern vorzüglich die Schreinerarbeit auf wunderbare Weise völlig in ihren Bereich zieht. Das ganze Abendland versucht sich in den späteren Zeiten des Mittelalters, sobald die Mittel reichen, auf ähnlichen Wegen, allein es ist dabei theils in kindlicher, bunter Spielerei, theils in den Fesseln des einseitigen gothischen Decorationsstiles befangen, während die Renaissance sich frei bewegt, sich nach dem Sinn jeder Aufgabe richtet und für einen viel größern Kreis von Theilnehmern und Bestellern arbeitet. Womit dann auch der leichte Sieg dieser italienischen Zierformen jeder Art über die nordischen im Lauf des 16. Jahrhunderts zusammenhängt, obwohl derselbe noch seine größeren und allgemeineren Ursachen hat.

Drittes Capitel.

Die Sprache als Basis der Geselligkeit.

Die höhere Geselligkeit, die hier als Kunstwerk, als eine höchste und bewußte Schöpfung des Volkslebens auftritt, hat ihre wichtigste Vorbedingung und Grundlage in der Sprache.

In der Blüthezeit des Mittelalters hatte der Adel der abendländischen Nationen eine „höfische" Sprache für den Umgang wie für die Poesie zu behaupten gesucht. So gab es auch in Italien, dessen Dialecte schon frühe so weit auseinander gingen, im 13. Jahrhundert ein sogenanntes „Curiale", welches den Höfen und ihren Dichtern gemeinsam war. Die entscheidende Thatsache ist nun, daß man dasselbe mit bewußter Anstrengung zur Sprache aller Gebildeten und zur Schriftsprache zu machen suchte. Die Einleitung der noch vor 1300 redigirten „hundert alten Novellen" gesteht diesen Zweck offen zu. Und zwar wird hier die Sprache ausdrücklich als von der Poesie emancipirt behandelt; das Höchste ist der einfach klare, geistig schöne Ausdruck in kurzen Reden, Sprüchen und Antworten. Dieser genießt eine Verehrung, wie nur je bei Griechen und Arabern: „Wie viele haben in einem langen Leben doch kaum ein einziges bel parlare zu Tage gebracht!"

Allein die Angelegenheit, um welche es sich handelte, war um so schwieriger, je eifriger man sie von sehr verschiedenen Seiten aus betrieb. In diesen Kampf führt uns Dante mitten hinein; seine Schrift „von der italienischen Sprache"[1]) ist nicht nur für die Sprache selber wichtig, sondern auch das erste raisonnirende Werk über eine moderne Sprache überhaupt. Sein Gedankengang und seine Resultate gehören in die Geschichte der Sprachwissenschaft, wo sie auf immer einen hochbedeutenden Platz einnehmen. Hier ist nur zu constatiren, daß schon lange Zeit vor Abfassung der Schrift die Sprache eine tägliche, wichtige Lebensfrage gewesen sein muß, daß alle Dialecte mit parteiischer Vorliebe und Abneigung studirt worden waren, und daß die Geburt der allgemeinen Idealsprache von den stärksten Wehen begleitet war.[2])

Das beste that freilich Dante selber durch sein großes Gedicht. Der toscanische Dialect wurde wesentlich die Basis der neuen Idealsprache.[3]) Wenn damit zu viel gesagt sein sollte, so darf der Ausländer um Nachsicht bitten, indem er schlechtweg in einer höchst bestrittenen Frage der vorherrschenden Meinung folgt.

[1]) Il trattato de vulgari eloquentia per cura di Pio Rajna. Florenz 1896, auch eine kleine Ausg. von dems. Flor. 1897. Laut Boccaccio, vita di Dante, p. 77, kurz vor seinem Tode verfaßt; vgl. dagegen die Bemerkungen von Wegele, Dante S. 261 fg. — Ueber die rasche und merkliche Veränderung der Sprache bei seinen Lebzeiten äußert er sich im Anfang des Convito.

[2]) Hierher gehören auch Untersuchungen, wie sie z. B. von Leonardo Aretino (Epist. ed. Mehus, II, p. 62 fg. Lib. VI, 10) und Poggio (Historiae disceptativae convivales tres in Opp. fol. 14 fg.) angestellt werden: ob im alten Rom Volks- und Gelehrtensprache dieselbe gewesen. Leonardo verneint die Frage, Poggio, mit ausdrücklicher Bekämpfung seines Vorgängers, bejaht sie. — Vgl. auch die ausführliche Auseinandersetzung des L. B. Alberti in der Einleitung zu della famiglia, Buch 3: von der Nothwendigkeit der italienischen Sprache für den geselligen Verkehr. — F. Biondos Epistola de locutione romana, in der er sich Poggio anschloß ist wiedergedruckt von G. Mignini, Propugnatore N. S. III, I, p. 144 fg. Die meisten Zeitgenossen standen auf Biondos Seite. — Bei Delicado, Lozana I, 163 wird als das Schönste bezeichnet: zu Rom das Gesicht, zu Siena die Figur, zu Florenz der Gang, zu Bologna die Sprache.

[3]) Vgl. Excurs LXXXVII.

In Literatur und Poesie mag nun der Hader über diese Sprache, der Purismus eben so viel geschadet als genützt, er mag manchem sonst sehr begabten Autor die Naivetät des Ausdruckes geraubt haben. Und Andere, die der Sprache im höchsten Sinne mächtig waren, verließen sich hinwiederum auf den prachtvoll wogenden Gang und Wohllaut derselben als auf einen vom Inhalt unabhängigen Vorzug. Auch eine geringe Melodie kann nämlich, von solch einem Instrument getragen, herrlich klingen. Allein wie dem auch sei, in gesellschaftlicher Beziehung hatte diese Sprache einen hohen Werth. Sie war die Ergänzung zu dem edlen, stilgemäßen Auftreten überhaupt, sie nöthigte den gebildeten Menschen, auch im Alltäglichen Haltung und in ungewöhnlicheren Momenten äußere Würde zu behaupten. Schmutz und Bosheit genug hüllten sich allerdings auch in dies classische Gewand wie einst in den reinsten Atticismus, allein auch das Feinste und Edelste fand in ihr einen giltigen Ausdruck. Vorzüglich bedeutend aber ist sie in nationaler Beziehung, als ideale Heimath der Gebildeten aller Staaten des früh zerrissenen Landes.[1]) Zudem gehört sie nicht nur den Adligen oder sonst irgend einem Stande, sondern der Aermste und Geringste hat Zeit und Mittel übrig, sich ihrer zu bemächtigen, sobald er nur will. Noch heutzutage (und vielleicht mehr als je) wird der Fremde in solchen Gegenden Italiens, wo sonst der unverständlichste Dialect herrscht, bei geringen Leuten und Bauern oft durch ein sehr reines und rein gesprochenes Italienisch überrascht und besinnt sich vergebens auf Aehnliches bei denselben Menschenklassen in Frankreich oder gar in Deutschland, wo auch die Gebildeten an der provincialen Aussprache festhalten. Freilich ist das Lesenkönnen in Italien viel verbreiteter als man nach den sonstigen Zuständen mancher Provinzen denken sollte, allein wie weit würde dies helfen ohne den allgemeinen unbestrittenen Respect vor der reinen Sprache und Aussprache als einem hohen und werthen Besitzthum? Eine Landschaft nach der andern hat sich derselben officiell anbequemt,[2]) auch Venedig, obwohl es seinen Dialect als „Wie-

[1]) So empfindet es schon Dante: De vulgari eloquio I, c. 17. 18.

[2]) Im Gegensatz dazu erklärte Polismagna c. 1460: Der ferrarische Dialekt

derklang der griechischen Majestät" bezeichnete, Mailand und Neapel noch zur Zeit der Blüthe der Literatur und zum Theil wegen derselben. Piemont ist erst in unserm Jahrhundert durch freien Willensact ein recht italienisches Land geworden, indem es sich diesem wichtigsten Capital der Nation, der reinen Sprache, anschloß.[1]) Der Dialectliteratur wurden schon seit Anfang des 16. Jahrhunderts gewisse Gegenstände freiwillig und mit Absicht überlassen, und zwar nicht etwa lauter komische, sondern auch ernste.[2]) Der Stil, welcher sich darin entwickelte, war allen Aufgaben gewachsen. Bei anderen Völkern findet eine bewußte Trennung dieser Art erst sehr viel später statt.

Die Denkweise der Gebildeten über den Werth der Sprache als Medium der höhern Geselligkeit stellt der Cortigiano[3]) sehr vollständig dar. Es gab schon damals, zu Anfang des 16. Jahrhunderts, Leute, welche geflissentlich die veralteten Ausdrücke aus Dante und den übrigen Toscanern seiner Zeit festhielten, blos weil sie alt waren. Für das Sprechen verbittet sich der Autor dieselben unbedingt, — denn Petrarca und seine Zeitgenossen besäßen doch keine größere Autorität als Poliziano und die Seinen, — und will sie auch für das Schreiben nicht gelten lassen, indem dasselbe doch nur eine Form des Sprechens sei. Hierauf folgt dann consequent das Zugeständniß: dasjenige Reden sei das Schönste, welches sich am meisten den schön verfaßten Schriften nähere. Sehr klar tritt der Gedanke hervor, daß Leute, die etwas Bedeutendes zu sagen haben, ihre Sprache selber bilden, und daß die Sprache beweglich und

non ha mancho elegantia de alcuno altro Italiano parlare. Venturi L'arte a Ferrara S. 6.

[1]) Man schrieb und las in Piemont schon lange vorher toscanisch, aber man schrieb und las eben wenig.

[2]) Man wußte auch recht wohl, wohin im täglichen Leben der Dialect gehörte und wohin nicht. Giovanni Pontano darf den Kronprinzen von Neapel ausdrücklich vor dessen Gebrauch warnen (Jov. Pontan. de principe). Bekanntlich waren die letzten Bourbons darin weniger bedenklich. Den Hohn über einen mailändischen Cardinal, der in Rom seinen Dialect behaupten wollte, s. bei Bandello Parte II. Nov. 31.

[3]) Bald. Castiglione, il cortigiano, L. I. fol. 27 fg. Aus der dialogischen Form leuchtet doch überall die eigene Meinung hervor.

wandelbar, weil sie etwas Lebendiges ist. Man möge die schönsten beliebigen Ausdrücke gebrauchen, wenn nur das Volk sie noch gebrauche, auch solche aus nichttoscanischen Gegenden, ja hie und da französische und spanische, wenn sie der Gebrauch schon für bestimmte Dinge angenommen habe.[1]) So entstehe, mit Geist und Sorgfalt, eine Sprache, welche zwar nicht eine rein antik toscanische, wohl aber eine italienische sei, reich an Fülle wie ein köstlicher Garten voller Blumen und Früchte. Es gehört sehr wesentlich mit zu der allgemeinen Virtuosität des Cortigiano, daß nur in diesem ganz vollkommenen Gewande seine feine Sitte, sein Geist und seine Poesie zu Tage treten.

Da nun die Sprache eine Angelegenheit der lebendigen Gesellschaft geworden war, so setzten die Archaisten und Puristen trotz aller Anstrengung ihre Sache im Wesentlichen nicht durch. Es gab zu viele und treffliche Autoren und Conversationsmenschen in Toscana selbst, welche sich über das Streben Jener hinwegsetzten oder lustig machten; letzteres vorzüglich, wenn ein Weiser von draußen kam und ihnen, den Toscanern, darthun wollte, sie verständen ihre eigene Sprache nicht.[2]) Schon das Dasein und die Wirkung eines Schriftstellers wie Machiavelli riß alle jene Spinnweben durch, insofern seine mächtigen Gedanken, sein klarer, einfacher Ausdruck in einer Sprache auftraten, welche eher alle anderen Vorzüge hatte, als den eines reinen Trecentismo. Andererseits gab es zu viele Oberitaliener, Römer, Neapolitaner ꝛc., welchen es lieb sein mußte, wenn

[1]) Nur durfte man darin nicht zu weit gehen. Die Satiriker mischen spanische und Folengo (unter dem Pseudonym Limerno Pitocco, in seinem Orlandino) französische Brocken immer nur Hohnes wegen ein. In den Comödien spricht etwa ein Spanier ein lächerliches Kauderwelsch von Spanisch und Italienisch. Es ist schon sehr außergewöhnlich, daß eine Straße in Mailand, welche zur Franzosenzeit, 1500 bis 1512, 1515 bis 1522, Rue belle hieß, noch heute Rugabella heißt. Von der langen spanischen Herrschaft ist an der Sprache fast keine Spur, an Gebäuden und Straßen höchstens hie und da der Name eines Vicekönigs haften geblieben. Erst im 18. Jahrh. drangen mit den Gedanken der französischen Literatur auch viele Wendungen und Einzelausdrücke ins Italienische ein; der Purismus unsers Jahrhunderts war und ist noch bemüht, sie wieder wegzuschaffen.

[2]) Firenzuola, opere I, in der Vorrede zur Frauenschönheit, und II, in den Ragionamenti vor den Novellen.

man in Schrift und Conversation die Ansprüche auf Reinheit des Ausdruckes nicht zu hoch spannte. Sie verleugnen zwar Sprachformen und Ausdrücke ihres Dialectes völlig, und ein Ausländer wird es leicht für falsche Bescheidenheit halten, wenn z. B. Bandello öfter hoch und theuer protestirt: „ich habe keinen Stil; ich schreibe nicht florentinisch, sondern oft barbarisch; ich begehre nicht der Sprache neue Zierden zu verleihen; ich bin nur ein Lombarde und noch dazu von der ligurischen Grenze her".[1]) Allein gegenüber der strengen Partei behauptete man sich in der That am ehesten, indem man auf höhere Ansprüche ausdrücklich verzichtete und sich dafür der großen allgemeinen Sprache nach Kräften bemächtigte. Nicht Jeder konnte es Pietro Bembo gleichthun, welcher als geborener Venezianer Zeitlebens das reinste Toscanisch, aber fast als eine fremde Sprache schrieb,[2]) oder einem Sannazaro, der es als Neapolitaner ebenso machte. Das Wesentliche war, daß Jeder die Sprache in Wort und Schrift mit Achtung behandeln mußte. Daneben mochte man den Puristen ihren Fanatismus, ihre Sprachcongresse[3]) u. dgl. lassen; schädlich im Großen wurden sie erst später, als der originale Hauch in der Literatur ohnehin schwächer war und noch ganz anderen, viel schlimmeren Einflüssen unterlag. Endlich stand es der Academia della Crusca frei, das Italienische wie eine todte Sprache zu behandeln. Sie war aber so machtlos, daß sie nicht einmal die geistige Französirung desselben im vorigen Jahrhundert verhindern konnte.

Diese geliebte, gepflegte, auf alle Weise geschmeidig gemachte Sprache war es nun, welche als Conversation die Basis der ganzen

[1]) Bandello, Parte I, Proemio und Nov. 1 und 2. — Ein anderer Lombarde, der eben genannte Teofilo Folengo in seinem Orlandino, erledigt die Sache mit heiterm Spott.

[2]) Die Pedanterie, die dadurch im Gegensatz zur wahren Volkssprache entstand, tadeln Neuern, wie Graf Nuova Ant. III. ser. vol. I, 228.

[3]) Ein solcher sollte in Bologna zu Ende 1531 unter Bembos Vorsitz stattfinden, nachdem ein früherer Versuch gescheitert war. S. den Brief an Claud. Tolomei, bei Firenzuola, opere, vol. II, Beilagen p. 231 fg. Doch handelt es sich hier wohl weniger um den Purismus als um den alten Streit zwischen Toscanern und Lombarden. — Venturi S. 600 theilt die merkwürdige Aeußerung eines Ferraresen (c. 1460) mit: e però non saprei io adriciare la lingua se non al ferrarese idioma.

Geselligkeit ausmachte. Während im Norden der Adel und die Fürsten ihre Muße entweder einsam oder mit Kampf, Gelagen und Ceremonien, die Bürger die ihrige mit Spielen und Leibesübungen, allenfalls auch mit Verskünsten und Festlichkeiten hinbrachten, gab es in Italien zu all diesem noch eine neutrale Sphäre, wo Leute jeder Herkunft, sobald sie das Talent und die Bildung dazu hatten, der Unterredung und dem Austausch von Ernst und Scherz in veredelter Form oblagen. Da die Bewirthung dabei Nebensache war, so konnte man stumpfe und gefräßige Individuen ohne Schwierigkeit fernhalten. Gegen 1550 klagt Luigi Cornaro (zu Anfang seines Trattato della vita sobria): erst seit nicht langer Zeit nehmen in Italien überhand: die (spanischen) Ceremonien und Complimente, das Lutherthum und die Schlemmerei. Die Mäßigkeit und die freie, leichte Geselligkeit schwanden zu gleicher Zeit. Wenn wir die Verfasser von Dialogen beim Wort nehmen dürften, so hätten auch die höchsten Probleme des Daseins das Gespräch zwischen auserwählten Geistern ausgefüllt; die Hervorbringung der erhabensten Gedanken wäre nicht, wie bei den Nordländern in der Regel, eine einsame, sondern eine Mehreren gemeinsame gewesen. Doch wir beschränken uns hier gerne auf die spielende, um ihrer selbst willen vorhandene Geselligkeit.

Viertes Capitel.

Die höhere Form der Geselligkeit.

Sie war wenigstens zu Anfang des 16. Jahrhunderts eine gesetzlich schöne und beruhte auf einem stillschweigenden, oft aber auch auf einem laut zugestandenen und vorgeschriebenen Uebereinkommen, welches sich frei nach der Zweckmäßigkeit und dem Anstand richtet und das gerade Gegentheil von aller bloßen Etikette ist. In derberen Lebenskreisen, wo dergleichen den Charakter einer dauernden Corporation annahm, gab es Statuten und förmlichen Eintritt, wie z. B. bei jenen tollen Gesellschaften florentinischer Künstler, von welchen Vasari erzählt;[1]) ein solches Beisammenbleiben machte denn auch die Aufführung der wichtigsten damaligen Comödien möglich. Die leichtere Geselligkeit des Augenblickes dagegen nahm gerne die Vorschriften an, welche etwa die namhafteste Dame aussprach. Alle Welt kennt den Eingang von Boccaccios Decamerone und hält das Königthum der Pampinea über die Gesellschaft für eine angenehme Fiction; um eine solche handelt es sich auch gewiß in diesem Falle, allein dieselbe beruht auf einer häufig vorkommenden wirklichen Uebung. Firenzuola, der fast zwei Jahrhunderte später (1523) seine Novellensammlung mit ausdrücklicher Berufung auf Boccaccio in ähnlicher Weise einleitet, kommt gewiß der Wirklichkeit noch viel näher, indem er seiner Gesellschaftskönigin eine förmliche Thronrede in den Mund legt über die Eintheilung der Zeit während des bevorstehenden gemeinsamen Landaufenthaltes: zuerst eine philosophische Morgenstunde, während man nach einer Anhöhe spaziert; dann die Tafel[2]) mit Lautenspiel und Gesang; darauf, in einem kühlen Raum, die Recitation einer frischen Canzone, deren Thema jedesmal am Vorabend aufgegeben wird; ein abendlicher Spaziergang zu einer Quelle, wo man Platz nimmt und Jedermann eine Novelle erzählt; endlich das Abendessen und heitere Gespräche „von solcher Art, daß „sie für uns Frauen noch schicklich heißen können und bei euch „Männern nicht vom Weine eingegeben scheinen müssen". Bandello gibt in den Einleitungen oder Widmungen zu den einzelnen Novellen zwar nicht solche Einweihungsreden, indem die verschiedenen Gesellschaften, vor welchen seine Geschichten erzählt werden, bereits als gegebene Kreise existiren, allein er läßt auf andere Weise errathen, wie reich, vielartig und anmuthig die gesellschaftlichen Voraussetzungen waren. Manche Leser werden denken, an einer Gesellschaft, welche

[1]) Vasari XII, p. 9 und 11, Vita di Rustici. — Dazu die medisante Clique von verlumpten Künstlern, XI, 216 fg. Vita d'Aristotile. — Machiavells Capitoli für eine Vergnügensgesellschaft (in den opere minore p. 407) sind eine komische Caricatur von Gesellschaftsstatuten, im Stil der verkehrten Welt. — Unvergleichlich ist und bleibt die bekannte Schilderung jenes römischen Künstlerabends bei Benvenuto Cellini, I, cap. 30.

[2]) Die man sich wohl Vormittags um 10—11 Uhr zu denken hat. Vgl. Bandello, Parte II, Nov. 10.

so unmoralische Erzählungen anzuhören im Stande war, sei nichts zu verlieren noch zu gewinnen. Richtiger möchte der Satz so lauten: auf welchen sicheren Grundlagen mußte eine Geselligkeit ruhen, die trotz jener Historien nicht aus den äußeren Formen, nicht aus Rand und Band ging, die zwischen hinein wieder der ernsten Discussion und Berathung fähig war. Das Bedürfniß nach höheren Formen des Umganges war eben stärker als Alles. Man braucht dabei nicht die sehr idealisirte Gesellschaft als Maßstab zu nehmen, welche Castiglione am Hofe Guidobaldos von Urbino, Pietro Bembo auf dem Schloß Asolo selbst über die höchsten Gefühle und Lebenszwecke reflectiren lassen. Gerade die Gesellschaft eines Bandello mitsammt den Frivolitäten, die sie sich bieten läßt, gibt den besten Maßstab für den vornehm leichten Anstand, für das Großweltswohlwollen und den echten Freisinn, auch für den Geist und den zierlichen poetischen und andern Dilettantismus, der diese Kreise belebte. Ein bedeutender Wink für den Werth einer solchen Geselligkeit liegt besonders darin, daß die Damen, welche deren Mittelpunkte bildeten, damit berühmt und hochgeachtet wurden, ohne daß es ihrem Ruf im Geringsten schadete. Von den Gönnerinnen Bandellos z. B. ist wohl Isabella Gonzaga, geborene Este (Bd. I, S. 44 fg.) durch ihren Hof von lockeren Fräulein,[1] aber nicht durch ihr eigenes Benehmen in ungünstige Nachrede gerathen; Giulia Gonzaga Colonna, Ippolita Sforza vermählte Bentivoglio, Bianca Rangona, Cecilia Gallerana, Camilla Scarampa u. A. waren entweder völlig unbescholten, oder es wurde auf ihr sonstiges Benehmen kein Gewicht gelegt neben ihrem socialen Ruhm. Die berühmteste Dame von Italien, Vittoria Colonna (geb. 1490, gest. 1547), die Freundin Castigliones und Michelangelos, war vollends eine Heilige.[2] Was nun Specielles von dem zwanglosen Zeitvertreib jener Kreise in der Stadt, auf der Villa, in Badeorten gemeldet wird, läßt sich nicht so wiedergeben,

[1] Prato, Arch. stor. III, p. 309 nennt die Damen alquante ministre di Venere.

[2] Lebensnachrichten und einige ihrer Briefe jetzt bei A. v. Reumont, Vittoria Colonna. Freiburg im Breisgau 1881. Seitdem eine reiche Literatur, auch eine classische Ausgabe ihrer Gedichte und Briefe.

daß daraus die Superiorität über die Geselligkeit des übrigen Europa buchstäblich klar würde. Aber man höre Bandello an[1]) und frage sich dann nach der Möglichkeit von etwas Aehnlichem z. B. in Frankreich, bevor diese Art von Geselligkeit eben durch Leute wie er aus Italien dorthin verpflanzt worden war.

Gewiß wurde auch damals das Größte im Gebiet des Geistes hervorgebracht ohne die Beihilfe solcher Salons und ohne Rücksicht auf sie; doch thäte man Unrecht, ihren Werth für die Bewegung von Poesie und Kunst gar zu gering zu schätzen, wäre es auch nur, weil sie das schaffen halfen, was damals in keinem Lande existirte: eine gleichartige Beurtheilung und Theilnahme für die Productionen. Abgesehen davon ist diese Art von Geselligkeit schon als solche eine nothwendige Blüthe jener bestimmten Cultur und Existenz, welche damals eine italienische war und seitdem eine europäische geworden ist.

In Florenz wird das Gesellschaftsleben stark bedingt von Seiten der Literatur und der Politik. Lorenzo magnifico ist vor Allem eine Persönlichkeit, welche nicht, wie man glauben möchte, durch die fürstengleiche Stellung, sondern durch das außerordentliche Naturell seine Umgebung vollständig beherrscht, eben weil er diese unter sich so verschiedenen Menschen in Freiheit sich ergehen läßt.[2]) Man sieht z. B. wie er seinen großen Hauslehrer Poliziano schonte, wie die souveränen Manieren des Gelehrten und Dichters eben noch kaum verträglich waren mit den nothwendigen Schranken, welche der sich vorbereitende Fürstenrang des Hauses und die Rücksicht auf die empfindliche Gemahlin vorschrieben; dafür ist aber Poliziano der Herold und das wandelnde Symbol des mediceischen Ruhmes. Lorenzo freut sich dann auch recht in der Weise eines Medici, sein geselliges Vergnügen selber zu verherrlichen, monumental darzustellen. In der herrlich improvisirten „Falkenjagd" schildert er seine Genossen scherzhaft, in dem „Gelage" sogar höchst burlesk, allein so,

[1]) Die wichtigeren Stellen: Parte I, Nov. 1. 3. 21. 30. 44. II, 19. 34. 55. III, 17 etc.

[2]) Vgl. Lor. magnif. de' Medici, Poesie I, 204 (das Gelage); 291 (die Falkenjagd). — Roscoe, Vita di Lorenzo, III, p. 140 und Beilagen 17 bis 19.

daß man die Fähigkeit des ernsthaftesten Verkehrs deutlich durchfühlt. Der Titel „Gelage“ ist ungenau; es sollte heißen: die Heimkehr von der Weinlese. Lorenzo schildert in höchst vergnüglicher Weise, nämlich in einer Parodie nach Dantes Hölle, wie er, zumeist in Via Faënza, alle seine guten Freunde nacheinander mehr oder weniger benebelt vom Lande her kommend antrifft. Von der schönsten Komik ist im 8. Capitolo das Bild des Piovanno Arlotto, welcher auszieht seinen verlorenen Durst zu suchen und zu diesem Endzweck an sich hängen hat: dürres Fleisch, einen Häring, einen Reif Käse, ein Würstchen und vier Sardellen, e tutte si cocevan nel sudore.

Von dem ernsten Verkehr mit seinen Freunden geben dann Lorenzos Correspondenz und die Nachrichten über seine gelehrte und philosophische Conversation reichliche Kunde. Andere spätere gesellige Kreise in Florenz sind zum Theil theoretisirende politische Clubs, die zugleich eine poetische und philosophische Seite haben, wie z. B. die sogenannte platonische Academie, als sie sich nach Lorenzos Tode in den Gärten der Ruccellai versammelte.[1])

An den Fürstenhöfen hing natürlich die Geselligkeit von der Person des Herrschers ab. Es gab ihrer allerdings seit Anfang des 16. Jahrhunderts nur noch wenige, und diese konnten nur geringerntheils in dieser Beziehung etwas bedeuten. Rom hatte seinen wahrhaft einzigen Hof Leos X., eine Gesellschaft von so besonderer Art, wie sie sonst in der Weltgeschichte nicht wieder vorkommt.

Fünftes Capitel.

Der vollkommene Gesellschaftsmensch.

Für die Höfe, im Grunde aber noch viel mehr um seiner selber willen bildet sich nun der Cortigiano aus, welchen Castiglione schildert. Es ist eigentlich der gesellschaftliche Idealmensch, wie ihn die Bildung jener Zeit als nothwendige, höchste Blüthe postulirt,

[1]) Ueber Cosimo Rucellai als Mittelpunkt dieses Kreises zu Anfang des 16. Jahrh. vgl. Machiavelli, Arte della guerra, L. I.

und der Hof ist mehr für ihn als er für den Hof bestimmt. Alles wohl erwogen, könnte man einen solchen Menschen an keinem Hofe brauchen, weil er selber Talent und Auftreten eines vollkommenen Fürsten hat, und weil seine ruhige, unaffectirte Virtuosität in allen äußeren und geistigen Dingen ein zu selbständiges Wesen voraussetzt. Die innere Triebkraft, die ihn bewegt, bezieht sich, obwohl es der Autor verhehlt, nicht auf den Fürstendienst, sondern auf die eigene Vollendung. Ein Beispiel wird dies klar machen: im Kriege nämlich verbittet sich[1]) der Cortigiano selbst nützliche und mit Gefahr und Aufmunterung verbundene Aufgaben, wenn dieselben stillos und unschön sind, wie etwa das Wegfangen einer Heerde; was ihn zur Theilnahme am Kriege bewegt, ist ja nicht die Pflicht an sich, sondern „l'honore". Die sittliche Stellung zum Fürsten, wie sie im vierten Buch verlangt wird, ist eine sehr freie und selbständige. Die Theorie der vornehmen Liebschaft (im dritten Buche) enthält sehr viele feine psychologische Beobachtungen, die aber besserntheils dem allgemein menschlichen Gebiet angehören, und die große, fast lyrische Verherrlichung der idealen Liebe (am Ende des vierten Buches) hat vollends nichts mehr zu thun mit der speciellen Aufgabe des Werkes. Doch zeigt sich auch hier wie in den Asolani des Bembo die ungemeine Höhe der Bildung in der Art, wie die Gefühle verfeinert und analysirt auftreten. Dogmatisch beim Worte nehmen darf man diese Autoren allerdings nicht. Daß aber Reden dieser Art in der vornehmern Gesellschaft vorkamen, ist nicht zu bezweifeln, und daß nicht bloßes Schönthun, sondern auch wahre Leidenschaft in diesem Gewande erschien, werden wir unten sehen.

Von den äußerlichen Fertigkeiten werden beim Cortigiano zunächst die sogenannten ritterlichen Uebungen in Vollkommenheit verlangt, außerdem aber auch noch manches Andere, das nur an einem geschulten, gleichmäßig fortbestehenden, auf persönlichstem Wetteifer begründeten Hof gefordert werden konnte, wie es damals außer-

[1]) Il cortigiano, L. II, fol. 53. — Ueber den cortigiano vgl. oben S. 85. Silv. Marcello führt aus (nozze 1895), daß der Cortigiano bis zum Ende des 3. Buchs zw. Apr. 1508 und Mai 1509, das 4. Buch zwischen Sept. 1513 und Dez. 1515 geschrieben ist. Giorn. stor. 26, 281.

halb Italiens keinen gab; mehreres beruht auch sichtlich nur auf einem allgemeinen, beinahe abstracten Begriff der individuellen Vollkommenheit. Der Cortigiano muß mit allen edlen Spielen vertraut sein, auch mit dem Springen, Wettlaufen, Schwimmen, Ringen; hauptsächlich muß er ein guter Tänzer sein und (wie sich von selbst versteht) ein nobler Reiter. Dazu aber muß er mehrere Sprachen, mindestens Italienisch und Latein, besitzen, und sich auf die schöne Literatur verstehen, auch über die bildenden Künste ein Urtheil haben; in der Musik fordert man von ihm sogar einen gewissen Grad von ausübender Virtuosität, die er überdies möglichst geheim halten muß. Gründlicher Ernst ist es natürlich mit nichts von Allem, ausgenommen die Waffen; aus der gegenseitigen Neutralisirung des Vielen entsteht eben das absolute Individuum, in welchem keine Eigenschaft aufdringlich vorherrscht.

So viel ist gewiß, daß im 16. Jahrhundert die Italiener, sowohl als theoretische Schriftsteller, wie als praktische Lehrer, das ganze Abendland in die Schule nahmen für alle edleren Leibesübungen und für den höhern geselligen Anstand. Für Reiten, Fechten und Tanzen haben sie durch Werke mit Abbildungen und durch Unterricht den Ton angegeben; das Turnen, abgelöst von der Kriegsübung wie vom bloßen Spiel, ist vielleicht zu allererst von Vittorino da Feltre (Bd. I, III. Abschn. 5. Cap.) gelehrt worden und dann ein Requisit der höhern Erziehung geblieben.[1]) Entscheidend ist dabei, daß es kunstgemäß gelehrt wird; welche Uebungen vorkamen, ob die jetzt vorwiegenden auch damals gekannt waren, können wir freilich nicht ermitteln. Wie sehr aber außer der Kraft und Gewandtheit auch die Anmuth als Zweck und Ziel galt, geht nicht nur aus der sonst bekannten Denkweise der Nation, sondern auch aus bestimmten Nachrichten hervor. Es genügt, an den großen Federigo von Montefeltro (Bd. I, S. 48fg.) zu erinnern, wie er die abendlichen Spiele der ihm anvertrauten jungen Leute leitete.

Spiele und Wettübungen des Volkes unterschieden sich wohl nicht wesentlich von den im übrigen Abendlande verbreiteten. In den Seestädten kam natürlich das Wettrudern hinzu, und die vene-

[1]) Vgl. Excurs LXXXVIII.

zianischen Regatten waren schon früh berühmt. Sie sollen entstanden sein bei Anlaß des Hinauffahrens zum Lido, wo man mit der Armbrust zu schießen pflegte; die große allgemeine Regatta vom St. Paulstage war gesetzlich seit 1315.[1]) Das classische Spiel Italiens war und ist bekanntlich das Ballspiel, und auch dieses möchte schon zur Zeit der Renaissance mit viel größerm Eifer und Glanze geübt worden sein als anderswo in Europa. Doch ist es nicht wohl möglich, bestimmte Zeugnisse für diese Annahme zusammenzubringen.

An dieser Stelle muß auch von der Musik[2]) die Rede sein. Die Composition war noch um 1500 vorherrschend in den Händen der niederländischen Schule, welche wegen der ungemeinen Künstlichkeit und Wunderlichkeit ihrer Werke bestaunt wurde. Doch gab es schon daneben eine italienische Musik, welche ohne Zweifel unserm jetzigen Tongefühl etwas näher stand und welche, von den Deutschen gekannt und entwickelt, auf die Composition der Neueren einen wesentlichen Einfluß übte. Ein halb Jahrhundert später tritt Palestrina auf, dessen Gewalt sich auch heute noch alle Gemüther unterwirft; wir erfahren auch, er sei ein großer Neuerer gewesen, allein ob er oder Andere den entscheidenden Schritt in die Tonsprache der modernen Welt hinein gethan haben, wird nicht so erörtert, daß der Laie sich einen Begriff von dem Thatbestand machen könnte. Indem wir daher die Geschichte der musikalischen Composition gänzlich auf sich beruhen lassen, suchen wir die Stellung der Musik zur damaligen Gesellschaft auszumitteln.

1) Sansovino, Venezia, fol. 172 fg. — Früher wurde in Venedig auch viel geritten, ehe die Straßen geflastert und die ebenen hölzernen Brücken in hochgewölbte steinerne verwandelt waren. Noch Petrarca (Epist. seniles, IV, 3, Fracassetti, vol. I, p. 227 ff. und Fr.s Anmerkungen p. 235 fg.) schildert 1364 ein prächtiges Reiterturnier auf dem Marcusplatz, und der Doge Steno hielt um 1400 einen Marstall so herrlich wie der irgend eines italienischen Fürsten. Doch war das Reiten in der Umgegend jenes Platzes schon seit 1291 in der Regel verboten. — Später galten die Venezianer natürlich für schlechte Reiter. Vgl. Ariosto, Sat. V, vs. 208.

2) Vgl. Excurs LXXXIX.

Höchst bezeichnend für die Renaissance und für Italien ist vor Allem die reiche Specialisirung des Orchesters, das Suchen nach neuen Instrumenten, d. h. Klangarten, und — in engem Zusammenhange damit — das Virtuosenthum, d. h. das Eindringen des Individuellen im Verhältniß zu bestimmten Instrumenten.

Von denjenigen Tonwerkzeugen, welche eine ganze Harmonie ausdrücken können, ist nicht nur die Orgel frühe sehr verbreitet und vervollkommnet, sondern auch das entsprechende Saiteninstrument, das gravicembalo oder clavicembalo;[1]) Stücke von solchen aus dem Beginn des 14. Jahrhunderts werden bekanntlich noch aufbewahrt, weil die größten Maler sie mit Bildern schmückten. Für die weichen Hände fürstlicher Frauen mußten sie recht leicht gebaut werden. Sonst nahm die Geige den ersten Rang ein und gewährte bereits große persönliche Celebrität. Bei Leo X., der schon als Cardinal sein Haus voller Sänger und Musiker gehabt hatte und der als Kenner und Mitspieler eine hohe Reputation genoß, wurden der Jude Giovan Maria und Jacopo Sansecondo berühmt; ersterm gab Leo den Grafentitel und ein Städtchen;[2]) letztern glaubt man in dem Apoll auf Rafaels Parnaß dargestellt zu sehen. Im Verlauf des 16. Jahrhunderts bildeten sich dann Renommeen für jede Gattung, und Lomazzo (um 1580) nennt je drei namhaft gewordene Virtuosen für Gesang, Orgel, Laute, Lyra, Viola da Gamba, Harfe, Cither, Hörner und Posaunen; er wünscht, daß ihre Bildnisse auf die Instrumente selbst gemalt werden möchten.[3]) Solch ein vielseitiges

[1]) Auch aus Papier? (carta, cartone) und Alabaster vgl. die Nachweisungen Arch. stor. lomb. XIV, 292 fg.

[2]) Leonis vita anonyma, bei Roscoe, ed. Bossi, XII, p. 171. Ob dies vielleicht der Violinspieler der Sciarra Galerie ist? In Gerdes' Lautenbuch von 1552 stehen 14 Nummern von Giovan Maria. — Ein Giovan Maria de Cornetto wird gepriesen im Orlandino (Milano 1854, III, 27).

[3]) Lomazzo, Trattato dell' arte della pittura, p. 347 fg. Von der letzten Aeußerung findet sich nichts im Text. Etwa ein Mißverständniß des Schlußsatzes: Et insieme vi si possono gratiosamente rappresentar convitti et simili abbellimenti, che il pittore leggendo i poeti et gli historici può trovare copiosamente et anco essendo ingenioso et ricco d'invenzione può per se stesso imaginare? — Bei der Lyra ist Lionardo da Vinci mitgenannt, auch Alfonso (Herzog?) von Ferrara. Der Verf. nimmt überhaupt die Berühmtheiten des Jahrhunderts

vergleichendes Urtheil wäre wohl in jener Zeit außerhalb Italiens ganz undenkbar, wenn auch fast dieselben Instrumente überall vorgekommen sein mögen.

Der Reichthum an Instrumenten sodann geht besonders daraus hervor, daß es sich lohnte, aus Curiosität Sammlungen derselben anzulegen. In dem höchst musikalischen Venedig [1]) gab es mehrere dergleichen, und wenn eine Anzahl Virtuosen sich dazu einfanden, so ergab sich gleich an Ort und Stelle ein Concert. (In einer dieser Sammlungen sah man auch viele nach antiken Abbildungen und Beschreibungen verfertigte Tonwerkzeuge, nur wird nicht gemeldet, ob sie Jemand spielen konnte und wie sie klangen.) Es ist nicht zu vergessen, daß solche Gegenstände zum Theil ein festlich prachtvolles Aeußeres hatten und sich schön gruppiren ließen. Auch in Sammlungen anderer Raritäten und Kunstsachen pflegen sie sich deshalb als Zugabe einzufinden.

Die Executanten selbst sind außer den eigentlichen Virtuosen entweder einzelne Liebhaber oder ganze Orchester von solchen, etwa als „Academie“ corporationsmäßig zusammengesellt.[2]) Sehr viele

zusammen. Mehrere Juden sind darunter. — Die größte Aufzählung von berühmten Musikern des 16. Jahrh., in eine frühere und eine spätere Generation getrennt, bei Rabelais im „neuen Prolog“ zum IV. Buche. — Ein Virtuose, der blinde Francesco von Florenz (st. 1390), wird schon frühe in Venedig von dem anwesenden König von Cypern mit einem Lorbeerkranze gekrönt. Vgl. Albertini ed. Schmarsow p. 65.

[1]) Sansovino, Venezia, fol. 138: è vera cosa, che la musica ha la sua propria sede in questa città. Natürlich sammelten dieselben Liebhaber auch Notenbücher. — Notizen über ven. Musiker im Arch. Ven. 35, 73 ff.

[2]) Die Academia de' filarmonici zu Verona erwähnt schon Vasari XI, 133 im Leben des Sanmichele. — Um Lorenzo magnifico hatte sich bereits 1480 eine „Harmonieschule“ von 15 Mitgliedern gesammelt, darunter der berühmte von Fremden aus allen Orten besuchte Organist und Orgelbauer Antonio Squarcialupi. Besungen von Ang. Poliziano ed. Isidoro del Lungo S. 154 f. Vgl. Delécluze, Florence et ses vicissitudes, Vol. II, p. 256, und Ausführung im Einzelnen Reumont, Lorenzo di Medici I, S. 177 fg., II. S. 471—473. Marsilio Ficino z. B. nahm an diesen Uebungen Theil und gibt in seinen Briefen (Epist. I. 73. III, 52. V, 15) merkwürdige Vorschriften über Musik. Von Lorenzo scheint sein Sohn Leo X. die Musikbegeisterung geerbt zu haben. Auch sein ältester Sohn Pietro war sehr musicalisch.

bildende Künstler waren auch in der Musik bewandert und oft Meister. — Leuten von Stande wurden die Blasinstrumente abgerathen aus denselben Gründen,[1]) welche einst den Alcibiades und selbst Pallas Athene davon abgeschreckt haben sollen; die vornehme Geselligkeit liebte den Gesang entweder allein oder mit Begleitung der Geige; auch das Streichquartett[2]) und um der Vielseitigkeit willen das Clavier; aber nicht den mehrstimmigen Gesang, „denn Eine Stimme höre, genieße und beurtheile man weit besser". Mit anderen Worten, da der Gesang trotz aller conventionellen Bescheidenheit (S. 107) eine Exhibition des einzelnen Gesellschaftsmenschen bleibt, so ist es besser, man höre (und sehe) Jeden besonders. Wird ja doch die Wirkung der süßesten Gefühle in den Zuhörerinnen vorausgesetzt und deßhalb den alten Leuten eine ausdrückliche Abmahnung ertheilt, auch wenn sie noch so schön spielten und sängen. Es kam sehr darauf an, daß der Einzelne einen aus Ton und Gestalt harmonisch gemischten Eindruck hervorbringe. Von einer Anerkennung der Composition als eines für sich bestehenden Kunstwerkes ist in diesen Kreisen keine Rede. Dagegen kam es vor, daß der Inhalt der Worte ein furchtbares eigenes Schicksal des Sängers schilderte.[3])

Offenbar ist dieser Dilettantismus, sowohl der vornehmeren als der mittleren Stände, in Italien verbreiteter und zugleich der eigentlichen Kunst näher verwandt gewesen als in irgend einem andern Lande. Wo irgend Geselligkeit geschildert wird, ist auch immer und mit Nachdruck Gesang und Saitenspiel erwähnt; Hunderte von Porträts stellen die Leute, oft Mehrere zusammen, musicirend oder doch mit der Laute &c. im Arm dar, und selbst in Kirchenbildern zeigen die Engelconcerte, wie vertraut die Maler mit der lebendigen Erscheinung der Musicirenden waren. Bereits erfährt man z. B. von

[1]) Il cortigiano, fol. 56 vgl. fol. 41.

[2]) Quattro viole da arco, gewiß ein hoher und damals im Ausland sehr seltener Grad von Dilettantenbildung.

[3]) Bandello, Parte I, Nov. 26. Der Gesang des Antonio Bologna im Hause der Ippolita Bentivoglia. Vgl. III, 26. In unserer zimperlichen Zeit würde man dies eine Profanation der heiligsten Gefühle nennen. — (Vgl. das letzte Lied des Britannicus, Tacit., Annal. XIII, 15.) — Die Recitation zur Laute oder Viola ist in den Aussagen nicht leicht vom eigentlichen Gesang zu scheiden.

einem Lautenspieler Antonio Rota in Padua (st. 1549), der vom Stundengeben reich wurde und auch eine Lautenschule drucken ließ.[1])

In einer Zeit, da noch keine Oper den musicalischen Genius zu concentriren und zu monopolisiren angefangen hatte, darf man sich wohl dieses Treiben geistreich, vielartig und wunderbar eigenthümlich vorstellen. Eine andere Frage ist, wie weit wir noch an jener Tonwelt Theil hätten, wenn unser Ohr sie wieder vernähme.

Sechstes Capitel.

Stellung der Frau.

Zum Verständniß der höhern Geselligkeit der Renaissance ist endlich wesentlich, zu wissen, daß das Weib dem Manne gleich geachtet wurde.[2]) Man darf sich ja nicht irre machen lassen durch die spitzfindigen und zum Theil boshaften Untersuchungen über die vermuthliche Inferiorität des schönen Geschlechtes, wie sie bei den Dialogenschreibern hin und wieder vorkommen;[3]) auch nicht dadurch, daß häufig genug der Mann als der Alleinherrscher dargestellt wird, wie z. B. A. Pandolfini unmittelbar nach der Eheschließung seiner Frau die Pflichten auseinandersetzt, welche sie zu erfüllen habe, und sie mit den Worten entläßt: „Merke dies alles, denn davon werde ich Dir in Zukunft nichts mehr sagen“;[4]) auch nicht durch eine Satire, wie die dritte des Ariosto,[5]) welcher das Weib wie ein ge-

[1]) Scardeonius, a. a. O.

[2]) Biographieen von Frauen s. o. Bd. I, S. 161 und Excurs XXIII. Zu vergleichen ist dazu die ausgezeichnete Arbeit von Attilio Hortis: Le donne famose descritte da Giovanni Boccacci. Triest 1877. Besonders auch Janitschek: Vorträge S. 48—73, 110 ff., dessen Angaben für das Folgende dankbar benutzt sind. — Vgl. auch R. Renier, Il tipo estetico della donna nel medio evo Ancona 1885 und Cecchetti, La donna nel medioevo a Venezia, Arch. Ven. 31. 33 ff. 307 ff.

[3]) Vgl. Excurs XC.

[4]) Vesp. Bisticci im Leben des Agn. Pandolfini.

[5]) An Annibale Maleguccio, sonst auch als 5. und 6. bezeichnet.

fährliches großes Kind betrachtet, das der Mann zu behandeln wissen müsse, während es durch eine Kluft von ihm geschieden bleibt. Letzteres ist allerdings in einem gewissen Sinne wahr; gerade weil das ausgebildete Weib dem Manne gleich stand, konnte in der Ehe das, was man geistige und Seelengemeinschaft, oder höhere Ergänzung nennt, nicht so zur Blüthe gelangen, wie später in der gesitteten Welt des Nordens.[1])

Vor Allem ist die Bildung des Weibes in den höchsten Ständen wesentlich dieselbe wie beim Manne. Es erregt den Italienern der Renaissance nicht das geringste Bedenken, den literarischen und selbst den philologischen Unterricht auf Töchter und Söhne gleichmäßig wirken zu lassen (Bd. I, Abschn. III, Kap. 6); da man ja in dieser neuantiken Cultur den höchsten Besitz des Lebens erblickte, so gönnte man sie gerne auch den Mädchen. (Doch fehlt es freilich nicht an Stimmen, welche für Mädchen eine wesentlich andere Erziehung verlangten als für Knaben und welche die allzugroße Beschäftigung mit gelehrten Dingen den Frauen abriethen.)[2]) Wir sahen, bis zu welcher Virtuosität selbst Fürstentöchter im lateinischen Reden und Schreiben gelangten (Bd. I, Abschn. III, Kap. 7).[3]) Manche Frauen, wie Isotta Nogarola,[4]) die Freundin Guarinos, entzogen sich der Ehe, um sich ausschließlich gelehrten Studien zu widmen; nur wenige weihten sich der Kunst wie Catarina de' Brigi (gest. 1463) und Properzia Rossi (gest. 1530), und von diesen brachte es nur die Letztere zu besonderer Bedeutung. Andere mußten wenigstens die Lectüre der Männer theilen, um dem Sachinhalt des Alterthums, wie er die

[1]) Doch kommt es oft genug vor, daß geistig hochstehende Männer: Pontano, Vida, Castiglione, Poliziano ihre Gattinnen in einer Weise beklagen, die an modernes Empfinden erinnert. Vgl. die lat. Gedichte der Genannten in Costa, Antologia della lirica latina in It. nei secc. XV et XVI, 1888 passim.

[2]) Vgl. Excurs XCI.

[3]) Als die ungarische Königin Beatrix, eine neapolitanische Prinzessin, 1485 nach Wien kam, wurde sie lateinisch angeredet und arrexit diligentissime aures domina regina saepe, cum placida audierat, subridendo. Aschbach, Gesch. d. Wiener Universität, Bd. II, S. 10 Anm. Auch bei den Juden kam es vor, daß Mädchen die Bibel in der Ursprache geläufig lasen.

[4]) Ueber Isotta N. besonders E. Abel, Viertelj. f. Cultur u. Lit. der Ren. Bd. I, p. 223 ff. 456 ff. Ihre Werke hgg. von demselben 2 voll. Buda-Pest 1885.

Conversation großentheils beherrschte, folgen zu können. Noch Andere betheiligten sich an ernsten religiösen und moralphilosophischen Fragen, z. B. bei den Unterredungen in der Villa des Antonio Alberti in Florenz (1389), wo die schöne Cosa, nachdem sie als Siegerin in der Erörterung der Frage, ob Mutter oder Vater den Sohn mehr liebe, hervorgegangen war, als Grundsatz aussprach: „Die florentinischen Frauen bemühen sich durch eigene Kraft im Reden und Thun Fortschritte zu machen, damit sie nicht von Männern getäuscht werden können.“ [1]) Weiter schloß sich daran die thätige Theilnahme an der italienischen Poesie [2]) durch Canzonen, Sonette und Improvisation, womit seit der Venezianerin Cassandra Fedele (1455 bis 1558, ihre ersten Dichtungen Ende des 15. Jahrhunderts) eine Anzahl von Damen berühmt wurden; Vittoria Colonna (S. 103) kann sogar unsterblich heißen. Wenn irgend etwas unsere obige Behauptung beweist, so ist es diese Frauenpoesie mit ihrem völlig männlichen Ton. Liebessonette wie religiöse Gedichte zeigen eine so entschiedene, präcise Fassung, sind von dem zarten Halbdunkel der Schwärmerei und von dem Dilettantischen, was sonst der weiblichen Dichtung anhängt, meist so weit entfernt, daß man sie durchaus für die Arbeiten eines Mannes halten würde, wenn nicht Namen, Nachrichten und bestimmte äußere Andeutungen das Gegentheil besagten.

Denn mit der Bildung entwickelt sich auch der Individualismus in den Frauen höherer Stände auf ganz ähnliche Weise wie in den Männern, während außerhalb Italiens bis auf die Reformation die Frauen, und selbst die Fürstinnen, noch sehr wenig persönlich hervortreten. Ausnahmen wie Isabeau von Baiern, Margarete von Anjou, Isabella von Castilien u. s. w. kommen auch nur unter ganz ausnahmsweisen Verhältnissen, ja gleichsam nur gezwungen zum Vorschein. In Italien haben schon während des ganzen 15. Jahrhunderts die Gemahlinnen der Herrscher und vorzüglich die der Condottieren fast alle eine besondere, kenntliche Physiognomie und nehmen an der Notorietät, ja am Ruhme ihren Antheil

1) Il Paradiso degli Alberti ed. Wesselofsky II, 2 pag. 33.

2) A. Borgognoni, Rimatrice Italiane in der Nuova Antologia, Juli 1886.

(Bd. I).[1]) Dazu kommt allmählich eine Schaar von berühmten Frauen verschiedener Art (Bd. I), wäre auch ihre Auszeichnung nur darin zu finden gewesen, daß in ihnen Anlage, Schönheit, Erziehung, gute Sitte und Frömmigkeit ein völlig harmonisches Ganzes bildeten. Von einer aparten, bewußten „Emancipation" ist gar nicht die Rede, weil sich die Sache von selber verstand. Die Frau vom Stande mußte damals ganz wie der Mann nach einer abgeschlossenen, in jeder Hinsicht vollendeten Persönlichkeit streben. Derselbe Hergang in Geist und Herz, welcher den Mann vollkommen macht, sollte auch das Weib vollkommen machen. Active literarische Thätigkeit verlangt man nicht von ihr, und wenn sie Dichterin ist, so erwartet man wohl irgend einen mächtigen Klang der Seele, aber keine speciellen Intimitäten in Form von Tagebüchern und Romanen. An das Publikum dachten diese Frauen nicht; sie mußten vor Allem bedeutenden Männern imponiren[2]) und deren Willkür in Schranken halten.

Das Ruhmvollste, was damals von den großen Italienerinnen gesagt wird, ist, daß sie einen männlichen Geist, ein männliches Gemüth hätten. Man braucht nur die völlig männliche Haltung der meisten Weiber in den Heldengedichten, zumal bei Bojardo und Ariosto zu beachten, um zu wissen, daß es sich hier um ein bestimmtes Ideal handelt. Der Titel einer „virago", den unser Jahrhundert für ein sehr zweideutiges Compliment hält, war damals reiner Ruhm; ihn gebraucht z. B. Jakob von Bergamo für die von ihm am meisten

[1]) Die übertriebene Schmeichelei der Humanisten einzelnen Frauen gegenüber tritt z. B. in einem von Cian Giorn. stor. 29, 433 Anm. aus einer vatikanischen Handschr. mitgetheilten Distichon hervor:

Nata fuit quondam Lucretia casta Lucreti
Haec hominis non est filia: nata Jove est.

[2]) Ant. Galateo, epist. 3, an die junge Bona Sforza, die spätere Gemahlin des Sigismund von Polen: Incipe aliquid de viro sapere, quoniam ad imperandum viris nata es ... Ita fac, ut sapientibus viris placeas, ut te prudentes et graves viri admirentur, et vulgi et muliercularum studia et judicia despicias etc. Auch sonst ein merkwürdiger Brief. (Mai, Spicileg. rom. VIII, p. 532.) Die Genannte ist neuerdings Gegenstand einer eingehenden Studie geworden von S. di Giacomo in der Gazette des beaux arts, ser. III, vol. XVIII.

gerühmten Frauen. Ihn trug mit vollem Glanze Caterina Sforza (1462—1509), Gemahlin seit ihrem 11. Jahre, dann Wittwe des Giuliano Riario, dessen Erbe Forli sie zuerst gegen die Partei seiner Mörder, an denen sie mit eigener Hand blutige Rache nahm, dann später gegen Cesare Borgia mit allen Kräften vertheidigte; eine Frau, die täglich ihre Soldaten inspicirte, durch ihre diplomatische Geschicklichkeit Machiavellis erste Legation zum Scheitern brachte und die ihren Drängern, welche ihr zuriefen, man würde an ihren Kindern Rache nehmen, fast cynisch erwiderte: nun gut, dann würde sie andere bekommen. Endlich unterlag sie, behielt aber doch die Bewunderung aller ihrer Landsleute und den Namen der „prima donna d'Italia".[1]) Eine heroische Ader dieser Art erkennt man noch in verschiedenen Frauen der Renaissance, wenn auch keine mehr solchen Anlaß fand, sich als Heldin zu bethätigen. Isabella Gonzaga (Bd. I, S. 41) verräth diesen Zug ganz deutlich, ebenso Isabella, Ferrantes erste Frau, welche die Bürger zum Kampfe aufrief, und an der Thüre des Doms sitzend, Spenden zur Fortführung des Kampfes in Empfang nahm; nicht minder Clarice aus dem Hause Medici, die Gemahlin des Filippo Strozzi, deren mehr als weiblicher Geist, mehr als weibliche Beredsamkeit von dem Chronisten gerühmt wird, und die Gräfin von Mirandula, welche dem Eroberer ihrer Stadt, Papst Julius II. herausfordernd entgegenrief, sie werde bald nach dem Orte zurückkehren, aus dem er sie jetzt vertreibe[2]), oder Margherita Fortebraccio, die Schwester des Roberto Malatesta, welche Montone gegen den im Auftrag des Papstes angreifenden Federigo von Urbino heldenmüthig vertheidigte.[3])

Frauen dieser Gattung konnten denn freilich auch in ihrem

[1]) So heißt sie in dem Hauptbericht: Chron. venetum bei Murat. XXIV; Col. 121; virago das. 128. Vgl. Infessura bei Eccard, scriptt. II, Col. 1981. Arch. stor. Append. II, p. 250. Vgl. jetzt das ihr gewidmete Werk von Pier. Des. Pasolini, 3 voll. Rom 1894. Daß sich Caterina Sforza, nach der Eroberung Forlis, Tag und Nacht in Cesars Zimmer aufhielt con la qual — judicio omnium — si deva piacer ist gewiß eine von Sanudo überlieferte Verleumdung des venetianischen Gesandten. Pasolini II. 296.

[2]) Vgl. Ranke: Historisch-biographische Studien, Leipzig 1878, S. 371 Anm. 2. Brosch, Julius II, S. 316.

[3]) Santi, cap. 69.

Kreise Novellen erzählen lassen, wie die des Bandello[1]), ohne daß darunter die Geselligkeit Schaden litt. Der herrschende Genius der letztern ist nicht die heutige Weiblichkeit, d. h. der Respect vor gewissen Voraussetzungen, Ahnungen und Mysterien, sondern das Bewußtsein der Energie, der Schönheit, und einer gefährlichen, schicksalsvollen Gegenwart. Deshalb geht neben den gemessensten Weltformen ein Etwas einher, das unserm Jahrhundert wie Schamlosigkeit vorkommt[2]), während wir nur eben das Gegengewicht, nämlich die mächtige Persönlichkeit der dominirenden Frauen des damaligen Italiens, uns nicht mehr vorstellen können.

Daß alle Tractate und Dialoge zusammengenommen keine entscheidende Aussage dieser Art enthalten, versteht sich von selbst, so weitläufig auch über die Stellung und die Fähigkeiten der Frauen und über die Liebe debattirt wird.

Was dieser Gesellschaft im Allgemeinen gefehlt zu haben scheint, war der Flor junger Mädchen,[3]) welche man sehr davon zurückhielt, auch wenn sie nicht im Kloster erzogen wurden. Es ist schwer zu sagen, ob ihre Abwesenheit mehr die größere Freiheit der Conversation oder ob umgekehrt letztere jene veranlaßt hat.

Auch der Umgang mit Buhlerinnen, die oft, namentlich in Venedig, gutbürgerlichen Familien entstammten, nimmt bisweilen einen

[1]) Doch sagt Bandello (Parte I, nov. 30) poi che ci manca la compagnia delle donne . . . possiamo più liberamente parlare, che quando siamo a la presenza loro.

[2]) Und es zu Zeiten auch ist. — Wie sich die Damen bei solchen Erzählungen zu benehmen haben, lehrt der Cortigiano, L. III, fol. 107. Daß schon die Damen, welche bei seinen Dialogen zugegen waren, sich gelegentlich mußten zu benehmen wissen, zeigt z. B. die starke Stelle L. II, fol. 100. — Was von dem Gegenstück des Cortigiano, der Donna di palazzo gesagt wird, sie solle weder leichtfertige Gesellschaft suchen, noch ungebührliche Reden führen, ist deshalb nicht entscheidend, weil diese Palastdame bei Weitem mehr Dienerin der Fürstin ist als der Cortigiano Diener des Fürsten. — Bei Bandello I, Nov. 44 erzählt Bianca d'Este die schauerliche Liebesgeschichte ihres eigenen Ahns Niccolò von Ferrara und der Parisina.

[3]) Sansovino, Venezia fol. 152 fg. Wie sehr die gereisten Italiener den freien Umgang mit den Mädchen in England und den Niederlanden zu würdigen wußten, zeigt Bandello II, Nov. 42 und IV, Nov. 27. — Für die venezianischen und italienischen Frauen überhaupt das oben angeführte Buch von Yriarte 1874, p. 50 fg.

scheinbaren Aufschwung, als wollte sich das Verhältniß der alten Athener zu ihren Hetären erneuern. Die berühmte römische Courtisane Imperia (gest. 1511) war ein Weib von Geist und Bildung und hatte bei einem gewissen Domenico Campana Sonette machen gelernt, trieb auch Musik.[1]) Veronika Franco in Venedig, die zu besuchen Heinrich III. von Polen und Frankreich nicht verschmähte, war Dichterin.[2]) Wenn P. Aretino von einer Buhlerin sagt: sie weiß den ganzen Petrarca und Boccaccio auswendig und zahllose schöne lateinische Verse aus Vergil, Ovid, Horaz und tausend anderen Autoren, so übertreibt er nur wenig; auch andere gleichzeitige Comödiendichter constatiren die Bildung solcher Frauen.[3]) Die schöne Isabella de Luna, von spanischer Herkunft, galt wenigstens als amusant, war übrigens aus Gutherzigkeit und einem entsetzlich frechen Lästermaul, das ihr manchmal schlimme Geschichten eintrug, wunderlich zusammengesetzt.[4]) In Mailand kannte Bandello die majestätische Caterina di San Celso,[5]) welche herrlich spielte und sang und Verse recitirte. Aus Allem geht hervor, daß die berühmten und geistreichen Leute, welche diese Damen besuchten und zeitweise mit ihnen lebten, auch geistige Ansprüche an sie stellten, und daß man den berühmteren Buhlerinnen mit der größten Rücksicht begegnete; auch nach Auflösung des Verhältnisses suchte man sich ihre gute Meinung zu bewahren,[6]) weil die vergangene Leidenschaft doch einen bedeutenden Eindruck für immer zurückgelassen hatte. Im Ganzen kommt jedoch jener Umgang in geistigem Sinne nicht in Betracht neben der erlaubten, officiellen Geselligkeit, und die Spuren, welche er in Poesie und Literatur zurückläßt, sind vorherrschend scandalöser Art. Ja, man darf sich billig wundern, daß unter den 6800 Personen dieses Standes, welche man zu Rom im Jahre 1490 — also vor dem Ein-

[1]) Paul. Jov. de rom. piscibus, cap. 5. — Bandello, Parte III, Nov. 42. (Gregorovius VIII, 278 fg.)

[2]) G. Tassini, Nuovo Arch. Ven. VI, 391 fg.

[3]) Aretin, im Ragionamento del Zoppino p. 327. Alamanni: La Flora. B. Varchi: La Suocera. Ueberhaupt war Petrarca, so seltsam dies auch erscheint, ein Lieblingsschriftsteller der cortigiane.

[4]) Bandello II, 51. IV, 16.

[5]) Bandello IV, 8.

[6]) Ein sehr bezeichnendes Beispiel hiervon bei Giraldi, Hecatommithi VI, Nov. 7.

treten der Syphilis — zählte,[1]) kaum irgend ein Weib von Geist und höherm Talent hervortritt; die oben genannten sind erst aus der nächstfolgenden Zeit. Die Lebensweise, Moral und Philosophie der öffentlichen Weiber, namentlich den raschen Wechsel von Genuß, Gewinnsucht und tieferer Leidenschaft, sowie die Heuchelei und Teufelei Einzelner im spätern Alter schildert vielleicht am besten Giraldi in den Novellen, welche die Einleitung zu seinen Hecatommithi ausmachen; Pietro Aretino dagegen in seinen Ragionamenti zeichnet wohl mehr sein eigenes Inneres als das jener unglücklichen Classe, wie sie wirklich war.

Die Maitressen der Fürsten, wie schon oben bei Anlaß des Fürstenthums (Bd. I, S. 56) erörtert wurde, sind der Gegenstand von Dichtern und Künstlern und daher der Mit- und Nachwelt persönlich bekannt, während man von einer Alice Perries, einer Clara Dettin (Maitresse Friedrichs des Siegreichen) kaum mehr als den Namen und von Agnes Sorel eine eher fingirte als wahre Minnesage übrig hat. Anders verhält es sich dann schon mit den Geliebten der Könige von Frankreich zur Zeit der Renaissance, Franz I. und Heinrich II.

Siebentes Capitel.

Das Hauswesen.

Nach der Geselligkeit verdient auch das Hauswesen der Renaissance einen Blick. Man ist im Allgemeinen geneigt, das Familienleben der damaligen Italiener wegen der großen Sittenlosigkeit als ein verlorenes zu betrachten, und diese Seite der Frage wird im nächsten Abschnitt behandelt werden. Einstweilen genügt es, darauf hinzuweisen, daß die eheliche Untreue dort bei Weitem nicht so zerstörend auf die Familie wirkt wie im Norden, so lange dabei nur gewisse Schranken nicht überschritten werden.

[1]) Vgl. Excurs XCII.

Das Hauswesen unseres Mittelalters war ein Product der herrschenden Volkssitte oder, wenn man will, ein höheres Naturproduct, beruhend auf den Antrieben der Völkerentwickelung und auf der Einwirkung der Lebensweise je nach Stand und Vermögen. Das Ritterthum in seiner Blüthezeit ließ das Hauswesen unberührt; sein Leben war das Herumziehen an Höfen und in Kriegen; seine Huldigung gehörte systematisch einer andern Frau als der Hausfrau, und auf dem Schlosse daheim mochten die Dinge gehen wie sie konnten. Die Renaissance zuerst versucht das Hauswesen mit Bewußtsein als ein geordnetes, ja als ein Kunstwerk aufzubauen. Eine sehr entwickelte Oeconomie (Bd. I, S. 84) und ein rationeller Hausbau kommt ihr dabei zu Hilfe, die Hauptsache aber ist eine verständige Reflexion über alle Fragen des Zusammenlebens, der Erziehung, der Einrichtung und Bedienung.

Das schätzbarste Actenstück hierfür ist der Dialog über die Leitung des Hauses von L. B. Alberti.[1]) Ein Vater spricht zu seinen erwachsenen Söhnen und weiht sie in seine ganze Handlungsweise ein. Man sieht in einen großen, reichlichen Hausstand hinein, der, mit vernünftiger Sparsamkeit und mit mäßigem Leben weiter geführt, Glück und Wohlergehen auf viele Geschlechter hinaus verheißt. Ein ansehnlicher Grundbesitz, der schon durch seine Producte den Tisch des Hauses versieht und die Basis des Ganzen ausmacht, wird mit einem industriellen Geschäft, sei es Seiden- oder Wollenweberei, verbunden. Wohnung und Nahrung sind höchst solid; Alles, was zur Einrichtung und Anlage gehört, soll groß, dauerhaft und kostbar, das tägliche Leben darin so einfach als möglich sein. Aller übrige Aufwand, von den größten Ehrenausgaben bis auf das Taschengeld der jüngeren Söhne, steht hierzu in einem rationellen, nicht in einem conventionellen Verhältniß. Das Wichtigste aber ist die Erziehung,

[1]) Trattato del governo della famiglia. Vgl. oben Bd. I. S. 149 Anm. 2. Frz. Harder weist mich darauf hin, daß der Tractat im Anschluß an Xenophons Oeconomicus gearbeitet ist, daß unter den antichi, auf die sich der Verf. p. 117 der Turiner Ausgabe beruft, gerade Xenophon zu verstehen ist. Vgl. besonders die capp. 7—10 des Oeconomicus. — (Die Schrift war u. a. von Lapo da Castiglionchio übersetzt und Nicolaus V. gewidmet: Voigt, Wiederbel. II³, 192.)

die der Hausherr bei Weitem nicht blos den Kindern, sondern dem ganzen Hause gibt. Er bildet zunächst seine Gemahlin aus einem schüchternen, in vorsichtigem Gewahrsam erzogenen Mädchen, zur sichern Gebieterin der Dienerschaft, zur Hausfrau aus; dann erzieht er die Söhne ohne alle unnütze Härte,[1] durch sorgfältige Aufsicht und Zureden, „mehr mit Autorität als mit Gewalt", und endlich wählt und behandelt er auch die Angestellten und Diener nach solchen Grundsätzen, daß sie gerne und treu am Hause halten.

Noch einen Zug müssen wir hervorheben, der diesem Büchlein zwar keineswegs eigen, wohl aber mit besonderer Begeisterung darin hervorgehoben ist; die Liebe des gebildeten Italieners zum Landleben.[2] Im Norden wohnten damals auf dem Lande die Adligen in ihren Bergschlössern und die vornehmeren Mönchsorden in ihren wohlverschlossenen Klöstern; der reichste Bürger aber lebte Jahr aus Jahr ein in der Stadt. In Italien dagegen war, wenigstens was die Umgebung gewisser Städte[3] betrifft, theils die politische und polizeiliche Sicherheit größer, theils die Neigung zum Aufenthalt draußen so mächtig, daß man in Kriegsfällen sich auch einigen Verlust gefallen ließ. So entstand die Landwohnung des wohlhabenden Städters, die Villa. Ein köstliches Erbtheil des alten Römerthums lebt hier wieder auf, sobald Gedeihen und Bildung im Volke weit genug fortgeschritten sind.

Unser Autor findet auf seiner Villa lauter Glück und Frieden, worüber man ihn freilich selber hören muß. „Während jeder übrige Besitz Arbeiten und Gefahren, Furcht und Reue verschafft, gewährt die Villa großen und ehrenvollen Nutzen; die Villa bleibt Dir stets

1) Vgl. Excurs XCIII.

2) Doch finden sich auch einige Gegenstimmen. J. A. Campanus (epist. IV, 4 ed. Menken) spricht sich sehr kräftig gegen Landleben und Villa aus. Freilich sagt er: ego si rusticus natus non essem facile tangerer voluptate. Da er aber als Bauer geboren sei, quod tibi delitiae mihi satietas est.

3) Giovanni Villani XI, 73: Hauptaussage über den Villenbau der Florentiner schon vor der Mitte des 14. Jahrh.; sie hatten schönere Villen als Stadthäuser, und sollen sich damit auch überangestrengt haben, onde erano tenuti matti. — Die Ernten waren im Allgemeinen frühe, 1422 nennt Sercambi als Ernteanfang 8./18. Juni, Sercambi 3, 296.

treu und freundlich; bewohnst Du sie zur rechten Zeit und mit Liebe, so wird sie Dir nicht nur genügen, sondern Belohnung zu Belohnung fügen. Im Frühling macht sie Dich durch das Grün der Bäume und den Gesang der Vögel fröhlich und hoffnungsvoll; im Herbst beut sie Dir für geringe Anstrengung hundertfältige Frucht; das ganze Jahr läßt sie keine Melancholie in Dir aufkommen. Sie ist der Sammelpunkt guter und ehrlicher Menschen: Nichts geschieht hier heimlich, Nichts betrügerisch; Alle sehen Alles; hier bedarf es keiner Richter und Zeugen, denn alle sind friedlich und gut gegen einander. Hierher eile, um dem Stolz der Reichen und der Ehrlosigkeit der Schlechten zu entfliehen! Seliges Leben in der Villa, unbekanntes Glück." Die öconomische Seite der Sache ist, daß ein und dasselbe Gut womöglich Alles in sich enthalten soll: Korn, Wein, Oel, Futterland und Waldung, und daß man solche Güter gerne theuer bezahlt, weil man nachher nichts mehr auf dem Markt zu kaufen nöthig hat. Der höhere Genuß aber verräth sich in den Worten der Einleitung zu diesem Gegenstande. „Um Florenz liegen viele Villen in krystallheller Luft, in heiterer Landschaft, mit herrlicher Aussicht; da ist wenig Nebel, kein verderblicher Wind; Alles ist gut, auch das reine, gesunde Wasser; und von den zahllosen Bauten sind manche wie Fürstenpaläste, manche wie Schlösser anzuschauen, prachtvoll und kostbar." Er meint jene in ihrer Art mustergiltigen Landhäuser, von welchen die meisten 1529 durch die Florentiner selbst der Vertheidigung der Stadt — vergebens — geopfert wurden.[1])

In diesen Villen wie in denjenigen an der Brenta, in den lombardischen Vorbergen, am Posilipp und Vomero nahm dann auch die Geselligkeit einen freiern, ländlichen Charakter an als in den Sälen der Stadtpaläste. Das Zusammenwohnen der gastfrei Geladenen, nicht blos der Freunde des Hauses, sondern auch der Fremden und zufällig Vorbeikommenden, die Jagd und der übrige Verkehr im Freien werden hie und da ganz anmuthig geschildert.[2])

[1]) Trattato del governo della famiglia (Torino 1829) p. 84. 88.

[2]) Vgl. schon oben S. 10. Schon Petrarca erhält als Städtehasser und Waldliebhaber den Namen Silvanus, Epp. fam. ed. Frac. vol. II, p. 87 fg.

Aber auch die tiefste Geistesarbeit und das Edelste der Poesie ist bisweilen von einem solchen Landaufenthalt datirt.

Achtes Capitel.

Die Feste.

Es ist keine bloße Willkür, wenn wir an die Betrachtung des gesellschaftlichen Lebens die der festlichen Aufzüge und Aufführungen anknüpfen.[1] Die kunstvolle Pracht, welche das Italien der Renaissance dabei an den Tag legt,[2] wurde nur erreicht durch dasselbe Zusammenleben aller Stände, welches auch die Grundlage der italienischen Gesellschaft ausmacht. Im Norden hatten die Klöster, die Höfe und die Bürgerschaften ihre besonderen Feste und Aufführungen wie in Italien, allein dort waren dieselben nach Stil und Inhalt getrennt, hier dagegen durch eine allgemeine Bildung und Kunst zu einer gemeinsamen Höhe entwickelt. Die decorirende Architektur, welche diesen Festen zu Hilfe kam, verdient ein eigenes

— Guarinos Villabeschreibung an Giambatista Cendrata bei Rosmini, II, p. 13 fg. 157 f. Sie ist übrigens so originell sie scheint, getreu nach Plinius. — Auch in manchen anderen Villenbeschreibungen herrschte häufig die Nachahmung des Alterthums vor. Poggio in einem Briefe an Facius (dessen de vir. ill. p. 106): Sum enim deditior senectutis gratia rei rusticae quam antea. Andere Ausrufungen und Beschreibungen desselben Poggio, Opp. (1513) p. 112 fg. und bei Shepherd-Tonelli I, 255 und 261. — Aehnlich Maffeo Vegio (de lib. educ. VI, 4) und B. Platina am Anfange seines Dialogs de vera nobilitate. — Schilderung eines Landhauses, ländlichen Gastmahles und der Jagd bei Cardinal Hadrian Venatio (Straßb. 1512) Aa. 5 fg. — Polizians Beschreibungen mediceischer Landhäuser bei Reumont, Lorenzo II, S. 73 und 87. — Die Farnesina, Gregorovius VIII, 114 fg. Vgl. bes. auch Giov. Rucellais (des Kaufmanns) Beschreibung seiner Villa di Quaracchi in: Un mercante fiorentino, 1881 (nozze) S. 22—80.

[1]) Zu dem folgenden Abschnitt ist J. Burckhardt, Geschichte der Renaissance in Italien (Stuttgart 1868) S. 320—332 zu vergleichen.

[2]) Man vgl. S. 33 fg., wo diese Pracht der Festausstattung als ein Hinderniß für die höhere Entwickelung des Dramas nachgewiesen wurde.

Blatt in der Kunstgeschichte, obgleich sie uns nur noch als ein Phantasiebild gegenübersteht, das wir aus den Beschreibungen zusammenlesen müssen. Hier beschäftigt uns das Fest selber als ein erhöhter Moment im Dasein des Volkes, wobei die religiösen, sittlichen und poetischen Ideale des letztern eine sichtbare Gestalt annehmen. Das italienische Festwesen in seiner höhern Form ist ein wahrer Uebergang aus dem Leben in die Kunst.

Die beiden Hauptformen festlicher Aufführungen sind ursprünglich, wie überall im Abendlande, das Mysterium, d. h. die dramatisirte heilige Geschichte oder Legende und die Procession, d. h. der bei irgend einem kirchlichen Anlaß entstehende Prachtaufzug.

Nun waren in Italien schon die Aufführungen der Mysterien im Ganzen offenbar prachtvoller, zahlreicher und durch die parallele Entwickelung der bildenden Kunst und der Poesie geschmackvoller als anderswo. Sodann scheidet sich aus ihnen nicht blos wie im übrigen Abendlande zunächst die Posse aus und dann das übrige weltliche Drama, sondern frühe schon auch eine auf den schönen und reichen Anblick berechnete Pantomime mit Gesang und Ballet.

Aus der Procession aber entwickelt sich in den eben gelegenen italienischen Städten mit ihren — im Vergleich zu den Städten des Nordens — breiten wohlgepflasterten Straßen der Trionfo, d. h. der Zug von Costümirten zu Wagen und zu Fuß, erst von überwiegend geistlicher, dann mehr und mehr von weltlicher Bedeutung. Fronleichnamsprocession[1]) und Carnevalszug berühren sich hier in einem gemeinsamen Prachtstil, welchem sich dann auch fürstliche Einzüge anschließen. Auch die übrigen Völker verlangten bei solchen Gelegenheiten bisweilen den größten Aufwand, in Italien allein aber bildete sich eine kunstgerechte Behandlungsweise, die den Zug als sinnvolles Ganzes componirte und ausstattete.

Was von diesen Dingen heute noch in Uebung ist, kann nur ein armer Ueberrest heißen. Kirchliche sowohl als fürstliche Aufzüge haben sich des dramatischen Elementes, der Costümirung, fast

[1]) Die Fronleichnamsprocession in Venedig wird erst 1407 eingerichtet: Cecchetti: Venezia e la corte di Roma I, 108.

völlig entledigt, weil man den Spott fürchtet und weil die gebildeten Classen, welche ehemals diesen Dingen ihre volle Kraft widmeten, aus verschiedenen Gründen keine Freude mehr daran haben können. Auch am Carneval sind die großen Maskenzüge außer Uebung. Was noch weiterlebt, wie z. B. die einzelnen geistlichen Masken bei Umzügen von Bruderschaften, ja selbst das pomphafte Rosalienfest zu Palermo, verräth deutlich, wie weit sich die höhere Bildung von diesen Dingen zurückgezogen hat.

Die volle Blüthe des Festwesens tritt erst mit dem entschiedenen Siege des Modernen, mit dem 15 Jahrhundert ein,[1]) wenn nicht etwa Florenz dem übrigen Italien auch hierin vorangegangen war. Wenigstens war man hier schon früh quartierweise organisirt für öffentliche Aufführungen, welche einen sehr großen künstlerischen Aufwand voraussetzen. So jene Darstellung der Hölle auf einem Gerüst und auf Barken im Arno, 1 Mai 1304, wobei unter den Zuschauern die Brücke alla Carraja zusammenbrach.[2]) Auch daß später Florentiner als Festkünstler, festaiuoli, im übrigen Italien reisen konnten,[3]) beweist ein frühe Vervollkommnung zu Hause.

Suchen wir nun die wesentlichsten Vorzüge des italienischen Festwesens gegenüber dem Auslande vorläufig auszumitteln, so steht in erster Linie der Sinn des entwickelten Individuums für Darstellung des Individuellen, d. h. die Fähigkeit, eine vollständige Maske zu erfinden, zu tragen und zu agiren. Maler und Bildhauer halfen dann bei weitem nicht blos zur Decoration des Ortes, sondern auch zur Ausstattung der Personen mit, und gaben Tracht, Schminke (S. 90 fg.) und anderweitige Ausstattung an. Das Zweite

[1]) Die Festlichkeiten bei der Erhebung des Visconti zum Herzog von Mailand 1395 (Corio, fol. 274) haben bei größter Pracht noch etwas roh Mittelalterliches, und das dramatische Element fehlt noch ganz. Vgl. auch die relative Geringfügigkeit der Aufzüge in Pavia während des 14. Jahrhunderts (Anonymus de laudibus Papiae, bei Murat. XI, Col. 34 fg.).

[2]) Giov. Villani, VIII, 70.

[3]) Vgl. z. B. Infessura, bei Eccard scriptt. II, Col. 1896. — Corio, fol. 417. 421.

ist die Allverständlichkeit der poetischen Grundlage. Bei den Mysterien war dieselbe im ganzen Abendlande gleich groß, indem die biblischen und legendarischen Historien von vornherein Jedermann bekannt waren, für alles übrige aber war Italien im Vortheil. Für die Recitationen einzelner heiliger oder profan-idealer Gestalten besaß es eine volltönende lyrische Poesie, welche Groß und Klein gleichmäßig hinreißen konnte.[1]) Sodann verstand der größte Theil der Zuschauer (in den Städten) die mythologischen Figuren und errieth wenigstens leichter als irgendwo die allegorischen und geschichtlichen, weil sie einem allverbreiteten Bildungskreis entnommen waren.

Dies bedarf einer nähern Bestimmung. Das ganze Mittelalter war die Zeit des Allegorisirens in vorzugsweisem Sinne gewesen; seine Theologie und Philosophie behandelte ihre Categorien dergestalt als selbständige Wesen,[2]) daß Dichtung und Kunst es scheinbar leicht hatten, dasjenige beizufügen, was noch zur Persönlichkeit fehlte. Hierin stehen alle Länder des Occidents auf gleicher Stufe; aus ihrer Gedankenwelt können sich überall Gestalten erzeugen, nur daß Ausstattung und Attribute in der Regel räthselhaft und unpopulär ausfallen werden. Letzteres ist auch in Italien häufig der Fall, und zwar selbst während der ganzen Renaissance und noch über dieselbe hinaus. Es genügt dazu, daß irgend ein Prädicat der betreffenden allegorischen Gestalt auf unrichtige Weise durch ein Attribut übersetzt werde. Selbst Dante ist durchaus nicht frei von solchen falschen Uebertragungen,[3]) und aus der Dunkelheit seiner Allegorien überhaupt hat er sich bekanntlich eine wahre

[1]) Der Dialog der Mysterien bewegte sich gern in Ottaven, der Monolog in Terzinen.

[2]) Wobei man nicht einmal an den Realismus der Scholastiker zu denken braucht. Schon um 970 schrieb Bischof Wibold von Cambray seinen Clerikern statt des Würfelspiels etwas wie ein geistliches Tarokspiel vor, mit nicht weniger als 56 Namen abstrakter Personen und Zustände. Vgl. Gesta episcoporum Camerac. in Mon. Germ.SS. VII, p. 433.

[3]) Dahin darf man es z. B. rechnen, wenn er Bilder aus Metaphern baut, wenn an der Pforte des Fegefeuers die mittlere, geborstene Stufe die Zerknirschung des Herzens bedeuten soll (Purgat. IX, 97), während doch die Steinplatte durch das Bersten ihren Werth als Stufe verliert; oder wenn (Purgat. XVIII, 94) die auf Erden Lässigen ihre Buße im Jenseits durch Rennen bezeigen müssen, während doch das Rennen auch ein Zeichen der Flucht ꝛc. sein könnte.

Ehre gemacht.[1]) Petrarca in seinen Trionfi will wenigstens die Gestalten des Amor, der Keuschheit, des Todes, der Fama ꝛc. deutlich, wenn auch in Kürze schildern. Andere dagegen überladen ihre Allegorien mit lauter verfehlten Attributen. In den Satiren des Vinciguerra[2]) z. B. wird der Neid mit „rauhen eisernen Zähnen", die Gefräßigkeit als sich auf die Lippen beißend, mit wirrem, struppigem Haar ꝛc. geschildert, letzteres wahrscheinlich um sie als gleichgiltig gegen alles, was nicht zu essen ist, zu bezeichnen. Wie übel sich vollends die bildende Kunst bei solchen Mißverständnissen befand, können wir hier nicht erörtern. Sie durfte sich wie die Poesie glücklich schätzen, wenn die Allegorie durch eine mythologische Gestalt, d. h. durch eine vom Alterthum her vor der Absurdität gesicherte Kunstform ausgedrückt werden konnte, wenn statt des Krieges Mars, statt der Jagdlust Diana[3]) ꝛc. zu gebrauchen war.

Nun gab es in Kunst und Dichtung auch besser gelungene Allegorien, und von denjenigen Figuren dieser Art, welche bei italienischen Festzügen auftraten, wird man wenigstens annehmen dürfen, daß das Publicum sie deutlich und sprechend charakterisirt verlangte, weil es durch seine sonstige Bildung angeleitet war, dergleichen zu verstehen. Auswärts, zumal am burgundischen Hofe, ließ man sich damals noch sehr undeutsame Figuren, auch bloße Symbole, gefallen, weil es noch eine Vornehmheit war, eingeweiht zu sein oder zu scheinen. Bei dem berühmten Fasanengelübde von 1454[4]) ist die schöne junge Reiterin, welche als Freudenkönigin daherzieht, die einzige erfreuliche Allegorie; die colossalen Tischaufsätze mit Automaten und lebendigen Personen sind entweder bloße Spielereien oder mit einer platten moralischen Zwangsauslegung behaftet. In einer nackten weib-

[1]) Inferno IX, 61. Purgat. VIII, 19.

[2]) Poesie satiriche, ed. Milan. 1808, p. 70 fg. — Vom Ende des 14. Jahrhunderts.

[3]) Letzteres z. B. in der venatio des Card. Adriano da Corneto, geschrieben 1504, erschienen nach Alex. VI. Tode 1505. Es soll darin Ascanio Sforza durch das Jagdvergnügen über den Sturz seines Hauses getröstet werden. Freilich ist hier Diana auch wirklich die Göttin, die mit Ascanius verbunden ist, — so hieß ja auch der Sohn des Aeneas — und die über den Untergang der alten Götter klagt, eine im Munde des frommen Cardinals seltsame Apostrophe.

[4]) Vgl. Olivier de la Marche, mémoires chap. 29.

lichen Statue am Buffet, die ein lebendiger Löwe hütete, sollte man Constantinopel und seinen künftigen Retter, den Herzog von Burgund, ahnen. Der Rest, mit Ausnahme einer Pantomime (Jason in Kolchis), erscheint entweder sehr tiefsinnig oder ganz sinnlos; der Beschreiber des Festes, Olivier selbst, kam als „Kirche" costumirt in dem Thurme auf dem Rücken eines Elephanten, den ein Riese führte, und sang eine lange Klage über den Sieg der Ungläubigen.[1])

Wenn aber auch die Allegorien der italienischen Dichtungen, Kunstwerke und Feste an Geschmack und Zusammenhang im Ganzen höher stehen, so bilden sie doch nicht die starke Seite. Der entscheidende Vortheil — ein Vortheil für sehr große Dichter und Künstler, die etwas damit anzufangen wußten — lag vielmehr darin, daß man hier außer den Personificationen des Allgemeinen auch historische Repräsentanten desselben Allgemeinen in Menge kannte, daß man an die dichterische Aufzählung wie an die künstlerische Darstellung zahlreicher berühmter Individuen gewöhnt war. Die göttliche Comödie, die Trionfi des Petrarca, die Visione amorosa des Boccaccio — lauter Werke, welche hierauf gegründet sind — außerdem die ganze große Ausweitung der Bildung durch das Alterthum hatten die Nation mit diesem historischen Elemente vertraut gemacht. Und nun erschienen diese Gestalten auch bei Festzügen entweder individualisirt, als bestimmte Masken, oder wenigstens als Gruppen, als charakteristisches Geleite einer allgorischen Hauptfigur oder Hauptsache. Man lernte dabei überhaupt gruppenweise componiren, zu einer Zeit, da die prachtvollsten Aufführungen im Norden zwischen unergründliche Symbolik und buntes sinnloses Spiel getheilt waren.

Wir beginnen mit der vielleicht ältesten Gattung, den Mysterien.[2])

[1]) Für andere französische Feste siehe z. B.: Juvénal des Ursins (Paris 1614) ad a. 1389 (Einzug der Königin Isabeau); — Jean de Troyes (sehr häufig gedruckt) ad a. 1461 (Einzug Ludwigs XI.). Auch hier fehlt es nicht ganz an Schwebemaschinen, an lebendigen Statuen u. dgl., aber Alles ist bunter, zusammenhangloser und die Allegorien meist unergründlich. — Höchst lebhaft und bunt die vieltägigen Feste zu Lissabon 1452 bei der Abreise der Infantin Eleonora als Braut Kaiser Friedrichs III. S. Freher-Struve. Rer. Germ. Scriptores II, fol. 51, die Relation des Nikolaus Lauckmann.

[2]) Vgl. Bartol. Gamba, Notizie intorno alle opere di Feo Belcari,

Sie gleichen im Ganzen denjenigen des übrigen Europa; auch hier werden auf öffentlichen Plätzen, in Kirchen, Klosterkreuzgängen große Gerüste errichtet, welche oben ein verschließbares Paradies, ganz unten bisweilen eine Hölle enthalten und dazwischen die eigentliche Scena, welche sämmtliche irdische Localitäten des Dramas neben einander darstellt; auch hier beginnt das biblische oder legendarische Drama nicht selten mit einem theologischen Vordialog von Aposteln, Kirchenvätern, Propheten, Sibyllen und Tugenden, selbst Engeln und Teufeln, und schließt je nach Umständen mit einem Tanz. Daß die halbkomischen Intermezzi von Nebenpersonen in Italien ebenfalls nicht fehlen, scheint sich von selbst zu verstehen, doch tritt dies Element nicht so derb hervor wie im Norden. Daher gehört es zu den Seltenheiten, daß in einer Kirche von Siena ein Mysterium vom bethlehemitischen Kindermord damit schloß, daß die unglücklichen Mütter einander bei den Haaren nehmen mußten.[1]) Von solchen Auswüchsen die Mysterien zu reinigen, war ein Hauptstreben des Feo Belcari (gest. 1484), der als einer der hauptsächlichsten Verfasser biblischer Dramen berühmt war.

Für das Auf- und Niederschweben auf künstlichen Maschinen, einen Hauptreiz aller Schaulust, war in Italien wahrscheinlich die Uebung viel größer als anderswo, und bei den Florentinern gab es schon im 14. Jahrhundert spöttische Reden, wenn die Sache nicht ganz geschickt ging.[2]) Bald darauf erfand Brunellesco für das Annunziatenfest auf Piazza S. Felice jenen unbeschreiblich kunstreichen Apparat einer von zwei Engelkreisen umschwebten Himmelskugel, von welcher Gabriel in einer mandelförmigen Maschine niederflog, und Cecca gab Ideen und Mechanik für ähnliche Feste an.[3]) Die geistlichen Bruderschaften, oder die Quartiere, welche die Be-

Milano 1808, und bes. die Einleitung der Schrift: le rappresentazioni di Feo Belcari ed altre di lui poesie, Firenze 1833. — Als Parallele die Einleitung des Bibliophile Jacob zu seiner Ausgabe des Pathelin. (Paris 1859.)

[1]) Della Valle, lettere sanesi, III, p. 53.

[2]) Franco Sacchetti, Nov. 72.

[3]) Vasari III, 232 fg. Vita di Brunellesco. V, 36 fg. Vita del Cecca. Vgl. V, 52. Vita di Don Bartolommeo.

sorgung und zum Theil die Aufführung selbst übernahmen, verlangten je nach Maßgabe ihres Reichthums wenigstens in den größeren Städten den Aufwand aller erreichbaren Mittel der Kunst. Ebendasselbe darf man voraussetzen, wenn bei großen fürstlichen oder städtischen Festen neben dem weltlichen Drama oder der Pantomime auch noch Mysterien aufgeführt werden. Der Hof des Pietro Riario (Bd. I, S. 114), der von Ferrara ꝛc. ließen es dabei gewiß nicht an der ersinnlichen Pracht fehlen;[1]) in Palermo kostete, freilich erst 1580, eine Aufführung der Legende der h. Catharina 8000 scudi.[2]) In Rom, wo ein auch neuerdings wiedergedrucktes Passionsspiel[3]) alljährlich am Charfreitag — seit 1525 in längeren Zwischenräumen, 1539 zum letzten Male — im Collosseum von wohlhabenden Bürgern dargestellt wurde, erregte es bei einem naiven deutschen Pilger A. Harff (1497) Bewunderung wegen des darin enthaltenen Reichthums. Vergegenwärtigt man sich das scenische Talent und die reichen Trachten

[1]) Arch. stor. Append. II, p. 310. Das Mysterium von Mariä Verkündigung in Ferrara bei der Hochzeit des Alfonso, mit kunstreichen Schwebemaschinen und Feuerwerk. Die Aufführung der Susanna, des Täufers Johannes und einer Legende beim Card. Riario s. bei Corio, fol. 417. Das Mysterium von Constantin d. Gr., im päpstl. Palast, Carneval 1484, s. bei Jac. Volaterran., Murat. XXIII, Col. 194. Der Träger der Hauptrolle war ein Genuese, der in Constantinopel geboren und erzogen war.

[2]) Dramm. rappres. di Sicilia ed. G. di Marzo, Palermo 1876, II. p. VI fg., 1—153.

[3]) La passione di Christo in rime volgari zuerst gedruckt c. 1500, neu herausgegeben von G. Amati 1886. — Verf. sind zwei Römer, Mariano Particappa und Bernardo di Maestro Antonio, sowie ein Florentiner Giuliano Dati. — Harff hebt (das Folgende aus C. Meyers Studie in Geigers Vierteljahrsschr. I, S. 374 A. 7) in der Beschreibung S. 31 seiner Pilgerfahrt in der Ausgabe von Groote, so nachdrücklich hervor, es sei alles durch wirkliche Menschen dargestellt worden, daß man annehmen muß, es sei nicht immer so gewesen. In Perugia z. B. figurirte i. J. 1448 bei der Kreuztragung ein wirklicher Spieler als Christus, am Kreuze aber hing hernach nur eine drapirte Figur (Archivio storico ital. XVI, App. p. 599). Vgl. auch Frankf. Archiv III, 136. Kantzow's Pomerania II, 463. In dem Passionsspiel, welches Kantzow beschreibt, handelt es sich um einen wirklichen Menschen, der dann, als der Lanzenstich sein Herz statt die ihm angehängte, mit Blut gefüllte Blase traf, herabfiel, unten tot liegen blieb und durch seinen Sturz auch noch den Schauspieler, welcher die Maria vorstellte, totschlug. Leider wissen wir trotz aller dieser und vielleicht noch anderer Nachrichten immer noch viel zu wenig über diesen Punkt.

der Schauspieler, die Darstellung der Oertlichkeiten durch ideale Decorationen des damaligen Baustils, durch Laubwerk und Teppiche, endlich als Hintergrund die Prachtbauten der Piazza einer großen Stadt oder die lichten Säulenhallen eines Palasthofes, eines großen Klosterhofes, so ergibt sich ein überaus reiches Bild. Wie aber das weltliche Drama eben durch eine solche Ausstattung zu Schaden kam, so ist auch wohl die höhere poetische Entwickelung des Mysteriums selber durch dieses unmäßige Vordrängen der Schaulust gehemmt worden. In den erhaltenen Texten der ältern Zeit findet man ein meist sehr dürftiges dramatisches Gewebe mit einzelnen schönen lyrisch-rhetorischen Stellen, aber nichts von jenem großartigen symbolischen Schwung, der die „Autos sagramentalos“ eines Calderon auszeichnet.

Bisweilen mag in kleineren Städten, bei ärmerer Ausstattung, die Wirkung dieser geistlichen Dramen auf das Gemüth eine stärkere gewesen sein. Es kommt vor,[1]) daß einer jener großen Bußprediger, von welchen im letzten Abschnitt die Rede sein wird, Roberto da Lecce, den Kreis seiner Fastenpredigten während der Pestzeit 1448 in Perugia mit einer Charfreitagsaufführung der Passion streng nach der Darstellung des N. T. beschließt; nur wenige Personen traten auf, aber das ganze Volk weinte laut. Freilich kamen bei solchen Anlässen Rührungsmittel zur Anwendung, welche dem Gebiet des herbsten Naturalismus entnommen waren. Es bildet eine Parallele zu den Gemälden eines Matteo da Siena, zu den Thongruppen eines Guido Mazzoni, wenn der den Christus vorstellende Autor mit Striemen bedeckt und scheinbar Blut schwitzend, ja aus der Seitenwunde blutend auftreten mußte.[2])

[1]) Graziani, Cronaca di Perugia, Arch. stor. XVI, I, p. 598 fg. Bei der Kreuzigung wurde eine bereit gehaltene Figur untergeschoben.

[2]) Für letzteres z. B. Graziani a. a. O., ferner Pii II. comment. L. VIII., p. 383. 386. — Auch die Poesie des 15. Jahrh. stimmt bisweilen denselben rohen Ton an. Eine Canzone des Andrea da Basso constatirt bis ins Einzelne die Verwesung der Leiche einer hartherzigen Geliebten. Freilich in einem Klosterdrama des 12. Jahrh. hatte man sogar auf der Scene gesehen, wie König Herodes von den Würmern gefressen wird. Carmina Burana, p. 80 fg. Parallelen dazu bieten manche deutsche Dramen des 17. Jahrhunderts.

Aber auch andere Leidenschaften wurden wach. Das römische Passionsspiel (S. 130 A. 3), in dem den Juden die Hauptschuld an dem Tode Jesu zugeschrieben wird, schloß mit einem Epilog: Mögen die Juden darauf gefaßt sein, daß über sie, ihre Kinder und ihr ganzes Land der Untergang hereinbrechen wird. Solche Worte erhitzten die Zuschauer oft dermaßen, daß sie gegen die Schauspieler, die Juden und Häscher darstellten, mit Steinen warfen und beim Verlassen des Theaters bisweilen an den Juden Roms ihr Müthchen kühlten.[1])

Die besonderen Anlässe zur Aufführung von Mysterien, abgesehen von gewissen großen Kirchenfesten, fürstlichen Vermählungen rc. sind sehr verschieden. Als z. B. Bernardino von Siena durch den Papst heilig gesprochen wurde (1450), gab es, wahrscheinlich auf dem großen Platz seiner Vaterstadt, eine Art von dramatischer Nachahmung (rappresentazione) seiner Canonisation,[2]) und zweitägige Feste in der ganzen Stadt nebst Speise und Trank für Jedermann. Oder ein glehrter Mönch feiert seine Promotion zum Doktor der Theologie durch Aufführung der Legende des Stadtpatrons.[3]) König Karl VIII. war kaum nach Italien hinabgestiegen, als ihn die Herzogin Wittwe Blanca von Savoyen zu Turin mit einer Art von halbgeistlicher Pantomime empfing,[4]) wobei zuerst eine Hirtenscene „das Gesetz der Natur", dann ein Zug der Erzväter „das Gesetz der Gnade" vorzustellen censirt war; darauf folgten die Geschichten des Lancelot vom See, und die „von Athen". Und sowie der König nur in Chieri anlangte, wartete man ihm wieder mit einer Pantomime auf, die ein Wochenbette mit vornehmem Besuch darstellte.

Wenn aber irgend ein Kirchenfest einen allgemeinen Anspruch auf die höchste Anstrengung hatte, so war es Fronleichnam, an dessen Feier sich ja in Spanien jene besondere Gattung von Poesie (S. 131)

[1]) Gregorovius, Kleine Schriften III, 188 fg.

[2]) Allegretto, Diarii sanesi, bei Murat. XXIII, Col. 767.

[3]) Matarazzo, Arch. stor. XVI, II, p. 36 fg. Der Mönch hatte vorher eine Reise nach Rom unternommen, um Studien für sein Fest zu machen.

[4]) Auszüge aus dem Vergier d'honneur bei Roscoe, Leone X, ed. Bossi, I, p. 220 und III, p. 263.

anschloß. Für Italien besitzen wir wenigstens die pomphafte Schilderung des Corpus Domini, welches Pius II, 1462 in Viterbo abhielt.[1]) Der Zug selber, welcher sich von einem colossalen Prachtzelt vor S. Francesco durch die Hauptstraße nach dem Domplatz bewegte, war das wenigste dabei; die Cardinäle und reicheren Prälaten hatten den Weg stückweise unter sich vertheilt und nicht nur für fortlaufende Schattentücher, Mauerteppiche,[2]) Kränze u. dgl. gesorgt, sondern lauter eigene Schaubühnen errichtet, wo während des Zuges kurze historische und allegorische Scenen aufgeführt wurden. Man ersieht aus dem Bericht nicht ganz klar, ob Alles von Menschen oder Einiges von drapirten Figuren dargestellt wurde;[3]) jedenfalls war der Aufwand sehr groß. Da sah man einen leidenden Christus zwischen singenden Engelknaben, ein Abendmahl in Verbindung mit der Gestalt des S. Thomas von Aquino; den Kampf des Erzengels Michael mit den Dämonen; Brunnen mit Wein und Orchester von Engeln; ein Grab des Herrn mit der ganzen Scene der Auferstehung; endlich auf dem Domplatz das Grab der Maria, welches sich nach dem Hochamt und dem Segen eröffnete; von Engeln getragen schwebte die Mutter Gottes singend nach dem Paradies, wo Christus sie krönte und dem ewigen Vater zuführte.

In der Reihe jener Scenen an der Hauptstraße sticht diejenige des Cardinal Vicekanzlers Roderigo Borgia — des spätern Alexanders VI. — besonders hervor durch Pomp und dunkle Allegorie.[4]) Außerdem tritt dabei die damals beginnende Vorliebe für festlichen Kanonendonner[5]) zu Tage, welche dem Haus Borgia noch ganz besonders eigen war.

[1]) Pii II. Comment L. VIII, p. 382 fg. — Ein ähnliches, besonders prächtiges Fronleichnamsfest wird erwähnt von Bursellis, Annal. Bonon., bei Murat. XXIII, Col. 911, zum J. 1492. (Die Darstellungen aus dem A. u. N. T.)

[2]) Bei solchen Anlässen mußte es heißen: Nulla di muro si potea vedere.

[3]) Dasselbe gilt von manchen ähnlichen Schilderungen. Vgl. S. 130 A. 3.

[4]) Fünf Könige mit Bewaffneten, ein Waldmensch, der mit einem Löwen kämpfte (wie Croce, Arch. stor. napolet. XIV, 660 meint, keinem wirklichen, sondern einem nachgemachten, aus Stroh und Holz bestehenden), letzteres vielleicht mit Bezug auf den Namen des Papstes, Sylvius.

[5]) Beispiele unter Sixtus IV., Jac. Volaterran., bei Murat. XXIII, Col. 135 (bombardarum et sclopulorum

Kürzer geht Pius II. hinweg über die in demselben Jahre zu Rom abgehaltene Procession mit dem aus Griechenland erworbenen Schädel des h. Andreas. Auch dabei zeichnete sich Roderigo Borgia durch besondere Pracht aus, sonst aber hatte das Fest etwas Profanes, indem sich außer den nie fehlenden Musikengeln auch noch andere Masken zeigten, auch „starke Männer", d. h. Herculesse, welche allerlei Turnkünste mögen vorgebracht haben.

Die rein oder überwiegend weltlichen Aufführungen waren besonders an den größeren Fürstenhöfen ganz wesentlich auf die geschmackvolle Pracht des Anblicks berechnet, dessen einzelne Elemente in einem mythologischen und allegorischen Zusammenhang standen, soweit ein solcher sich gerne und angenehm errathen ließ. Das Barocke fehlte nicht: riesige Thierfiguren, aus welchen plötzlich Schaaren von Masken herauskamen, wie z. B. bei einem fürstlichen Empfang (1465) zu Siena[1]) aus einer goldenen Wölfin ein ganzes Ballet von zwölf Personen hervorstieg; belebte Tafelaufsätze, wenn auch nicht in der sinnlosen Dimension wie beim Herzog von Burgund (S. 127); das Meiste aber hatte einen künstlerischen und poetischen Zug. Die Vermischung des Dramas mit der Pantomime am Hofe von Ferrara wurde bereits bei Anlaß der Poesie (S. 37) geschildert. Weltberühmt waren dann die Festlichkeiten, welche Cardinal Pietro Riario 1473 in Rom gab, bei der Durchreise der zur Braut des Prinzen

crepitus) 139. Auch beim Amtsantritt Alexanders VI. wurde furchtbar kanonirt. — Das Feuerwerk, eine schönere Erfindung des italienischen Festwesens, gehört sammt der festlichen Decoration eher in die Kunstgeschichte als hierher. — Ebenso die prächtige Beleuchtung (vgl. oben S. 37; die Erhebung Julius' II. auf den päpstlichen Thron wird in Venedig durch dreitägige Beleuchtung gefeiert. Brosch, Julius II., S. 325 A. 17), welche bei manchen Festen gerühmt wird, und selbst die Tischaufsätze und Jagdtrophäen.

[1]) Allegretto, bei Murat. XXIII, Col. 772. — Vgl. außerdem Col. 770, den Empfang Pius' II. 1459: ein Engelchor oder Paradies wurde dargestellt, aus welchem ein Engel herabkam, den Papst ansang, in modo che il Papa si commosse a lagrime per gran tenerezza di si dolci parole. — Aufführungen in Venedig: 1459 vgl. Arch stor. lomb. XX, 960 f.

Ercole von Ferrara bestimmten Lianora von Aragon.[1]) Die eigentlichen Dramen sind hier noch lauter Mysterien kirchlichen Inhalts, die Pantomimen dagegen mythologisch; man sah Orpheus mit den Thieren, Perseus und Andromeda, Ceres von Drachen, Bacchus und Ariadne von Panthern gezogen, dann die Erziehung des Achill; hierauf ein Ballet der berühmten Liebespaare der Urzeit und einer Schaar von Nymphen; dieses wurde unterbrochen durch einen Ueberfall räuberischer Centauren, welche dann Hercules besiegte und von dannen jagte. Eine Kleinigkeit, aber für den damaligen Formensinn bezeichnend, ist folgende: Wenn bei allen Festen lebende Figuren als Statuen in Nischen, auf und an Pfeilern und Triumphbogen vorkamen und sich dann doch mit Gesang und Declamation als lebend erwiesen, so waren sie dazu durch natürliche Farbe und Gewandung berechtigt; in den Sälen des Riario aber fand sich unter anderen ein lebendes und doch völlig vergoldetes Kind, welches aus einem Brunnen Wasser um sich spritzte.[2])

Andere glänzende Pantomimen dieser Art gab es in Bologna bei der Hochzeit des Annibale Bentivoglio mit Lucrezia von Este;[3]) statt des Orchesters wurden Chöre gesungen, während die Schönste aus Dianens Nymphenschaar zur Juno Pronuba hinüberfloh, während Venus mit einem Löwen, d. h. hier nur einem täuschend verkappten Menschen sich unter einem Ballet wilder Männer bewegte; dabei stellte die Decoration ganz naturwahr einen Hain vor. In Venedig feierte man 1493 die Anwesenheit der Fürstinnen Lianora und Beatrice von Este durch Einholung mit dem Bucintoro, Wettrudern und eine prächtige Pantomime „Meleager" im Hof des Dogenpalastes.[4]) In Mailand leitete Lionardo da

[1]) Vgl. Excurs XCIV.

[2]) Vasari XI, p. 37, Vita di Puntormo erzählt, wie ein solches Kind 1513 bei einem florentinischen Fest an den Folgen der Anstrengung — oder vielleicht der Vergoldung? — starb. Der arme Knabe hatte „das goldene Zeitalter" vorstellen müssen.

[3]) Phil. Beroaldi: nuptiae Bentivolorum in den Orationes Ph. B. Paris 1492 e 3 fg. Auch die Schilderung der übrigen bei dieser Hochzeit stattgehabten Festlichkeiten ist sehr bemerkenswerth.

[4]) Beatrice schildert die Feste selbst ihrem Gemahle (Lud. Moro) in Briefen, die E. Motta im Giorn. stor. della lett. ital. VII, 386 ff. veröffentlichte. Viel Schmeichelei für L. M. als Friedensstifter war aufgewendet.

Vinci[1]) die Feste des Herzogs und auch diejenigen anderer Großen; eine seiner Maschinen, welche wohl mit derjenigen des Brunellesco (S. 129) wetteifern mochte, stellte in colossaler Größe das Himmelssystem in voller Bewegung dar; jedesmal wenn sich ein Planet der Braut des jüngern Herzogs, Isabella, näherte, trat der betreffende Gott aus der Kugel hervor[2]) und sang die vom Hofdichter Bern. Bellincioni gedichteten Verse (1489). Bei einem andern Feste (1493) paradirte unter anderen schon das Modell zur Reiterstatue des Francesco Sforza, und zwar unter einem Triumphbogen auf dem Castellplatz. Aus Vasari ist weiter bekannt, mit welch sinnreichen Automaten Lionardo in der Folge die französischen Könige als Herren von Mailand bewillkommnen half.[3]) Aber auch in kleineren Städten strengte man sich bisweilen sehr an. Als Herzog Borso (Bd. I, S. 51) 1453 zur Huldigung nach Reggio kam,[4]) empfing man ihn am Thor mit einer großen Maschine, auf welcher S. Prospero, der Stadtpatron, zu schweben schien, überschattet durch einen von Engeln gehaltenen Baldachin, unter ihm eine drehende Scheibe mit acht Musikengeln, deren zwei sich hierauf von dem Heiligen die Stadtschlüssel und das Scepter erbaten, um beides dem Herzog zu überreichen, wobei Engel und Heilige Reden zum Lobe des Herzogs hielten. Dann folgte ein durch verdeckte Pferde bewegbares Gerüst, welches einen leeren Thron enthielt, hinten eine stehende Justitia mit einem Genius als Diener, an den Ecken vier greise Gesetzgeber, umgeben von sechs Engeln mit Fahnen; zu beiden Seiten geharnischte Reiter, ebenfalls mit Fahnen; es versteht sich, daß auch der Genius und die Göttin den Herzog nicht ohne Anrede ziehen ließen. Ein zweiter

[1]) Amoretti, Memorie etc. su Lionardo da Vinci p. 38 fg.

[2]) Wie die Astrologie dies Jahrhundert bis in die Feste hinein verfolgte, zeigen auch die undeutlich geschilderten Planetenaufzüge beim Empfang fürstlicher Bräute in Ferrara. Diario Ferrarese, bei Muratori XXIV, Col. 248, ad a. 1473. Col. 282, ad a. 1491. — Ebenso in Mantua. Arch. stor., append. II, p. 233.

[3]) Ueber diese und ähnliche Feste vgl. G. Giannini im Propugnatore N. S. VI, 1, p. 226 ff.

[4]) Annal. Estens. bei Murat. XX, Col. 468 ff. Die Beschreibung ist undeutlich und überdies nach einer incorrecten Abschrift gedruckt.

Wagen, wie es scheint von einem Einhorn gezogen, trug eine Caritas mit brennender Fackel; dazwischen aber hatte man sich das antike Vergnügen eines von verborgenen Menschen vorwärts getriebenen Schiffwagens nicht versagen mögen. Dieser und die beiden Allegorien zogen nun dem Herzog voran; aber schon vor S. Pietro wurde wieder stille gehalten; ein heil. Petrus schwebte mit zwei Engeln in einer runden Glorie von der Fassade hernieder bis zum Herzog, setzte ihm einen Lorbeerkranz auf und schwebte wieder empor.[1]) Auch noch für eine andere rein kirchliche Allegorie hatte der Clerus hier gesorgt; auf zwei hohen Säulen standen der „Götzendienst" und die „Fides"; nachdem letztere, ein schönes Mädchen, ihren Gruß hergesagt, stürzte die andere Säule sammt ihrer Puppe zusammen. Weiterhin begegnete man einem „Cäsar" mit sieben schönen Weibern, welche er dem Borso als die Tugenden präsentirte, welche derselbe zu erstreben habe. Endlich gelangte man zum Dom, nach dem Gottesdienst aber nahm Borso wieder draußen auf einem hohen goldenen Throne Platz, wo ein Theil der schon genannten Masken ihn noch einmal becomplimentirte. Den Schluß machten drei von einem nahen Gebäude niederschwebende Engel, welche ihm unter holdem Gesange Palmzweige als Sinnbilder des Friedens überreichten.

Seltener war die Darstellung historischer Stoffe, die mit den localen Vorgängen und Zeitereignissen in keiner Beziehung standen. So wurde in Mailand 1453, in Abwesenheit des Fr. Sforza, der damals mit den Venezianern im Kriege lag, auf dem Domplatz die Geschichte Coriolans copirt. Es wurde dargestellt, wie er aus Rom verbannt wurde und zu den Volskern ging, wie er mit diesen gegen Rom zog und wie er nur durch die Bitten seiner Mutter und Gattin von der Eroberung der Stadt zurückgehalten wurde. „Auf dem Domplatz war ein römisches und ein volskisches Castell errichtet und es wurde ein solches Waffengetöse vollführt, daß man sich in ein wirkliches Feldlager versetzt glaubte."[2])

[1]) Man erfährt, daß die Stricke dieser Maschinerie als Guirlanden maskirt waren.

[2]) Brief des herz Raths Angelo Simonetta an Franc. Sforza 12. Aug. 1453 in Arch. stor. Lomb. 14, 826 fg.

Betrachten wir nun diejenigen Festlichkeiten, wobei der bewegte Zug selber die Hauptsache ist.

Ohne Zweifel gewährten die kirchlichen Processionen seit dem Mittelalter einen Anlaß zur Maskirung, mochten nun Engelkinder das Sacrament, die herumgetragenen heiligen Bilder und Reliquien begleiten, oder Personen der Passion im Zuge mitgehen, etwa Christus mit dem Kreuz, die Schächer und Kriegsknechte, die heiligen Frauen. Allein mit großen Kirchenfesten verbindet sich schon frühe die Idee eines städtischen Aufzuges, der nach der naiven Art des Mittelalters eine Menge profaner Bestandtheile verträgt. Merkwürdig ist besonders der aus dem Heidenthum herübergenommene[1]) Schiffwagen, carrus navalis, — eigentlich das Isisschiff, das am 5. März als Symbol der wieder eröffneten Meerfahrt ins Wasser gelassen wird — der, wie schon an einem Beispiel bemerkt wurde, bei Festen sehr verschiedener Art mitgeführt werden mochte, dessen Name aber vorzugsweise auf dem „Carneval" haften blieb. Ein solches Schiff konnte freilich als heiter ausgestattetes Prachtstück die Beschauer vergnügen, ohne daß man sich irgend noch der frühern Bedeutung bewußt war, und als z. B. Isabella von England mit ihrem Bräutigam Kaiser Friedrich II. in Köln zusammenkam, fuhren ihr eine ganze Anzahl von Schiffwagen mit musicirenden Geistlichen, von verdeckten Pferden gezogen, entgegen.

Aber die kirchliche Procession konnte nicht nur durch Zuthaten aller Art verherrlicht, sondern auch durch einen Zug geistlicher Masken geradezu ersetzt werden. Einen Anlaß hierzu gewährte vielleicht schon der Zug der zu einem Mysterium gehenden Schauspieler durch die Hauptstraßen einer Stadt, früher aber möchte sich eine Gattung geistlicher Festzüge auch unabhängig hiervon gebildet haben. Dante schildert[2]) den „trionfo" der Beatrice mit den vierundzwanzig Aeltesten der Offenbarung, den vier mystischen Thieren, den drei christlichen und den vier Cardinaltugenden, S. Lucas, S. Paulus und die anderen Apostel in einer solchen Weise, daß man beinahe genöthigt ist, das wirkliche frühe Vorkommen solcher Züge voraus-

[1]) Die Analogie im deutschen Cult bei Jac. Grimm, deutsche Mythologie.

[2]) Purgatorio XXIX, 43 bis Ende und XXX, Anfang.

zusetzen. Dies verräth sich hauptsächlich durch den Wagen, auf welchem Beatrice fährt, der, laut Dante, herrlicher ist als der Triumphwagen des Scipio, des Augustus, ja als der des Sonnengottes, und welcher in dem visionären Wunderwald nicht nöthig wäre, ja auffallend heißen darf. Oder hat Dante etwa den Wagen nur als wesentliches Symbol des Triumphirens betrachtet, und ist vollends erst sein Gedicht die Anregung zu solchen Zügen geworden, deren Form von dem Triumph römischer Imperatoren entlehnt war? Wie dem nun auch sei, jedenfalls haben Poesie und Theologie an dem Sinnbilde mit Vorliebe festgehalten. Savonarola in seinem „Triumph des Kreuzes“ [1]) stellt Christus auf einem Triumphwagen vor, über ihm die leuchtende Kugel der Dreifaltigkeit, in seiner Linken das Kreuz, in seiner Rechten die beiden Testamente; tiefer hinab die Jungfrau Maria; vor dem Wagen Patriarchen, Propheten, Apostel und Prediger; zu beiden Seiten die Märtyrer und die Doctoren mit den aufgeschlagenen Büchern; hinter ihm alles Volk der Bekehrten; in weiterer Entfernung die unzähligen Haufen der Feinde, Kaiser, Mächtige, Philosophen, Ketzer, alle besiegt, ihre Götzenbilder zerstört, ihre Bücher verbrannt. (Eine als Holzschnitt bekannte große Composition Tizians kommt dieser Schilderung ziemlich nahe.) Von Sabellicos (Bd. I, S. 67 fg.) dreizehn Elegien auf die Mutter Gottes enthalten die neunte und die zehnte einen umständlichen Triumphzug derselben, reich mit Allegorien ausgestattet und hauptsächlich interessant durch denselben antivisionären, räumlich wirklichen Charakter, den die realistische Malerei des 15. Jahrhunderts solchen Scenen mittheilt.

Weit häufiger aber als diese geistlichen Trionfi waren jedenfalls die weltlichen, nach dem unmittelbaren Vorbild eines römischen Imperatorenzuges, wie man es aus antiken Reliefs kannte und aus den Schriftstellern ergänzte.[2]) Die Geschichtsanschauung der dama-

[1]) P. Villari, Savonarola, Uebersetzung von M. Berduschek (1868), II, S. 181—191; unsere Stelle S. 183. Vgl. Ranke, Geschichte der roman. und german. Völker. 2. Aufl. (1874), S. 95.

[2]) Auch Fazio degli Uberti, Il Dittamondo hat ein besonderes Capitel (lib. II, cap. 3) del modo del triumphare.

ligen Italiener, womit dies zusammenhing, ist oben (Bd. I, S. 161 fg.) geschildert worden.

Zunächst gab es hier und da wirkliche Einzüge siegreicher Eroberer, welche man möglichst jenem Vorbilde zu nähern suchte, auch gegen den Geschmack des Triumphators selbst. Francesco Sforza hatte (1450) die Kraft, bei seinem Einzug in Mailand den bereit gehaltenen Triumphwagen auszuschlagen, indem dergleichen ein Aberglaube der Könige sei.[1]) Alfonso der Große, bei seinem Einzug[2]) in Neapel (1443) enthielt sich wenigstens des Lorbeerkranzes, welchen bekanntlich Napoleon bei seiner Krönung in Notredame nicht verschmähte. Im Uebrigen war Alfonsos Zug (durch eine Mauerbresche und dann durch die Stadt bis zum Dom) ein wundersames Gemisch von antiken, allegorischen und rein possirlichen Bestandtheilen. Der von vier weißen Pferden gezogene Wagen, auf welchem er thronend saß, war gewaltig hoch und ganz vergoldet; zwanzig Patricier trugen die Stangen des Baldachins von Goldstoff, in dessen Schatten er einherfuhr. Der Theil des Zuges, den die anwesenden Florentiner übernommen hatten, bestand zunächst aus eleganten jungen Reitern, welche kunstreich ihre Speere schwangen, aus einem Wagen mit der Fortuna und aus sieben Tugenden zu Pferde. Die Glücksgöttin[3]) war nach derselben unerbittlichen Allegorik, welcher sich damals auch die Künstler bisweilen fügten, nur am Vorderhaupt behaart, hinten kahl, und der auf einem untern Absatz des Wagens befindliche Genius, welcher das leichte Zerrinnen des Glücks vorstellte, mußte deshalb die Füße in einem Wasserbecken

[1]) Corio, fol. 401: dicendo, tali cose essere superstizioni de' Re. — Vgl. Cagnola, Arch. stor. III, p. 127, der sagt, der Herzog habe es aus Bescheidenheit abgelehnt.

[2]) S. oben Bd. I, III. Abschn. 6. Cap. — Vgl. das. S. 11, Anm. 2. — Triumphus Alphonsi, als Beilage zu den Dicta et Facta Alfonsi von Ant. Panormitanus ed. 1538, p. 129—139. 256 fg. — Eine Scheu vor allzugroßem triumphalem Glanz zeigt sich schon bei den tapferen Komnenen. Vgl. Cinnamus, Epitome rer. ab. Comnenis gestarum I, 5. VI, 1.

[3]) Es gehört zu den rechten Naivetäten der Renaissance, daß man der Fortuna eine solche Stelle anweisen durfte. Beim Einzug des Massimiliano Sforza in Mailand (1512) stand sie als Hauptfigur eines Triumphbogens über der Fama, Speranza, Audazia und Penitenza; lauter lebendige Personen. Vgl. Prato, Arch. stor. III, p. 305.

stehen (?) haben. Dann folgte, von derselben Nation ausgestattet, eine Schaar von Reitern in den Trachten verschiedener Völker, auch als fremde Fürsten und Große costümirt, und nun auf hohem Wagen, über einer drehenden Weltkugel ein lorbeergekrönter Julius Cäsar,[1]) welcher dem König in italienischen Versen alle bisherigen Allegorien erklärte und sich dann dem Zuge einordnete. Sechzig Florentiner, alle in Purpur und Scharlach, machten den Beschluß dieser prächtigen Exhibition der festkundigen Heimath. Dann aber kam eine Schaar von Catalanen zu Fuß, mit vorn und hinten angebundenen Scheinpferdchen und führten gegen eine Türkenschaar ein Scheingefecht auf, ganz als sollte das florentinische Pathos verspottet werden. Darauf fuhr ein gewaltiger Thurm einher, dessen Thür von einem Engel mit einem Schwert bewacht wurde; oben standen wiederum vier Tugenden, welche den König, jede besonders, ansangen. Der übrige Pomp des Zuges war nicht besonders charakteristisch.

Beim Einzug Ludwigs XII. in Mailand 1507[2]) gab es außer dem unvermeidlichen Wagen mit Tugenden auch ein lebendiges Bild: Jupiter, Mars und eine von einem großen Netz umgebene Italia, ein Bild für das ganz dem Willen des Königs sich ergebende Land; hernach kam ein mit Trophäen beladener Wagen u. s. w.[3])

Wo aber in Wirklichkeit keine Siegeszüge zu feiern waren, da hielt die Poesie sich und die Fürsten schadlos. Petrarca und Boccaccio hatten (S. 127) die Repräsentanten jeder Art von Ruhm als Begleiter und Umgebung einer allegorischen Gestalt aufgezählt; jetzt werden die Celebritäten der ganzen Vorzeit zum Gefolge von

[1]) Der oben S. 136 geschilderte Einzug des Borso von Este in Reggio zeigt, welchen Eindruck der alfonsinische Triumph in ganz Italien gemacht hatte.

[2]) Prato, Arch. stor. III, p. 260 ff. Der Autor sagt ausdrücklich le quali cose da li triumfanti Romani se soliano anticamente usare. — Ausführliche Mittheilungen bei Caligaris in: Atti della società ligure di storia patria XXIII (1891), S. 598 ff. und bei Motta, Nozze principesche 1894, S. 11 fg. Bei dem Mahle waren 28 Haushofmeister und 1200 Diener beschäftigt.

[3]) Hierher gehört auch der triumphirende Einzug Julius' II. in Bologna (worüber das Gedicht oben I, 129) 11. Nov. 1506. Vgl. Pastor (nach Albertini, Paris de Grassis u. A.) III, 572 ff. Doch gab es dabei keine Triumphwagen. Triumphbogen wurden errichtet und Münzen, die auf das Ereigniß geprägt waren, geworfen.

Fürsten. Die Dichterin Cleofe Gabrielle von Gubbio besang[1]) in diesem Sinne den Borso von Ferrara. Sie gab ihm zum Geleit sieben Königinnen (die freien Künste nämlich), mit welchen er einen Wagen besteigt, ferner ganze Schaaren von Helden, welche zu leichterer Unterscheidung ihre Namen an der Stirn geschrieben tragen; hernach folgen alle berühmten Dichter; die Götter aber kommen auf Wagen mitgefahren. Um diese Zeit ist überhaupt des mythologischen und allegorischen Herumkutschirens kein Ende, und auch das wichtigste erhaltene Kunstwerk aus Borsos Zeiten, der Freskencyclus im Palast Schifanoja, weist einen ganzen Fries dieses Inhalts auf. Auch Tafelbilder ähnlichen Inhalts kommen nicht selten vor, gewiß oft als Erinnerung an wirkliche Maskeraden. Die Großen gewöhnen sich bald bei jeder Feierlichkeit ans Fahren. Annibale Bentivoglio, der älteste Sohn des Stadtherrn von Bologna, fährt als Kampfrichter von einem ordinären Waffenspiel nach dem Palast cum triumpho more romano.[2]) Raffael, als er die Camera della Segnatura auszumalen hatte, bekam überhaupt diesen ganzen Gedankenkreis schon in recht ausgelebter, entweihter Gestalt in seine Hände. Wie er ihm eine neue und letzte Weihe gab, wird denn auch ein Gegenstand ewiger Bewunderung bleiben.

Die eigentlichen triumphalen Einzüge von Eroberern waren nur Ausnahmen. Jeder festliche Zug aber, mochte er irgend ein Ereigniß verherrlichen oder nur um seiner selber willen vorhanden sein, nahm mehr oder weniger den Charakter und fast immer den Namen eines Trionfo an.[3]) Es ist ein Wunder, daß man nicht auch die Leichenbegängnisse in diesen Kreis hineinzog.[4])

1) Ihre drei Capitoli in Terzinen, Anecdota litt. IV, p. 461 fg.

2) Bursellis, bei Murat. XXIII, Col. 909, ad. a. 1490.

3) Bei der Feier der Eroberung in Granada 19. Febr. 1493 ff. gab es bildliche Veranstaltungen dieser Eroberung, eines Triumphzugs der spanischen Majestäten, schließlich einen Stierkampf. Burchardus, Diarium I, 447. Die Stelle ist freilich nicht ganz klar: Post prandium vicecancellarius interfici fecit, in curia sua, ante domum suam, in via publica quam magnis trabibus undique clausit, quinque tauros qui plures homines laeserunt et occiderunt antequam ipsi interimerentur. Auch an den folgenden Tagen gaben einzelne spanische Prälaten tauros publice occidendos. (Vgl. oben I, 118.)

4) Bei der merkwürdigen Leichenfeier des 1437 vergifteten Malatesta Baglione

Fürs Erste führte man am Carneval und bei anderen Anlässen Triumphe bestimmter altrömischer Feldherren auf. So in Florenz den des Paulus Aemilius (unter Lorenzo magnifico), den des Camillus (beim Besuche Leos X.), beide unter der Leitung des Malers Francesco Granacci.[1]) In Rom war das erste vollständig ausgestattete Fest dieser Art der Triumph des Augustus nach dem Siege über Cleopatra,[2]) unter Paul II., wobei außer heiteren und mythologischen Masken (die ja auch den antiken Triumphen nicht fehlten) auch alle anderen Requisiten vorkamen: gefesselte Könige, seidene Schrifttafeln mit Volks- und Senatsbeschlüssen, ein antik costümirter Scheinsenat nebst Aedilen, Quästoren, Prätoren ꝛc., vier Wagen voll singender Masken, und ohne Zweifel auch Trophäenwagen. Andere Aufzüge versinnlichten mehr im Allgemeinen die alte Weltherrschaft Roms, und gegenüber der wirklich vorhandenen Türkengefahr prahlte man etwa mit einer Cavalcade gefangener Türken auf Kameelen. Später, im Carneval 1500, ließ Cesare Borgia, mit kecker Beziehung auf seine Person, den Triumph Julius Cäsars, elf prächtige Wagen stark, aufführen,[3]) gewiß zum Aergerniß der Jubiläumspilger (Bd. I, S. 119). — Sehr schöne und geschmackvolle Trionfi von allgemeiner Bedeutung waren die von zwei wetteifernden Gesellschaften in Florenz 1513 zur Feier der Wahl Leos X. aufgeführten:[4]) der eine stellte die drei Lebensalter der Menschen dar, der andere die Weltalter, sinnvoll eingekleidet in fünf Bilder aus der Geschichte Roms und in zwei Allegorien, welche das goldene Zeitalter Saturns und dessen endliche Wiederbringung schilderten. Die phantasiereiche Verzierung der Wagen, wenn große florentinische Künstler sich dazu hergaben, machte einen solchen Eindruck,

zu Perugia (Graziani, Arch. stor. XVI, I, p. 413) wird man beinahe an den Leichenpomp des alten Etruriens erinnert. Indeß gehören die Trauerritter u. dgl. der allgemeinen abendländischen Adelssitte an. Vgl. z. B.: Die Exequien des Bertrand Duguesclin bei Juvénal des Ursins, ad. a. 1389. — S. a. Graziani, l. c. p. 360.

1) Vasari, IV, p. 218, Vita di Granacci. Ueber die Triumphe und Festzüge in Florenz vgl. Reumont, Lorenzo II, 433 ff.

2) Mich. Cannesius, Vita Pauli II, bei Murat. III, II, Col. 118 fg.

3) Gregorovius, Rom VII, S. 441.

4) Vasari XI, p. 34 fg. Vita di Puntormo. Eine Hauptstelle in ihrer Art.

daß man eine bleibende, periodische Wiederholung solcher Schauspiele wünschenswerth fand. Bisher hatten die Unterthanenstädte am alljährlichen Huldigungstag ihre symbolischen Geschenke (kostbare Stoffe und Wachskerzen) einfach überreicht; jetzt[1]) ließ die Kaufmannsgilde einstweilen zehn Wagen bauen (wozu in der Folge noch mehrere kommen sollten), nicht sowohl um die Tribute zu tragen, als um sie zu symbolisiren, und Andrea del Sarto, der einige davon ausschmückte, gab denselben ohne Zweifel die herrlichste Gestalt. Solche Tribut- und Trophäenwagen gehörten bereits zu jeder festlichen Gelegenheit, auch wenn man nicht viel aufzuwenden hatte. Die Sienesen proclamirten 1477 das Bündniß zwischen Ferrante und Sixtus IV., an welchem auch sie theilnahmen, durch das Herumführen eines Wagens, in welchem „Einer als Friedensgöttin gekleidet auf einem Harnisch und anderen Waffen stand".[2])

Bei den venezianischen Festen entwickelte statt der Wagen die Wasserfahrt eine wundersame, phantastische Herrlichkeit. Eine Ausfahrt des Bucintoro zum Empfang der Fürstinnen Lianora und Beatrice von Ferrara 1491 (S. 135 fg.) wird uns als ein ganz märchenhaftes Schauspiel geschildert;[3]) ihm zogen voran zahllose Schiffe mit Teppichen und Guirlanden, besetzt mit prächtig costümirter Jugend; auf Schwebemaschinen bewegten sich ringsum Genien mit Attributen der Götter; weiter unten waren Andere in Gestalt von Tritonen und Nymphen gruppirt; überall Gesang, Wohlgerüche und das Flattern goldgestickter Fahnen. Auf den Bucintoro folgte dann ein solcher Schwarm von Barken aller Art, daß man wohl eine Miglie weit (octo stadia sagt der gelehrte Beschauer) das Wasser nicht mehr sah. Von den übrigen Festlichkeiten, welche einige Tage später gefeiert werden, ist außer der schon oben genannten Pantomime besonders eine Regatta von fünfzig starken Mädchen erwähnenswerth als etwas Neues. Im 16. Jahrhun-

[1]) Vasari VIII, p. 264, Vita di A. del Sarto.

[2]) Allegretto, bei Murat. XXIII. Col. 783. Daß ein Rad zerbrach, galt als ein böses Vorzeichen.

[3]) M. Anton. Sabellici Epist. L. III, Brief an M. Anton. Barbavarus; der sagt: Vetus est mos civitatis in illustrium hospitum adventu eam navim auro et purpura insternere.

dert[1]) war der Adel in besondere Corporationen zur Abhaltung von Festlichkeiten getheilt, deren Hauptstück irgend eine ungeheure Maschine auf einem Schiffe ausmachte. So bewegte sich z. B. 1541 bei einem Fest der Sempiterni durch den großen Canal ein rundes „Weltall", in dessen offenem Innern ein prächtiger Ball gehalten wurde. Auch der Carneval war hier berühmt durch Bälle, Aufzüge und Aufführungen aller Art. Bisweilen fand man selbst den Marcusplatz groß genug, um nicht nur Turniere, sondern auch Trionfi nach festländischer Art darauf abzuhalten. Bei einem Friedensfest[2]) übernahmen die frommen Brüderschaften (scuole) jede ihr Stück eines solchen Zuges und suchten eine die andre durch Pracht und Aufwand zu überbieten. Da sah man zwischen goldenen Candelabern mit rothen Wachskerzen, zwischen Schaaren von Musikern und von Flügelknaben mit goldenen Schalen und Füllhörnern einen Wagen, auf welchem Noah und David beisammen thronten; dann kam Abigail, ein mit Schätzen beladenes Kameel führend, und ein zweiter Wagen, mit einer Gruppe politischen Inhalts: Italia zwischen Venezia und Liguria, die beiden letzteren mit ihren Wappen, die erste mit einem Storch, dem Sinnbild der Eintracht, und auf einer erhöhten Stufe drei weibliche Genien mit den Wappen der drei verbündeten Fürsten, des Papstes Alexander VI., des Kaisers Maximilian und des Königs von Spanien. Es folgte unter anderen eine Weltkugel mit Sternbildern ringsum, wie es scheint. Auf anderen Wagen fuhren jene Fürsten in leibhaftiger Darstellung mit, sammt Dienern und Wappen, wenn wir die Aussage richtig deuten.[3]) Auch fehlte bei diesen und ähnlichen Zügen die Musik nicht. Besonders glänzend waren die Feste zu Venedig 1515 zur Feier des „ewigen Friedens," der nur wenige Monate dauern sollte.

[1]) Sansovino. Venezia, fol. 151 fg. — Die Gesellschaften heißen: Pavoni, Accesi, Eterni, Reali, Sempiterni; es sind wohl dieselben, welche dann in Academien übergingen.

[2]) Wahrscheinlich 1495. Vgl. M. Anton. Sabellici Epist. L. V. Letzter Brief an M. Anton. Barbavarus.

[3]) Terrae globum socialibus signis circunquaque figuratum und: quinis pegmatibus, quorum singula foederatorum regum, principumque suas habuere effigies et cum his ministros signaque in auro affabre caelata. —

Der eigentliche Carneval, abgesehen von den großen Aufzügen, hatte vielleicht im 15. Jahrhundert nirgends eine so vielartige Physiognomie als in Rom.[1]) Hier waren zunächst die Wettrennen am reichsten abgestuft; es gab solche von Pferden, Büffeln, Eseln, dann von Alten, von Burschen, von Juden u. s. w. Paul II. speiste auch wohl das Volk in Masse vor dem Palazzo di Venezia, wo er wohnte. Sodann hatten die Spiele auf Piazza Navona, welche vielleicht seit der antiken Zeit nie ganz ausgestorben waren, einen kriegerisch prächtigen Charakter; es war ein Scheingefecht von Reitern und eine Parade der bewaffneten Bürgerschaft. Ferner war die Maskenfreiheit sehr groß und dehnte sich bisweilen über mehrere Monate aus.[2]) Sixtus IV. scheute sich nicht, in den volkreichsten Gegenden der Stadt, auf Campo Fiore und bei den Banchi, durch Schwärme von Masken hindurch zu passiren, nur einem beabsichtigten Besuch von Masken im Vatican wich er aus. Unter Innocenz VIII. erreichte eine schon früher vorkommende Unsitte der Cardinäle ihre Vollendung: im Carneval 1491 sandten sie einander Wagen voll prächtig costümirter Masken, Buffonen und Sängern zu, welche scandalöse Verse hersagten; sie waren freilich von Reitern begleitet.[3]) — Außer dem Carneval scheinen die Römer zuerst den Werth eines großen Fackelzuges erkannt zu haben. Als Pius II. 1459 vom Congreß von Mantua zurückkam,[4]) wartete ihm das ganze Volk mit einem Fackelzuge auf, welcher sich vor dem Palast in einem leuchtenden Kreise

[1]) Infessura, ed. Tommasini 69. 265. — Mich. Cannesius, Vita Pauli II, bei Murat. III, II, Col. 1012. — Platina, Vitae pontiff. p. 318. — Jac. Volaterran. bei Muratori XXIII, Col. 163. 194. — Paul. Jov. Elogiar. p. 98 sub Juliano Caesarino. — Anderswo gab es auch Wettrennen von Weibern: Diario Ferrarese, bei Murat. XXIV, Col. 384. Vgl. auch Gregorovius VI, 690 fg., VII, 219. 616 fg. — Eine Beschreibung des Carnevals v. 1521 gibt Castiglione in einem Briefe an Isabella d'Este Luzio u. Renier (1893) S. 325 ff. — Ueber die der Jahre 1499, 1513—19: A. Luzio, Fed. Gonzaga ostaggio alla corte di Giulio II., Rom 1887., Ademollo, Alessandro VI. Giulio II. e Leone X. nel carnevale di Roma, Flor. 1886. Ueber den Carneval zu Mantua 1520 V. Cian, Turin 1893.

[2]) Unter Alexander VI. einmal vom October bis zu den Fasten.

[3]) Baluze, Miscell. IV, 517 (vgl. Gregorovius VII, 288 fg.).

[4]) Pii II. Comment. L. IV, p. 211.

herum bewegte. Sixtus IV. fand indeß einmal für gut, eine solche nächtliche Aufwartung des Volkes, das mit Fackeln und Oelzweigen kommen wollte, nicht anzunehmen.[1])

Der florentinische Carneval aber übertraf den römischen durch eine bestimmte Art von Aufzügen, welche auch in der Litteratur ihr Denkmal hinterlassen hat[2].) Zwischen einem Schwarme von Masken zu Fuß und zu Roß erscheint ein gewaltiger Wagen in irgend einer Phantasieform, und auf diesem entweder eine herrschende allegorische Gestalt oder Gruppe sammt den ihr zukommenden Gefährten, z. B. die Eifersucht mit vier bebrillten Gesichtern an einem Kopfe, die vier Temperamente mit den ihnen zukommenden Planeten, die drei Parzen, die Klugheit thronend über Hoffnung und Furcht, die gefesselt vor ihr liegen, die vier Elemente, Lebensalter, Winde, Jahreszeiten u. s. w.: auch der berühmte Wagen des Todes mit den Särgen, die sich dann öffneten. Oder es fuhr einher eine prächtige mythologische Scene, Bacchus und Ariadne, Paris und Helena 2c. Oder endlich ein Chor von Leuten, welche zusammen einen Stand, eine Kategorie ausmachten, z. B. die Bettler, die Jäger mit Nymphen, die armen Seelen, welche im Leben unbarmherzige Weiber gewesen, die Eremiten, die Landstreicher, die Astrologen, die Teufel, die Verkäufer bestimmter Waaren, ja sogar einmal il popolo, die Leute als solche, die sich dann in ihrem Gesang als schlechte Sorte überhaupt anklagen müssen. Die Gesänge nämlich, welche gesammelt und erhalten sind, geben bald in pathetischer, bald in launiger, unzüchtiger Weise die Erklärung des Zuges. Auch dem Lorenzo

[1]) Nantiporto, bei Murat. III, II, Col. 1080. Sie wollten ihm für einen Friedensschluß danken, fanden aber die Thore des Palastes verschlossen und auf allen Plätzen Truppen aufgestellt. Ueber Oelzweige als Friedenszeichen s. oben Bd. I. S. 108. A. 2.

[2]) Tutti i trionfi, carri, mascherate, o canti carnascialeschi, Cosmopoli 1760. — Machiavelli, Opere minori, p. 505. — Vasari, VII, p. 115 fg., vita di Piero di Cosimo, welchem letztern ein Hauptantheil an der Ausbildung dieser Züge zugeschrieben wird. — Vgl. B. Loos, S. 12 fg., Reumont, Lorenzo II, 443 fg., wo besonders auch die Quellenstellen gesammelt sind, welche bekunden, daß und wie man frühzeitig dem Faschingstreiben entgegentrat. Vgl. auch das. II, S. 24. — Scherzhafte Verbote des Carneval (Testamente) schon im 14. Jahrh.: ein solches aus Canneto 1468, abgedruckt Arch. stor. it. V. ser., 11. Bd., S. 122 ff.

magnifico werden einige der schlimmsten zugeschrieben, wahrscheinlich, weil sich der wahre Autor nicht zu nennen wagte; gewiß aber ist von ihm der sehr schöne Gesang zur Scene mit Bacchus und Ariadne, dessen Refrain aus dem 15. Jahrhundert zu uns herübertönt wie eine wehmütige Ahnung der kurzen Herrlichkeit der Renaissance selbst:

Quanto è bella giovinezza,
Che si fugge tuttavia!
Chi vuol esser lieto, sia:
Di doman non c'è certezza.

Sechster Abschnitt.

Sitte und Religion.

Erstes Capitel.

Die Moralität.

Das Verhältniß der einzelnen Völker zu den höchsten Dingen, zu Gott, Tugend und Unsterblichkeit, läßt sich wohl bis zu einem gewissen Grade erforschen, niemals aber in strenger Parallele darstellen. Je deutlicher die Aussagen auf diesem Gebiete zu sprechen scheinen, desto mehr muß man sich vor einer unbedingten Annahme, einer Verallgemeinerung derselben hüten.

Vor Allem gilt dies von dem Urtheil über die Sittlichkeit. Man wird viele einzelne Contraste und Nuancen zwischen den Völkern nachweisen können, die absolute Summe des Ganzen aber zu ziehen ist menschliche Einsicht zu schwach. Die große Verrechnung von Nationalcharakter, Schuld und Gewissen bleibt eine geheime, schon weil die Mängel eine zweite Seite haben, wo sie dann als nationale Eigenschaften, ja als Tugenden erscheinen. Solchen Autoren, welche den Völkern gerne allgemeine Censuren und zwar bisweilen im heftigsten Tone schreiben, muß man ihr Vergnügen lassen. Abendländische Völker können einander mißhandeln, aber glücklicher Weise nicht richten. Eine große Nation, die durch Cultur, Thaten und Erlebnisse mit dem Leben der ganzen neuern Welt verflochten ist, überhört es, ob man sie anklage oder entschuldige; sie lebt weiter mit oder ohne Gutheißen der Theoretiker.

So ist denn auch, was hier folgt, kein Urtheil, sondern eine Reihe von Randbemerkungen, wie sie sich bei mehrjährigem Studium der italienischen Renaissance von selber ergaben. Ihre Geltung ist eine um so beschränktere, als sie sich meist auf das Leben der höheren Stände beziehen, über welche wir hier im Guten wie im Bösen unverhältnißmäßig reichlicher unterrichtet sind, als bei anderen europäischen Völkern. Weil aber Ruhm und Schmach hier lauter tönen als sonst irgendwo, so sind wir deshalb der allgemeinen Bilanz der Sittlichkeit noch um keinen Schritt näher.

Wessen Auge dringt in die Tiefen, wo sich Charaktere und Schicksale der Völker bilden? wo Angeborenes und Erlebtes zu einem neuen Ganzen gerinnt und zu einem zweiten, dritten Naturell wird? wo selbst geistige Begabungen, die man auf den ersten Blick für ursprünglich halten würde, sich erst relativ spät und neu bilden? Hatte z. B. der Italiener vor dem 13. Jahrhundert schon jene leichte Lebendigkeit und Sicherheit des ganzen Menschen, jene mit allen Gegenständen spielende Gestaltungskraft in Wort und Form, die ihm seitdem eigen ist? Und wenn wir solche Dinge nicht wissen, wie sollen wir das unendlich reiche und feine Geäder beurtheilen, durch welches Geist und Sittlichkeit unaufhörlich in einander überströmen? Wohl gibt es eine persönliche Zurechnung und ihre Stimme ist das Gewissen, aber die Völker möge man mit Generalsentenzen in Ruhe lassen. Das scheinbar kränkste Volk kann der Gesundheit nahe sein, und ein scheinbar gesundes kann einen mächtig entwickelten Todeskeim in sich bergen, den erst die Gefahr an den Tag bringt.

Zu Anfang des 16. Jahrhunderts, als die Cultur der Renaissance auf ihrer Höhe angelangt und zugleich das politische Unglück der Nation so viel als unabwendbar entschieden war, fehlte es nicht an ernsten Denkern, welche dieses Unglück mit der großen Sittenlosigkeit in Verbindung brachten. Es sind keine von jenen Bußpredigern, welche bei jedem Volke und zu jeder Zeit über die schlechten Zeiten zu klagen sich verpflichtet glauben, sondern ein Machiavelli ist es, der mitten in einer seiner wichtigsten Gedankenreihen [1]) es offen ausspricht: ja, wir Italiener sind vorzugsweise irreligiös und böse. — Ein anderer hätte vielleicht gesagt: wir sind vorzugsweise individuell entwickelt; die Race hat uns aus den Schranken ihrer Sitte und

[1]) Discorsi L. I, c. 12. Auch c. 55: Italien sei verdorbener als alle anderen Länder; dann kommen zunächst Franzosen und Spanier.

Religion entlassen, und die äußeren Gesetze verachten wir, weil unsere Herrscher illegitim und ihre Beamten und Richter verworfene Menschen sind. — Machiavelli selber setzt hinzu: weil die Kirche in ihren Vertretern das übelste Beispiel gibt.

Sollen wir hier noch beifügen: „weil das Alterthum ungünstig einwirkte?" — jedenfalls bedürfte eine solche Annahme sorgfältiger Beschränkungen. Bei den Humanisten (Bd. I, III. Abschnitt, 11. Cap.) wird man am ehesten davon reden dürfen, zumal in Betreff ihres wüsten Sinnenlebens. Bei den übrigen möchte sich die Sache ungefähr so verhalten haben, daß an die Stelle des christlichen Lebensideals, der Heiligkeit, das der historischen Größe trat, seit sie das Alterthum kannten (Bd. I, Excurs XXIV). Durch einen naheliegenden Mißverstand hielt man dann auch die Fehler für indifferent, trotz welcher die großen Männer groß gewesen waren. Vermuthlich geschah dies fast unbewußt, denn wenn theoretische Aussagen dafür angeführt werden sollen, so muß man sie wieder bei den Humanisten suchen, wie z. B. bei Paolo Giovio, der den Eidbruch des Giangaleazzo Visconti, insofern dadurch die Gründung eines Reiches ermöglicht wurde, mit dem Beispiel des Julius Cäsar entschuldigt.[1]) Die großen florentinischen Geschichtsschreiber und Politiker sind von so knechtischen Citaten völlig frei, und was in ihren Urtheilen und Thaten antik erscheint, ist es, weil ihr Staatswesen eine nothwendig dem Alterthum einigermaßen analoge Denkweise hervorgetrieben hatte.

Immerhin aber fand Italien um den Anfang des 16. Jahrhunderts sich in einer schweren sittlichen Krisis, aus welcher die Besseren kaum einen Ausweg hofften.

Beginnen wir damit, die dem Bösen aufs Stärkste entgegenwirkende sittliche Kraft namhaft zu machen. Jene hochbegabten Menschen glaubten sie zu erkennen in Gestalt des Ehrgefühls. Es ist die räthselhafte Mischung aus Gewissen und Selbstsucht, welche dem modernen Menschen noch übrig bleibt, auch wenn er durch oder ohne seine Schuld alles Uebrige, Glauben, Liebe und Hoff-

[1]) Paul. Jov. viri illustres; Jo. Ga. Vicecomes.

nung eingebüßt hat. Dieses Ehrgefühl verträgt sich mit vielem Egoismus und großen Lastern und ist ungeheurer Täuschungen fähig; aber auch alles Edle, das in einer Persönlichkeit übrig geblieben, kann sich daran anschließen und aus diesem Quell neue Kräfte schöpfen. In viel weiterm Sinne, als man gewöhnlich denkt, ist es für die heutigen individuell entwickelten Europäer eine entscheidende Richtschnur des Handelns geworden; auch viele von denjenigen, welche noch außerdem Sitte und Religion treulich festhalten, fassen doch die wichtigsten Entschlüsse unbewußt nach jenem Gefühl.[1])

Es ist nicht unsere Aufgabe, nachzuweisen, wie schon das Alterthum eine eigenthümliche Schattirung dieses Gefühles kannte, und wie dann das Mittelalter die Ehre in einem speciellen Sinne zur Sache eines bestimmten Standes machte. Auch dürfen wir mit denjenigen nicht streiten, welche das Gewissen allein statt des Ehrgefühls als die wesentliche Triebkraft ansehen; es wäre schöner und besser, wenn es sich so verhielte, allein sobald man doch zugeben muß, daß die besseren Entschlüsse aus einem „von Selbstsucht mehr oder weniger getrübten Gewissen" hervorgehen, so nenne man lieber die Mischung mit ihrem Namen.[2]) Allerdings ist es bei den Italienern der Renaissance bisweilen schwer, dieses Ehrgefühl von der directen Ruhmbegier zu unterscheiden, in welche dasselbe häufig übergeht. Doch bleiben es wesentlich zwei verschiedene Dinge.

An Aussagen über diesen Punkt fehlt es nicht. Eine besonders deutliche mag statt vieler hier ihre Stelle finden; sie stammt aus den neuerdings an den Tag getretenen[3]) Aphorismen des Guicciardini. „Wer die Ehre hochhält, dem gelingt Alles, weil er weder

[1]) Ueber diese Stellung des Ehrgefühls in der jetzigen Welt vgl. die tiefernste Auseinandersetzung bei Prévost-Paradol, la France nouvelle, liv. III, chap. 2 (verfaßt 1868).

[2]) Es ist interessant zu vergleichen, was Darwin im „Ausdruck der Gemüthsbewegungen" bei Gelegenheit des „Erröthens" über das Gefühl der Scham im Gegensatz zum Gewissen sagt.

[3]) Franc. Guicciardini, Ricordi politici e civili, N. 118. (Opere inedite. vol. I.) — Vgl. hierzu auch die Ausführungen von C. Segrè, Guicciardini A proposito di un opera recente (Zanoni, Bologna 1896), in Nuova ant. IV. ser., vol. 67, p. 437—473, bes. 450 fg. (Die sonstige reiche Literatur über G. z. B. von Rossi, G. Livi, L. Chiesi kann hier nicht angeführt werden.)

„Mühe, Gefahr noch Kosten scheut; ich habe es an mir selbst er„probt und darf es sagen und schreiben: eitel und todt sind die„jenigen Handlungen der Menschen, welche nicht von diesem starken „Antrieb ausgehen." Wir müssen freilich hinzusetzen, daß nach anderweitiger Kunde vom Leben des Verfassers hier durchaus nur vom Ehrgefühl und nicht vom eigentlichen Ruhme die Rede sein kann. Bestimmter als der Italiener drückte ein Deutscher Joh. Reuchlin dieselbe Auffassung aus. In einem Briefe, in welchem er den Frankfurter Rath um Unterdrückung eines „Schmachbüchleins" bat, brauchte er das schöne Wort: „Das Höchste, was der Mensch haben mag, nämlich die Ehre." [1]) Schärfer aber als vielleicht alle Italiener hat Rabelais die Sache betont. Zwar nur ungern mischen wir diesen Namen in unsere Forschung; was der gewaltige, stets barocke Franzose gibt, gewährt uns ungefähr ein Bild davon, wie die Renaissance sich ausnehmen würde ohne Form und ohne Schönheit.[2]) Aber seine Schilderung eines Idealzustandes im Thelemitenkloster ist culturgeschichtlich entscheidend, so daß ohne diese höchste Phantasie das Bild des 16. Jahrhunderts unvollständig wäre. Er erzählt[3]) von diesen seinen Herren und Damen vom Orden des freien Willens unter anderm wie folgt:

En leur reigle nestoit que ceste clause: Fay ce que vouldras. Parce que gens liberes, bien nez,[4]) bien instruictz,

[1]) Brief vom 6. Apr. 1514, abgedruckt in der Z. f. vgl. Litgesch. u. Ren.-Lit. N. F. IV, S. 218 fg.

[2]) Seine nächste Parallele ist Merlinus Coccajus (Teofilo Folengo), dessen oben mehrfach erwähntes Opus Macaronicorum Rabelais erweislich gekannt und mehrmals citirt hat (Pantagruel L. II, ch. 1 und ch. 7, Ende). Ja die Anregung zum Gargantua und Pantagruel möchte überhaupt aus Merlinus Coccajus stammen.

[3]) Gargantua L. I, chap. 57. — L. Dorez hat wahrscheinlich gemacht (Revue des bibliothèques VI, 254), daß diese Stelle aus folgender des Polifilo (D 7 b), dem Rabelais überhaupt viel verdankt, entnommen ist: In una tabella di Magnete .. inscalpto era: Trahit sua quemque voluntas. Nel levorso la tabella vidi ... πᾶν δεῖ ποιεῖν κατὰ τὴν αὐτοῦ φύσιν. In latino: A ciascuno fare gli conviene secondo la sua natura." Sollte mit D. wirklich aus dem Wort latino zu schließen sein, daß der Polifilo ursprünglich lateinisch geschrieben ist?

[4]) D. h. wohlgeboren im höhern Sinn, denn Rabelais, der Wirthssohn von Chinon, hat keine Ursache, dem Adel

conversans en compaignies honnestes, ont par nature un instinct et aguillon qui tousjours les poulse à faictz vertueux, et retire de vice: Lequel ilz nommoyent honneur. —

Es ist derselbe Glaube an die Güte der menschlichen Natur, welcher auch die zweite Hälfte des 18. Jahrhunderts beseelte und der französischen Revolution die Wege bereiten half. Auch bei den Italienern appellirt Jeder individuell an diesen seinen eigenen edlen Instinct, und wenn im Großen und Ganzen — hauptsächlich unter dem Eindruck des nationalen Unglücks — pessimistischer geurtheilt oder empfunden wird, gleichwohl wird man immer jenes Ehrgefühl hoch halten müssen. Wenn einmal die schrankenlose Entwickelung des Individuums eine welthistorische Fügung, wenn sie stärker war als der Wille des Einzelnen, so ist auch diese gegenwirkende Kraft, wo sie im damaligen Italien vorkommt, eine große Erscheinung. Wie oft und gegen welch heftige Angriffe der Selbstsucht sie den Sieg davon trug, wissen wir eben nicht, und deshalb reicht unser menschliches Urtheil überhaupt nicht aus, um den absoluten moralischen Werth der Nation richtig zu schätzen.

Was nun der Sittlichkeit des höher entwickelten Italieners der Renaissance als wichtigste allgemeine Voraussetzung gegenübersteht, ist die Phantasie. Sie vor allem verleiht seinen Tugenden und Fehlern ihre besondere Farbe; unter ihrer Herrschaft gewinnt seine entfesselte Selbstsucht erst ihre volle Furchtbarkeit.

Um ihretwillen wird er z. B. der frühste große Hazardspieler der neuern Zeit, indem sie ihm die Bilder des künftigen Reichthums und der künftigen Genüsse mit einer solchen Lebendigkeit vormalt, daß es das Aeußerste daran setzt. Die mohammedanischen Völker wären ihm hierin ohne allen Zweifel vorangegangen, hätte nicht der Koran von Anfang an das Spielverbot als die nothwendigste

als solchem hier ein Vorrecht zu gestatten. — Die Predigt des Evangeliums, von welcher in der Inschrift des Klosters die Rede ist, würde zu dem sonstigen Leben der Thelemiten wenig passen; sie ist auch eher negativ, im Sinne des Trotzes gegen die römische Kirche zu deuten.

Schutzwehr islamitischer Sitte festgestellt und die Phantasie seiner Leute an Auffindung vergrabener Schätze gewiesen. In Italien wurde trotz zahlreicher Verbote gegen häusliches und nächtliches Spiel und trotz der Infamerklärung der gewerbmäßigen Spieler eine Spielwuth allgemein, welche schon damals häufig genug die Existenz des Einzelnen bedrohte oder zerstörte. Florenz hat schon zu Ende des 14. Jahrhunderts seinen Casanova, einen gewissen Buonaccorso Pitti, welcher auf beständigen Reisen als Kaufmann, Parteigänger, Speculant, Diplomat und Spieler von Profession enorme Summen gewann und verlor und zuletzt, nachdem er sich aus großem Elend zu einer hochangesehenen staatlichen Stellung aufgeschwungen hatte, nur noch Fürsten zu Partnern gebrauchen konnte, wie die Herzoge von Brabant, Baiern und Savoyen.[1]) Auch der große Glückstopf, welchen man die römische Curie nannte, gewöhnte seine Leute an ein Bedürfniß der Aufregung, welches sich in den Zwischenpausen der großen Intriguen nothwendig durch Würfelspiel Luft machte. Franceschetto Cibo verspielte z. B. einst in zweien Malen an Cardinal Raffaele Riario 14000 Ducaten und klagte hernach beim Papst, sein Mitspieler habe ihn betrogen.[2]) In der Folge wurde bekanntlich Italien die Heimath des Lotteriewesens.

Die Phantasie ist es auch, welche hier der Rachsucht ihren besonderen Character gibt. Das Rechtsgefühl wird wohl im ganzen Abendland von jeher ein und dasselbe gewesen und seine Verletzung, so oft sie ungestraft blieb, auf die gleiche Weise empfunden worden sein. Aber andere Völker, wenn sie auch nicht leichter verzeihen, können doch leichter vergessen, während die italienische Phantasie das Bild des Unrechts in furchtbarer Frische erhält.[3]) Daß zugleich in der Volksmoral die Blutrache als eine Pflicht gilt und oft auf das Gräßlichste geübt wird, gibt dieser allgemeinen Rachsucht noch einen besondern Grund und Boden. Regierungen und Tribu-

[1]) Sein Tagebuch vgl. oben S. 52, A. 3. Vgl. auch Zdekauer a. a. O. S. 54 fg. und unten Excurs XCV.

[2]) Infessura, ed. Tommasini p. 250 vgl. Bd. I, Excurs X. Ueber F. C. oben Bd. I, S. 116 fg.

[3]) Dieses Raisonnement des geistreichen Stendhal, des scharfen Darstellers der Zustände der Renaissancezeit (la chartreuse de Parme, ed. Delahaye, p. 355), scheint mir auf tiefer psychologischer Beobachtung zu ruhen.

nale der Städte erkennen ihr Dasein und ihre Berechtigung an und suchen nur den schlimmsten Excessen zu steuern. Aber auch unter den Bauern kommen thyesteische Mahlzeiten und weit sich ausbreitender Wechselmord vor; hören wir nur einen Zeugen.[1])

In der Landschaft von Acquapendente hüteten drei Hirtenknaben das Vieh und Einer sagte: wir wollen versuchen, wie man die Leute henkt. Als der Eine dem Andern auf der Schulter saß und der Dritte den Strick zuerst um dessen Hals schlang und dann an eine Eiche band, kam der Wolf, so daß die beiden entflohen und jenen hängen ließen. Hernach fanden sie ihn todt und begruben ihn. Sonntags kam sein Vater, um ihm Brod zu bringen, und einer von den Beiden gestand ihm den Hergang und zeigte ihm das Grab. Der Alte aber tödtete diesen mit einem Messer, schnitt ihn auf, nahm die Leber und bewirthete damit zu Hause dessen Vater; dann sagte er ihm, wessen Leber er gegessen. Hierauf begann das wechselseitige Morden zwischen den beiden Familien, und binnen einem Monat waren 36 Personen, Weiber sowohl als Männer, umgebracht.

Und solche Vendetten, erblich bis auf mehrere Generationen, auf Seitenverwandte und Freunde, erstreckten sich auch weit in die höheren Stände hinauf. Chroniken sowohl als Novellensammlungen sind voll von Beispielen, zumal von Racheübungen entehrter Weiber. Der classische Boden hierfür war besonders die Romagna, wo sich die Vendetta mit allen erdenklichen sonstigen Parteiungen verflocht. In furchtbarer Symbolik stellt die Sage bisweilen die Verwilderung dar, welche über dieses kühne, kräftige Volk kam. So z. B. in der Geschichte von jenem vornehmen Ravennaten, der seine Feinde in einem Thurm beisammen hatte und sie hätte verbrennen können, statt dessen aber sie herausließ, umarmte und herrlich bewirthete, worauf die wüthende Scham sie erst recht zur Verschwörung antrieb.[2]) Unablässig predigten fromme, ja heilige Mönche zur Versöhnung, aber es wird Alles gewesen sein, was sie erreichten, wenn sie die schon im Gange befindlichen Vendetten einschränkten; das Entstehen von neuen werden sie wohl schwerlich ge-

[1]) Graziani, Cronaca di Perugia, zum J. 1437 (Arch. stor. XVI, I., p. 415).

[2]) Giraldi, Hecatommithi I, Nov. 7.

hindert haben. Die Novellen schildern uns nicht selten auch diese Einwirkung der Religion, die edle Aufwallung und dann deren Sinken durch das Schwergewicht dessen, was vorangegangen und doch nicht mehr zu ändern ist. Hatte doch der Papst in Person nicht immer Glück im Friedenstiften: „Papst Paul II. wollte, daß der Hader zwischen Antonio Caffarello und dem Hause Alberino aufhöre und ließ Giovanni Alberino und Antonio Caffarello vor sich kommen und befahl ihnen, einander zu küssen und kündigte ihnen 2000 Ducaten Strafe an, wenn sie einander wieder ein Leid anthäten, und zwei Tage darauf wurde Antonio von demselben Giacomo Alberino, Sohn des Giovanni, gestochen, der ihn vorher schon verwundet hatte, und Papst Paul wurde sehr unwillig und ließ dem Alberino die Habe confisciren und die Häuser schleifen und Vater und Sohn aus Rom verbannen."[1]) Die Eide und Ceremonien, wodurch die Versöhnten sich vor dem Rückfall zu sichern suchen, sind bisweilen ganz entsetzlich; als am Sylvesterabend 1494 im Dom zu Siena[2]) die Parteien der Nove und der Popolari sich paarweise küssen mußten, wurde ein Schwur dazu verlesen, worin dem künftigen Uebertreter alles zeitliche und ewige Heil abgesprochen wurde, „ein Schwur, so erstaunlich und schrecklich, wie noch keiner erhört worden"; selbst die letzten Tröstungen in der Todesstunde sollten sich in Verdammniß verkehren für den, welcher ihn verletzen würde. Es leuchtet ein, daß dergleichen mehr die verzweifelte Stimmung der Vermittler, als eine wirkliche Garantie des Friedens ausdrückte, und daß gerade die wahrste Versöhnung am wenigsten solcher Worte bedurfte.

Das individuelle Rachebedürfniß des Gebildeten und des Hochstehenden, ruhend auf der mächtigen Grundlage einer analogen Volkssitte, spielt nun natürlich in tausend Farben und wird von der öffentlichen Meinung, welche hier aus den Novellisten redet, ohne allen Rückhalt gebilligt.[3]) Alle Welt ist darüber einig, daß

[1]) Infessura, zum J. 1464.

[2]) Allegretto, Diari sanesi, bei Murat. XXXIII, Col. 837. Der Berichterstatter, All. war bei diesem Schwur selbst zugegen; er zweifelt nicht, daß der Friede gewahrt bleibe.

[3]) Diejenigen, welche die Vergeltung Gott anheimstellen, werden unter anderen

bei denjenigen Beleidigungen und Verletzungen, für welche die damalige italienische Justiz kein Recht schafft, und vollends bei denjenigen, gegen die es nie und nirgends ein genügendes Gesetz gegeben hat noch geben kann, Jeder sich selber Recht schaffen dürfe. Nur muß Geist in der Rache sein und die Satisfaction sich mischen aus thatsächlicher Schädigung und geistiger Demüthigung des Beleidigers; brutale plumpe Uebermacht allein gilt in der öffentlichen Meinung für keine Genugthuung. Das ganze Individuum, mit seiner Anlage zu Ruhm und Hohn muß triumphiren, nicht blos die Faust.

Der damalige Italiener ist vieler Verstellung fähig, um bestimmte Zwecke zu erreichen, aber gar keiner Heuchelei in Sachen von Principien, weder vor Andern noch vor sich selber. Mit völliger Naivetät wird deshalb auch diese Rache als ein Bedürfniß zugestanden. Ganz kühle Leute preisen sie vorzüglich dann, wenn sie, getrennt von eigentlicher Leidenschaft, um der bloßen Zweckmäßigkeit willen auftritt, „damit andere Menschen lernen, dich unangefochten zu lassen".[1] Doch werden solche Fälle eine kleine Minderzahl gewesen sein gegenüber von denjenigen, da die Leidenschaft Abkühlung suchte. Deutlich scheidet sich hier die Rache von der Blutrache;[2] während letztere sich eher noch innerhalb der Schranken der Vergeltung, des jus talionis hält, geht die erstere nothwendig darüber hinaus, indem sie nicht nur die Bestimmung des Rechtsgefühls verlangt, sondern die Bewunderer und je nach Umständen die Lacher auf ihrer Seite haben will.

Hierin liegt denn auch der Grund des oft langen Aufschiebens. Zu einer „bella vendetta" gehört in der Regel ein Zusammentreffen von Umständen, welches durchaus abgewartet werden muß. Mit einer wahren Wonne schildern die Novellisten hier und da das allmähliche Heranreifen solcher Gelegenheiten.

Ueber die Moralität von Handlungen, wobei Kläger und Richter eine Person sind, braucht es weiter keines Urtheils. Wenn diese italienische Rachsucht sich irgendwie rechtfertigen wollte, so müßte

lächerlich gemacht bei Pulci, Morgante canto XXI, Str. 83 fg., 104 fg.

[1] Guicciardini Ricordi, l. c. N. 74.

[2] Vgl. Excurs XCVI.

dies geschehen durch den Nachweis einer entsprechenden nationalen Tugend, nämlich der Dankbarkeit; dieselbe Phantasie, welche das erlittene Unrecht auffrischt und vergrößert, müßte auch das empfangene Gute im Andenken erhalten.[1]) Es wird niemals möglich sein, einen solchen Nachweis im Namen des ganzen Volkes zu führen, doch fehlt es nicht an Spuren dieser Art im jetzigen italienischen Volkscharakter. Dahin gehört bei den gemeinen Leuten die große Erkenntlichkeit für honette Behandlung und bei den höheren Ständen das gute gesellschaftliche Gedächtniß.

Dieses Verhältniß der Phantasie zu den moralischen Eigenschaften des Italieners wiederholt sich nun durchgängig. Wenn daneben scheinbar viel mehr kalte Berechnung zu Tage tritt in Fällen, da der Nordländer mehr dem Gemüthe folgt, so hängt dies wohl davon ab, daß der Italiener häufiger sowohl als früher und stärker individuell entwickelt ist. Wo dies außerhalb Italiens ebenfalls stattfindet, da ergeben sich auch ähnliche Resultate; die zeitige Entfernung vom Hause und von der väterlichen Autorität z. B. ist der italienischen und der nordamerikanischen Jugend gleichmäßig eigen. Später stellt sich dann bei den edleren Naturen das Verhältniß einer freien Pietät zwischen Kindern und Eltern ein.

Es ist überhaupt ganz besonders schwer, über die Sphäre des Gemüthes bei anderen Nationen zu urtheilen. Dasselbe kann sehr entwickelt vorhanden sein, aber in so fremdartiger Weise, daß der von draußen Kommende es nicht erkennt, es kann sich auch wohl vollkommen vor ihm verstecken. Vielleicht sind alle abendländischen Nationen in dieser Beziehung gleichmäßig begnadigt.

Wenn aber irgendwo die Phantasie als gewaltige Herrin sich in die Moralität gemischt hat, so ist dies geschehen im unerlaubten Verkehr der beiden Geschlechter. Vor der gewöhnlichen Hurerei scheute sich bekanntlich das Mittelalter überhaupt nicht, bis die Syphilis kam,[2]) und eine vergleichende Statistik der damaligen Prosti-

[1]) So schildert sich Cardanus (de propria vita. cap. 13) als äußerst rachsüchtig, aber auch als verax, memor beneficiorum, amans justitiae.

[2]) Vgl. Excurs XCVII.

tution jeder Art gehört nicht hierher. Was aber dem Italien der Renaissance eigen zu sein scheint, ist, daß die Ehe und ihr Recht vielleicht mehr und jedenfalls bewußter als anderswo mit Füßen getreten wird, daß man geradezu den Grundsatz ausspricht, Ehen seien nur auf bestimmte Zeit zu schließen und nur so lange die Frau dem Manne gefalle.[1]) Die Mädchen der höheren Stände, sorgfältig abgeschlossen, kommen nicht in Betracht; auf verheirathete Frauen bezieht sich alle Leidenschaft.

Dabei ist bemerkenswerth, daß die Ehen doch nicht nachweisbar abnahmen,[2]) und daß das Familienleben bei weitem nicht diejenige Zerstörung erlitt, welche es im Norden unter ähnlichen Umständen erleiden würde. Man wollte völlig nach Willkür leben, aber durchaus nicht auf die Familie verzichten, selbst wenn zu fürchten stand, daß es nicht ganz die eigene sei. Auch sank die Race deshalb weder physisch noch geistig — denn von derjenigen scheinbaren geistigen Abnahme, welche sich gegen die Mitte des 16. Jahrhunderts zu erkennen gibt, lassen sich ganz bestimmte äußere Ursachen politischer und kirchlicher Art namhaft machen, selbst wenn man nicht zugeben will, daß der Kreis der möglichen Schöpfungen der Renaissance durchlaufen gewesen sei. Die Italiener fuhren fort trotz aller Ausschweifung zu den leiblich und geistig gesundesten und wohlgeborensten Bevölkerungen Europas zu gehören,[3]) und behaupten diesen Vorzug bekanntlich bis auf diesen Tag, nachdem sich die Sitten sehr gebessert haben.[4])

Wenn man nun der Liebesmoral der Renaissance näher nachgeht, so findet man sich betroffen von einem merkwürdigen Gegensatz in den Aussagen. Die Novellisten und Comödiendichter machen den Eindruck, als bestände die Liebe durchaus nur im Genusse und als wären zu dessen Erreichung alle Mittel, tragische wie komische,

[1]) L. Tansillo, Capitoli p. 288.

[2]) Vgl. Excurs XCVIII.

[3]) Mit der völlig entwickelten spanischen Herrschaft trat allerdings eine relative Entvölkerung ein. Wäre sie Folge der Entsittlichung gewesen, so hätte sie viel früher eintreten müssen. — Charakteristisch ist das Betragen des 70jähr. P. Mocenigo 1475 und die Beurtheilung, die es durch den mailändischen Gesandten findet, vgl. das Actenstück bei Pastor III. 86 fg.

[4]) Vgl. Excurs XCIX.

nicht nur erlaubt, sondern je kühner und frivoler, desto interessanter. Liest man dagegen die besseren Lyriker und Dialogenschreiber, so lebt in ihnen die edelste Vertiefung und Vergeistigung der Leidenschaft, ja der letzte und höchste Ausdruck derselben wird gesucht in einer Aneignung antiker Ideen von einer ursprünglichen Einheit der Seelen im göttlichen Wesen. Und beide Anschauungen sind damals in einem und demselben Individuum vereinbar. Es ist nicht durchaus rühmlich, aber es ist eine Thatsache, daß in dem modernen gebildeten Menschen die Gefühle auf verschiedenen Stufen zugleich nicht nur stillschweigend vorhanden sind, sondern auch zur bewußten, je nach Umständen künstlerischen Darstellung kommen. Erst der moderne Mensch ist, wie der antike, auch in dieser Beziehung ein Microcosmus, was der mittelalterliche nicht war und nicht sein konnte.

Zunächst ist die Moral der Novellen beachtenswerth. Es handelt sich in den meisten derselben, wie bemerkt, um Ehefrauen und also um Ehebruch.

Höchst wichtig erscheint nun hier jene oben (S. 113 fg.) erwähnte Ansicht von der gleichen Geltung des Weibes mit dem Manne. Die höher gebildete, individuell entwickelte Frau verfügt über sich mit einer ganz andern Souveränetät als im Norden, und die Untreue macht nicht jenen furchtbaren Riß durch ihr Leben, sobald sie sich gegen die äußeren Folgen sichern kann. Das Recht des Gemahls auf ihre Treue hat nicht denjenigen festen Boden, den es bei den Nordländern durch die Poesie und Leidenschaft der Werbung und des Brautstandes gewinnt; nach flüchtigster Bekanntschaft, unmittelbar aus dem elterlichen oder klösterlichen Gewahrsam tritt die junge Frau in die Welt, und nun erst bildet sich ihre Individualität ungemein schnell aus. Hauptsächlich deshalb ist jenes Recht des Gatten nur ein sehr bedingtes, und auch wer es als ein jus quæsitum ansieht, bezieht es doch nur auf die äußere That, nicht auf das Herz. Die schöne junge Gemahlin eines Greises z. B. weist die Geschenke und Botschaften eines jungen Liebhabers zurück, im festen Vorsatz, ihre Ehrbarkeit (honestà) zu behaupten. „Aber sie freute sich „doch der Liebe des Jünglings wegen seiner großen Trefflichkeit, „und sie erkannte, daß ein edles Weib einen ausgezeichneten Menschen lieben darf ohne Nachtheil ihrer Ehrbarkeit."[1]) Wie kurz ist aber der Weg von einer solchen Distinction bis zu völliger Hingebung.

Letztere erscheint dann so viel als berechtigt, wenn Untreue des Mannes hinzukommt. Das individuell entwickelte Weib empfindet dieselbe bei Weitem nicht blos als einen Schmerz, sondern als Hohn und Demüthigung, namentlich als Ueberlistung, und nun übt sie, oft mit ziemlich kaltem Bewußtsein, die Rache, welche der Gemahl verdient hat. Ihrem Tact bleibt es überlassen, das für den betreffenden Fall richtige Strafmaß zu treffen. Die tiefste Kränkung kann z. B. einen Ausweg zur Versöhnung und zu künftigem ruhigen Leben anbahnen, wenn sie völlig geheim bleibt. Die Novellisten, welche dergleichen dennoch erfahren oder es gemäß der Atmosphäre ihrer Zeit erdichten, sind voll von Bewunderung, wenn die Rache höchst angemessen, wenn sie ein Kunstwerk ist. Es versteht sich, daß der Ehemann ein solches Vergeltungsrecht doch im Grunde nie anerkennt und sich nur aus Furcht oder aus Klugheitsgründen fügt. Wo diese wegfallen, wo er um der Untreue seiner Gemahlin willen ohnehin erwarten oder wenigstens besorgen muß, von dritten Personen ausgehöhnt zu werden, da wird die Sache tragisch. Nicht selten folgt die gewaltsamste Gegenrache und der Mord. Es ist höchst bezeichnend für die wahre Quelle dieser Thaten, daß außer dem Gemahl auch die Brüder[2]) und der Vater der Frau sich dazu berechtigt, ja verpflichtet glauben: die Eifersucht hat also nichts mehr damit zu thun, das sittliche Gefühl wenig, der Wunsch, dritten Personen ihren Spott zu verleiden, das Meiste.

[1]) Giraldi Hecatommithi III, Nov. 2. Ganz ähnlich: Cortigiano, L. IV, fol. 180.

[2]) Ein besonders gräuliches Beispiel der Rache eines Bruders, aus Perugia vom J. 1455, findet man in der Chronik des Graziani, Arch. stor. XVI, I. p. 629. Der Bruder zwingt den Galan, der Schwester die Augen auszureißen und jagt ihn mit Schlägen von dannen. Freilich die Familie war ein Zweig der Oddi und der Liebhaber nur ein Seiler. — Im Gegensatz dazu (nach Bonaventura Pistofilo) die That des Cardinal Ippolito, der seinem Bruder Giulio die beiden Augen ausstechen ließ, weil Angela Borgia sie schön genannt hatte. — Un processo d'uxorcidio nel 1492 ist in den Commentari per l'ateneo di Brescia 1891 p. 24 behandelt.

„Heute", sagt Bandello,[1]) „sieht man Eine um ihre Lüste zu befriedigen den Gemahl vergiften, als dürfte sie dann, weil sie Wittwe geworden, thun was ihr beliebt. Eine Andere, aus Furcht vor Entdeckung ihres unerlaubten Umganges, läßt den Gemahl durch den Geliebten ermorden. Dann erheben sich Väter, Brüder und Gatten, um sich die Schande aus den Augen zu schaffen, mit Gift, Schwert und anderen Mitteln, und dennoch fahren viele Weiber fort, mit Verachtung des eigenen Lebens und der Ehre, ihren Leidenschaften nachzuleben." Ein andermal, in milderer Stimmung, ruft er aus: „Wenn man doch nur nicht täglich hören müßte: Dieser hat seine Frau ermordet, weil er Untreue vermuthete, Jener hat die Tochter erwürgt, weil sie sich heimlich vermählt hatte, Jener endlich hat seine Schwester tödten lassen, weil sie sich nicht nach seinen Ansichten vermählen wollte! Es ist doch eine große Grausamkeit, daß wir alles thun wollen, was uns in den Sinn kommt und den armen Weibern nicht dasselbe zugestehen. Wenn sie etwas thun, was uns mißfällt, so sind wir gleich mit Strick, Dolch und Gift bei der Hand. Welche Narrheit der Männer, vorauszusetzen, daß ihre und des ganzen Hauses Ehre von der Begierde eines Weibes abhänge!" Leider wußte man den Ausgang solcher Dinge bisweilen so sicher voraus, daß der Novellist auf einen bedrohten Liebhaber Beschlag legen konnte, während derselbe noch lebendig herumlief. Der Arzt (und Lautenspieler) Antonio Bologna (S. 110 A. 3) hatte sich insgeheim mit der verwittweten Herzogin von Malfi, vom Hause Aragon, vermählt: bereits hatten ihre Brüder sie und ihre Kinder wieder in ihre Gewalt bekommen und in einem Schloß ermordet. Antonio, der letzteres noch nicht wußte und mit Hoffnungen hingehalten wurde, befand sich in Mailand, wo ihm schon gedungene Mörder auflauerten, und sang in Gesellschaft bei der Ippolita Sforza die Geschichte seines Unglückes zur Laute. Ein Freund des genannten Hauses, Delio, „erzählte die Geschichte bis zu diesem Punkte dem Scipione Atellano und fügte bei, er werde dieselbe in einer seiner Novellen behandeln, da er gewiß wisse, daß Antonio er-

[1]) Bandello, Parte I, Nov. 9 und 26. — Es kommt vor, daß der Beichtvater der Gemahlin sich vom Gatten bestechen läßt und den Ehebruch verräth.

mordet werden würde". Die Art, wie dies fast unter den Augen Delios und Atellanos eintraf, ist bei Bandello (I, 26) ergreifend geschildert.

Einstweilen aber nehmen die Novellisten doch fortwährend Partei für alles Sinnreiche, Schlaue und Komische, was beim Ehebruch vorkommt: mit Vergnügen schildern sie das Versteckspiel in den Häusern, die symbolischen Winke und Botschaften, die mit Kissen und Confect zum Voraus versehenen Truhen, in welchen der Liebhaber verborgen und fortgeschafft werden kann, u. dgl. m. Der betrogene Ehemann wird je nach Umständen ausgemalt als eine ohnehin von Hause aus lächerliche Person, oder als ein furchtbarer Rächer; ein drittes gibt es nicht, es sei denn, daß das Weib als böse und grausam und der Mann oder Liebhaber als unschuldiges Opfer geschildert werden soll. Man wird indeß bemerken, daß Erzählungen dieser letztern Art nicht eigentliche Novellen, sondern nur Schreckensbeispiele aus dem wirklichen Leben sind.[1])

Mit der Hispanisirung des italienischen Lebens im Verlauf des 16. Jahrhunderts nahm die in den Mitteln höchst gewaltsame Eifersucht vielleicht noch zu, doch muß man dieselbe unterscheiden von der schon vorher vorhandenen, im Geist der italienischen Renaissance selbst begründeten Vergeltung der Untreue. Mit der Abnahme des spanischen Cultureinflusses schlug dann die auf die Spitze getriebene Eifersucht gegen Ende des 17. Jahrhunderts in ihr Gegentheil um, in jene Gleichgiltigkeit, welche den Cicisbeo als unentbehrliche Figur im Hause betrachtete und außerdem noch einen oder mehrere Geduldete (Patiti) sich gefallen ließ.

Wer will es nun unternehmen, die ungeheure Summe von Immoralität, welche in den geschilderten Verhältnissen liegt, mit dem zu vergleichen, was in anderen Ländern geschah? War die Ehe z. B. in Frankreich während des 15. Jahrhunderts wirklich heiliger als in Italien? Die Fabliaux und Farcen erregen starke Zweifel, und man sollte glauben, daß die Untreue eben so häufig, nur der tragische Ausgang seltener gewesen, weil das Individuum mit seinen Ansprüchen weniger entwickelt war. Eher möchte zu Gunsten der germanischen Völker ein entscheidendes Zeugniß vor-

[1]) Ein Beispiel Bandello, Parte I, Nov. 4.

handen sein, nämlich jene größere gesellschaftliche Freiheit der Frauen und Mädchen, welche den Italienern in England und in den Niederlanden so angenehm auffiel. (S. 117, Anm. 3.) Und doch wird man auch hierauf kein zu großes Gewicht legen dürfen. Die Untreue war gewiß ebenfalls sehr häufig, und der individuell entwickeltere Mensch treibt es auch hier bis zur Tragödie. Man sehe nur, wie die damaligen nordischen Fürsten bisweilen auf den ersten Verdacht hin mit ihren Gemahlinnen umgehen.

Innerhalb des Unerlaubten aber bewegte sich bei den damaligen Italienern nicht nur das gemeine Gelüste, nicht nur die dumpfe Begier des gewöhnlichen Menschen, sondern auch die Leidenschaft der Edelsten und Besten; nicht blos weil die unverheiratheten Mädchen sich außerhalb der Gesellschaft befanden, sondern auch weil gerade der vollkommene Mann am stärksten angezogen wurde von dem bereits durch die Ehe ausgebildeten weiblichen Wesen. Diese Männer sind es, welche die höchsten Töne der lyrischen Poesie angeschlagen und auch in Abhandlungen und Dialogen von der verzehrenden Leidenschaft ein verklärtes Abbild zu geben versucht haben: l'amor divino. Wenn sie über die Grausamkeit des geflügelten Gottes klagen, so ist damit nicht blos die Hartherzigkeit der Geliebten oder ihre Zurückhaltung gemeint, sondern auch das Bewußtsein der Unrechtmäßigkeit der Verbindung. Ueber dieses Unglück suchen sie durch jene Vergeistigung der Liebe sich zu erheben, welche sich an die platonische Seelenlehre anlehnt und in Pietro Bembo ihren berühmtesten Vertreter gefunden hat. Man hört ihn unmittelbar im dritten Buch seiner Asolani[1]) und unmittelbar durch Castiglione, welcher ihm jene prachtvolle Schlußrede des vierten Buches des Cortigiano in den Mund legt. Beide Autoren waren im Leben keine Stoiker, aber in jener Zeit wollte es schon etwas heißen, wenn man ein berühmter und zugleich ein guter Mann war und diese Prädicate kann man Beiden nicht versagen. Die Zeitgenossen nahmen das, was sie sagten, für wahrhaft gefühlt, und so dürfen auch wir es nicht als bloßes Phrasenwerk verachten.

[1]) Agost. Rossi, Gli Asolani del Bembo, Propugnatore 19, 2, 64—95 sucht die Abhängigkeit B.s von Plato und Boccaccios Ameto darzuthun.

Wer sich die Mühe nimmt, die Rede im Cortigiano nachzulesen, wird einsehen, wie wenig ein Excerpt einen Begriff davon geben könnte. Damals lebten in Italien einige vornehme Frauen, welche wesentlich durch Verhältnisse dieser Art berühmt wurden, wie Giulia Gonzaga, Veronica da Correggio und vor allen Vittoria Colonna. Das Land der stärksten Wüstlinge und der größten Spötter respectirte diese Gattung von Liebe und diese Weiber: Größeres läßt sich nicht zu ihren Gunsten sagen. Ob etwas Eitelkeit dabei war, ob Vittoria den sublimirten Ausdruck hoffnungsloser Liebe von Seiten der berühmtesten Männer Italiens gerne um sich herum tönen hörte, wer mag es entscheiden? Wenn die Sache stellenweise eine Mode wurde, so war es immerhin kein Kleines, daß Vittoria wenigstens nicht aus der Mode kam und daß sie in der spätesten Zeit noch die stärksten Eindrücke hervorbrachte.[1]) — Es dauerte lange, bis andere Länder irgend ähnliche Erscheinungen aufwiesen.

Die Phantasie, welche dieses Volk mehr als ein anderes beherrscht, ist dann überhaupt eine allgemeine Ursache davon, daß jede Leidenschaft in ihrem Verlauf überaus heftig und je nach Umständen verbrecherisch in den Mitteln wird. Man kennt eine Heftigkeit der Schwäche, die sich nicht beherrschen kann; hier dagegen handelt es sich um eine Ausartung der Kraft. Bisweilen knüpft sich daran eine Entwickelung ins Colossale: das Verbrechen gewinnt eine eigene, persönliche Consistenz.

Schranken gibt es nur noch wenige. Der Gegenwirkung des illegitimen, auf Gewalt gegründeten Staates mit seiner Polizei fühlt sich Jedermann, auch das gemeine Volk, innerlich entwachsen, und an die Gerechtigkeit der Justiz glaubt man allgemein nicht mehr. Bei einer Mordthat ist, bevor man irgend die näheren

[1]) Graf hat gezeigt (Nuova antologia III. ser. vol. I, 228), wie das Studium Petrarcas auf diese Richtung und Gesinnung einwirkte. — Sehr merkwürdig sind die 4 großen Briefe, in denen ein Zeitgenosse Petrarcas Salutati (Briefe IV, 1—52) dem Pellegrino Zambeccari (c. 1393) die Liebe zu seiner früheren Geliebten Giovanna auszureden sucht. (Sie hatten beide Andere geheirathet, er aber wollte die Neigung nicht lassen.) Es ist ein förmliches Plaidoyer gegen irdische, sinnliche Liebe überhaupt.

Umstände kennt, die Sympathie unwillkürlich auf Seiten des Mörders.[1]) Ein männliches, stolzes Auftreten vor und während der Hinrichtung erregt vollends solche Bewunderung, daß die Erzähler darob leicht vergessen zu melden, warum der Betreffende verurtheilt war.[2]) Wenn aber irgendwo zu der innerlichen Verachtung der Justiz und zu den vielen aufgesparten Vendetten noch die Straflosigkeit hinzutritt, etwa in Zeiten politischer Unruhen, dann scheint sich bisweilen der Staat und das bürgerliche Leben auflösen zu wollen. Solche Momente hatte Neapel beim Uebergang von der aragonesischen auf die französische und auf die spanische Herrschaft, solche hatte auch Mailand bei der mehrmaligen Vertreibung und Wiederkehr der Sforza. Da kommen jene Menschen zum Vorschein, welche den Staat und die Gesellschaft insgeheim niemals anerkannt haben und nun ihre räuberische und mörderische Selbstsucht ganz souverän walten lassen. Betrachten wir beispielshalber ein Bild dieser Art aus einem kleinern Kreise.

Als das Herzogthum Mailand bereits um 1480 durch die inneren Krisen nach dem Tode des Galeazzo Maria Sforza (oben Bd. I, S. 42 fg.) erschüttert war, hörte in den Provinzialstädten jede Sicherheit auf. So in Parma,[3]) wo der mailändische Gubernator, nachdem er durch Belohnung der Denuncianten vergeblich die Verbrecher hatte entdecken wollen, durch Mordanschläge in Schrecken gesetzt, sich die Freilassung furchtbarer Menschen abdringen ließ, wo Einbrüche, Demolitionen von Häusern, öffentliche Mordthaten, Plünderungen, besonders der Juden, schamlose Vergehen gegen die Sittlichkeit etwas Gewöhnliches wurden, wo zuerst maskirte Verbrecher einzeln, dann ohne Scheu jede Nacht große bewaffnete Schaaren herumzogen; dabei circulirten frevelhafte Späße,

[1]) Piaccia al Signore Iddio che non si ritrovi, sagen bei Giraldi III, Nov. 10 die Frauen im Hause, wenn man ihnen erzählt, die That könne dem Mörder den Kopf kosten.

[2]) Dies begegnet z. B. dem Gioviano Pontano (de fortitudine, L. II.); seine heldenmüthigen Ascolaner, welche noch die letzte Nacht hindurch tanzen und singen, die abruzzesische Mutter, welche den Sohn auf dem Gang zum Richtplatz aufheitert, u. s. w. gehören vermuthlich in Räuberfamilien, was er jedoch übergeht.

[3]) Diarium Parmense, bei Murat. XXII, Col. 330 bis 349 passim. Das Sonett Col. 340.

Satiren, Drohbriefe, und es erschien ein Spottsonett gegen die Behörden, welches dieselben offenbar mehr empörte als der entsetzliche Zustand selbst. Daß in vielen Kirchen die Tabernakel sammt den Hostien geraubt wurden, verräth noch eine besondere Farbe und Richtung jener Ruchlosigkeit. Nun ist es wohl unmöglich zu errathen, was in jedem Lande der Welt auch heute geschehen würde, wenn Regierung und Polizei ihre Thätigkeit einstellten und dennoch durch ihr Dasein die Bildung eines provisorischen Regimentes unmöglich machten; allein was damals in Italien bei solchen Anlässen geschah, trägt doch wohl einen besondern Charakter durch starke Einmischung der Rache.

Im Allgemeinen macht das Italien der Renaissance den Eindruck, als ob auch in gewöhnlichen Zeiten die großen Verbrechen häufiger gewesen wären als in anderen Ländern. Freilich könnte uns wohl der Umstand täuschen, daß wir hier verhältnißmäßig weit mehr Specielles davon erfahren als irgend anderswo, und daß dieselbe Phantasie, welche auf das thatsächliche Verbrechen wirkt, auch das nichtgeschehene ersinnt. Die Summe der Gewaltthaten war vielleicht anderswo dieselbe. Ob der Zustand z. B. in dem kraftvollen, reichen Deutschland um 1500, mit seinen kühnen Landstreichern, gewaltigen Bettlern und wegelagernden Rittern im Ganzen sicherer gewesen, ob das Menschenleben wesentlich besser garantirt war, läßt sich schwer ermitteln. Aber so viel ist sicher, daß das prämeditirte, besoldete, durch dritte Hand geübte, auch das zum Gewerb gewordene Verbrechen in Italien eine große und schreckliche Ausdehnung gewonnen hatte.

Blicken wir zunächst auf das Räuberwesen, so wird vielleicht Italien damals nicht mehr, in glücklicheren Gegenden wie z. B. Toscana sogar weniger davon heimgesucht gewesen sein, als die meisten Länder des Nordens. Aber es gibt wesentlich italienische Figuren.[1]) Schwerlich findet sich anderswo z. B. die Gestalt des durch Leidenschaft verwilderten, allmählich zum Räuberhauptmann

[1]) Ein recht italienischer Zug ist es auch, den Burcardus im Diarium, ed. Thuasne I, 211 (1486) berichtet: ein Dieb wird gehängt, es wird ein auripellum an ihm befestigt in signum quod fuit excellens latro.

gewordenen Geistlichen, wovon jene Zeit unter anderen folgendes Beispiel liefert.[1]) Am 12. August 1495 wurde in einem eisernen Käfig außen am Thurm von S. Giuliano zu Ferrara eingeschlossen der Priester Don Nicolò de' Pelegati von Figarolo. Derselbe hatte zweimal seine erste Messe gelesen; das erstemal hatte er an demselben Tage einen Mord begangen und war darauf in Rom absolvirt worden; nachher tödtete er vier Menschen und heirathete zwei Weiber, mit welchen er herumzog. Dann war er bei vielen Tödtungen anwesend, nothzüchtigte Weiber, führte andere mit Gewalt fort, übte Raub in Masse, tödtete noch Viele und zog im Ferraresischen mit einer uniformierten bewaffneten Bande herum, Nahrung und Obdach mit Mord und Gewalt erzwingend. — Wenn man sich das Dazwischenliegende hinzudenkt, so ergibt sich für den Priester eine ungeheure Summe des Frevels. Es gab damals überall viele Mörder und andere Missethäter unter den so wenig beaufsichtigten und so hoch privilegirten Geistlichen und Mönchen, aber kaum einen Pelegati. Etwas Anderes, obwohl auch nichts Rühmliches, ist es, wenn verlorene Menschen sich in die Kutte stecken dürfen, um der Justiz zu entgehen, wie z. B. jener Corsar, den Massuccio in einem Kloster zu Neapel kannte.[2]) Wie es sich mit Papst Johann XXIII. in dieser Beziehung verhielt, ist nicht näher bekannt. Wenn er in seiner Jugend als Corsar in dem Kriege der beiden Linien von Anjou um Neapel auftrat, so kann er dies als politischer Parteigänger gethan haben, was nach damaligen Begriffen keine Schande brachte. Jedoch haben Zeitgenossen und Spätere z. B. Lion. Aretino und Poggio weit schlimmere Dinge von ihm berichtet.[3])

Die Zeit der individuell berühmten Räuberhauptleute beginnt

[1]) Diario Ferrarese, bei Murat. XXIV, Col. 312 fg. Man erinnert sich dabei an die Bande des Priesters, welcher einige Jahre vor 1837 die westliche Lombardei unsicher machte.

[2]) Massuccio, Nov. 29 ed. Settembr. p. 314. Es versteht sich, daß der Betreffende auch in der Liebschaft am meisten Glück hat. Ob ihn Mass. wirklich gekannt hat? Er sagt: un frate, del nome e abito del quale come che non me ne ricordo pure so che era un esperto e famoso corsalo.

[3]) Vgl. die Zusammenstellung bei Gregorovius VI, S. 600. Der Erzbischof Paolo Fregoso von Genua war Doge, Corsar und Cardinal, vgl. oben Bd. I, S. 90, Anm. 1.

übrigens erst später, im 17. Jahrhundert,[1]) als die politischen Gegensätze, Guelfen und Ghibellinen, Spanier und Franzosen, das Land nicht mehr in Bewegung setzten; der Räuber löst den Parteigänger ab.

In gewissen Gegenden von Italien, wo die Cultur nicht hindrang, waren die Landleute permanent mörderisch gegen Jeden von draußen, der ihnen in die Hände fiel. So namentlich in den entlegeneren Theilen des Königreiches Neapel, wo eine uralte Verwilderung vielleicht seit der römischen Latifundienwirthschaft sich erhalten hatte, und wo man den Fremden und den Feind, hospes und hostis, noch in aller Unschuld für gleichbedeutend halten mochte. Diese Leute waren gar nicht irreligiös; es kam vor, daß ein Hirt voll Angst im Beichtstuhl erschien, um zu bekennen, daß ihm während der Fasten beim Käsemachen ein paar Tropfen Milch in den Mund gekommen. Freilich fragte der sittenkundige Beichtvater bei diesem Anlaß auch noch aus ihm heraus, daß er oft mit seinen Gefährten Reisende beraubt und ermordet hatte, nur daß dies als etwas Landübliches keine Gewissensbisse rege machte.[2]) Wie sehr in Zeiten politischer Unruhen die Bauern auch anderswo verwildern konnten, ist bereits (S. 59) angedeutet worden.

Ein schlimmeres Zeichen der damaligen Sitte als die Räuberei ist die Häufigkeit der bezahlten, durch dritte Hand geübten Verbrechen. Darin ging zugestandener Maßen Neapel allen anderen Städten voran. „Hier ist gar nichts billiger zu kaufen als ein Menschenleben", sagt Pontano.[3]) Aber auch andere Gegenden weisen eine furchtbare Reihe von Missethaten dieser Art auf. Man kann dieselben natürlich nur schwer nach den Motiven sondern, indem

[1]) Aber auch im 16. Jahrh. war das Räuberwesen arg genug. Interessante Mittheilungen über Venedig gibt P. Molmenti Nuova Antologia III. ser. Bd. 46, p. 99 ff. 302 ff. 1570 wird geklagt, über die territori pieni di banditi, i quali tutto il di commettono novi e atrocissimi delitti. 1560 wird constatirt, daß Räuberbanden detestandi eccessi begehen, con molta offensa del nostro Signor Dio e della giustitia.

[2]) Poggio, Facetiae fol. 164. Wer das heutige Neapel kennt, hat vielleicht eine ähnliche Farce aus einem andern Lebensgebiet erzählen hören.

[3]) Jovian. Pontani Antonius: nec est quod Neapoli quam hominis vita minoris vendatur. Freilich meint er, das sei unter den Anjou noch nicht so gewesen; sicam ab iis — den Aragonesen — accepimus. Den Zustand um 1534 bezeugt Benv. Cellini I, 70.

politische Zweckmäßigkeit, Parteihaß, persönliche Feindschaft, Rache und Furcht durcheinander wirkten. Es machte den Florentinern die größte Ehre, daß damals bei ihnen, dem höchstentwickelten Volke Italiens, dergleichen am wenigsten vorkommt,[1]) vielleicht weil es für berechtigte Beschwerden noch eine Justiz gab, die man anerkannte, oder weil die höhere Cultur den Menschen eine andere Ansicht verlieh über das verbrecherische Eingreifen in das Rad des Schicksals; wenn irgendwo, so erwog man in Florenz, wie eine Blutschuld unberechenbar weiter wirkt, und wie wenig der Anstifter auch bei einem sogenannten nützlichen Verbrechen eines überwiegenden und dauernden Vortheils sicher ist. Nach dem Untergang der florentinischen Freiheit scheint der Meuchelmord, hauptsächlich der gedungene, rasch zugenommen zu haben, bis die Regierung Cosimos I. so weit zu Kräften kam, daß seine Polizei[2]) allen Missethaten gewachsen war.

Im übrigen Italien wird das bezahlte Verbrechen häufiger oder seltener gewesen sein, je nachdem zahlungsfähige hochgestellte Anstifter vorhanden waren. Es kann Niemandem einfallen, dergleichen statistisch zusammenzufassen, allein wenn von all den Todesfällen, die das Gerücht als gewaltsam herbeigeführt betrachtete, auch nur ein kleiner Theil wirkliche Mordthaten waren, so macht dies schon eine große Summe aus. Fürsten und Regierungen gaben allerdings das schlimmste Beispiel: sie machten sich gar kein Bedenken daraus, den Mord unter die Mittel ihrer Allmacht zu zählen. Es bedurfte dazu noch keines Cesare Borgia; auch die Sforza, die Aragonesen, die Republik Venedig,[3]) später auch die Werkzeuge Karls V. erlaubten sich was zweckmäßig schien.

Die Phantasie der Nation erfüllte sich allmählich dergestalt mit Voraussetzungen dieser Art, daß man bei Mächtigen kaum mehr an einen natürlichen Tod glaubte. Freilich machte man sich von

[1]) Einen eigentlichen Nachweis wird Niemand hierüber leisten können, allein es wird wenig Mord erwähnt, und die Phantasie der florentinischen Schriftsteller der guten Zeit ist nicht mit Verdacht dieser Art erfüllt. — Nach Florenz flüchtet L. Bellanti aus Siena (1498), um den Mordanschlägen seiner Landsleute zu entgehen.

[2]) Ueber diese s. die Relation des Fedeli bei Albèri, Relazioni serie II, vol. I, p. 359 fg.

[3]) Vgl. Excurs C.

der Wirkungskraft der Gifte bisweilen fabelhafte Vorstellungen. Wir wollen glauben, daß jenes furchtbare weiße Pulver (Bd. I, S. 125) der Borgia auf bestimmte Termine berechnet werden konnte, und so mag auch dasjenige Gift wirklich ein venenum atterminatum gewesen sein, welches der Fürst von Salerno dem Cardinal von Aragon reichte mit den Worten: „in wenigen Tagen wirst du sterben, weil dein Vater, König Ferrante, uns alle hat zertreten wollen".[1]) Aber der vergiftete Brief, welchen Caterina Riario an Papst Alexander VI. sandte,[2]) würde diesen schwerlich umgebracht haben, auch wenn er ihn gelesen hätte; und als Alfons der Große von den Aerzten gewarnt wurde, ja nicht in dem Livius zu lesen, den ihm Cosimo de' Medici übersandte, antwortete er ihnen gewiß mit Recht: höret auf, so thöricht zu reden.[3]) Vollends hätte jenes Gift nur sympathetisch wirken können, womit der Secretär Piccininos den Tragstuhl des Papstes Pius II. nur ein wenig anstreichen wollte.[4]) Wie weit es sich durchschnittlich um mineralische oder Pflanzengifte handelte, läßt sich nicht bestimmen; die Flüssigkeit, mit welcher der Maler Rosso Fiorentino (1541) sich das Leben nahm, war offenbar eine heftige Säure,[5]) welche man keinem Andern hätte unbemerkt beibringen können. — Für den Gebrauch der Waffen, zumal des Dolches, zu heimlicher Gewaltthat hatten die Großen in Mailand, Neapel und anderswo leider einen unaufhörlichen Anlaß, indem unter den Schaaren von Bewaffneten, welche sie zu ihrem eigenen Schutze nöthig hatten, schon durch den bloßen Müssiggang hier und da sich eine wahre Mordlust ausbilden mußte. Manche Gräuelthat wäre wohl unterblieben, wenn der Herr nicht gewußt hätte, daß es bei Diesem und Jenem aus seinem Gefolge nur eines Winkes bedürfe.

Unter den geheimen Mitteln des Verderbens kommt — wenigstens der Absicht nach — auch die Zauberei vor,[6]) doch nur in sehr untergeordneter Weise. Wo etwa maleficii, malie u. dgl. erwähnt werden,

[1]) Infessura ed. Tommasini p. 186 fg.

[2]) Chron. venetum. bei Murat. XXIV, Col. 131.

[3]) Petr. Crinitus de honesta disciplina, L. XVIII, cap. 9.

[4]) Pii II. comment. L. XI, p. 562. — Jo. Ant. Campanus, vita Pii II, bei Murat. III, II. Col. 988.

[5]) Vasari IV, 82, vita di Rosso.

[6]) Vgl. den schon erwähnten Excurs C.

geschieht es meist, um auf ein ohnehin gehaßtes oder abscheuliches Individuum alle erdenklichen Schrecken zu häufen. An den Höfen von Frankreich und England im 14. und 15. Jahrhundert spielt der verderbliche, tödtliche Zauber eine viel größere Rolle als unter den höheren Ständen von Italien.

Endlich erscheinen in diesem Lande, wo das Individuelle in jeder Weise culminirt, einige Menschen von absoluter Ruchlosigkeit, bei welchen das Verbrechen auftritt um seiner selber willen, nicht mehr als Mittel zu einem Zweck, oder wenigstens als Mittel zu Zwecken, welche sich aller psychologischen Norm entziehen.

Zu diesen entsetzlichen Gestalten scheint zunächst auf den ersten Anblick Ezzelino da Romano zu gehören, wenn derselbe nicht offenbar unter der Herrschaft ehrgeiziger Zwecke und eines starken astrologischen Wahns gelebt hätte, sodann einige Condottieren, ein Braccio von Montone, ein Tiberto Brandolino, und schon ein Werner von Urslingen, dessen silbernes Brustschild die Inschrift trug: Feind Gottes, des Mitleids und der Barmherzigkeit. Daß diese Menschenklasse im Ganzen zu den frühesten völlig emancipirten Frevlern gehörte, ist gewiß. Man wird jedoch behutsamer urtheilen, sobald man inne wird, daß das allerschwerste Verbrechen derselben — nach dem Sinne der Aufzeichner — im Trotz gegen den geistlichen Bann liegt, und daß die ganze Persönlichkeit erst von da aus mit jenem fahlen, unheimlichen Lichte bestrahlt erscheint. Bei Braccio, der weder an Gott noch an die Heiligen glaubte, die kirchlichen Gebräuche verachtete und niemals die Messe besuchte, war diese Gesinnung allerdings so weit ausgebildet, daß er z. B. über psallirende Mönche in Wuth gerathen konnte und sie von einem Thurm herunter werfen ließ.[1]) „allein gegen seine Soldaten war er doch

[1]) Giornali napoletani bei Muratori XXI, 1092, ad. a. 1425. Nach der Erzählung des Chronisten scheint diese Unthat doch hauptsächlich aus bloßer Lust an Grausamkeit geschehen zu sein. — Grausame Todesstrafen waren damals nicht selten: ein Beispiel Marin Sanudo 40, 325 fg. (1525). — Eine bes. Grausamkeit geschah 1487 in Florenz: Ein Uebelthäter wurde 22. März 1487 aufgehängt, war aber als er abgenommen wurde, nicht todt. Er kam ins Hospital. Da man sich überzeugte, er wolle Rache nehmen, wurde er 11. April auf Neue gehängt, diesmal mit Erfolg. Landucci p.53. — Ein Scharfrichter, der

loyal und ein großer Feldherr". Ueberhaupt werden die Verbrechen der Condottieren doch wohl meist um des Vortheils willen begangen worden sein, auf Antrieb ihrer höchst demoralisirenden Stellung, und auch die scheinbar muthwillige Grausamkeit möchte in der Regel ihren Zweck gehabt haben, wäre es auch nur der einer allgemeinen Einschüchterung gewesen. Die Grausamkeiten der Aragonesen hatten, wie wir (Bd. I, S. 36 fg.) sahen, ihre Hauptquelle in Rachsucht und Angst. Einen unbedingten Blutdurst, eine teuflische Lust am Verderben wird man am ehesten bei dem Spanier Cesare Borgia finden, dessen Gräuel die vorhandenen oder denkbaren Zwecke in der That um ein Bedeutendes überschreiten (Bd. I, S. 120 fg.). Sodann ist eine eigenthümliche Lust am Bösen in Sigismondo Malatesta, dem Gewaltherrscher von Rimini (Bd. I, S. 34 und 249 fg.) erkennbar; es ist nicht nur die römische Curie,[1]) sondern auch das Urtheil der Geschichte, welches ihm Mord, Nothzucht, Ehebruch, Blutschande, Kirchenraub, Meineid und Verrath und zwar in wiederholten Fällen Schuld gibt; das Gräßlichste aber, die versuchte Nothzucht am eigenen Sohn Roberto, welche dieser mit gezücktem Dolche zurückwies,[2]) möchte doch wohl nicht blos Sache der Verworfenheit, sondern eines astrologischen oder magischen Aberglaubens gewesen sein. Dasselbe hat man schon vermuthet, um die Nothzüchtigung des Bischofs von Fano[3]) durch Pierluigi Farnese von Parma, Sohn Pauls III., zu erklären.

Wenn wir uns nun erlauben dürfen, die Hauptzüge des damaligen italienischen Charakters, wie er uns aus dem Leben der

sein Opfer auch beim 3. Streich nicht tödtet wird vom Volke mit Steinen geworfen und umgebracht, 1503, Landucci p. 255. Wie antike Härte muthet es an, wenn Andrea Morosini, vgl. Sanudo z. 12. Mai 1500 seinen Sohn, der ein Mädchen geküßt und ihr einen Schmuck geraubt hat, vor dem Senat verklagt und verlangt: Impichelo, taieli la testa.

[1]) Pii II. comment. L. VII, p. 338.

[2]) Jovian. Pontan, de immanitate cap. 17, Opp. II, 968, wo auch von Sigismondos Schwängerung der eigenen Tochter u. dgl. die Rede ist.

[3]) Varchi, Storie fiorentine, am Ende. (Wenn das Werk unverstümmelt abgedruckt ist, wie z. B. in der Mailänder Ausgabe.) Vgl. den schon erwähnten Excurs XCIX.

damaligen Stände überliefert ist, zusammenzufassen, so würde sich etwa Folgendes ergeben. Der Grundmangel dieses Charakters erscheint zugleich als die Bedingung seiner Größe: der entwickelte Individualismus. Dieser reißt sich zuerst innerlich los von dem gegebenen meist tyrannischen und illegitimen Staatswesen, und was er nun sinnt und thut, das wird ihm zum Verrath angerechnet, mit Recht oder mit Unrecht. Beim Anblick des siegreichen Egoismus unternimmt er selbst, in eigener Sache, die Vertheidigung des Rechtes und verfällt durch die Rache, die er übt, den dunklen Gewalten, während er seinen innern Frieden herzustellen glaubt. Seine Liebe wendet sich am ehesten einem andern entwickelten Individualismus zu, nämlich der Gattin seines Nächsten. Gegenüber von allem Objectiven, von Schranken und Gesetzen jeder Art hat er das Gefühl eigener Souveränetät und entschließt sich in jedem einzelnen Fall selbständig, je nachdem in seinem Innern Ehrgefühl und Vortheil, kluge Erwägung und Leidenschaft, Entsagung und Rachsucht sich vertragen.

Wenn nun die Sehnsucht im weitern wie im engsten Sinne Wurzel und Hauptstamm alles Bösen ist, so wäre schon deshalb der entwickelte Italiener damals dem Bösen näher gewesen als andere Völker.

Aber diese individuelle Entwickelung kam nicht durch seine Schuld über ihn, sondern durch einen weltgeschichtlichen Rathschluß; sie kam auch nicht über ihn allein, sondern wesentlich vermittelst der italienischen Cultur auch über alle anderen Völker des Abendlandes und ist seitdem das höhere Medium, in welchem dieselben leben. Sie ist an sich weder gut noch böse, sondern nothwendig; innerhalb derselben entwickelt sich ein modernes Gutes und Böses, eine sittliche Zurechnung, welche von der des Mittelalters wesentlich verschieden ist.

Der Italiener der Renaissance aber hatte das erste gewaltige Daherwogen dieses neuen Weltalters zu bestehen. Mit seiner Begabung und seinen Leidenschaften ist er für alle Höhen und alle Tiefen dieses Weltalters der kenntlichste, bezeichnendste Repräsentant geworden; neben tiefer Verworfenheit entwickelt sich die edelste

Harmonie des Persönlichen und eine glorreiche Kunst, welche das individuelle Leben verherrlichte, wie weder Alterthum noch Mittelalter dies wollten oder konnten.

Zweites Capitel.

Die Religion im täglichen Leben.

Mit der Sittlichkeit eines Volkes steht im engsten Zusammenhange die Frage nach seinem Gottesbewußtsein, d. h. nach seinem größern oder geringern Glauben an eine göttliche Leitung der Welt, mag nun dieser Glaube die Welt für eine zum Glück oder zum Jammer und baldigen Untergang bestimmte halten.[1]) Nun ist der damalige italienische Unglaube im Allgemeinen höchst berüchtigt, und wer sich noch die Mühe eines Beweises nimmt, hat es leicht, hunderte von Aussagen und Beispielen zusammenzustellen. Unsere Aufgabe ist auch hier, zu sondern und zu unterscheiden; ein abschließendes Gesammturtheil werden wir uns auch hier nicht erlauben.

Das Gottesbewußtsein der frühern Zeit hatte seine Quelle und seinen Anhalt im Christenthum und in dessen äußerer Machtgestalt, der Kirche, gehabt. Als die Kirche ausartete, hätte die Menschheit distinguiren und ihre Religion trotz Allem behaupten sollen. Aber ein solches Postulat läßt sich leichter aufstellen als erfüllen. Nicht jedes Volk ist ruhig oder stumpfsinnig genug, um einen dauernden Widerspruch zwischen einem Princip und dessen äußerer Darstellung zu ertragen. Die sinkende Kirche ist es, auf welche jene schwerste Verantwortlichkeit fällt, die je in der Geschichte

[1]) Worüber natürlich, je nach Ort und Menschen, ganz verschiedene Stimmungen laut werden. Die Renaissance hat Städte und Zeiten gehabt, wo ein entschiedener, frischer Genuß des Glückes vorherrschte. Eine allgemeine Verdüsterung der Denkenden beginnt erst mit der entschiedenen Fremdherrschaft im 16. Jahrhundert sich kenntlich zu machen.

vorgekommen ist: sie hat eine getrübte und zum Vortheil ihrer Allmacht entstellte Lehre mit allen Mitteln der Gewalt als reine Wahrheit durchgesetzt, und im Gefühl ihrer Unantastbarkeit sich der schwersten Entsittlichung überlassen; sie hat, um sich in solchem Zustande zu behaupten, gegen den Geist und das Gewissen der Völker tödtliche Streiche geführt und viele von den Höherbegabten, welche sich ihr innerlich entzogen, dem Unglauben und der Verbitterung in die Arme getrieben.

Hier stellt sich uns auf dem Wege die Frage entgegen: warum das geistig so mächtige Italien nicht kräftiger gegen die Hierarchie reagirt, warum es nicht eine Reformation gleich der deutschen und vor derselben zu Stande gebracht habe?

Es gibt eine scheinbare Antwort: die Stimmung Italiens habe es nicht über die Verneinung der Hierarchie hinaus gebracht,[1] während Ursprung und Unbezwingbarkeit der deutschen Reformation den positiven, zumal von der Rechtfertigung durch den Glauben und vom Unwerth der guten Werke, verdankt werde.

Es ist gewiß, daß die Lehren erst von Deutschland her auf Italien wirkten, und zwar viel zu spät, als die spanische Macht bei weitem groß genug war, um theils unmittelbar, theils durch das Papstthum und dessen Werkzeuge Alles zu erdrücken.[2] Aber schon in den früheren religiösen Bewegungen Italiens von den Mystikern des 13. Jahrhunderts bis auf Savonarola war auch sehr viel positiver Glaubensinhalt, dem zur Reife nichts als das Glück fehlte, wie es ja dem sehr positiv christlichen Hugenottenthum auch fehlte. Colossale Ereignisse, wie die Reform des 16. Jahrhunderts, entziehen sich wohl überhaupt, was das Einzelne, den

[1]) Vielleicht traf Calvin das Richtige, der über B. Ochino, gewiß einem Gesinnungstüchtigen, sagte: „Ich traue den italienischen Geistern nicht.“ Das Antik-Heidnische in der christl. Gesinnung der Italiener wird sehr gut hervorgehoben von G. Bazellotti in der Nuova antologia 3. Ser. 34. Bd., S. 30 ff.

[2]) Was wir den Geist der Gegenreformation nennen, das war in Spanien entwickelt geraume Zeit vor der Reformation selbst, und zwar durch die scharfe Ueberwachung und theilweise Neueinrichtung alles Kirchlichen unter Ferdinand und Isabella. Hauptquelle hierfür ist Gomez, Leben des Card. Ximenez, bei Rob. Belus, Rer. hispan. scriptores. 3 Bde. Fft. 1581.

Ausgang und Hergang betrifft, aller geschichtsphilosophischen Deduction, so klar man auch ihre Nothwendigkeit im Großen und Ganzen erweisen kann. Die Bewegungen des Geistes, ihr plötzliches Aufblitzen, ihre Verbreitung, ihr Innehalten sind und bleiben unseren Augen wenigstens insoweit ein Räthsel, als wir von den dabei thätigen Kräften immer nur diese und jene, aber niemals alle kennen.

Die Stimmung der höheren und mittleren Stände Italiens gegen die Kirche zur Zeit der Höhe der Renaissance ist zusammengesetzt aus tiefem, verachtungsvollem Unwillen, aus Accomodation an die Hierarchie, insofern sie auf alle Weise in das äußere Leben verflochten ist, selbst soweit, das die Industrie im Dienste der Kirche steht und die Pfarrer von der Kanzel herab den Bann über unredlich arbeitende Handwerker verhängen,[1]) und aus einem Gefühl der Abhängigkeit von den Sacramenten, Weihen und Segnungen. Als etwas für Italien speciell Bezeichnendes dürfen wir noch die große individuelle Wirkung heiliger Prediger beifügen.

Ueber den antihierarchischen Unwillen der Italiener, wie er sich zumal seit Dante in Literatur und Geschichte offenbart, sind eigene umfangreiche Arbeiten vorhanden. Von der Stellung des Papstthums zur öffentlichen Meinung haben wir selber oben (Bd. I, S. 109 fg., 241) einige Rechenschaft geben müssen, und wer das Stärkste aus erlauchten Quellen schöpfen will, der kann die berühmten Stellen in Machiavellis Discorsi und in (dem unverstümmelten) Guicciardini nachlesen. Außerhalb der römischen Curie genießen noch am ehesten die besseren Bischöfe einigen sittlichen Respect,[2])

[1]) Pöhlmann, Wirthschaftspolitik, S. 59, nach ungedruckten florent. Gesetzen von 1333 und 1428. Die im Text vorgetragene Ansicht macht eine starke Correktur nöthig. Daß wenigstens die mittleren Schichten des Italienischen Volkes im 15. Jahrh. von tiefem religiösen Bewußtsein erfüllt waren, geht außer vielen anderen Zeugnissen auch, aus dem oben oft benutzten Diarium des Landucci hervor.

[2]) Man beachte, daß die Novellisten u. a. Spötter der Bischöfe beinahe gar nicht gedenken, während man sie, allenfalls mit verändertem Ortsnamen, hätte durchziehen können wie die anderen.

auch manche Pfarrer; dagegen sind die bloßen Pfründner, Chorherren und Mönche fast ohne Ausnahme verdächtig und oft mit der schmachvollsten Nachrede, die den ganzen betreffenden Stand umfaßt, übel beladen.

Man hat schon behauptet, die Mönche seien zum Sündenbock für den ganzen Clerus geworden, weil man nur über sie gefahrlos habe spotten dürfen.[1]) Allein dies ist auf alle Weise irrig. In den Novellen und Comödien kommen sie deshalb vorzugsweise vor, weil diese beiden Litteraturgattungen stehende, bekannte Typen lieben, bei welchen die Phantasie leicht das nur Angedeutete ergänzt. Sodann schont die Novelle auch den Weltclerus nicht.[2]) Drittens beweisen zahllose Aufzeichnungen aus der ganzen übrigen Literatur, wie keck über das Papstthum und die römische Curie öffentlich geredet und geurtheilt wurde; in den freien Schöpfungen der Phantasie muß man aber dergleichen nicht erwarten. Viertens konnten sich auch die Mönche bisweilen furchtbar rächen.

So viel ist immerhin richtig, daß gegen die Mönche der Unwille am stärksten war, und daß sie als lebendiger Beweis figu-

Dies geschieht z. B. bei Bandello II, Nov. 45; doch schildert er II, 40 auch einen tugendhaften Bischof. Gioviano Pontano im „Charon“ läßt den Schatten eines üppigen Bischofs mit „Entenschritt“ daherwatscheln. Wie gering die Qualität der italienischen Bischöfe damals im Allgemeinen war, vgl. Janus, S. 387.

[1]) Foscolo, Discorso sul testo del Decamerone: Ma de' preti in dignità niuno poteva far motto senza pericolo; onde ogni frate fu l'irco delle iniquità d'Israele etc. Timotheus Maffeus widmet ein Buch gegen die Mönche dem Papst Nikolaus V., Facius, de vir. ill. p. 24. (Sollte damit die von Pastor aufgefundene und I, 7 erwähnte Schrift: In sanctam rusticitatem litteras impugnantem gemeint sein?) Ganz besonders starke Stellen gegen Geistliche und Mönche in dem oben (Bd. I, S. 289) erwähnten Werk des Palingenius IV, 289, V, 184 fg., 586 fg.

[2]) Bandello präludirt z. B. II, Nov. 1, damit: das Laster der Habsucht stehe Niemandem schlechter an als den Priestern. (Ueber die Avaritia ein Tractat des Poggio, wo hauptsächlich von den Geistlichen, besonders den Bettelmönchen die Rede ist, welche ja für keine Familie ꝛc. zu sorgen hätten.) Mit diesem Raisonnement wird der schmähliche Ueberfall eines Pfarrhauses gerechtfertigt, wobei ein junger Herr durch zwei Soldaten oder Banditen einem zwar geizigen aber gichtbrüchigen Pfarrer einen Hammel stehlen läßt. Eine einzige Geschichte dieser Art zeigt die Voraussetzungen, unter welchen man lebte und handelte, genauer an, als alle Abhandlungen.

rirten von dem Unwerth des Klosterlebens, der ganzen geistlichen Einrichtung, des Glaubenssystems, ja der Religion überhaupt, je nachdem man die Folgerungen mit Recht oder Unrecht auszudehnen beliebte. Man darf hierbei wohl annehmen, daß Italien eine deutlichere Erinnerung von dem Aufkommen der beiden großen Bettelorden bewahrt hatte, als andere Länder, daß es noch ein Bewußtsein davon besaß, wie Giovanni Villani (IV, 29) ein Jahrhundert später dies deutlich sagt, dieselben seien ursprünglich die Träger jener Reaction gegen das, was man die Ketzerei des 13. Jahrhunderts nennt, d. h. gegen eine frühe starke Regung des modernen italienischen Geistes. Und das geistliche Polizeiamt, welches den Dominikanern insbesondere dauernd anvertraut blieb, hat gewiß nie ein anderes Gefühl rege gemacht als heimlichen Haß und Hohn.

Wenn man den Decamerone und die Novellen des Franco Sacchetti liest, sollte man glauben, die frevelhafte Rede gegen Mönche und Nonnen wäre erschöpft. Aber gegen die Zeit der Reformation hin steigert sich dieser Ton noch um ein Merkliches. Gerne lassen wir Aretino aus dem Spiel, da er in den Ragionamenti das Klosterleben nur zum Vorwand braucht, um seinem eigenen Naturell die Zügel schießen zu lassen. Aber einen Zeugen statt aller müssen wir hier nennen: Massuccio in den zehn ersten von seinen fünfzig Novellen. Sie sind in der tiefsten Entrüstung und mit dem Zweck, dieselbe zu verbreiten, geschrieben und den vornehmsten Personen, selbst dem König Ferrante und dem Prinzen Alfonso von Neapel dedicirt. Die Geschichten selbst sind zum Theil älter und einzelne schon aus Boccaccio bekannt; Anderes aber hat eine furchtbare neapolitanische Actualität. Die Bethörung und Aussaugung der Volksmassen durch falsche Wunder, verbunden mit einem schändlichen Wandel, bringen hier einen denkenden Zuschauer zu einer wahren Verzweiflung. Von herumziehenden Minoriten-Conventualen heißt es: „Sie betrügen, rauben und huren, und wo sie nicht mehr weiter wissen, stellen sie sich als Heilige und thun Wunder, wobei der Eine das Gewand von S. Vicenzo, der Andere die Schrift[1]) S. Bernardinos, ein Dritter den Zaum von

[1]) L'Ordine. Wahrscheinlich ist seine Tafel mit dem Motto I H S gemeint.

Capistranos Esel vorzeigt." .. Andere „bestellen sich Helfershelfer, welche, scheinbar blind oder todtkrank, durch Berührung des Saumes ihrer Kutte oder der mitgebrachten Reliquien plötzlich mitten im Volksgewühl genesen; dann schreit Alles Misericordia! man läutet die Glocken und nimmt lange feierliche Protocolle auf." Es kommt vor, daß ein Mönch auf der Kanzel von einem andern, welcher unter dem Volke steht, keck als Lügner angeschrien wird; dann aber fühlt sich der Rufende plötzlich von Besessenheit ergriffen, worauf ihn der Prediger bekehrt und heilt — alles reine Comödie. Der Betreffende mit seinem Helfershelfer sammelte so viel Geld, daß er von einem Cardinal ein Bisthum kaufen konnte, wo beide gemächlich auslebten. Massuccio machte keinen besondern Unterschied zwischen Franciscanern und Dominicanern, indem beide einander werth seien. „Und da läßt sich das unvernünftige Publicum noch in ihren Haß und ihre Parteiung hineinziehen und streitet darüber auf öffentlichen Plätzen [1]) und theilt sich in Franceschiner und Domenichiner!" Die Nonnen gehören ausschließlich den Mönchen; sobald sie sich mit Laien abgeben, werden sie eingekerkert und verfolgt, die anderen aber halten mit Mönchen förmliche Hochzeit, wobei sogar Messen gesungen, Contracte aufgesetzt und Speise und Trank reichlich genossen werden. „Ich selber," sagt der Verfasser, „bin nicht ein, sondern mehrere Male dabei gewesen, habe es gesehen und mit Händen gegriffen. Solche Nonnen gebären dann entweder niedliche Mönchlein oder sie treiben die Frucht ab. Und wenn Jemand behaupten möchte, dies sei eine Lüge, so untersuche er die Cloaken der Nonnenklöster, und er wird darin einen Vorrath von zarten Knöchlein finden, nicht viel anders als in Bethlehem zu Herodes' Zeiten." [2]) Solche und andere Sachen birgt das Klosterleben. Freilich machen einander die Mönche es in der Beichte

[1]) Er fügt hinzu (nov. X, ed. Settembrini p. 132): und in den seggi, d. h. den Vereinen, in welche der neapolitanische Adel getheilt war. — Die Rivalität der beiden Orden wird häufig lächerlich gemacht, z. B. Bandello III, Nov. 14.

[2]) Nov. 6 ed. Settembrini p. 83, der darauf hinweist, daß im Index von 1564 ein Buch genannt ist: Matrimonio delli preti e delle monache.

bequem und dictiren ein Paternoster für Dinge, um derentwillen sie einem Laien alle Absolution versagen würden gleich einem Ketzer. „Darum öffne sich die Erde und verschlinge solche Verbrecher lebendig sammt ihren Gönnern.“ An einer andern Stelle äußert Massuccio, weil die Macht der Mönche doch wesentlich auf der Furcht vor dem Jenseits beruhe, einen ganz merkwürdigen Wunsch: „es gäbe keine bessere Züchtigung für sie, als wenn Gott recht bald das Fegefeuer aufhöbe; dann könnten sie nicht mehr von Almosen leben und müßten wieder zur Hacke greifen.“

Wenn man unter Ferrante und an ihn so schreiben durfte, so hing dies vielleicht damit zusammen, daß der König durch ein auf ihn gemünztes falsches Wunder erbittert war.[1]) Der Frater Franciscus hatte ihn nämlich durch eine bei Tarent vergrabene und hernach gefundene Bleitafel mit Inschrift im Namen des h. Cataldus zu einer Judenverfolgung, ähnlich der spanischen und der von den Päpsten Alexander VI. und Julius II. nachgeahmten, aber von verständigen Beobachtern alsbald in ihren nichtigen Beweggründen erkannten[2]) zu zwingen gesucht, und als der König den Betrug durchschaute, ihm Trotz geboten. Auch einen falschen Faster hatte er entlarven lassen, wie schon früher einmal sein Vater König Alfonso that.[3]) Der Hof hatte wenigstens am dumpfen Aberglauben keine Mitschuld.[4])

Wir haben einen Autor angehört, dem es ernst war, und er ist lange nicht der einzige in seiner Art. Spott und Schimpf über die Bettelmönche sind vollends massenweise vorhanden und durch-

[1]) Für das Folgende vgl. Jovian. Pontan. de Sermone, L. II, cap. 17, Opp. II, p. 1623 und Bandello, Parte I, Nov. 32.

[2]) Vgl. M. Brosch: Histor. Zeitschr. Bd. 37. — An die Erscheinung des h. Cataldus und an die düstern von ihm ausgesprochenen Prophezeiungen glaubt z. B. Alexander ab Alexandro Dierum genialium lib. III, c. 15 ed. Cöln 1539 p. 142.

[3]) Panormita de dictis et factis Alphonsi lib. II. Enea Silvio im Commentar dazu (Opp. ed. 1651, p. 79) erzählt von einem zu Rom entlarvten Fastenden, der angeblich 4 Jahre lang nichts gegessen hatte.

[4]) Weshalb auch sonst in seiner Nähe dies Wesen offen denuncirt werden durfte. Vgl. auch Jovian. Pontan., Antonius und Charon. Die eine dort erzählte Geschichte ist dieselbe wie Massuccio, Nov. II.

dringen die ganze Literatur.[1]) Man kann kaum daran zweifeln, daß die Renaissance binnen Kurzem mit diesen Orden aufgeräumt haben würde, wenn nicht die deutsche Reformation und die Gegenreformation darüber gekommen wäre. Ihre populären Prediger und ihre Heiligen hätten sie schwerlich gerettet. Es wäre nur darauf angekommen, daß man sich mit einem Papst, der die Bettelorden verachtete, wie z. B. Leo X.,[2]) zu rechter Zeit verabredet hätte. Wenn der Zeitgeist sie doch nur noch entweder komisch oder abscheulich fand, so waren sie für die Kirche weiter nichts mehr als eine Verlegenheit. Und wer weiß, was damals dem Papstthum selber bevorstand, wenn die Reformation es nicht gerettet hätte.

Die Machtübung, welche sich fortwährend der Pater Inquisitor eines Dominicanerklosters über die betreffende Stadt erlaubte, war im spätern 15. Jahrhundert gerade noch groß genug, um die Gebildeten zu geniren und zu empören, aber eine dauernde Furcht und Devotion ließ sich nicht mehr erzwingen.[3]) Bloße Gesinnungen zu strafen, wie vor Zeiten (S. 8 f.), war nicht mehr möglich, und vor eigentlichen Irrlehren konnte sich auch Derjenige leicht hüten, der sonst gegen den ganzen Clerus als solchen die loseste Zunge führte. Wenn nicht eine mächtige Partei mithalf (wie bei Savonarola) oder böser Zauber bestraft werden sollte (wie öfter in den oberitalienischen Städten), so kam es am Ende des 15. und Anfang des 16. Jahrhunderts nur noch selten bis zum Scheiterhaufen. In mehreren Fällen begnügten sich die Inquisitoren, wie es scheint, mit höchst oberflächlichem Widerruf, andere Male kam es sogar vor, daß man ihnen den Verurtheilten auf dem Gange zum Richtplatz aus den Händen nahm. In Bologna (1452) war der Priester Nicolo da Verona als Necromant, Teufelsbanner und Sakramentsschänder bereits auf einer hölzernen Bühne vor S. Domenico degradirt

[1]) Beispielshalber: der VIII. Gesang der Maccaroneide.

[2]) Für diesen Haß ist besonders charakteristisch der oben I, S. 170, A. 2 erwähnte Brief, wo die dem frate auferlegte Bestrafung vollzogen wird in esempio de altri frati a cio se levino de pensier de non farli veder sue fraterie.

[3]) Die Geschichte in Vasari V, p. 120, vita di Sandro Botticelli, zeigt, daß man bisweilen mit der Inquisition Scherz trieb.

worden und sollte nun auf die Piazza zum Scheiterhaufen geführt werden, als ihn unterwegs eine Schaar von Leuten befreite, welche der Johanniter Achille Malvezzi, ein Ketzerfreund, Nonnenschänder und Kirchenverletzer, der u. A. einmal einen Kirchthurm „weil er ihm die Aussicht versperrte“ niederreißen und an eine andere Stelle bringen ließ, gesandt hatte. Der Legat (Cardinal Bessarion) konnte hernach von den Thätern nur Eines habhaft werden, der gehenkt wurde; Malvezzi lebte ungestört weiter.[1])

Es ist bemerkenswerth, daß die höheren Orden, also die Benedictiner mit ihren Abzweigungen, trotz ihres großen Reichthums und Wohllebens weit weniger perhorrescirt waren als die Bettelorden; auf zehn Novellen, die von frati handeln, kommt höchstens eine, welche einen monaco zum Gegenstand und Opfer hat. Nicht wenig kam diesen Orden zu Gute, daß sie älter und ohne polizeiliche Absicht gegründet waren und sich nicht in das Privatleben einmischten. Es gab darunter fromme, gelehrte und geistreiche Leute, aber den Durchschnitt schildert einer von ihnen, Firenzuola,[2]) wie folgt: „Diese Wohlgenährten in ihren weiten Kutten bringen ihr Leben nicht hin mit barfüßigem Herumziehen und Predigen, sondern in zierlichen Corduanpantoffeln sitzen sie in ihren schönen Zellen mit Cypressengetäfel und falten die Hände über den Bauch. Und wenn sie je einmal sich von der Stelle bemühen müssen, so reiten sie gemächlich auf Maulthieren und fetten Pferdchen wie zur Erholung herum. Den Geist ermüden sie nicht zu sehr durch Studium vieler Bücher, damit das Wissen ihnen nicht statt ihrer mönchischen Einfalt einen Lucifershochmuth beibringe.“

Wer die Literatur jener Zeit kennt, wird zugeben, daß hier nur das zum Verständniß des Gegenstandes Nothwendigste mitgetheilt ist.[3]) Daß eine solche Reputation von Weltclerus und Mönchen

[1]) Bursellis, Ann. Bonon. ap. Murat. XXIII. Col. 886 fg. c. 896. (Malv. starb 1468; sein beneficium kam an seinen Neffen.)

[2]) Vgl. S. 64 ff. Er war Abt der Vallombrosaner. Die Stelle, hier frei übersetzt, findet sich Opere, vol. II. p. 209 in seiner zehnten Novelle. — Eine einladende Schilderung des Wohllebens der Carthäuser in dem unten Excurs LXX citirten Commentario d'Italia fol. 32 fg.

[3]) Pius II. war aus Gründen für Abschaffung des Cölibates: Sacerdotibus magna ratione sublatas nup-

bei Unzähligen den Glauben an das Heilige überhaupt erschüttern mußte, springt in die Augen.

Was für schreckliche Gesammturtheile bekommt man da zu hören! Wir theilen schließlich nur eines davon mit, weil es erst neuerlich gedruckt worden ist. Guicciardini, der Geschichtschreiber und vieljährige Beamte der mediceischen Päpste, sagt (1529) in seinen Aphorismen:[1] „Keinem Menschen mißfällt mehr als mir der Ehrgeiz, die Habsucht und die Ausschweifung der Priester, sowohl weil jedes dieser Laster an sich hassenswerth ist, als auch weil jedes allein oder alle sich wenig ziemen bei Leuten, die sich zu einem von Gott besonders abhängigen Stand bekennen, und vollends weil sie unter sich so entgegengesetzt sind, daß sie sich nur in ganz absonderlichen Individuen vereinigt finden können. Gleichwohl hat meine Stellung bei mehreren Päpsten mich gezwungen, die Größe derselben zu wollen, meines eigenen Vortheils wegen. Aber ohne diese Rücksicht hätte ich Martin Luther geliebt, wie mich selbst, nicht um mich loszumachen von den Gesetzen, welche das Christenthum, so wie es insgemein erklärt und verstanden wird, uns auferlegt, sondern um diese Schaar von Nichtswürdigen (questa caterva di scelerati) in ihre gebührenden Grenzen gewiesen zu sehen, so daß sie entweder ohne Laster oder ohne Macht leben müßten."

Derselbe Guicciardini hält denn auch dafür,[2] daß wir in Betreff alles Uebernatürlichen im Dunkel bleiben, daß Philosophen und Theologen nur Thorheiten darüber vorbringen, daß die Wunder in allen Religionen vorkommen, für keine besonders beweisen und

tias majori restituendas videri, war eine seiner Lieblingssentenzen. Platina, Vitae Pontiff. p. 311. — Die Mittheilung Infessura's ed. Tomasini p. 259, Papst Innocenz VIII. habe das Concubinat in Rom für erlaubt erklärt, dürfte sich schwer beweisen lassen. Es gibt vielmehr (Pastor 253, 1) ein directes Einschreiten des Papstes gegen solche Mißbräuche. Daß dagegen wirklich die Priester im 15. Jahrh. ganz allgemeine Concubinen hielten und Kinder hatten, bezeugt der weder humanistisch noch anti-christlich gesinnte Graf Jacopo da Porcia, in dessen Schrift De liberorum educatione (Tarvisii 1493) es heißt: Vidi ego . . sacerdotes fere omnes et concubinas et liberos etiam ex eis domi habere.

[1]) Ricordi, N. 28, in den Opere inedite, Vol. 1.

[2]) Ricordi, N. 1, 123. 125.

sich am Ende auf noch unbekannte Naturphänomene zurückführen lassen. Den bergeversetzenden Glauben, wie er sich damals bei den Nachfolgern Savonarolas zu erkennen gab, constatirt er als ein curioses Phänomen, doch ohne bittere Bemerkung.

Gegenüber von solchen Stimmungen hatten Clerus und Mönchthum den großen Vortheil, daß man an sie gewöhnt war, und daß ihr Dasein sich mit dem Dasein von Jedermann berührte und verflocht. Es ist der Vortheil, den alle alten und mächtigen Dinge von jeher in der Welt gehabt haben. Jedermann hatte irgend einen Verwandten im Priesterrock oder in der Kutte, irgend eine Aussicht auf Protection oder künftigen Gewinn aus dem Schatz der Kirche, und in der Mitte von Italien saß die römische Curie, welche ihre Leute bisweilen plötzlich reich machte. Doch muß man sehr hervorheben, daß dies Alles die Zunge und die Feder nicht band. Die Autoren der lästerlichen Komik sind ja selber meist Mönche, Pfründner u. s. w.: Poggio, der die Facetien schrieb, war Geistlicher, Francesco Berni, der Satiriker, hatte ein Canonicat, Teofilo Folengo, der Dichter des Orlandino, war Benedictiner, freilich ein sehr unbeständiger, Matteo Bandello, der in seinen Novellen seinen eigenen Orden lächerlich macht, war Dominicaner und zwar Nepot eines Generals dieses Ordens. Treibt sie ein Uebermaß des Sicherheitsgefühles? oder ein Bedürfniß, die eigene Person von der Verrufenheit des Standes zu sondern? oder jene pessimistische Selbstsucht mit dem Wahlspruch: „uns hält's noch aus"? Vielleicht war etwas von Allem dabei. Bei Folengo wirkt freilich schon das Lutherthum kenntlich ein.[1])

Die Abhängigkeit von Segnungen und Sacramenten, von welcher bereits (Bd. I, S. 110) bei Anlaß des Papstthums die Rede gewesen ist, versteht sich bei dem gläubigen Theil des Volkes von selbst; bei den Emancipirten bedeutet und bezeugt sie die Stärke der Jugendeindrücke und die gewaltige magische Kraft altgewohnter Symbole. Das Verlangen des Sterbenden — wer er auch sein mochte — nach priesterlicher Absolution beweist einen Rest von Höllenfurcht, selbst bei einem Menschen wie jener Vitellozzo (a. a. O.)

[1]) Vgl. den Orlandino, c. VI, Str. 40 fg. c. VII, Str. 57. c. VIII, Str. 3 fg., bes. 75.

war. Ein belehrenderes Beispiel als das seinige wird schwer zu finden sein. Die kirchliche Lehre von dem Character indelebilis des Priesters, woneben seine Persönlichkeit indifferent wird, hat so weit Früchte getragen, daß man wirklich den Priester verabscheuen und doch seine geistlichen Spenden begehren kann. Freilich gab es auch Trotzköpfe, wie z. B. Fürst Galeotto von Mirandola,[1]) der 1499 in einer bereits sechzehnjährigen Excommunication starb. Während dieser ganzen Zeit war auch die Stadt um seinetwillen im Interdict gewesen, so daß weder Messe noch geweihtes Begräbniß stattfand.

Glänzend tritt endlich neben all diesen Zweideutigkeiten hervor das Verhältniß der Nation zu ihren großen Bußpredigern. Das ganze übrige Abendland ließ sich von Zeit zu Zeit durch die Rede heiliger Mönche rühren, allein was wollte dies heißen neben der periodischen Erschütterung der italienischen Städte und Landschaften? Zudem ist z. B. der einzige, der während des 15. Jahrhunderts in Deutschland eine ähnliche Wirkung hervorbrachte,[2]) ein Abruzzese von Geburt gewesen, nämlich Giovanni Capistrano. Diejenigen Gemüther, welche einen so gewaltigen Ernst und einen solchen religiösen Beruf in sich tragen, sind damals im Norden intuitiv, mystisch; im Süden expansiv, praktisch, verbündet mit der hohen Achtung der Nation vor Sprache und Rede. Der Norden bringt eine Imitatio Christi hervor, welche im Stillen, anfangs nur in Klöstern, aber auf Jahrhunderte wirkt; der Süden producirt Menschen, welche auf Menschen einen colossalen Eindruck des Augenblickes machen.

[1]) Diario Ferrarese, bei Murat. XXIV, Col. 362.

[2]) Er hatte einen deutschen und einen slawischen Dolmetscher bei sich. Auch S. Bernhard hatte einst am Rhein desselben Mittels bedurft. — Von einem wirksamen Fastenprediger (1527) Valerio da Soncino, eine Art Vorläufer des Abr. a Sta Clara gab Ach. Neri Proben (Genua 1896). — Von einer kühnen Predigt des Timoteo da Lucca 1497 in Venedig berichtet M. Sanudo, I, 836. — Als besonders berühmter Prediger wird auch Giovanni da Pistoja genannt 1460—1493, der, da die Kirchen die Zuhörer nicht faßten, per plateas ipsas concionari oportebat, Giorn. ligust. 12, 427.

Dieser Eindruck beruht wesentlich auf Erregung des Gewissens. Es sind Moralpredigten, ohne Abstraction, von specieller Anwendung, unterstützt von einer geweihten, ascetischen Persönlichkeit, woran sich dann von selbst durch die erregte Phantasie das Mirakel anschließt, auch gegen den Willen des Predigers. Capistrano z. B. begnügte sich, über die Tausende von Kranken, die man ihm brachte, das Kreuz zu machen und sie im Namen der Dreieinigkeit und seines Meisters S. Bernardino zu segnen, worauf hie und da eine wirkliche Genesung erfolgte, wie in solchen Fällen zu geschehen pflegt. Der Chronist von Brescia (s. unten S. 191, A. 4) deutet dies so an: „er that schöne Wunder, doch erzählte man viel mehr als wirklich war". Das gewaltigste Argument war weniger die Drohung mit Fegefeuer und Hölle, als vielmehr die höchst lebendige Entwickelung der maledizione, des zeitlichen, in der Person wirkenden Fluches, der sich an das Böse knüpft. Die Betrübung Christi und der Heiligen hat ihre Folgen im Leben. Nur so konnte man die in Leidenschaft, Racheschwüren und Verbrechen verrannten Menschen zur Sühne und Buße bringen, was bei weitem der wichtigste Zweck war.

So predigten im 15. Jahrhundert Bernardino da Siena und seine zwei Schüler Alberto da Sarteano und Jacopo della Marca, Giovanni Capistrano, Roberto da Lecce (S. 131) und Andere; endlich Girolamo Savonarola. Es gab kein stärkeres Vorurtheil als dasjenige gegen die Bettelmönche: sie überwanden es. Der hochmüthige Humanismus kritisirte und höhnte; z. B. Poggio, der findet, die Bußprediger hätten es leicht, da sie in jeder Stadt dasselbe vorbrächten und das Volk dümmer entlassen dürften als es gekommen sei,[1]) oder Filelfo, der an Roberto da Lecce tadelt, daß er nicht immer zweckmäßige Mienen und Ausdrücke anwende, traurig

[1]) De avaritia, in den Opera, fol. 2. Derselbe Poggio rühmt dann freilich (Epistolae ed. Tonelli vol. I, p. 281) den Alberto von Sarteano als doctus und perhumanus. — Filelfo, Epistolae, Venet. 1502. fol. 96b. Derselbe Filelfo übernahm die Vertheidigung des Bernardino von Siena und eines gewissen Nicolaus (z. B. Satyrae II, 3 und VI, 5), aber wohl weniger aus Neigung zu diesen Predigern, als aus Haß gegen Poggio. Mit A. v. Sart. stand Filelfo im Briefwechsel.

aussehe, wenn er fröhlich erscheinen solle, zu viel weine, und dadurch Ohren und Gefühl des Zuhörers beleidige.[1]) Wenn aber die Bußprediger ihre Stimme erhoben, so dachte man des höhnenden Humanismus nicht mehr. Die Sache war nicht neu, und ein Spöttervolk, wie die Florentiner, hatte schon im 14. Jahrhundert die Caricatur davon, wo sie sich auf seinen Kanzeln blicken ließ, malträtiren gelernt;[2]) als Savonarola auftrat, riß er sie doch so weit hin, daß bald ihre ganze beliebte Bildung und Kunst in dem Gluthfeuer, das er entzündete, zusammengeschmolzen wäre. Selbst die stärkste Profanation durch heuchlerische Mönche, welche mit Hilfe von Einverstandenen die Rührung beliebig in ihren Zuhörern hervorzubringen und zu verbreiten wußten (vgl. S. 182 fg.), war nicht im Stande, der Sache selbst zu schaden. Man fuhr fort, über gemeine Mönchspredigten mit erdichteten Wundern und Vorzeigung falscher Reliquien[3]) zu lachen und die echten großen Bußprediger hoch zu achten. Diese sind eine wahre italienische Specialität des 15. Jahrhunderts.

Der Orden — in der Regel der des h. Franciscus und zwar von der sogenannten Observanz — schickt sie aus, je nachdem sie begehrt werden. Dies geschieht hauptsächlich bei schwerer öffentlicher oder Privatzwietracht in den Städten, auch wohl bei schrecklicher Zunahme der Unsicherheit und Unsittlichkeit oder bei großen Krankheiten. Ist dann aber der Ruhm eines Predigers gewachsen, so begehren ihn die Städte alle auch ohne besondern Anlaß; er geht, wohin ihn die Oberen senden. Ein besonderer Zweig dieser Thätigkeit ist die Kreuzpredigt gegen die Türken;[4]) wir haben es aber hier wesentlich mit der Bußpredigt zu thun.

[1]) Gerade an dem Beispiele des Roberto da Lecce zeigt Fulgosius p. 626, daß nicht der Inhalt, sondern der Vortrag der Rede die Wirkung erzeuge.

[2]) Franco Sacchetti, Nov. 73. Verfehlte Bußprediger sind bei allen Novellisten ein häufiges Thema.

[3]) Vgl. die Posse im Decamerone VI, Nov. 10. Bruder Cipolla verspricht einigen Dorfleuten eine Feder vom Engel Gabriel zu zeigen und redet ihnen, da er statt der Federn nur Kohlen in seinem Kästchen findet, ein, das seien die Kohlen, auf denen der h. Lorenz gebraten worden.

[4]) Vgl. Malipiero. Ann. venet., Arch. stor. VII, I, p. 18. — Chron. venetum, bei Murat. XXIV, Col. 114. — Storia bresciana, bei Murat. XXI. Col. 898.

Die Reihenfolge der Predigten, wenn eine solche methodisch beobachtet wurde, scheint sich einfach an die kirchliche Aufzählung der Todsünden angeschlossen zu haben; je dringender aber der Moment ist, um so eher geht der Prediger unmittelbar auf das Hauptziel los. Er beginnt vielleicht in einer jener gewaltig großen Ordenskirchen oder im Dom; binnen Kurzem ist die größte Piazza zu klein für das von allen Gegenden herbeiströmende Volk, und das Kommen und Gehen ist für ihn selbst mit Lebensgefahr verbunden.[1]) In der Regel schließt die Predigt mit einer ungeheuren Procession, allein die ersten Stadtbeamten, welche ihn in die Mitte nehmen, können ihn auch da kaum vor den Frauen sichern, welche ihm Hände und Füße küssen und Stücke von seiner Kutte schneiden wollen.[2])

Die nächsten Erfolge, welche sich am leichtesten ergeben, nachdem gegen Wucher, Vorkauf und unehrbare Moden gepredigt worden, sind das Eröffnen der Gefängnisse, d. h. wohl nur die Freilassung ärmerer Schuldgefangener und das Verbrennen von Luxussachen und Werkzeugen gefährlichen sowohl als unschuldigen Zeitvertreibes: als da sind Würfel, Karten, Spiele aller Art, „Maskengesichter", Musikinstrumente, Gesangbücher, geschriebene Zauberformeln,[3]) falsche Haartouren &c. Dies Alles wurde auf einem Gerüste (talamo) ohne Zweifel zierlich gruppirt, oben drauf etwa noch eine Teufelsfigur befestigt und dann Feuer angelegt (vgl. S. 89).

[1]) Stor. Bresciana bei Murat. XXI, Col. 865 fg.: am ersten Tage hatten sich 10000 Menschen eingefunden, 2000 Fremde waren von allen Seiten herbeigeströmt; die Zahl der letzten Tage hat der Chronist nicht ausgefüllt. (Vgl. oben S. 189, A. 2.)

[2]) Allegretto, Diari sanesi, bei Murat. XXIII, Col. 819 fg. 13. bis 18. Juli 1446; der Prediger ist Pietro dell' Osservanza di S. Francesco.

[3]) Infessura ed. Tommasini p. 25 z. J. 1424 sagt: canti, brevi, sorti. Ersteres könnte auf Liederbücher gehen, dergleichen wenigstens Savonarola wirklich verbrannt hat. Allein Graziani (Cron. di Perugia, Arch. stor. XVI, I, p. 314, vgl. das. die Anm. des Herausgebers) sagt bei einem ähnlichen Anlaß, brieve incante, was ohne Zweifel brieve e incanti zu lesen ist, und eine ähnliche Emendation ist vielleicht auch bei Infessura rathsam, dessen sorti ohnehin irgend eine Sache des Aberglaubens bezeichnen, etwa ein wahrsagendes Kartenspiel. — Zur Zeit des Bücherdruckes sammelte man auch z. B. alle Exemplare des Martial für den Scheiterhaufen ein. Bandello III, No. 10.

Nun kommen die härteren Gemüther an die Reihe; wer längst nicht mehr gebeichtet hat, beichtet nunmehr; ungerecht vorenthaltenes Gut wird zurückgegeben, unheilschwangere Schmähreden werden zurückgenommen. Redner wie Bernardino da Siena[1]) gingen sehr emsig und genau auf den täglichen Verkehr der Menschen und dessen Sittengesetz ein. Wenige unserer heutigen Theologen möchten wohl eine Morgenpredigt zu halten versucht sein „über Contracte, Restitutionen, Staatsrenten (monte) und Ausstattung von Töchtern“, wie er einst im Dom von Florenz eine hielt. Unvorsichtigere Prediger begingen dabei leicht den Fehler, so stark gegen einzelne Menschenclassen, Gewerbe, Beamtungen loszuziehen, daß sich das aufgeregte Gemüth der Zuhörer sofort durch Thätlichkeiten gegen diese entlud[2]). Auch eine Predigt des Bernardino da Siena, die er einmal in Rom (1424) hielt, hatte außer dem Brand von Putz- und Zaubersachen auf dem Capitol noch eine andere Folge: „Hernach, heißt es[3]), wurde auch die Hexe Finicella verbrannt, weil sie mit teuflischen Mitteln viele Kinder tödtete und viele Personen verhexte, und ganz Rom ging hin, es zu sehen.“

Das wichtigste Ziel der Predigt aber ist, wie oben bemerkt, die Versöhnung von Streit und Verzichtung auf Rache. Sie wird wohl in der Regel erst gegen Ende des Predigtcurses erfolgt sein, wenn der Strom allgemeiner Bußfertigkeit allmählich die ganze

[1]) S. dessen merkwürdige Biographie bei Vespasiano Fiorent. I, 190 ff., bes. 193 und die bei Aen. Sylvius, de viris illustr., p. 24—27. U. A. heißt es da: Is quoque in tabella pictum nomen Jesus deferebat, hominibusque adorandum ostendebat multumque suadebat ante ostia domorum hoc nomen depingi. Damit wurde dann eine Art modernen Götzendienstes getrieben.

[2]) Allegretto, l. c., Col. 823; ein Prediger hetzt das Volk gegen die Richter (wenn nicht statt giudici etwa giudei zu lesen ist), worauf dieselben bald in ihren Häusern wären verbrannt worden. Freilich bedroht die starke Gegenpartei das Leben des Predigers. Vielleicht dasselbe Ereigniß, 1487, wie bei Landucci 53 fg.; dort heißt es aber ausdrücklich: giudei und daß der Prediger verjagt wurde.

[3]) Infessura, l. c. Im Todestage der Hexe, 8. Juli, scheint ein Schreibfehler zu liegen. — Wie derselbe Heilige vor Arrezzo ein verrufenes Wäldchen umhauen ließ, erzählt Vasari III, 148; v. di Parri Spinelli. Oft mag sich der erste Bußeifer an Lokalen, Symbolen und Werkzeugen so ziemlich erschöpft haben.

Stadt ergriff, wenn die Luft erbebte[1]) von dem Geschrei des ganzen Volkes: misericordia! — Da kam es zu jenen feierlichen Friedensschlüssen und Umarmungen, auch wenn schon Wechselmord zwischen den streitenden Parteien lag. Man ließ wohl die bereits Verbannten zu so heiligem Vorhaben absichtlich in die Stadt kommen. Es scheint, daß solche „paci" im Ganzen beobachtet worden sind, auch wenn die gehobene Stimmung vorüber war, und dann blieb das Andenken des Mönches im Segen auf viele Geschlechter hinaus. Aber es gab wilde, furchtbare Crisen wie die der Familie Ranieri (1445) in dem von Bußpredigern auffallend oft besuchten Perugia, wobei Jacopo della Marca[2]), oder die der Familien della Valle und Croce zu Rom (1482), wobei selbst der große Roberto da Lecce seine Stimme umsonst erhob[3]). Kurz vor der Charwoche hatte er noch auf dem Platz vor der Minerva zahllosem Volk gepredigt; da erfolgte in der Nacht vor dem grünen Donnerstag die schreckliche Straßenschlacht vor Palazzo della Valle beim Ghetto; am Morgen gab Papst Sixtus den Befehl zu dessen Schleifung und hielt dann die gewohnten Ceremonien dieses Tages ab; am Charfreitag predigte Roberto wieder, in den Händen ein Crucifix; er und seine Zuhörer konnten aber nichts als weinen.

Gewaltsame, mit sich zerfallene Gemüther faßten häufig unter dem Eindruck der Bußpredigten den Entschluß ins Kloster zu treten. Es waren darunter Räuber und Verbrecher aller Art, auch wohl brodlose Soldaten[4]). Dabei wirkt die Bewunderung mit, welche dem heiligen Mönche sich wenigstens in der äußern Lebensstellung nach Kräften zu nähern sucht.

[1]) Pareva che l'aria si fendesse, heißt es irgendwo.

[2]) Graziani, l. c. pag. 565 fg. — Ferner pag. 597, 626, 631, 637, 647.

[3]) Jac. Volaterran. bei Murat. XXIII, Col. 166 fg. Es wird nicht ausdrücklich gesagt, daß er sich mit dieser Fehde abgab (sermo, heißt es, de eleemosyna fuit), allein wir dürfen nicht daran zweifeln.

[4]) Capistrano kleidete nach einer Predigt fünfzig Soldaten ein: Stor. bresciana, l. c. — Graziani, l. c. pag. 565 fg. Das. 598 fg. für Roberto da Lecce (oben S. 131). Doch bemerkt der Chronist, daß von den 6 Eingekleideten einer wieder aussprang, sich verheirathete e fu magiore ribaldo, che non era prima. — Aen. Sylvius (de viris illustr. Stuttg. 1842 p. 25) war in seiner Jugend einmal nach einer Predigt S. Bernardinos nahe daran, in dessen Orden zu treten.

Die Schlußpredigt ist dann ein lauterer Segensspruch, der sich in den Worten zusammenfaßt: la pace sia con voi! Große Schaaren begleiten den Prediger nach der nächsten Stadt und hören daselbst seinen ganzen Kreis von Reden noch einmal an.

Bei der ungeheuren Macht, welche diese heiligen Männer ausübten, war es dem Clerus und den Regierungen erwünscht, sie wenigstens nicht zu Gegnern zu haben. Ein Mittel hierzu war, daß man darauf hielt, nur Mönche oder Geistliche, welche wenigstens die minderen Weihen hatten, in solcher Qualität auftreten zu lassen, so daß der Orden oder die betreffende Corporation einigermaßen für sie haftbar war. Aber eine scharfe Grenze ließ sich auch hier nicht festhalten, da die Kirche und also auch die Kanzel längst für allerlei Zwecke der Oeffentlichkeit, gerichtliche Acte, Publicationen, Vorlesungen 2c. in Anspruch genommen war, und da selbst bei eigentlichen Predigten bisweilen dem Humanisten und Laien das Wort gelassen wurde (Bd. I, S. 258 ff.). Nun gab es ohnehin eine zwitterhafte Menschenclasse[1]), welche weder Mönche noch Geistliche waren und doch der Welt entsagt hatten, nämlich die in Italien sehr zahlreichen Einsiedler, und solche erschienen bisweilen ohne allen Auftrag und rissen die Bevölkerung hin. Ein Fall dieser Art ereignete sich zu Mailand nach der zweiten französischen Eroberung (1516), freilich in einer Zeit großer öffentlicher Unordnung: ein toscanischer Einsiedler, Hieronymus aus Siena, vielleicht von der Partei Savonarolas, behauptete mehrere Monate lang die Kanzel des Domes, polemisirte auf das Heftigste gegen die Hierarchie, stiftete einen neuen Leuchter und einen Altar im Dom, that Wunder und räumte nur nach kräftigen Kämpfen das Feld[2]). In jenen für das Schicksal Italiens entscheidenden Decennien erwacht überall die Weissagung, und diese läßt sich, wo sie vorkommt, nirgends auf einen bestimmten Stand einschränken. Man weiß z. B., wie vor der Verwüstung Roms die Einsiedler mit einem wahren Trotze der Prophetie auftraten (Bd. I, S. 133). In Ermanglung eigener Beredsamkeit

[1]) Vgl. Excurs CI.

[2]) Prato, Arch. stor. III, p. 357 fg. Burigozzo, ibid. p. 431 fg.

schicken solche Leute auch wohl Boten mit Symbolen, wie z. B. der Ascet Filippo de' Mancini bei Siena, der (1496) ein „Eremitlein", (romitello) d. h. einen Schüler in die geängstigte Stadt sandte mit einem Todtenkopfe auf einem Stecken, woran ein Zettel mit einem drohenden Bibelspruch hing[1]).

Aber auch die Mönche selber schonten oft Fürsten, Behörden, Clerus und ihren eigenen Stand durchaus nicht. Zwar eine directe Predigt zum Sturz eines Tyrannenhauses, wie die des Fra Jacopo Bussolaro gegen die zu Pavia herrschenden Beccaria (1357) gewesen war, die wirklich in Folge der Predigt verjagt worden waren und einem republikanischen Regiment unter Leitung des Predigers hatten Platz machen müssen[2]), trifft man in den folgenden Zeiten nicht mehr an, wohl aber muthigen Tadel, selbst gegen den Papst in dessen eigener Capelle (Bd. I, S. 260, A. 3). Im Gegensatze dazu stellte auch das regierende Haus in bedrängten Zeiten bisweilen Mönche an, um das Volk für Loyalität zu begeistern. So die Este von Ferrara, die im Kriege mit Venedig (1481) ihre Unterthanen durch einen Prediger aus Bologna an die Wohlthaten des Herrscherhauses erinnern und an das schlimme Geschick mahnen ließen, das ihnen seitens der siegreichen Venetianer drohte[3]). Andererseits werden wiederum naive politische Rathschläge in Gegenwart von Fürsten gegeben, die dessen nicht zu bedürfen glaubten. Auf dem Castellplatz zu Mailand durfte 1494 ein blinder Prediger aus der Incoronata (also ein Augustiner) dem Lodovico Moro von der Kanzel zurufen: „Herr, zeige den Franzosen den Weg nicht, denn Du wirst es bereuen!"[4]) Es gab weissagende Mönche, welche vielleicht nicht direkt politisirten, aber so schreckliche Bilder der Zukunft entwarfen, daß den Zuhörern die Besinnung verging. Ein ganzer Verein von

[1]) Allegretto, bei Murat. XXIII, Col. 856 fg. Der Spruch lautet: Ecce venio cito et velociter. Estote parati.

[2]) Matteo Villani VIII, cap. 2 ff. Vgl. Petrarca Epp. fam. XIX, 18 und A. Hortis: Scritti inediti di F. P. p. 174—181.

[3]) Vgl. Sanudo bei Murat. XXII, Col. 1218.

[4]) Prato, Arch. stor. III, p. 251. — Spätere fanatisch antifranzösische Prediger, nach der Vertreibung der Franzosen erwähnt Burigozzo. ibid., pag. 443, 449, 485; ad. a. 1523 1526, 1529.

solchen, zwölf Franciscaner-Conventualen, durchzog bald nach der Wahl Leos X. (1513) die verschiedenen Landschaften Italiens, wie sie dieselben unter sich vertheilt hatten: Derjenige von ihnen, welcher in Florenz predigte[1]), Fra Francesco di Montepulciano, erregte ein steigendes Entsetzen unter dem ganzen Volke, indem seine Aeußerungen, gewiß eher verstärkt als gemildert, auch zu denjenigen gelangten, welche vor Gedränge nicht selber in seine Nähe kommen konnten. Nach einer solchen Predigt starb er plötzlich „an einem Brustwehe"; Alles kam, der Leiche die Füße zu küssen, weshalb man sie Nachts in aller Stille begrub. Aber den neu entzündeten Geist der Weissagung, der nun selbst Weiber und Bauern ergriff, konnte man nur mit Mühe dämpfen. „Um die Leute wieder einigermaßen heiter zu stimmen, veranstalteten hierauf die Medici, Giuliano (Bruder Leos) und Lorenzo, auf St. Johannistag 1514 jene prächtigen Feste, Jagden, Aufzüge und Turniere, wozu sich von Rom her außer einigen großen Herren auch sechs Cardinäle, diese allerdings verkleidet, einfanden".

Der größte Bußprediger und Prophet aber war in Florenz schon 1498 verbrannt worden: Fra Girolamo Savonarola von Ferrara[2]). Hier müssen uns einige Winke über ihn genügen.

Das gewaltige Werkzeug, durch welches er Florenz umgestaltet und beherrscht (1494—1498), ist seine Rede, wovon die erhaltenen, meist an Ort und Stelle ungenügend nachgeschriebenen Predigten offenbar nur einen beschränkten Begriff geben. Nicht als ob die äußeren Mittel seines Auftretens sehr groß gewesen wären, denn Stimme, Aussprache, rhetorische Redaction u. dgl. bildeten vielmehr

[1]) Jac. Pitti, Storia fior. L. II. p. 112.

[2]) P. Villari, La storia di Girol. Savonarola, (2 vol. 8. Firenze, Lemonnier). Auch deutsch übersetzt von Mor. Berduschek, 2 Bände, Leipzig 1868. Die von Villari vertretene Auffassung weicht von der hier gegebenen mannigfach ab. Vgl. nun auch Ranke: Savonarola und die florentinische Republik gegen Ende des 15. Jahrh., in: Historisch-biographische Studien, Leipzig 1878, S. 181 bis 358. Ueber Gennaz. Vill. I, 57 fg. II, 343 fg. u. sonst; Reumont, Lorenzo II, 522—526, 533 fg. mit handschriftlichen Briefen. Sehr ausführlich auch hier Pastor, der bei der 4. Säkularfeier S.'s eine kleine Schrift, als Antwort auf einen heftigen Angriff schrieb.

eher die schwache Seite, und wer einen Stil- und Kunstprediger verlangte, ging zu seinem Rivalen Fra Mariano da Genazzano — aber in Savonarolas Rede lag jene hohe persönliche Gewalt, welche wohl von da bis auf Luther nicht wieder vorgekommen ist. Er selber hielt es für Erleuchtung und taxirte deshalb ohne Unbescheidenheit das Predigtamt sehr hoch: über dem Prediger folge in der großen Hierarchie der Geister unmittelbar der unterste der Engel.

Diese völlig zu Feuer und Flammen gewordene Persönlichkeit vollbrachte zunächst noch ein anderes, größeres Wunder; das eigene Kloster S. Marco Dominicaner-Ordens und dann alle Dominicanerklöster Toscanas werden desselben Sinnes und unternehmen eine freiwillige große Reform. Wenn man weiß, was die Klöster damals waren und wie unendlich schwer die geringste Veränderung bei Mönchen durchzusetzen ist, so wird man doppelt erstaunen über eine völlige Sinnesänderung wie diese. Als die Sache im Gange war, befestigte sie sich dadurch, daß gleichgesinnte jetzt in bedeutender Zahl Dominicaner wurden. Söhne aus den ersten Häusern traten in S. Marco als Novizen ein.

Diese Reform des Ordens für ein bestimmtes Land war nun der erste Schritt zu einer Nationalkirche, zu welcher es bei längerer Dauer dieses Wesens unfehlbar hätte kommen müssen. Savonarola selber wollte freilich eine Reform der ganzen Kirche und schickte deshalb noch gegen Ende seiner Wirksamkeit an alle großen Potentaten dringende Mahnungen, sie möchten ein Concil versammeln. Allein sein Orden und seine Partei waren bereits für Toscana das allein mögliche Organ seines Geistes, das Salz der Erde geworden, während die Nachbargegenden im alten Zustande verharrten. Mehr und mehr baut sich aus Entsagung und Phantasie ein Zustand auf, der Florenz zu einem Reiche Gottes auf Erden machen will.

Die Weissagungen, deren theilweises Eintreffen dem Savonarola ein übermenschliches Ansehen verlieh, sind derjenige Punkt, auf welchem die allmächtige italienische Phantasie auch das bestverwahrte, liebevollste Gemüth bemeisterte. Anfangs meinten die Franziscaner von der Observanz, im Widerschein des Ruhmes, welchen ihnen S. Bernardino da Siena vermacht hatte, sie könnten den großen Dominicaner durch Concurrenz bändigen. Sie verschafften einem der Ihrigen die Domkanzel und ließen die Unglücksprophezeiungen Savonarolas durch noch schlimmere überbieten, bis Pietro de' Medici, der damals noch über Florenz herrschte, einstweilen Beiden Ruhe gebot. Bald darauf, als Karl VIII. nach Italien kam und die Medici vertrieben wurden, wie Savonarola mit klaren Worten geweissagt hatte, glaubte man nur noch ihm.

Und hier muß nun zugestanden werden, daß er gegen seine eigenen Ahnungen und Visionen keine Kritik übte und gegen diejenigen Anderer eine ziemlich strenge. In der Leichenrede auf Pico della Mirandola geht er mit dem verstorbenen Freunde etwas unbarmherzig um. Weil Pico trotz einer innern Stimme, die von Gott kam, doch nicht in den Orden treten wollte, habe er selber Gott gebeten, Jenen etwas zu züchtigen; seinen Tod aber habe er wahrlich nicht gewünscht; nun sei durch Almosen und Gebet so viel erwirkt, daß die Seele sich einstweilen im Fegefeuer befinde. In Betreff einer tröstlichen Vision, die Pico auf dem Krankenbette gehabt, wobei ihm die Madonna erschien und versprach, er solle nicht sterben, gesteht Savonarola, er habe es lange für eine dämonische Täuschung gehalten, bis ihm offenbart worden sei, die Madonna habe den zweiten Tod, nämlich den ewigen gemeint[1]). — Wenn dies und Aehnliches Ueberhebung war, so hat dieses große Gemüth wenigstens dafür gebüßt, so bitter es dafür büßen konnte; in seinen letzten Tagen scheint Savonarola die Nichtigkeit seiner Gesichte und Weissagungen erkannt zu haben, und doch blieb ihm innerer Friede genug übrig, um in heiliger Stimmung zum Tode zu gehen. Seine Anhänger aber hielten außer seiner Lehre auch seine Prophezeiungen noch drei Jahrzehnte hindurch fest.

Als Reorganisator des Staates hatte er nur gearbeitet, weil sonst statt seiner feindselige Kräfte sich der Sache bemächtigt haben würden. Es ist unbillig, ihn nach der halbdemocratischen Verfassung (Bd. I, Seite 87, Anm. 1) vom Anfang des Jahres 1495 zu beurtheilen. Sie ist nicht besser und nicht schlechter, als andere florentinische Verfassungen auch. Savonarola wäre vielleicht der Einzige

[1]) Predigten über Haggai, Schluß der 6. Predigt.

gewesen, der den Unterthanenstädten die Freiheit wiedergeben und dennoch den Zusammenhalt des toscanischen Staates irgendwie retten konnte. Daran aber kam ihm der Gedanke nicht. Und Pisa haßte er wie ein Florentiner.

Er war für Verfassungen, Staatseinrichtungen im Grunde der ungeeignetste Mensch, den man finden konnte. Sein wirkliches Ideal war eine Theocratie, bei welcher sich alles in seliger Demuth vor dem Unsichtbaren beugt und alle Conflicte der Leidenschaft von vornherein abgeschnitten sind. Sein ganzer Sinn liegt in jener Inschrift des Signorenpalastes, deren Inhalt schon Ende 1495 sein Wahlspruch war,[1]) und die 1527 von seinen Anhängern erneuert wurde: Christo regi suo domino dominantium liberatori, deo summo opt. max. Mariaeque virgini Reginae dicavit S. P. Q. F. Zum Erdenleben und seinen Bedingungen hatte er so wenig ein Verhältniß, als irgend ein echter und strenger Mönch. Der Mensch soll sich nach seiner Ansicht nur mit dem abgeben, was mit dem Seelenheil in unmittelbarer Verbindung steht.

Wie deutlich verräth sich dies bei seinen Ansichten über die antike Literatur. „Das einzige Gute, predigt er, was Plato und Aristoteles geleistet haben, ist, daß sie viele Argumente vorbrachten, welche man gegen die Ketzer gebrauchen kann. Sie und andere Philosophen sitzen doch in der Hölle. Ein altes Weib weiß mehr vom Glauben als Plato. Es wäre gut für den Glauben, wenn viele sonst nützlich scheinende Bücher vernichtet würden. Als es noch nicht so viele Bücher und nicht so viele Vernunftgründe (ragioni naturali) und Dispute gab, wuchs der Glaube rascher als er seither gewachsen ist." Die classische Lectüre der Schulen will er auf Homer, Vergil und Cicero beschränkt und den Rest aus Hieronymus und Augustin ergänzt wissen; dagegen sollen nicht nur Catull und Ovid, sondern auch Tibull und Terenz verbannt bleiben. Hier spricht einstweilen wohl nur eine ängstliche Moralität, allein er gibt in einer besondern Schrift die Schädlichkeit der Wissen

[1]) Ein merkwürdiger Contrast zu den Sienesen, welche 1483 ihre entzweite Stadt feierlich der Madonna geschenkt hatten. Allegretto, bei Murat. XXIII, Col. 815 fg.

schaft im Allgemeinen zu. Eigentlich sollten, meint er, einige wenige Leute dieselbe erlernen, damit die Tradition der menschlichen Kenntnisse nicht unterginge, besonders aber, damit immer einige Athleten zur Bekämpfung ketzerischer Sophismen vorräthig wären; alle Uebrigen dürften nicht über Grammatik, gute Sitten und Religionsunterricht (sacræ literæ) hinaus. So würde natürlich die ganze Bildung wieder an Mönche zurückfallen, und da zugleich die „Wissendsten und Heiligsten" auch Staaten und Reiche regieren sollten, so wären auch dieses wiederum Mönche. Wir wollen nicht einmal fragen, ob der Autor so weit hinaus gedacht hat.

Kindlicher kann man nicht raisonniren. Die einfache Erwägung, daß das wiederentdeckte Alterthum und die riesige Ausweitung des ganzen Gesichtskreises und Denkkreises eine je nach Umständen ruhmvolle Feuerprobe für die Religion sein möchten, kommt dem guten Menschen nicht in den Sinn. Er möchte gern verbieten, was sonst nicht zu beseitigen ist. Ueberhaupt war er nichts weniger als liberal; gegen gottlose Astrologen z. B. hält er denselben Scheiterhaufen in Bereitschaft, auf welchem er hernach selbst gestorben ist.[1])

Wie gewaltig muß die Seele gewesen sein, die bei diesem engen Geiste wohnte! Welch ein Feuer bedurfte es, um den Bildungsenthusiasmus der Florentiner vor dieser Anschauung sich beugen zu lehren!

Was sie ihm noch von Kunst und von Weltlichkeit Preis zu geben bereit waren, das zeigen jene berühmten Opferbrände, neben welchen gewiß alle talami des Bernardino da Siena und Anderer nur wenig besagen wollten.

Es ging dabei nicht ab ohne einige tyrannische Polizei von Seiten Savonarolas. Ueberhaupt sind seine Eingriffe in die hochgeschätzte Freiheit des italienischen Privatlebens nicht gering, wie er denn z. B. Spionage der Dienerschaft gegen den Hausherrn verlangte, um seine Sittenreform durchführen zu können. Was später in Genf dem eisernen Calvin, bei dauerndem Belagerungszustande von außen, doch nur mühsam gelang, eine Umgestaltung des öffent-

[1]) Von den impii astrologi sagt er: non è da disputar (con loro) altrimenti che col fuoco.

lichen und Privatlebens, das mußte in Florenz vollends nur ein Versuch bleiben und als solcher die Gegner auf das Aeußerste erbittern. Dahin gehört vor Allem die von Savonarola organisirte Schaar von Knaben, welche in die Häuser drangen und die für den Scheiterhaufen geeigneten Gegenstände mit Gewalt verlangten; sie wurden hier und da mit Schlägen abgewiesen, da gab man ihnen, um die Fiction einer heranwachsenden heiligen Bürgerschaft dennoch zu behaupten, Erwachsene als Beschützer mit.

Und so konnten am letzten Carnevalstage des Jahres 1497 und an demselben Tage des folgenden Jahres die großen Autodafés auf dem Signorenplatz stattfinden.[1]) Da ragte eine Stufenpyramide, ähnlich dem rogus, auf welchem römische Imperatorenleichen verbrannt zu werden pflegten. Unten zunächst der Basis waren Larven, falsche Bärte, Maskenkleider u. dgl. gruppirt; drüber folgten die Bücher der lateinischen und italienischen Dichter, unter anderen der Morgante des Pulci, der Boccaccio, der Petrarca, zum Theil kostbare Pergamentdrucke und Manuscripte mit Miniaturen; dann Zierden und Toilettengeräthe der Frauen, Parfüms, Spiegel, Schleier, Haartouren; weiter oben Lauten, Harfen, Schachbretter, Trictracs, Spielkarten; endlich enthielten die beiden obersten Absätze lauter Gemälde, besonders von weiblichen Schönheiten, theils unter den klassischen Namen der Lucretia, Cleopatra, Faustina, theils unmittelbare Porträts, wie die der schönen Bencina, Lena Morella, Bina und Maria de Lenzi; sämmtliche Gemälde des Bartolomeo della Porte, der sie freiwillig darbrachte, und, wie es scheint, auch einige Frauenköpfe, Meisterwerke von Bildhauern des Alterthums. Das erstemal

[1]) Eine von einem Zeitgenossen und Anhänger des Reformators, dem als geistlichen Dichter bekannten Girolamo Benivieni, herrührende Schilderung des Vorgangs (wieder abgedruckt in Canzona d'un piagnone del bruciamento delle vanità nel carnevale del 1498, Florenz 1864) gibt Auskunft darüber, wie es mit dem „bruciamento delle vanità" aussah. Danach scheint es doch, wenn nicht dieser Bericht eines Anhängers mit Vorsicht aufzunehmen ist, daß wirklich namhafte Kunstwerke damals nicht untergingen, daß also der Mangel an mythologischen Bildern, den man mit dieser Verbrennung in Verbindung brachte, auf andere Gründe zurückzuführen ist. — Eine sog. Verbrennung der Eitelkeiten veranstaltete auch San Bernardino da Massa, Vesp. Fior. I, 193.

bot ein anwesender venezianischer Kaufmann der Signorie 22,000 Goldthaler für den Inhalt der Pyramide; die einzige Antwort war, daß man ihn ebenfalls porträtiren und das Bild zu den übrigen hinauf stellen ließ. Beim Anzünden trat die Signorie auf den Balcon; Gesang, Trompetenschall und Glockengeläute erfüllte die Lüfte. Nachher zog man auf den Platz vor S. Marco, wo die ganze Partei eine dreifache concentrische Runde tanzte: zu innerst die Mönche dieses Klosters abwechselnd mit Engelknaben, dann junge Geistliche und Laien, zu äußerst endlich Greise, Bürger und Priester, diese mit Olivenzweigen bekränzt.

Der ganze Spott der siegreichen Gegenpartei, die doch wahrlich einigen Anlaß und überdies das Talent dazu hatte, genügte später doch nicht, um das Andenken Savonarolas herabzusetzen. Je trauriger die Schicksale Italiens sich entwickelten, desto heller verklärte sich im Gedächtniß der Ueberlebenden die Gestalt des großen Mönches und Propheten. Seine Weissagungen mochten im Einzelnen unbewährt geblieben sein — das große allgemeine Unheil, das er verkündet hatte, war nur zu schrecklich in Erfüllung gegangen.

So groß aber die Wirkung der Bußprediger war, und so deutlich Savonarola dem Mönchsstande als solchem das rettende Predigtamt vindicirte,[1]) so wenig entging dieser Stand doch dem allgemeinen verwerfenden Urtheil. Italien gab zu verstehen, daß es sich nur für die Individuen begeistern könne.

Wenn man nun die Stärke des alten Glaubens, abgesehen von Priesterwesen und Mönchthum, verificiren soll, so kann dieselbe bald sehr gering, bald sehr bedeutend erscheinen, je nachdem man sie von einer bestimmten Seite, in einem bestimmten Lichte anschaut. Von der Unentbehrlichkeit der Sacramente und Segnungen ist schon die Rede gewesen (Bd. I, S. 110, Bd. II, S. 197); überblicken wir einstweilen die Stellung des Glaubens und des Cultus im täglichen

[1]) S. die Stelle aus der 14ten Predigt über Ezechiel, bei Perrens, Jérome Savonarole, vol. I, pag. 30, Anm.

Leben. Hier ist die Masse und ihre Gewöhnung und die Rücksicht der Mächtigen auf Beides von bestimmendem Gewicht.

Alles, was zur Buße und zur Erwerbung der Seligkeit mittels guter Werke gehört, war bei den Bauern und bei den unteren Classen überhaupt wohl in derselben Ausbildung und Ausartung vorhanden, wie im Norden, und auch die Gebildeten wurden davon stellenweise ergriffen und bestimmt. Diejenigen Seiten des populären Katholicismus, wo er sich dem antiken, heidnischen Anrufen, Beschenken und Versöhnen der Götter anschließt, haben sich im Bewußtsein des Volkes auf das Hartnäckigste festgesetzt. Die schon bei einem andern Anlaß citirte achte Ecloge des Battista Mantovano [1]) enthält unter anderen das Gebet eines Bauern an die Madonna, worin dieselbe als specielle Schutzgöttin für alle einzelnen Interessen des Landlebens angerufen wird. Welche Begriffe machte sich das Volk von dem Werthe bestimmter Madonnen als Nothhelferinnen, was dachte sich jene Florentinerin,[2]) die ein Fäßchen von Wachs als ex voto nach der Annunziata stiftete, weil ihr Geliebter, ein Mönch, allmählich ein Fäßchen Wein bei ihr austrank, ohne daß der abwesende Gemahl es bemerkte. Ebenso regierte damals ein Patronat einzelner Heiligen für bestimmte Lebenssphären, gerade wie jetzt noch. Es ist schon öfter versucht worden, eine Anzahl von allgemeinen ritualen Gebräuchen der katholischen Kirche auf heidnische Ceremonien zurückzuführen, und daß außerdem eine Menge örtlicher und volksthümlicher Bräuche, die sich an Kirchenfeste geknüpft haben, unbewußte Reste der verschiedenen alten Heidenthümer Europas sind, gibt Jedermann zu. In Italien aber kam auf dem Lande noch dies und jenes vor, worin sich ein bewußter Rest heidnischen Glaubens gar nicht verkennen ließ. So das Hinstellen von Speise für die Todten, vier Tage vor Petri Stuhlfeier, also noch am Tage der alten Feralien, 18. Februar.[3]) Manches Andere dieser Art mag damals noch in Uebung gewesen und erst seither ausgerottet worden sein. Vielleicht ist es nur scheinbar parador, zu sagen,

[1]) Mit dem Titel: De rusticorum religione. Vgl. ob. Excurs LXXV.

[2]) Franco Sacchetti. Nov. 109, wo noch Anderes der Art.

[3]) Vgl. Excurs CII.

daß der populäre Glaube in Italien ganz besonders fest gegründet war, so weit er Heidenthum war.

Wie weit nun die Herrschaft dieser Art von Glauben sich auch in die oberen Stände erstreckte, ließe sich wohl bis zu einem gewissen Punkte näher nachweisen. Derselbe hatte, wie bereits bei Anlaß des Verhältnisses zum Clerus bemerkt wurde, die Macht der Gewöhnung und der frühen Eindrücke für sich; auch die Liebe zum kirchlichen Festpomp wirkte mit, und hier und da kam eine jener großen Bußepidemien hinzu, welchen auch Spötter und Läugner schwer widerstehen konnten.

Es ist aber bedenklich, in diesen Fragen rasch auf durchgehende Resultate hinzusteuern. Man sollte z. B. meinen, daß das Verhalten der Gebildeten zu den Reliquien von Heiligen einen Schlüssel gewähren müsse, der uns wenigstens einige Fächer ihres religiösen Bewußtseins öffnen könnte. In der That lassen sich Gradunterschiede nachweisen, doch lange nicht so deutlich, wie es zu wünschen wäre. Zunächst scheint die Regierung von Venedig im 15. Jahrhundert durchaus diejenige Andacht zu den Ueberresten heiliger Leiber getheilt zu haben, welche damals durch das ganze Abendland herrschte (Bd. I, S. 77). Auch Fremde, welche in Venedig lebten, thaten wohl, sich dieser Befangenheit zu fügen[1]). Wenn wir das gelehrte Padua nach seinem Topographen Michele Savonarola (Bd. I, S. 157) beurtheilen dürften, so wäre es hier nicht anders gewesen, als in Venedig. Mit einem Hochgefühl, in welches sich frommes Grausen mischt, erzählt uns Michele, wie man bei großen Gefahren des Nachts durch die ganze Stadt die Heiligen seufzen höre, wie der Leiche einer heiligen Nonne zu S. Chiara beständig Nägel und Haare wachsen, wie sie bei bevorstehendem Unheil Lärm macht, die Arme erhebt, u. dgl.[2]) Bei der Beschreibung der Antoniuscapelle in Santo verliert sich der Autor völlig

[1]) So Sabellico, de situ venetae urbis. Er nennt zwar die Namen der Kirchenheiligen, nach Art mehrerer Philologen, ohne sanctus oder divus, führt aber eine Menge Reliquien an und thut sehr zärtlich damit, rühmt sich auch bei mehreren Stücken, sie geküßt zu haben.

[2]) De laudibus Patavii, bei Murat. XXIV, Col. 1149—1151.

ins Stammeln und Phantasiren. In Mailand zeigte wenigstens das Volk einen großen Reliquienfanatismus, und als einst (1517) die Mönche in S. Simpliciano beim Umbau des Hochaltars sechs heilige Leichen unvorsichtig aufdeckten und mächtige Regenstürme über das Land kamen, suchten die Leute[1]) die Ursache der letzteren in jenem Sacrilegium und prügelten die betreffenden Mönche auf öffentlicher Straße durch, wo sie sie antrafen. In anderen Gegenden Italiens aber, selbst bei den Päpsten, sieht es mit diesen Dingen schon viel zweifelhafter aus, ohne daß man doch einen bündigen Schluß ziehen könnte. Es ist bekannt, unter welchem allgemeinen Aufsehen Pius II. das aus Griechenland zunächst nach S. Maura geflüchtete Haupt des Apostels Andreas erwarb und (1462) feierlich im S. Peter niederlegte; allein aus seiner eigenen Relation geht hervor, daß er dies that aus einer Art von Scham, als schon viele Fürsten sich um die Reliquie bewarben. Jetzt erst fiel es ihm ein, Rom zu einem allgemeinen Zufluchtsort der aus ihren Kirchen vertriebenen Reste der Heiligen zu machen[2]). Unter Sixtus IV. war die Stadtbevölkerung in diesen Dingen eifriger als der Papst, so daß der Magistrat sich (1483) bitter beklagte, als Sixtus dem sterbenden Ludwig XI. Einiges von den lateranensischen Reliquien verabfolgte. Der Papst entschuldigte sich mit Ludwigs großen Verdiensten um den päpstlichen Stuhl und mit dem Beispiele anderer Päpste, z. B. des h. Gregor, die Aehnliches gethan[3]). In Bologna erhob sich um diese Zeit eine muthige Stimme, welche verlangte, man solle dem König von Spanien den Schädel des h. Dominicus verkaufen und aus dem Erlös etwas zum öffentlichen Nutzen Dienendes stiften.[4]) Die wenigste Reliquienandacht zeigen die Florentiner.

[1]) Prato, Arch. stor. III, p. 408 fg. — Er gehört sonst nicht zu den Aufklärern, aber gegen diesen Causalnexus protestirt er denn doch.

[2]) Pii II. Comment. L. VIII, p. 352 fg. Verebatur Pontifex, ne in honore tanti apostoli diminute agere videretur etc.

[3]) Jac. Volaterran bei Murat. XXIII, Col. 187. Ludwig konnte das Geschenk noch anbeten, starb aber dennoch. — Die Katakomben waren damals in Vergessenheit gerathen, doch sagt auch M. Savonarola (Murat. XXIV), Col. 1150 von Rom: velut ager Aceldama Sanctorum habita est.

[4]) Bursellis, Annal. Bonon., bei Murat. XXIII, Col. 905. Es war einer

Zwischen ihrem Beschluß, den Stadtheiligen S. Zanobi durch einen neuen Sarcophag zu ehren, und der definitiven Bestellung bei Ghiberti vergehen 19 Jahre (1409—1428), und auch dann erfolgt der Auftrag nur zufällig, weil der Meister eine kleinere ähnliche Arbeit schön vollendet hatte[1]). Vielleicht war man der Reliquien etwas überdrüssig, seitdem man (1352) durch eine verschlagene Aebtissin im Neapolitanischen mit einem falschen, aus Holz und Gyps nachgemachten Arm der Schutzpatronin des Domes, S. Reparata, war betrogen worden[2]). Oder dürfen wir etwa annehmen, daß der ästhetische Sinn es war, welcher sich hier vorzüglich entschieden von den zerstückelten Leichnamen, den halbvermoderten Gewändern und Geräthen abwandte? oder gar der moderne Ruhmessinn, welcher lieber die Leichen eines Dante und Petrarca in den herrlichsten Gräbern beherbergt hätte als alle zwölf Apostel miteinander? Vielleicht war aber in Italien überhaupt, abgesehen von Venedig und dem ganz exceptionellen Rom, der Reliquiendienst schon seit langer Zeit mehr zurückgetreten[3]) vor dem Madonnendienst, als irgendwo sonst in Europa, und darin läge dann zugleich, wenn auch verhüllt, ein frühes Ueberwiegen des Formsinnes.

Man wird fragen, ob denn im Norden, wo die riesenhaftesten Cathedralen fast alle Unserer Frauen gewidmet sind, wo ein ganzer reicher Zweig der Poesie im Lateinischen wie in den Landessprachen die Mutter Gottes verherrlichte, eine größere Verehrung derselben auch nur möglich gewesen wäre? Allein diesem gegenüber macht sich in Italien eine ungemein viel größere Anzahl von wunder-

der 16 Patricier, Bartol. della Volta, st. 1485 oder 1486.

1) Vasari III, 111 fg. u. Anm. Vita di Ghiberti.

2) Matteo Villani III, 15 u. 16.

3) Man müßte überdies unterscheiden zwischen dem in Italien blühenden Cultus der Leichen historisch noch genau bekannter Heiligen aus den letzten Jahrhunderten und dem im Norden vorherrschenden Zusammensuchen von Körper- und Gewandfragmenten rc. aus der heiligen Urzeit. Letzterer Art, und vorzüglich für Pilger wichtig, war dann auch der große Vorrath der lateranensischen Reliquien. Allein über den Sarcophagen des h. Dominicus und des h. Antonius von Padua und über dem mysteriösen Grabe des h. Franz schimmert außer der Heiligkeit auch schon der historische Ruhm.

thätigen Marienbildern geltend, mit einer unaufhörlichen Intervention in das tägliche Leben. Jede beträchtliche Stadt besitzt ihrer eine ganze Reihe, von den uralten oder für uralt geltenden „Malereien des St. Lucas" bis zu den Arbeiten von Zeitgenossen, welche die Mirakel ihrer Bilder nicht selten noch erleben konnten. Das Kunstwerk ist hier gar nicht so harmlos wie Battista Mantovano[1]) glaubt; es gewinnt je nach Umständen plötzlich eine magische Gewalt. Das populäre Wunderbedürfniß, zumal der Frauen, mag dabei vollständig gestillt worden sein[2]) und schon deshalb der Reliquien wenig mehr geachtet haben. Inwiefern dann noch der Spott der Novellisten gegen falsche Reliquien auch den für echt geltenden Eintrag that[3]), mag auf sich beruhen.

Das Verhältniß der Gebildeten zum Mariendienst zeichnet sich dann schon etwas klarer, als das zum Reliquiendienst. Es darf zunächst auffallen, daß in der Literatur Dante mit seinem Paradies[4]) eigentlich der letzte bedeutende Mariendichter der Italiener geblieben ist, während im Volk die Madonnenlieder bis auf den heutigen Tag neu hervorgebracht werden. Man wird vielleicht Sannazaro, Sabellico[5]) und andere lateinische Dichter namhaft machen wollen,

[1]) Die merkwürdige Aussage, aus seinem späten Werke de sacris diebus (L. I.) bezieht sich freilich auf weltliche und geistliche Kunst zugleich. Bei den Hebräern, meint er, sei mit Recht alles Bildwerk verdammt gewesen, weil sie sonst in den ringsherrschenden Götzen- oder Teufelsdienst wieder zurückgefallen wären:

Nunc autem, postquam penitus natura Satanum
Cognita, et antiqua sine majestate relicta est,
Nulla ferunt nobis statuae discrimina, nullos
Fert pictura dolos; jam sunt innoxia signa;
Sunt modo virtutum testes monimentaque laudum
Marmora, et aeternae decora immortalia famae . . .

[2]) Sobald es zu viel regnete, wurde (Ende des 15. und Anf. des 16. Jh.; Landucci passim) in Florenz das Bild der „Donna di S. Maria Impruneta" herumgetragen, damit der Regen aufhöre. Der Chronist gesteht ehrlich, daß das Mittel nicht viel half.

[3]) So klagt Battista Mantovano (de sacris diebus, L. V.) über gewisse „nebulones", welche an die Echtheit des heiligen Blutes zu Mantua nicht glauben wollten. Auch diejenige Kritik, welche bereits die Schenkung Constantins bestritt, war sicher den Reliquien ungünstig, wenn auch im Stillen.

[4]) Besonders Paradiso XXXIII, 1 das berühmte Gebet des h. Bernhard: vergine madre, figlia del tuo figlio.

[5]) Vielleicht auch Pius II., dessen Elegie auf die h. Jungfrau in den

allein ihre wesentlich literarischen Zwecke benehmen ihnen ein gutes Theil der Beweiskraft. Diejenigen italienisch abgefaßten Gedichte des 15. Jahrhunderts [1]) und des beginnenden 16., aus welchen eine unmittelbare Religiosität zu uns spricht, könnten meist auch von Protestanten geschrieben sein; so die betreffenden Hymnen etc. des Lorenzo magnifico, die Sonette der Vittoria Colonna, des Michelangelo, der Gaspara Stampa, u. s. w. Abgesehen von dem lyrischen Ausdruck des Theismus redet meist das Gefühl der Sünde, das Bewußtsein der Erlösung durch den Tod Christi, die Sehnsucht nach der höhern Welt, wobei die Fürbitte der Mutter Gottes nur ganz ausnahmsweise erwähnt [2]) wird. Es ist dasselbe Phänomen, welches sich in der classischen Bildung der Franzosen, in der Literatur Ludwigs XIV. wiederholt. Erst die Gegenreformation brachte in Italien den Mariendienst wieder in die Kunstdichtung zurück. Freilich hatte inzwischen die bildende Kunst das höchste gethan zur Verherrlichung der Madonna. Der Heiligendienst endlich nahm bei den Gebildeten nicht selten (Bd. I, S. 60, 290 fg.) eine wesentlich heidnische Farbe an. [3])

Wir könnten nun noch verschiedene Seiten des damaligen italienischen Katholicismus auf diese Weise prüfend durchgehen und das vermuthliche Verhältniß der Gebildeten zum Volksglauben bis zu einem gewissen Grade von Wahrscheinlichkeit ermitteln, ohne doch je zu einem durchgreifenden Resultat zu gelangen. Es gibt schwer zu deutende Contraste. Während z. B. an und für Kirchen rastlos gebaut, gemeißelt und gemalt wird, vernehmen wir aus dem An-

opera p. 964 abgedruckt ist, und der sich von Jugend auf unter dem besondern Schutz der Maria glaubte. Jac. Card. Papiens., de morte Pii Opera p. 656.

[1]) Also aus der Zeit, da Sixtus IV. sich für die unbefleckte Empfängniß ereiferte. Extravag. commun. L. III. Tit. XII. Er stiftete auch das Fest der Darstellung Mariä im Tempel, das der heil. Anna und des heil. Joseph. Vgl. Trithem., Ann. Hirsaug. II, p. 519.

[2]) Höchst belehrend sind hierfür die wenigen und kühlen Madonnensonette der Vittoria. (Ausgabe von P. Visconti. Rom 1840, N. 85 u. ff.)

[3]) Vasaris Angabe, Alex. VI. habe durch Pinturichio sein Bild kniend vor der Jungfrau malen lassen, die ihrerseits die Züge der Julia Farenese trug, ist eine Fabel, Pastor III, 498.

fang des 16. Jahrhunderts die bitterste Klage über Erschlaffung im Cultus und Vernachlässigung derselben Kirchen: Templa ruunt, passim sordent altaria, cultus paulatim divinus abit[1])! ... Es ist bekannt, wie Luther in Rom durch das weihelose Benehmen der Priester bei der Messe geärgert wurde. Und daneben waren die kirchlichen Feste mit einer Pracht und einem Geschmack ausgestattet, wovon der Norden keinen Begriff hatte. Man wird annehmen müssen, daß das Phantasievolk im vorzugsweisen Sinne das Alltägliche gern vernachlässigte, um dann von dem Außergewöhnlichen sich hinreißen zu lassen.

Durch die Phantasie erklären sich auch jene Bußepidemien, von welchen hier noch die Rede sein muß. Sie sind wohl zu unterscheiden von den Wirkungen jener großen Bußprediger; was sie hervorruft, sind große allgemeine Calamitäten oder die Furcht vor solchen.

Im Mittelalter kam von Zeit zu Zeit über ganz Europa irgend ein Sturm dieser Art, wobei die Massen sogar in strömende Bewegung geriethen, wie z. B. bei den Kreuzzügen und Geißelfahrten. Italien betheiligte sich bei beiden; die ersten ganz gewaltigen Geißlerschaaren traten hier auf, gleich nach dem Sturze Ezzelinos und seines Hauses, und zwar in der Gegend desselben Perugia,[2]) das wie bereits (S. 194) als eine Hauptstation der späteren Bußprediger kennen lernten. Dann folgten die Flagellanten,[3]) von 1310 und 1334 und dann die große Bußfahrt ohne Geißelung, von welcher Corio[4]) zum Jahre 1399 erzählt. Es ist nicht undenkbar, daß die

[1]) Bapt. Mantuan., de sacris diebus, L. V., und besonders die Rede des jüngern Pico, welche für das lateranensische Concil bestimmt war, vgl. oben Bd. I, S. 132, Anm. 1, bei Roscoe, Leone X, ed. Bossi vol. VIII. p. 115.

[2]) Monach. Paduani chron. L. III, Anfang. (Muratori, vol. XIV.) Es heißt von dieser Buße: invasit primitus Perusinos, Romanos postmodum, deinde fere Italiae populos universos. Dagegen Guil. Ventura (fragmenta de gestis Astensium in Monum. hist. patr. SS. tom. III, Col. 701) nennt die Geißelfahrt admirabilis Lombardorum commotio; Eremiten seien aus ihren Höhlen gekommen und hätten die Städte zur Buße aufgerufen.

[3]) Giov. Villani VIII, 122. XI, 23. Die ersten wurden in Florenz nicht aufgenommen, um so bereitwilliger die späteren.

[4]) Corio, fol. 281. — Vgl. Excurs CIII

Jubiläen zum Theil eingerichtet wurden, um diesen unheimlichen Wandertrieb religiös aufgeregter Massen möglichst zu reguliren und unschädlich zu machen; auch zogen die inzwischen neu berühmt gewordenen Wallfahrtsorte Italiens, wie z. B. Loreto, einen Theil jener Aufregung an sich.[1])

Aber in schrecklichen Augenblicken erwacht hie und da ganz spät die Gluth der mittelalterlichen Buße, und das geängstigte Volk, zumal wenn Prodigien hinzukommen, will mit Geißelungen und lautem Geschrei um Barmherzigkeit mit Fasten, feierlichen Aufzügen und Sittlichkeitsgeboten den Himmel erweichen. So war es bei Pest und Erdbeben des J. 1457 zu Bologna,[2]) so bei den inneren Wirren von 1496 in Siena,[3]) um aus zahllosen Beispielen nur zwei zu wählen. Wahrhaft erschütternd aber ist, was 1529 zu Mailand geschah, als die drei furchtbaren Geschwister Krieg, Hunger und Pest sammt der spanischen Aussaugerei die höchste Verzweiflung über das Land gebracht hatten.[4]) Zufällig war es ein spanischer Mönch, Fra Tommaso Nieto, auf den man jetzt hörte; bei den barfüßigen Processionen von Alt und Jung ließ er das Sacrament auf eine neue Weise mittragen, nämlich befestigt auf einer geschmückten Bahre, welche auf den Schultern von vier Priestern im Linnen-

[1]) Entferntere Wallfahrten werden schon sehr selten. Diejenigen der Fürsten vom Hause Este nach Jerusalem, S. Yago und Vienne sind aufgezählt im Diario Ferrarese bei Murat. XXIV, Col. 182. 187. 190. 279. Die des Rinaldo Albizzi ins heil. Land bei Machiavelli, Stor. fior., L. V. Auch hier ist bisweilen die Ruhmlust das Bestimmende; von Lionardo Frescobaldi, der mit einem Gefährten (gegen 1400) nach dem heil. Grabe pilgern wollte, sagt der Chronist Giov. Cavalcanti (Ist. Fiorentine ed. Polidori, 1838 II, p. 478): Stimarono di eternarsi nella mente degli uomini futuri. — Bezieht sich Pontanos Gedicht: Ad amicos Hierosolymam proficiscentes (Opp. IV, 3446 fg.) auf eine Wallfahrt oder einen Versuch der Eroberung des h. Landes?

[2]) Bursellis, Annal. Bon. bei Murat. XXIII, Col. 890.

[3]) Allegretto bei Murat. XXIII, Col. 855 fg. Das Gerücht hatte sich verbreitet, es habe vor dem Thore Blut geregnet, Alle stürzten heraus tamen gli huomini di giudizio non lo credono.

[4]) Burigozzo, Arch. stor. III, 486. Für das damalige Elend der Lombardei ist Galeazzo Capello (de rebus nuper in Italia gestis) die classische Quelle; Mailand litt im Ganzen kaum weniger als Rom beim Sacco (1527).

gewande ruhte — eine Nachahmung der Bundeslade,[1]) wie sie einst das Volk Israel um die Mauern von Jericho trug. So erinnert das gequälte Volk von Mailand den alten Gott an seinen alten Bund mit den Menschen, und als die Procession wieder in den Dom einzog und es schien, als müsse von dem Jammerruf misericordia! der Riesenbau einstürzen, da mochte wohl Mancher glauben, der Himmel müsse in die Gesetze der Natur und der Geschichte eingreifen durch irgend ein rettendes Wunder.

Es gab aber eine Regierung in Italien, welche sich in solchen Zeiten sogar an die Spitze der allgemeinen Stimmung stellte und die vorhandene Bußfertigkeit polizeilich ordnete: die des Herzogs Ercole I. von Ferrara.[2]) Als Savonarola in Florenz mächtig war, und Weissagungen und Buße in weiten Kreisen, auch über den Apennin hinaus, das Volk zu ergreifen begannen, kam auch über Ferrara großes freiwilliges Fasten bei Wasser und Brot (Anfang 1496); ein Lazarist verkündete nämlich von der Kanzel den baldigen Eintritt der schrecklichsten Kriegs- und Hungersnoth, welche die Welt gesehen; wer jetzt faste, könne diesem Unheil entgehen, so habe es die Madonna frommen heiligen Leuten[3]) verkündigt. Darauf konnte auch der Hof nicht umhin zu fasten, aber er ergriff nun selber die Leitung der Devotion. Am 3. April (Ostertag) erschien ein Sitten- und Andachtsedict gegen Lästerung Gottes und der heil. Jungfrau, verbotene Spiele, Sodomie, Concubinat, Häuservermiethen an Huren und deren Wirthe, Oeffnung der Buden an Festtagen mit Ausnahme der Bäcker und Gemüsehändler u. s. w.; die Juden und Marannen, deren viele aus Spanien hergeflüchtet waren, sollten wieder ihr gelbes O auf der Brust genäht tragen. Die Zuwiderhandelnden wurden bedroht nicht nur mit den im bisherigen Gesetz verzeichneten Strafen, sondern auch „mit den noch größeren, welche

[1]) Man nannte es auch l'arca del testimonio, und war sich bewußt, die Sache sei conzado (eingerichtet) con gran misterio.

[2]) Diario Ferrarese, bei Murat. XXIV, Col. 317. 322. 323. 326. 386. 401. Schon 1460 wurde einer wegen Gotteslästerung streng bestraft, weil er ausgerufen hatte: non lo potrebbe fare Iddio, Venturi, p. 696.

[3]) Ad uno santo homo o santa donna, sagt der Chronist; die Concubinen zu halten wurde den maritati verboten.

der Herzog zu verhängen für gut finden wird", von denen ein Viertel dem Herzog, die drei anderen Viertel dem Ankläger und öffentlichen Anstalten zufallen sollten. Darauf ging der Herzog sammt dem Hofe vier Tage nach einander zur Predigt; am 10. April mußten sogar alle Juden von Ferrara dabei sein.[1]) Allein am 3. Mai ließ der Polizeidirector — der schon oben (Bd. I, S. 55) erwähnte Gregorio Zampante — ausrufen: wer den Schergen Geld gegeben habe, um nicht als Lästerer angezeigt zu werden, möge sich melden, um es sammt weiterer Vergütung zurück zu erhalten; diese schändlichen Menschen nämlich hatten von Unschuldigen bis auf 2, 3 Ducaten erpreßt durch die Androhung der Denunciation, und einander dann gegenseitig verrathen, worauf sie selbst in den Kerker kamen. Da man aber eben nur bezahlt hatte, um nicht mit dem Zampante zu thun zu haben, so möchte auf sein Ausschreiben kaum Jemand erschienen sein. — Im Jahre 1500, nach dem Sturze des Lodovico Moro, als ähnliche Stimmungen wiederkehrten, verordnete Ercole von sich aus[2]) eine Folge von neun Processionen, wobei auch die weißgekleideten Kinder (über 4000) mit der Jesusfahne nicht fehlen durften; er selber ritt mit im Zuge, weil er schlecht zu Fuße war. Dann folgte ein Edict ganz ähnlichen Inhaltes wie das von 1496. Die zahlreichen Kirchen- und Klosterbauten dieser Regierung sind bekannt, aber selbst eine leibhaftige Heilige, die Suor Colomba, ließ sich Ercole kommen, ganz kurz bevor er seinen Sohn Alfonso mit der Lucrezia Borgia vermählen mußte (1502). Ein Cabinetscourier[3]) holte die Heilige von Viterbo mit 15 anderen Nonnen ab, und der Herzog selber führte sie bei der Ankunft in Ferrara in ein bereitgehaltenes Kloster ein. Thun wir ihm Unrecht, wenn wir in

[1]) Die Predigt war besonders für die Juden bestimmt. Nach der Predigt wurde ein Jude getauft, ma non di quelli, fügt der Annalist hinzu, che erano stati a udire la Predica.

[2]) Per buono rispetto a lui noto e perchè sempre è buono a star bene con Iddio, sagt der Annalist. Er setzt dann, nachdem er die Verordnung mitgetheilt, resignirt hinzu: La cagione perchè sia fatto et si habbia a fare non s'intende; basta che ogni bene è bene.

[3]) Die Quelle nennt ihn einen Messo de' cancellieri del Duca. Die Sache sollte recht augenscheinlich vom Hofe und nicht von Ordensobern oder sonstigen geistlichen Behörden ausgehen.

all diesen Dingen die stärkste politische Absichtlichkeit voraussetzen? Zu der Herrscheridee des Hauses Este, wie sie oben (Bd. I, S. 50 u. ff.) nachgewiesen wurde, gehört eine solche Mitbenützung und Dienstbarmachung des Religiösen beinahe schon nach den Gesetzen der Logik.

Auch aus der Mitte der Bürgerschaft heraus bildeten sich manchmal Büßergesellschaften. So traten in Pistoja (Anf. des 16. Jahrh.), beeinflußt durch die Dominikaner, unter Nachwirkung Savonarolas Jünglinge zusammen, die Processionen veranstalteten, heilige Spiele spielten, die Genossen vor sinnlichen Vergnügungen zurückhielten.[1])

Drittes Capitel.

Die Religion und der Geist der Renaissance.

Um aber zu den entscheidenden Schlüssen über die Religiosität der Menschen der Renaissance zu gelangen, müssen wir einen andern Weg einschlagen. Aus der geistigen Haltung derselben überhaupt muß ihr Verhältniß sowohl zu der bestehenden Landesreligion als zur Idee des Göttlichen klar werden.

Diese modernen Menschen, die Träger der Bildung des damaligen Italiens, sind religiös geboren wie die Abendländer des Mittelalters, aber ihr mächtiger Individualismus macht sie darin wie in anderen Dingen völlig *subjectiv*, und die Fülle von Reiz, welche die Entdeckung der äußern und der geistigen Welt auf sie ausübt, macht sie überhaupt vorwiegend *weltlich*. Im übrigen Europa dagegen bleibt die Religion noch länger ein objectiv Gegebenes, und im Leben wechselt Selbstsucht und Sinnengenuß unmittelbar mit Andacht und Buße; letztere hat noch keine geistige Concurrenz wie in Italien, oder doch eine unendlich geringere.

[1]) P. Vigo, Una confraternità di Giovanetti pistojesi a principio del sec. 16. (Scelta di curiosità 220) Bologna 1887.

Ferner hatte von jeher der häufige und nahe Contact mit Byzantinern und mit Mohammedanern eine neutrale Toleranz aufrecht erhalten, vor welcher der ethnographische Begriff einer bevorrechteten abendländischen Christenheit einigermaßen zurücktrat. Und als vollends das classische Alterthum mit seinen Menschen und Einrichtungen ein Ideal des Lebens wurde, weil es die größte Erinnerung war, da überwältigte die antike Speculation und Skepsis bisweilen den Geist der Italiener vollständig.

Da ferner die Italiener die ersten neueren Europäer waren, welche sich schrankenlos dem Nachdenken über Freiheit und Nothwendigkeit hingaben, da sie dies thaten unter gewaltsamen, rechtlosen politischen Verhältnissen, die oft einem glänzenden und dauernden Siege des Bösen ähnlich sahen, so wurde ihr Gottesbewußtsein schwankend, ihre Weltanschauung theilweise fatalistisch. Und wenn ihre Leidenschaftlichkeit bei dem Ungewissen nicht wollte stehen bleiben, so nahmen manche fürlieb mit einer Ergänzung aus dem antiken, orientalischen und mittelalterlichen Aberglauben; sie wurden Astrologen und Magier.

Endlich aber zeigen die geistig Mächtigen, die Träger der Renaissance, in religiöser Beziehung eine häufige Eigenschaft jugendlicher Naturen: sie unterscheiden recht scharf zwischen gut und böse, aber sie kennen keine Sünde; jede Störung der innern Harmonie getrauen sie sich vermöge ihrer plastischen Kraft wiederherzustellen und kennen deshalb keine Reue; da verblaßt denn auch das Bedürfniß der Erlösung, während zugleich vor dem Ehrgeiz und der Geistesanstrengung des Tages der Gedanke an das Jenseits entweder völlig verschwindet oder eine poetische Gestalt annimmt statt der dogmatischen.

Denkt man sich dieses Alles vermittelt und theilweise verwirrt durch die allherrschende Phantasie, so ergibt sich ein Geistesbild jener Zeit, das wenigstens der Wahrheit näher kommt, als bloße unbestimmte Klagen über modernes Heidenthum. Und bei näherm Forschen wird man erst noch inne werden, daß unter der Hülle dieses Zustandes ein starker Trieb echter Religiosität lebendig blieb.

Die nähere Ausführung des Gesagten muß sich hier auf die wesentlichsten Belege beschränken.

Daß die Religion überhaupt wieder mehr Sache des einzelnen Subjectes und seiner besondern Auffassung wurde, war gegenüber der ausgearteten, tyrannisch behaupteten Kirchenlehre unvermeidlich und ein Beweis, daß der europäische Geist noch am Leben sei. Freilich offenbart sich dies auf sehr verschiedene Weise; während die mystischen und ascetischen Secten des Nordens für die neue Gefühlswelt und Denkart sogleich auch eine neue Disciplin schufen, ging in Italien jeder seinen eigenen Weg, und Tausende verloren sich auf dem hohen Meer des Lebens in religiöse Indifferenz. Um so höher muß man es Denjenigen anrechnen, welche zu einer individuellen Religion durchdrangen und daran festhielten. Denn daß sie an der alten Kirche, wie sie war und sich aufdrang, keinen Theil mehr hatten, war nicht ihre Schule; daß aber der Einzelne die ganze große Geistesarbeit, welche dann den deutschen Reformatoren zufiel, in sich hätte durchmachen sollen, wäre ein unbilliges Verlangen gewesen. Wo es mit dieser individuellen Religion der Besseren in der Regel hinaus wollte, werden wir am Schlusse zu zeigen suchen.

Die Weltlichkeit, durch welche die Renaissance einen ausgesprochenen Gegensatz zum Mittelalter zu bilden scheint, entsteht zunächst durch das massenhafte Ueberströmen der neuen Anschauungen, Gedanken und Absichten in Bezug auf Natur und Menschheit. An sich betrachtet, ist sie der Religion nicht feindlicher als das, was jetzt ihre Stelle vertritt, nämlich die sogenannten Bildungsinteressen, nur daß diese, so wie wir sie betreiben, uns bloß ein schwaches Abbild geben von der allseitigen Aufregung, in welche damals das viele und große Neue die Menschen versetzte. So war diese Weltlichkeit eine ernste, überdies durch Kunst und Poesie geadelte. Es ist eine erhabene Nothwendigkeit des modernen Geistes, daß er dieselbe gar nicht mehr abschütteln kann, daß er zur Erforschung der Menschen und der Dinge unwiderstehlich getrieben wird und dies für seine Bestimmung hält.[1]) Wie bald und auf welchen Wegen

[1]) Vgl. das Citat aus Picos Rede von der Würde des Menschen S. 73.

ihn dies Forschen zu Gott zurückführen, wie es sich mit der sonstigen Religiosität des Einzelnen in Verbindung setzen wird, das sind Fragen, welche sich nicht nach allgemeinen Vorschriften erledigen lassen. Das Mittelalter, welches sich im Ganzen die Empirie und das freie Forschen erspart hatte, kann in dieser großen Angelegenheit mit irgend einem dogmatischen Entscheid nicht aufkommen.

Mit dem Studium des Menschen, aber auch noch mit vielen anderen Dingen, hing dann die Toleranz[1]) und die Indifferenz zusammen, mit welcher man zunächst dem Mohammedanismus begegnete. Die Kenntniß und Bewunderung der bedeutenden Culturhöhe der islamitischen Völker, zumal vor der mongolischen Ueberschwemmung, war gewiß den Italienern seit den Kreuzzügen eigen; dazu kam die halbmohammedanische Regierungsweise ihrer eigenen Fürsten, die stille Abneigung, ja Verachtung gegen die Kirche, wie sie war, die Fortdauer der orientalischen Reisen und des Handels nach den östlichen und südlichen Häfen des Mittelmeers.[2]) Erweislich schon im 13. Jahrhundert offenbart sich bei den Italienern die Anerkennung eines mohammedanischen Ideals von Edelmuth, Würde und Stolz, das am liebsten mit der Person eines Sultans verknüpft wird. Man hat dabei insgemein an ejubidische oder mamelukische Sultane von Aegypten zu denken; wenn ein Name genannt wird, so ist es höchstens Saladin.[3]) Selbst die osmanischen

[1]) Im Gegensatz dazu starke Intoleranz. Der venetianische Senat trat sehr entschieden gegen einzelne Griechen auf, die verdächtig waren, griech. Religionsgebräuche einzuführen, und schlug das Gesuch ab, eine griech. Kirche in Venedig zu errichten. Lamansky passim bes. 652 ff.

[2]) Abgesehen davon, daß man bei den Arabern selbst bisweilen auf eine ähnliche Toleranz oder Indifferenz stoßen konnte.

[3]) So bei Boccaccio im Decameron; vgl. auch Preis Saladins im Commento di Dante I, 293. — Sultane ohne Namen bei Massuccio, der eine als Re de Fes, der andere als Re de Tunisi bezeichnet, Nov. 46, 48, 49. — Auch bei Fazio degli Uberti, Il Dittamondo II, 25 heißt es: el buono Saladin. — Natürlich fehlt es auch nicht an Angriffen gegen den Islam. Egnatius: De ex. ill. vir. Ven. rühmt fol. 6a Venedig, daß sich daselbst keine Spur von Maumetana superstitio finde, und braucht fol. 103b die furchtbarsten Ausdrücke über Mohammed selbst. — Notiz über eine Türkin, die sich in Venedig und dann nochmals in Rom taufen läßt, bei Cechetti I, 487.

Türken, deren zerstörende, aufbrauchende Manier wahrlich kein Geheimniß war, flößen dann den Italienern, wie oben (Bd. 1, S. 97 ff.) gezeigt wurde, doch nur einen halben Schrecken ein, und ganze Bevölkerungen gewöhnen sich an den Gedanken einer möglichen Abfindung mit ihnen. Ein Herzog von Neri ließ seinen Sohn eine Jüdin heirathen und wurde von seinem Freunde Galateo ermuntert, das Geschwätz des Pöbels zu verachten.[1]) Neben dieser Toleranz zeigt sich aber auch die starke christliche Intoleranz gegen die mohammedanische Religion; gegen diese sollten, so ermahnt Filelfo, die Geistlichen auftreten, weil sie als Beherrscherin eines großen Theils der Welt der christlichen Religion gefährlicher sei, als das Judenthum;[2]) neben den Gedanken, sich mit den Türken abzufinden, tritt das sehnsüchtige Verlangen nach einem Türkenkriege, das Pius II. während seines ganzen Pontifikats erfüllte und viele Humanisten zu hochtönenden Deklamationen veranlaßte.

Der wahrste und bezeichnendste Ausdruck der religiösen Indifferenz ist die berühmte Geschichte von den drei Ringen, welche unter anderen Lessing seinem Nathan in den Mund legte, nachdem sie schon vor vielen Jahrhunderten zaghafter in den „hundert alten Novellen" (Nov. 72 oder 73) und etwas rückhaltsloser bei Boccaccio[3]) vorgebracht worden war. In welchem Winkel des Mittelmeeres und in welcher Sprache sie zuerst Einer dem Andern erzählt haben mag, wird man nie herausbringen: wahrscheinlich lautete

1) Galateus epp. 10 bei Gothein S. 296.

2) Philelphi Epistolae, Venet. 1502, fol. 90^b fg. Vgl. dagegen Filelfos Lob der Türken, Bd. I, S. 96, A. 2.

3) Decamerone I Nov. 3. Er zuerst nennt die christliche Religion mit, während die 100 nov. ant. eine Lücke lassen. Ueber eine altfranzösische Quelle aus dem 13. Jahrhundert A. Tobler: Li di dou vrai aniel Leipzig 1871; über Abr. Abulafias (geb. in Spanien 1241, um 1290 in Italien, wo er den Papst zum Judenthum bekehren wollte) hebräische Erzählung, in der zwei Diener den für den Sohn vergrabenen Edelstein zu besitzen behaupten, s. Steinschneider, Polemische und apologetische Literatur in arabischer Sprache (Lpz. 1877) S. 319 und 360. Aus diesen und anderen Erzählungen geht doch wohl hervor, daß die Geschichte ursprünglich weniger deutlich gelautet (bei Abul z. B. ist es bestimmt Polemik gegen das Christenthum), und daß die Lehre von der Gleichberechtigung der drei Religionen eine spätere Hinzufügung ist. — Vgl. auch das gleich zu erwähnende Werk von Reuter II S. 302 fg., 390.

sie ursprünglich noch viel deutlicher, als in den beiden italienischen Redactionen. Der geheime Vorbehalt, der ihr zu Grunde liegt, nämlich der Deismus, wird unten in seiner weitern Bedeutung an den Tag treten. In roher Mißgestalt und Verzerrung gibt der bekannte Spruch von „den Dreien, die die Welt betrogen", nämlich Moses, Christus und Mohammed, dieselbe Idee wieder.[1]) Wenn Kaiser Friedrich II., von dem diese Rede stammen soll, ähnlich gedacht hat, so wird er sich wohl geistreicher ausgedrückt haben. Aehnliche Reden kommen auch im damaligen Islam vor.

Auf der Höhe der Renaissance, gegen Ende des 15. Jahrhunderts, tritt uns dann eine ähnliche Denkweise entgegen bei Luigi Pulci, im Morgante maggiore. Die Phantasiewelt, in welcher sich seine Geschichten bewegen, theilt sich, wie bei allen romantischen Heldengedichten, in ein christliches und ein mohammedanisches Heerlager. Gemäß dem Sinne des Mittelalters war nun der Sieg und die Versöhnung zwischen den Streitern gerne begleitet von der Taufe des unterliegenden mohammedanischen Theiles, und die Improvisatoren, welche dem Pulci in der Behandlung solcher Stoffe vorangegangen waren, müssen von diesem Motiv reichlichen Gebrauch gemacht haben. Nun ist es Pulcis eigentliches Geschäft, diese seine Vorgänger, besonders wohl die schlechten darunter, zu parodiren, und dies geschieht schon durch die Anrufungen an Gott, Christus und die Madonna, womit seine einzelnen Gesänge anheben. Noch viel deutlicher aber macht er ihnen die raschen Bekehrungen und Taufen nach, deren Sinnlosigkeit dem Leser oder Hörer ja recht in die Augen springen soll. Allein dieser Spott führt ihn weiter bis zum Bekenntniß seines Glaubens an die relative

[1]) De tribus impostoribus, bekanntlich der Titel einer außer vielen Anderen auch Friedrich II. beigelegten Schrift, die freilich keineswegs die durch die Aufschrift erregten Erwartungen befriedigt. Neueste Ausgabe von E. Weller. Heilbronn 1876. Die Nationalität des Verfassers (Deutscher, Franzose oder Italiener) ist ebenso bestritten, wie die Zeit der Abfassung (13.—17. Jahrhundert). Ueber die Streitfrage, namentlich in Beziehung auf Friedrich II. s. d. sehr merkwürdige Auseinandersetzung von H. Reuter, Geschichte der relig. Aufklärung im MA. Berlin 1867 II, S. 273—302.

Güte aller Religionen,[1]) dem trotz seiner Betheuerungen der Orthodoxie[2]) eine wesentlich theistische Anschauung zu Grunde liegt. Außerdem thut er noch einen großen Schritt über alles Mittelalter hinaus nach einer andern Seite hin. Die Alternativen der vergangenen Jahrhunderte hatten gelautet: Rechtgläubiger oder Ketzer, Christ oder Heide und Mohammedaner; nun zeichnet Pulci die Gestalt des Riesen Margutte,[3]) der sich gegenüber von aller und jeglicher Religion zum sinnlichsten Egoismus und zu allen Lastern fröhlich bekennt und sich nur das eine vorbehält: daß er nie einen Verrath begangen habe. Vielleicht hatte der Dichter mit diesem auf seine Manier ehrlichen Scheusal nichts Geringes vor, möglicher Weise eine Erziehung zum Bessern durch Morgante, allein die Figur ward ihm bald verleidet und er gönnte ihr bereits im nächsten Gesang ein komisches Ende.[4]) Margutte ist schon als Beweis von Pulcis Frivolität geltend gemacht worden; er gehört aber nothwendig mit zu dem Weltbilde der Dichtung des 15. Jahrhunderts. Irgendwo mußte sie in grotesker Größe den für alles damalige Dogmatisiren unempfindlich gewordenen, wilden Egoismus zeichnen, dem nur ein Rest von Ehrgefühl geblieben ist. Auch in anderen Gedichten wird den Riesen, Dämonen, Heiden und Mohammedanern in den Mund gelegt, was kein christlicher Ritter sagen darf.

Wieder auf eine ganz andere Weise als der Islam wirkte das Alterthum ein, und zwar nicht durch seine Religion, denn diese war dem damaligen Katholicismus nur zu homogen, sondern durch seine Philosophie. Die antike Literatur, die man jetzt als etwas Unvergleichliches verehrte, war ganz erfüllt von dem Siege der Philosophie

[1]) Freilich im Munde des Dämons Astarotte, Ges. XXV, Str. 231 u. ff. Vgl. Str. 141 u. ff.

[2]) Ges. XXVIII, Str. 38 u. ff.

[3]) Ges. XVIII, Str. 112 bis zu Ende.

[4]) Pulci nimmt ein analoges Thema, obwohl nur flüchtig, wieder auf in der Gestalt des Fürsten Chiaristante (Ges. XXI, Str. 101, 121 fg., 145, 163 fg.), welcher nichts glaubt und sich und seine Gemahlin göttlich verehren läßt. Man ist versucht, dabei an Sigismondo Malatesta (Bd. I, S. 249 fg.) zu denken.

über den Götterglauben; eine ganze Anzahl von Systemen und Fragmente von Systemen stürzten über den italienischen Geist herein, nicht mehr als Curiositäten oder gar als Häresien, sondern fast als Dogmen, die man nun nicht sowohl zu unterscheiden als miteinander zu versöhnen bestrebt war. Fast in all diesen verschiedenen Meinungen und Philosophemen lebte irgend eine Art von Gottesbewußtsein, aber in ihrer Gesammtheit bildeten sie doch einen starken Gegensatz zu der christlichen Lehre von der göttlichen Weltregierung. Nun gibt es eine wahrhaft centrale Frage, um deren Lösung sich schon die Theologie des Mittelalters ohne genügenden Erfolg bemüht hatte, und welche jetzt vorzugsweise von der Weisheit des Alterthums eine Antwort verlangte: das Verhältniß der Vorsehung zur menschlichen Freiheit und Nothwendigkeit. Wenn wir die Geschichte dieser Frage seit dem 14. Jahrhundert auch nur oberflächlich durchgehen wollten, so würde hieraus ein eigenes Buch werden. Wenige Andeutungen müssen hier genügen.

Hört man Dante und seine Zeitgenossen, so wäre die antike Philosophie zuerst gerade von derjenigen Seite her auf das italienische Leben gestoßen, wo sie den schroffsten Gegensatz gegen das Christenthum bildete; es stehen nämlich in Italien Epicureer auf. Nun besaß man Epicurs Schriften nicht mehr, und schon das spätere Alterthum hatte von seiner Lehre einen mehr oder weniger einseitigen Begriff; immerhin aber genügte schon diejenige Gestalt des Epicureismus, welche man aus Lucretius und ganz besonders aus Cicero studiren konnte, um eine völlig entgötterte Welt kennen zu lernen. Wie weit man die Doctrin buchstäblich faßte, und ob nicht der Name des räthselhaften griechischen Weisen ein bequemes Schlagwort für die Menge wurde, ist schwer zu sagen; wahrscheinlich hat die dominicanische Inquisition das Wort auch gegen solche gebraucht, welchen man sonst auf keine andere Weise beikommen konnte. Es waren hauptsächlich frühentwickelte Verächter der Kirche, welche man doch schwer wegen bestimmter ketzerischer Lehren und Aussagen belangen konnte; ein mäßiger Grad von Wohlleben mag dann genügt haben, um jene Anklage hervorzubringen. In diesem conventionellen Sinne braucht z. B. Giovanni Villani das Wort, wenn er[1]) bereits die florentinischen Feuersbrünste von 1115 und 1117 als göttliche Strafe für die Ketzereien geltend macht, „unter anderen wegen der lüderlichen und schwelgerischen Secte der Epicureer". Von Manfred sagt er: „Sein Leben war epicureisch, indem er nicht an Gott noch an die Heiligen und überhaupt nur an leibliches Vergnügen glaubte".

Deutlicher redet Dante im neunten und zehnten Gesange der Hölle. Das furchtbare, von Flammen durchzogene Gräberfeld mit den halb offenen Sarkophagen, aus welchen Töne des tiefsten Jammers hervordringen, beherbergt die zwei großen Kategorien der von der Kirche im 13. Jahrhundert Besiegten oder Ausgestoßenen. Die Einen waren Ketzer und setzten sich der Kirche entgegen durch bestimmte, mit Absicht verbreitete Irrlehren; die Anderen waren Epicureer, und ihre Sünde gegen die Kirche lag in einer allgemeinen Gesinnung, welche sich in dem Satze sammelt, daß die Seele mit dem Leib vergehe[2]). Die Kirche aber wußte recht gut, daß dieser eine Satz, wenn er Boden gewänne, ihrer Art von Macht verderblicher werden müßte, als alles Manichäer- und Paterinerwesen, weil er ihrer Einmischung in das Schicksal des einzelnen Menschen nach dem Tode allen Werth benahm. Daß sie selber durch die Mittel, welche sie in ihren Kämpfen brauchte, gerade die

[1]) Giov. Villani IV., 29. VI, 46. Der Name kommt auch im Norden sehr früh vor, schon vor 1150 bei Anlaß einer um etwa 70 Jahre früher vorgefallenen Schreckensgeschichte (der 2 Geistlichen aus Nantes). Die Definition des Guil. Malmesbur. L. III, S. 237 ed. Londin. 1840 p. 405: Epicureorum . . qui opinantur animam corpore solutam in aërem evanescere, in auras effluere.

[2]) Man vgl. die bekannte Beweisführung im dritten Buche des Lucretius. Später bediente man sich indeß des Namens Epicureer gegen alle diejenigen, denen man wegen ihrer freieren Ansichten oder ihres kühnen Auftretens übel wollte. Vgl. besonders die Anklagen des Fra Antonio da Bitonto und seiner Freunde gegen Lorenzo Valla, worüber dieser im Antidoton in Poggium lib. IV, Opp. (Basel 1543) p. 356 ff. und Apologia pro se et contra calumniatores ad Eugenium IV, Opp. 795 ff. An letzterer Stelle eine merkwürdige Vertheidigung Epikurs: Quis eo parcior, quis continentior, quis modestior, et quidem in nullo philosophorum omnium minus invenio fuisse vitiorum plurimique honesti viri cum Graecorum tum Romanorum Epicurei fuerunt.

Begabtesten in Verzweiflung und Unglauben getrieben hatte, gab sie natürlich nicht zu.

Dantes Abscheu gegen Epicur oder gegen das, was er für dessen Lehre hielt, war gewiß aufrichtig; der Dichter des Jenseits mußte den Läugner der Unsterblichkeit hassen, und die von Gott weder geschaffene noch geleitete Welt, so wie der niedrige Zweck des Daseins, den das System aufzustellen schien, waren dem Wesen Dantes so entgegengesetzt als möglich. Sieht man aber näher zu, so haben auch auf ihn gewisse Philosopheme der Alten einen Eindruck gemacht, vor welchem die biblische Lehre von der Weltlenkung zurücktritt. Oder war es eigene Speculation, Einwirkung der Tagesmeinung, Grauen vor dem die Welt beherrschenden Unrecht, wenn er [1]) die specielle Vorsehung völlig aufgab? Sein Gott überläßt nämlich das ganze Detail der Weltregierung einem dämonischen Wesen, der Fortuna, welche für nichts als für Veränderung, für das Durcheinanderrütteln der Erdendinge zu sorgen hat und in indifferenter Seligkeit den Jammer der Menschen überhören darf. Dafür hält er aber die sittliche Verantwortung des Menschen unerbittlich fest; er glaubt an den freien Willen.

Der Populärglaube an den freien Willen herrscht im Abendlande von jeher, wie man denn auch zu allen Zeiten Jeden persönlich für das, was er gethan, verantwortlich gemacht hat, als verstehe sich die Sache ganz von selbst. Anders verhält es sich mit der religiösen und philosophischen Lehre, welche sich in der Lage befindet, die Natur des menschlichen Willens mit den großen Weltgesetzen in Einklang bringen zu müssen. Hier ergibt sich ein Mehr oder Weniger, wonach sich die Taxirung der Sittlichkeit überhaupt richtet. Dante ist nicht völlig unabhängig von den astrologischen Wahngebilden, welche den damaligen Horizont mit falschem Lichte erhellen, aber er rafft sich nach Kräften empor zu einer würdigen Anschauung

[1]) Inferno, VII, 67—96. Wobei freilich zu bemerken ist, daß die betreffenden Verse von Vergil gesprochen werden, zum Theil mit Bekämpfung der von Dante angedeuteten Ansicht. Vgl. F. d'Ovidio Dante e la magia in Nuova antologia 3. serie, vol. 41. 193—226.

des menschlichen Wesens. „Die Gestirne," läßt er[1]) seinen Marco Lombardo sagen, „geben wohl die ersten Antriebe zu euerem Thun, aber Licht ist euch gegeben über Gutes und Böses, und freier Wille, der nach anfänglichem Kampf mit den Gestirnen alles besiegt, wenn er richtig genährt wird."[2])

Andere mochten die der Freiheit gegenüberstehende Nothwendigkeit in einer andern Potenz suchen, als in den Sternen — jedenfalls war die Frage seitdem eine offene, nicht mehr zu umgehende. Soweit sie eine Frage der Schulen, oder vollends nur eine Beschäftigung isolirter Denker blieb, dürfen wir dafür auf die Geschichte der Philosophie verweisen. Sofern sie aber in das Bewußtsein weiterer Kreise überging, wird noch davon die Rede sein müssen.

Das 14. Jahrhundert ließ sich vorzüglich durch die philosophischen Schriften Ciceros anregen, welcher bekanntlich als Eklektiker galt, aber als Skeptiker wirkte, weil er die Theorien verschiedener Schulen vorträgt, ohne genügende Abschlüsse beizufügen. In zweiter Linie kommen Seneca und die wenigen ins Lateinische übersetzten Schriften des Aristoteles. Die Frucht dieses Studiums war einstweilen die Fähigkeit, über die höchsten Dinge zu reflectiren, wenigstens außerhalb der Kirchenlehre, wenn auch nicht im Widerspruch mit ihr.

Mit dem 15. Jahrhundert vermehrte sich, wie wir sahen, der Besitz und die Verbreitung der Schriften des Alterthums außerordentlich; endlich kamen auch die sämmtlichen noch vorhandenen griechischen Philosophen wenigstens in lateinischer Uebersetzung unter die Leute. Nun ist es zunächst sehr bemerkenswerth, daß gerade einige der Hauptbeförderer dieser Literatur der strengsten Frömmigkeit, ja der Ascese ergeben sind. (Bd. I, S. 300).[3]) Fra Ambrogio

1) Purgatorio XVI, 73. Womit die Theorie des Planeteneinflusses im Convito zu vergleichen. — Auch der Dämon Astarotte bei Pulci (Morgante XXV, Str. 150) bezeugt die menschliche Willensfreiheit und die göttliche Gerechtigkeit.

2) Sal. Briefe II, 291 fg., aber auch sonst vertheidigt den freien Willen des Menschen gegen die Annahme einer Prädestination. — Das Erscheinen des Antichrist, das Manche vorhersagten, fürchtet er nicht II, 332 fg.

3) Bemerkenswerth bleibt, daß das eigentliche Renaissancezeitalter 1400 bis

Camaldolese, als hoher geistlicher Würdenträger scheinbar ausschließlich mit kirchlichen Angelegenheiten, literarisch mit dem Uebertragen der griechischen Kirchenväter beschäftigt, vermag den humanistischen Ehrgeiz nicht zu unterdrücken und beginnt, mehr dem innern Drang als äußerer Anregung folgend, die lateinische Uebersetzung des Diogenes Laertius. Seine Zeitgenossen Nicolò Niccoli, Gianozzo Mannetti, Donato Acciajuoli, Papst Nicolaus V. vereinigen [1]) mit allseitigem Humanismus eine sehr gelehrte Bibelkunde und eine tiefe Andacht. An Vittorino da Feltre wurde bereits (Bd. I, S. 230 fg.) eine ähnliche Richtung hervorgehoben. Derselbe Maffeo Vegio, welcher das dreizehnte Buch zur Aeneide dichtete, hatte für das Andenken S. Augustins und dessen Mutter Monica eine Begeisterung, welche nicht ohne höhern Bezug gewesen sein wird. Frucht und Folge solcher Bestrebungen war dann, daß die platonische Academie zu Florenz sich es förmlich zum Ziele setzte, den Geist des Alterthums mit dem des Christenthums zu durchdringen.[2]) Cardinal Adrian von Corneto, der geschmackvolle Dichter und kenntnißreiche Lehrer der lateinischen Stilistik, veröffentlicht einen förmlichen Protest, ja eine Anklageschrift gegen die humanistischen Bestrebungen, stellt den Glauben über das Wissen, unterwirft die Philosophie der Theologie, zieht die Kirchenväter den classischen Autoren vor, bleibt aber trotz dieser Kriegserklärung den Musen treu, die er so grausam verbannt hatte, und fordert die deutschen Humanisten, die recht eigentlich der Richtung zum Siege zu verhelfen suchten, welche er bekämpft hatte.[3])

1520 nicht weniger als 87 Heilige, männliche und weibliche, zählt, zusammengestellt bei Pastor III, 64—66.

[1]) Vesp. Fior. ed. Frat. I, 54 fg., II, 10. 89 fg. 257 fg., III, 93. — Murat. XX, Col. 532 über G. M.

[2]) Die Einwirkung der Renaissance auf die religiöse Gesinnung zeigt sich höchst merkwürdig in Platinas Einleitung zu seinem Leben Christi. (Vitae Paparum, Anfang). Christus, so sagt er, erreicht den platonischen Begriff der vierfachen nobilitas vollkommen seinem genus nach: quem enim ex gentilibus habemus qui gloria et nomine cum David et Salomone quique sapientia et doctrina cum Christo ipso conferri merito debeat et possit. —

[3]) Immerhin war es selten, daß ein Humanist wie M. Equicola eine Rede hielt zu Ehren einer von Leo X. vollzogenen Heiligsprechung hielt: Oratio ad Isabellam Estensem in consecratione divae Andreasiae. Freilich bringt er auch das Beispiel des Castor, Romulus und Anderer, die zu Göttern erhoben

Im Ganzen war der Humanismus eben doch profan und wurde es bei der Ausdehnung der Studien im 15. Jahrhundert immer mehr. Seine Leute, die wir oben als die rechten Vorposten des entfesselten Individualismus kennen lernten, entwickelten in der Regel einen solchen Charakter, daß uns selbst ihre Religiosität, die bisweilen mit sehr bestimmten Ansprüchen auftritt, gleichgiltig sein darf. In den Ruf von Atheisten gelangten sie etwa, wenn sie indifferent waren und dabei ruchlose Reden gegen die Kirche führten; einen irgendwie speculativ begründeten Ueberzeugungsatheismus hat keiner aufgestellt, noch aufzustellen wagen dürfen. Wenn sie sich auf einen leitenden Gedanken besannen, so wird es am ehesten eine Art von oberflächlichem Rationalismus gewesen sein, ein flüchtiger Niederschlag aus den vielen widersprechenden Ideen der Alten, womit sie sich beschäftigen mußten, und aus der Verachtung der Kirche und ihrer Lehre. Dieser Art war wohl jenes Raisonnement, welches den Galeotto Marzio[1]) beinahe auf den Scheiterhaufen brachte, wenn ihn nicht sein früherer Schüler Papst Sixtus IV., vielleicht durch Bitten des Lorenzo von Medici bewogen, aus den Händen der venetianischen Inquisition herausgerissen hätte. Galeotto hatte nämlich geschrieben: wer sich recht aufführe und nach dem innern angeborenen Gesetz handle, aus welchem Volk er auch sei, der komme in den Himmel.

Betrachten wir beispielsweise das religiöse Verhalten eines der Geringeren aus der großen Schaar, des Codrus Urceus,[2]) der erst Hauslehrer des letzten Ordelaffo, Fürsten von Forli, und dann lange Jahre Professor in Bologna gewesen ist. Ueber Hierarchie und Mönche bringt er die obligaten Lästerungen im vollsten Maß; sein Ton im Allgemeinen ist höchst frevelhaft, dazu erlaubt er sich eine beständige Einmischung seiner Person nebst Stadtgeschichten

werden. — Selbst ein Poggio, der z. B. 2 Bände der Briefe des Hieronymus ungern weggab, Tiraboschi VI, 1, S. 136, hatte religiöse Momente (vgl. Cian im Giorn. stor. XXIX, 410). Hierher gehört auch die schon erwähnte Verehrung des Pomp. Leto für die Jungfrau Maria.

[1]) Vgl. Excurs CIV.

[2]) Codri Urcei opera, vorn sein Leben von Bart. Bianchini, dann in seinen philologischen Vorlesungen p. 65. 151. 278 etc.

und Possen. Aber er kann auch erbaulich von dem wahren Gottmenschen Christus reden und sich brieflich in das Gebet eines frommen Priesters empfehlen.[1]) Einmal fällt es ihm ein, nach Aufzählung der Thorheiten der heidnischen Religion also fortzufahren: „auch unsere Theologen wackeln oft und zanken de lana „caprina, über unbefleckte Empfängniß, Antichrist, Sacramente, Vor„herbestimmung und einiges Andere, was man lieber beschweigen „als herauspredigen sollte". Einst verbrannte sein Zimmer sammt fertigen Manuskripten, da er nicht zu Hause war; als er es vernahm, auf der Gasse, stellte er sich gegen ein Madonnenbild und rief an dasselbe hinauf: „Höre, was ich dir sage, ich bin nicht ver„rückt, ich rede mit Absicht! wenn ich dich einst in der Stunde „meines Todes zu Hilfe rufen sollte, so brauchst du mich nicht zu „erhören und zu den Deinigen hinüberzunehmen! denn mit dem „Teufel will ich wohnen bleiben in Ewigkeit!"[2]) Eine Rede, auf welche hin er doch für gut fand, sich sechs Monate hindurch bei einem Holzhacker verborgen zu halten. Dabei war er so abergläubisch, daß ihn Augurien und Prodigien beständig ängstigten; nur für die Unsterblichkeit hatte er keinen Glauben übrig. Seinen Zuhörern sagte er auf Befragen: was nach dem Tode mit dem Menschen, mit seiner Seele oder seinem Geiste geschehe, das wisse man nicht, und alle Reden über das Jenseits seien Schreckmittel für alte Weiber. Als es aber ans Sterben ging, empfahl er doch in seinem Testament seine Seele oder seinen Geist[3]) dem allmächtigen Gott, vermahnte auch jetzt seine weinenden Schüler zur Gottesfurcht und insbesondere zum Glauben an Unsterblichkeit und Vergeltung nach dem Tode, und empfing die Sacramente mit großer Inbrunst.

[1]) Einmal sagt er: in laudem Christi:
Phoebum alii vates musasque Jovemque sequuntur
At mihi pro vero nomine Christus erit.
Gelegentlich (fol. X b) fährt er auch gegen die Böhmen los.

[2]) Audi virgo ea quae tibi mentis compos et ex animo dicam. Si forte cum ad ultimum vitae finem pervenero supplex accedam ad te spem oratum, ne me audias neve inter tuos accipias oro; cum infernis diis in aeternum vitam agere decrevi.

[3]) Animum meum seu animam, eine Unterscheidung, durch welche damals die Philologie gerne die Theologie in Verlegenheit setzte.

— Man hat keine Garantie dafür, daß ungleich berühmtere Leute desselben Faches, auch wenn sie bedeutende Gedanken ausgesprochen haben, im Leben viel consequenter gewesen seien. Die Meisten werden innerlich geschwankt haben zwischen Freigeisterei und Fragmenten des anerzogenen Katholicismus, und äußerlich hielten sie sich schon aus Klugheit zur Kirche.

Insofern sich dann ihr Rationalismus mit den Anfängen der historischen Kritik verband, mochte auch hier und da eine schüchterne Kritik der biblischen Geschichte auftauchen. Es wird ein Wort Pius II. überliefert,[1]) welches wie mit der Absicht des Vorbauens gesagt ist: „wenn das Christenthum auch nicht durch Wunder bestätigt wäre, so hätte es doch schon um seiner Moralität willen angenommen werden müssen.“ Wenn Lorenzo Valla Moses und die Evangelisten bloße Historiker nennt, so will er damit zwar ihrer Würde und ihrem Ansehen nichts nehmen, ist sich aber wohl bewußt, daß er durch diese Behauptung in einen ebenso großen Gegensatz zur hergebrachten kirchlichen Anschauung tritt, wie mit dem Widerspruch gegen die Abfassung des apostolischen Symbolums durch alle Apostel und gegen die Echtheit des Briefes des Abgarus an Christus.[2]) Ueber die Legenden, insoweit sie willkürliche Uebertragungen der biblischen Wunder enthalten, erlaubte man sich ohnehin zu spotten,[3]) und dies wirkte dann weiter zurück. Wenn

[1]) Platina, Vitae pontiff., p. 311: christianam fidem, si miraculis non esset approbata, honestate sua recipi debuisse. Doch bleibt zu beachten, daß solche von Platina zusammengestellte Aussprüche des Papstes nicht als vollkommen authentisch betrachtet werden dürfen.

[2]) Praefatio zu der historia Ferdinandi I, (Hist. Ztschr. XXXIII, S. 61) und Antid. in Pogg. lib. IV, Opp. p. 256 fg. Nach Pontanus de sermone lib. I, cap. 18 habe Valla ne dubitaverit quidem dicere profiterique palam habere se quoque in Christum spicula, wobei freilich zu bedenken ist, daß Pontano mit Vallas Gegnern in Neapel befreundet war.

[3]) Besonders wenn die Mönche dergleichen auf der Kanzel frisch ersannen: doch auch das längst Anerkannte blieb nicht ohne Anfechtung. Firenzuola (opere, vol. II. p. 208, in der 10. Novelle) spottet über die Franciscaner von Novara, welche aus erschlichenem Geld eine Capelle an ihre Kirche bauen wollen, dove fusse dipinta quella bella storia, quando S. Francesco predicava agli uccelli nel deserto; e quando ei fece la santa zuppa, e che l'agnolo Gabriello gli portò i zoccoli.

judaisirende Ketzer erwähnt werden, so wird man dabei vor Allem an Läugnung der Gottheit Christi zu denken haben; so verhielt es sich vielleicht mit Giorgio da Novara, welcher um 1500 in Bologna verbrannt wurde.[1]) Aber in demselben Bologna mußte um diese Zeit (1497) der dominicanische Inquisitor den wohl protegirten Arzt Gabrielle da Salò mit einer bloßen Reuerklärung[2]) durchschlüpfen lassen, obwohl derselbe folgende Reden zu führen pflegte: Christus sei nicht Gott gewesen, sondern Sohn des Joseph und der Maria aus einer gewöhnlichen Empfängniß; er habe die Welt mit seiner Arglist ins Verderben gebracht; den Kreuzestod möge er wohl erlitten haben wegen begangener Verbrechen; auch werde seine Religion nächstens aufhören; in der geweihten Hostie sei sein wahrer Leib nicht; seine Wunder habe er nicht vollbracht aus göttlicher Kraft, sondern sie seien durch Einfluß der Himmelskörper geschehen. Letzteres ist wiederum höchst bezeichnend; der Glaube ist dahin, aber die Magie behält man sich vor.[3]) Schlimmer war es einige Jahrzehnte vorher (1459) einem Domherrn von Bergamo, Zanino de Solcia, ergangen, der gleichfalls behauptet hatte, Christus habe nicht aus Liebe zum Menschengeschlecht, sondern unter Einfluß der Sterne gelitten und der außer dieser Ansicht andere seltsame naturwissenschaftliche und moralische Ideen aussprach; er mußte seine Irrthümer abschwören und büßte dieselben mit ewiger Klosterhaft.[4])

[1]) Einiges über ihn bei Bapt. Mantuan. de patientia, L. III, cap. 13.

[2]) Bursellis, Ann. Bonon., bei Murat. XXIII, Col. 915. — Ludovicus a Turre schreibt ein Buch de immaculata conceptione B. Mariae virginis gegen ein libellum invectivarum religiosi innominati turpiter de apostolico ordine, imo de virginia innocentia obloquentis. Giuliari della lett. Veronese 1876. S. 135.

[3]) Wie weit die frevelhaften Reden bisweilen gingen, hat Gieseler, Kirchengeschichte II, IV. § 154 Anm. mit einigen sprechenden Beispielen dargethan.

[4]) G. Voigt, Enea Silvio III, S. 581. — Burchardus ed. Thuasne III, 13 fg. berichtet (1500), daß der Bischof Peter von Aranda angeklagt sei, die Gottheit Christi geleugnet, den Ablaß als eine nichtige Sache, als eine von den Päpsten zu ihrem Vortheil gemachte Erfindung erklärt, die Existenz der Hölle und des Fegefeuers bestritten zu haben. Die Nachricht muß aber an falscher Stelle stehen. Vom Apr. —Sept. 1498 war er schon als de heresi et marannia verdächtig gefangen gehalten worden, das. II, 459, und im Okt. 1498 wurde er seiner Güter ver-

In Betreff der Weltregierung raffen sich die Humanisten insgemein nicht weiter auf als bis zu einer kalt resignirten Betrachtung dessen, was unter der ringsum herrschenden Gewalt und Mißregierung geschieht. Aus dieser Stimmung sind hervorgegangen die vielen Bücher „vom Schicksal“ oder wie die Varietäten des Titels lauten mögen. Sie constatiren meist nur das Drehen des Glücksrades, die Unbeständigkeit der irdischen, zumal der politischen Dinge; die Vorsehung wird herbeigezogen, offenbar nur weil man sich des nackten Fatalismus, des Verzichtens auf Erkenntniß von Ursachen und Wirkungen, oder des baaren Jammers schämt. Nicht ohne Geist construirt Gioviano Pontano die Naturgeschichte des dämonischen Etwas, Fortuna genannt, aus hundert meist selbsterlebten Erfahrungen.[1]) Mehr scherzhaft, in Form eines Traumgesichtes, behandelt Aeneas Sylvius den Gegenstand.[2]) Poggios Streben dagegen, in einer Schrift seines Greisenalters[3]), geht dahin, die Welt als ein Jammerthal darzustellen und das Glück der einzelnen Stände so niedrig als möglich zu taxiren. Dieser Ton bleibt dann im Ganzen der vorherrschende; von einer Menge ausgezeichneter Leute wird das Soll und Haben ihres Glückes und Unglückes untersucht und die Summe daraus in vorwiegend ungünstigem Sinn gezogen. In höchst würdiger Weise, fast elegisch, schildert uns vorzüglich Tristan Caracciolo'[4]) das Schicksal Italiens und der Italiener, soweit es sich um 1510 überschauen ließ. Mit specieller Anwendung dieses herrschenden Grundgefühls auf die Humanisten selber verfaßte dann später Pierio Valeriano seine be-

lustig erklärt und zu lebenslänglichem Gefängniß verurtheilt II, 495. Conti, I, 352 a. a. 1487 erzählt von einem sacerdos, an der römischen Curie, einem Marannen, in magna Principis familiaritate versatus, der bei der Messe, die er täglich celebrirte, die Worte ausrief: Oh fatuos Christianos qui cibum et potum ut Deum adorant.

[1]) Jov. Pontanus, de fortuna libri tres, Opera I, p. 792—921. Seine Art von Theodicee Opera II,. p. 286.

[2]) Aen. Sylvii opera, p. 611.

[3]) Poggius, de miseriis humanae conditionis.

[4]) Caracciolo, de varietate fortunae, bei Murat. XXII. Eine der lesenswerthesten Schriften jener auch sonst so reichen Jahre. Vgl. oben S. 51. — Die Fortuna bei festlichen Aufzügen, S. 140 u. Anm. 3.

rühmte Abhandlung (Bd. I, S. 301—303). Es gab einzelne, ganz besonders anregende Themata dieser Art, wie z. B. das Glück Leos X. Was von politischer Seite darüber günstiges gesagt werden kann, das hat Francesco Vettori in scharfen Meisterzügen zusammengefaßt; das Bild seines Genußlebens geben Paolo Giovio und die Biographie eines Ungenannten [1]); die Schattenseiten dieses Glückes verzeichnet unerbittlich wie das Schicksal selbst der ebengenannte Pierio.

Daneben erregt es beinahe Grauen, wenn hier und da sich Jemand öffentlich in lateinischer Inschrift des Glückes rühmt. So wagte Giovanni II. Bentivoglio, Herrscher von Bologna, an dem neuerbauten Thurme bei seinem Palaste es in Stein hauen zu lassen: sein Verdienst und sein Glück hätten ihm alle irgend wünschbaren Güter reichlich gewährt [2]) — wenige Jahre vor seiner Verjagung [3]). Die Alten, wenn sie in diesem Sinne redeten, empfanden wenigstens das Gefühl vom Neid der Götter. In Italien hatten es wahrscheinlich die Condottieren (Bd. I, S. 22) aufgebracht, daß man sich laut der Fortuna rühmen durfte.

Der stärkste Einfluß des wiederentdeckten Alterthums auf die Religion kam übrigens nicht von irgend einem philosophischen System oder von einer Lehre und Meinung der Alten her, sondern von

[1]) Leonis X. Vita anonyma, bei Roscoe ed. Bossi XII, p. 153.

[2]) Bursellis, Ann. Bonon. bei Murat. XXIII, Col. 909: monimentum hoc conditum a Joanne Bentivolo secundo Patriae rectore, cui virtus et fortuna cuncta quae optari possunt bona affatim praestiterunt. Nach den Worten des Chronisten kann diese Inschrift nicht an dem neu erbauten Thurme angebracht gewesen sein, obwohl es unklar bleibt, wo sie gestanden. Er sagt in fundamento turris . . quaedam vasa . . cum literis incisis, theilt eine Inschrift mit nach den Einleitungsworten: inter alia insculptum est tale epitaphium infra terram incultum und schreibt dann: In alio angulo hujus verba sculpta sunt memoriae apud posteros diuturnioris ergo, worauf die hier mitgetheilte Inschrift folgt. War sie sichtbar oder verborgen? Im letztern Fall verbände sich wohl damit eine neue Idee: das Glück sollte durch die geheime Schrift, die vielleicht nur noch der Chronist kannte, magisch an das Gebäude gefesselt werden.

[3]) Luca Gaurico, der diese Verjagung 1506 vorhersagte, erhielt quattro tratti di corda nnd wurde ins Gefängniß gesteckt.

einem alles beherrschenden Urtheil. Man zog die Menschen und zum Theil auch die Einrichtungen des Alterthums denjenigen des Mittelalters vor, strebte ihnen auf alle Weise nach und wurde dabei über den Religionsunterschied völlig gleichgiltig. Die Bewunderung der historischen Größe absorbirte Alles. (Vgl. Bd. I, Excurs XXIII, Bd. II, S. 140.)

Bei den Philologen kam dann noch manche besondere Thorheit hinzu, durch welche sie die Blicke der Welt auf sich zogen. Wie weit Papst Paul II. berechtigt war, das Heidenthum seiner Abbreviatoren und ihrer Genossen zur Rechenschaft zu ziehen, bleibt allerdings sehr zweifelhaft, da sein Hauptopfer und Biograph Platina (Bd. I, S. 252, Bd. II, S. 51) es meisterlich verstanden hat, ihn dabei als rachsüchtig wegen anderer Dinge und ganz besonders als komische Figur erscheinen zu lassen. Die Anklage auf Unglauben, Heidenthum,[1]) Läugnung der Unsterblichkeit ꝛc. wurde gegen die Verhafteten erst erhoben, nachdem der Hochverrathsproceß nichts ergeben hatte; auch war Paul, wenn wir recht berichtet werden, gar nicht der Mann dazu, irgend etwas Geistiges zu beurtheilen, wie er denn, der lateinischen Sprache nicht mächtig, bei Consistorien und geheimen Verhandlungen der italienischen sich bedienend, die Römer ermahnte, ihren Kindern über Lesen und Schreiben hinaus keinen weiteren Unterricht mehr geben zu lassen. Es ist eine ähnliche priesterliche Beschränktheit wie bei Savonarola (oben S. 197 fg.), nur daß man Papst Paul hätte erwidern können, er und seinesgleichen trügen mit die Hauptschuld, wenn die Bildung den Menschen von der Religion abwendig mache. Daran aber ist doch nicht zu zweifeln, daß er eine wirkliche Besorgniß wegen der heidnischen Tendenzen in seiner

[1]) Quod nimium gentilitatis amatores essemus. — Die heidnischen Aeußerlichkeiten gingen freilich sehr weit. Neuerdings in den Katakomben aufgefundene Inschriften zeigen, daß die Mitglieder der Akademie sich als sacerdotes bezeichneten, — den Pomponius Laetus pontifex maximus nannten; dieser redete den Platina einmal pater sanctissimus an. Rossi (Bull. di arch. christ. 5. ser. I, 81 ff. 1890) will aus diesen Inschriften geradezu den antichristlichen Character der Akademie folgern. — Die Vertheidigungsschrift des Pomp. Laetus, Defensio in carceribus ist von Isid. Carini, 1894 nozze veröffentlicht worden, sie war mir leider unzugänglich.

Nähe verspürte. Was mögen sich vollends die Humanisten am Hofe des heidnisch ruchlosen Sigismondo Malatesta erlaubt haben? Gewiß kam es bei diesen meist haltungslosen Menschen wesentlich darauf an, wie weit ihre Umgebung ihnen zu gehen gestattete. Und wo sie das Christenthum anrühren, da paganisiren sie es (Bd. I, S. 282, 289). Man muß sehen, wie weit z. B. ein Gioviano Pontano die Vermischung treibt; ein Heiliger heißt bei ihm nicht nur Divus, sondern Deus; die Engel hält er schlechtweg mit den Genien des Alterthums für identisch,[1]) und seine Ansicht von der Unsterblichkeit gleicht einem Schattenreiche. Es kommt zu einzelnen ganz wunderbaren Excessen in dieser Beziehung. Als 1526 Siena[2]) von der Partei der Ausgetriebenen angegriffen wurde, stand der gute Domherr Tizio, der uns dies selber erzählt, am 22. Juli vom Bette auf, gedachte dessen, was im dritten Buch des Macrobius[3]) geschrieben

[1]) Während doch die bildende Kunst wenigstens zwischen Engeln und Putten unterschied und für alle ernsten Zwecke die ersteren anwandte. — Ann. Estens. bei Murat. XX, Col. 468 heißt der Amorin oder Putto ganz naiv: instar Cupidinis angelus. Vgl. auch die Rede des Ungenannten vor Leo X. (1521), worin auch die Stelle: Quare et te non jam Iupiter, sed Virgo Capitolina Dei parens quae hujus urbis et collis reliquiis praesides, Romamque et Capitolium tutaris. Greg. VIII, 294, 1. — Divus ist dann auf Medaillen stehende Bezeichnung für jeden berühmten — noch lebenden — Mann. Selbst Ludwig XI., an dessen Frömmigkeit nicht zu zweifeln ist, ließ sie sich gefallen. Auf einer Medaille des Königs René von Anjou und seiner Gemahlin Jeanne de Laval 1463 heißt es: Divi heroes . . incedunt jugiter parantes ad superos iter. Heiß, Méd. de la renaiss. Franc. da Laurana, Paris 1882, S. 22.

[2]) Della Valle, Lettere sanesi, III, 18.

[3]) Macrob. Saturnal. III, 9. Ohne Zweifel machte er auch die dort vorgeschriebenen Gesten dazu. Eine vielleicht eben so starke Anrufung, die Bembo gebrauchte, bei Gregorovius VIII, 294, 1. — Andere sehr merkwürdige Stellen über das Heidenthum im damaligen Rom bei Ranke, Päpste I, S. 73 fg. — Vgl. besonders auch die Zusammenstellung bei Gregorovius VIII, 268 fg. — In einem Schriftchen von Jac. Caviceus: Maximo humanae imbecillitatis simulachro bifronti Vita Petrimariae de rubeis viri illustris per Jacobum caviceum, 5 Bl. in 4° heißt es bei der Erwähnung des biographisch geschilderten Jahres 1482: im 69. Jahre anno Jovis nostei humanati. Ein anderes Mitglied des neap. Kreises Gareth (Cariteo) wendet Verse des Lurcez auf Epikur fast wörtlich auf die Jungfrau Maria an (ed. Percopo S. CLVI). Ders. Cariteo, der außer kleinen reli-

steht, las eine Messe und sprach dann die in jenem Autor aufgezeichnete Devotionsformel gegen die Feinde aus, nur daß er statt Tellus mater teque Jupiter obtestor sagte: Tellus teque Christe Deus obtestor. Nachdem er damit noch an den zwei folgenden Tagen fortgefahren, zogen die Feinde ab. Von der einen Seite sieht dergleichen aus wie eine unschuldige Stil- und Modesache, von der andern aber wie ein religiöser Abfall.

Viertes Capitel.

Verflechtung von antikem und neuerem Aberglauben.

Doch das Alterthum hatte noch eine ganz besonders gefährliche Wirkung, und zwar dogmatischer Art: es theilte der Renaissance seine Art des Aberglaubens mit. Einzelnes davon hatte sich in Italien durch das Mittelalter hindurch am Leben erhalten; um so viel leichter lebte jetzt das Ganze neu auf. Daß dabei die Phantasie mächtig mitspielte,[1] versteht sich von selbst. Nur sie konnte den forschenden Geist der Italiener so weit zum Schweigen bringen.

Der Glaube an die göttliche Weltregierung war, wie gesagt, bei den Einen durch die Masse des Unrechtes und Unglückes erschüttert; die Anderen, wie z. B. Dante, gaben wenigstens das Erdenleben dem Zufall und seinem Jammer Preis, und wenn sie dabei dennoch einen starken Glauben behaupteten, so kam dies daher, daß sie die höhere Bestimmung des Menschen für das Jenseits festhielten. Sobald nun auch diese Ueberzeugung von der Unsterblichkeit wankte,

giösen Gedichten in einem großen poetischen Werke Pascha (6 Gesänge) die Auferstehung Christi und die Schicksale der h. drei Könige besang, lehnt sich dabei an Vergil u. A. und läßt im Paradiese die Parze Clotho ihre Spindel drehen. Einzelnes Andere vgl. Excurs CV.

[1] Gegen diese Ansicht Gabotto Rivista di filosofia scientifica VIII, 378, doch wohl nicht ganz zutreffend. Seine Abhandlung a. a. O.: L'astrologia nel quattrocento enthält wichtiges Material, das im Folgenden benutzt ist.

bekam der Fatalismus das Uebergewicht — oder wenn Letzteres geschah, so war Ersteres die Folge davon.

In die Lücke trat zunächst die Astrologie des Alterthums, auch wohl die der Araber. Aus der jedesmaligen Stellung der Planeten unter sich und zu den Zeichen des Thierkreises errieth sie künftige Ereignisse und ganze Lebensläufe und bestimmte auf diesem Wege die wichtigsten Entschlüsse. In vielen Fällen mag die Handlungsweise, zu welcher man sich durch die Gestirne bestimmen ließ, an sich nicht unsittlicher gewesen sein, als diejenige, welche man ohnedies befolgt haben würde; sehr oft aber muß der Entscheid auf Unkosten des Gewissens und der Ehre erfolgt sein. Es ist ewig lehrreich zu sehen, wie alle Bildung und Aufklärung gegen diesen Wahn lange Zeit nicht aufkamen, weil derselbe seine Stütze hatte an der leidenschaftlichen Phantasie, an dem heißen Wunsch, die Zukunft voraus zu wissen und zu bestimmen, und weil das Alterthum ihn bestätigte.

Die Astrologie tritt mit dem 13. Jahrhundert plötzlich sehr mächtig in den Vordergrund des italienischen Lebens.[1]) Kaiser Friedrich II. führt seinen Astrologen Theodorus mit sich, und Ezzelino da Romano[2]) einen ganzen stark besoldeten Hof von solchen Leuten, darunter den berühmten Guido Bonatti und den langbärtigen Saracenen Paul von Bagdad. Zu allen wichtigen Unternehmungen mußten sie ihm Tag und Stunde bestimmen, und die massenhaften Gräuel, welche er verüben ließ, mögen nicht geringen Theils auf bloßer Deduction aus ihren Weissagungen beruht haben. Seitdem scheut sich niemand mehr, die Sterne befragen zu lassen; nicht nur die Fürsten, sondern auch einzelne Stadtgemeinden[3]) halten sich regelmäßige Astrologen, und an den

[1]) Für die frühere Zeit A. Graf La fatalità nelle credenze del medio evo, Nuova antologia 3. ser. vol. 28 p. 201 ff.

[2]) Monach. Paduan. L. II, bei Urstisius, scriptores I, p. 598. 599. 602. 607. — Auch der letzte Visconti (Bd. I, S. 40) hatte eine ganze Anzahl solcher Leute bei sich, ohne deren Rath er nichts unternahm: unter diesen Leuten war auch ein Jude Helias. Gasparino da Barzizzi redete ihn einmal an: magna vi astrorum fortuna tuas res reget. G. B. Opera ed. Furietto p. 38. Vgl. Decembrio bei Muratori XX, Col. 1017.

[3]) So Florenz, wo der genannte Bonatti eine Zeit lang die Stelle ver-

Universitäten [1]) werden von 14. bis zum 16. Jahrhundert besondere Professoren dieser Wahnwissenschaft sogar neben eigentlichen Astronomen angestellt. Man wußte wohl, daß Augustinus und andere Kirchenväter die Astrologie bekämpft hatten, aber man setzte sich mit einem gewissen Hohn gegen diese altväterische Meinung über diesen Widerspruch hinweg. [2]) So bekennen sich die Päpste [3]) großentheils offen zur Sternbefragung; allerdings macht Pius II. eine ehrenvolle Ausnahme, [4]) wie er denn auch Traumdeutung, Prodigien und Zauber verachtete; Innocenz VIII. dagegen läßt den Astrologen Ambrogio Varese über den Ausgang seiner Krankheit befragen; Julius II. läßt den Tag für seine Krönung und für seine Rückkehr aus Bologna von Astrologen ausrechnen; [5]) und selbst Leo X. scheint einen Ruhm seines Pontificates darin zu finden, daß die

sah. Vgl. auch Matteo Villani XI, 3, wo offenbar ein Stadtastrolog gemeint ist, der die für den Krieg der Florentiner gegen die Pisaner günstige Zeit zu bestimmen hat. Excurs CVI.

[1]) Libri, Hist. d. sciences math. II, 52, 193. In Bologna soll diese Professur schon 1125 vorkommen. — Die pronostici 1445—1506 aus der Univ. Bibl. Bologna sind verzeichnet von Percopo in Atti dell' acc. di Napoli II, 2, S. 90—96. — Vgl. das Verzeichniß der Professoren von Pavia bei Corio, fol. 290. — Die Professur an der Sapienza unter Leo X., vgl. Roscoe, Leone X., ed. Bossi, V, p. 283.

[2]) J. A. Campanus hebt den großen Nutzen und Werth der Astrologie hervor und schließt seine Darlegung mit den Worten: Quamquam Augustinus sanctissimus ille vir quidem ac doctissimus, sed fortassis ad fidem religionemque propensior negat quicquam vel boni vel mali astrorum necessitate contingere. Oratio initio studii Perugiae habita 1455 in Campani Opp. Rom. 1495. — Daß judicia astrologica an den Kirchen angeschlagen wurden und dort unbehelligt stehen blieben, meldet A. de Tummulillis p. 192.

[3]) Schon um 1260 zwingt Papst Alexander IV. einen Cardinal und verschämten Astrologen, Bianco, mit politischen Weissagungen herauszurücken. Giov. Villani, VI, 81.

[4]) De dictis etc. Alphonsi, opera p. 493. Er fand, es sei pulchrius quam utile. Platina, Vitae Pont. p. 310. In der Europa c. 49 erwähnt Pius II., Baptista Blasius Astronom aus Cremona, habe das Mißgeschick des Fr. Foscaro vorausgesagt, tanquam praevidisset. — Sixtus IV. ließ sich von den planetariis Zeit und Umstände für feierliche Empfänge bestimmen; ein päpstlicher Beamter geht hora a planetariis monstrata auf seinen Posten, vgl. Jac. Volaterran. bei Murat. XXIII, Col. 173. 186.

[5]) Brosch: Julius II. (Gotha 1878) S. 97 u. 323.

Astrologie blühte,[1]) endlich Paul III. hat kein Consistorium gehalten,[2]) ohne daß ihm die Sterngucker die Stunde bestimmt hätten. Als die drei Centren astrologischer Lehre können Bologna, Mailand und Mantua gelten; namentlich aus dem erstern Ort ist eine fast ununterbrochene Reihe von Lehrern der Astrologie überliefert; aus der mailändischen Universität Pavia seit 1374.

Bei den besseren Gemüthern darf man nun wohl voraussetzen, daß sie sich nicht über einen gewissen Grad hinaus in ihrer Handlungsweise von den Sternen bestimmen ließen, daß es eine Grenze gab, wo Religion und Gewissen Einhalt geboten. In der That haben nicht nur treffliche und fromme Leute an dem Wahn Theil genommen, sondern sind selbst als Repräsentanten desselben aufgetreten. So Paolo Toskanelli (Maestro Pagolo),[3]) bei welchem man beinahe diejenige Absicht auf Versittlichung des Astrologenthums wiederfindet, welche bei dem späten Römer Firmicus Maternus kenntlich wird.[4]) Sein Leben war das eines heiligen Asceten; er genoß beinahe gar nichts, verachtete alle zeitlichen Güter und sammelte nur Bücher; als gelehrter Arzt beschränkte er seine Praxis auf seine Freunde, machte ihnen aber zur Bedingung, daß sie beichten mußten. Seine Conversation war der enge aber berühmte Kreis, welcher sich im Kloster zu den Engeln um Fra Ambrogio Camaldolese (S. 224 fg.) sammelte, — außerdem die Unterredungen mit Cosimo dem ältern, zumal in dessen letzten Lebensjahren; denn auch Cosimo achtete und benutzte die Astrologie, wenngleich nur für bestimmte, wahrscheinlich untergeordnete Gegenstände. Sonst gab Pagolo nur

[1]) Pier. Valeriano, de infelic. literat. ed. Mencken p. 318—324 bei Anlaß des Franc. Priuli, der Leos Horoscop schrieb und in diesem Buche abditissima quaeque anteactae aetatis et uni ipsi cognita principi explicuerat quaeque incumberent quaeque futura essent ad unguem ut eventus postmodum comprobavit, in singulos fere dies praedixerat. F. P. suchte sich, noch nicht 28jährig, auf alle mögliche Weise zu tödten, und starb endlich, nachdem er alles Andere vergeblich versucht, durch Hunger.

[2]) Ranke, Päpste, I, S. 247.

[3]) Vespas. Fiorentino p. 660 vgl. 341. — Ebenda ed. Frati I, 294 wird ein anderer Pagolo, ein Freund des Ambr. Traversari als Hofmathematiker und Astrolog des Federigo von Montefeltro erwähnt, und zwar merkwürdiger Weise ein Deutscher.

[4]) Firmicus Maternus, Matheseos Libri VIII, am Ende des zweiten Buches.

den vertrautesten Freunden astrologischen Bescheid. Aber auch ohne solche Sittenstrenge konnte der Sterndeuter ein geachteter Mann sein und sich überall zeigen; auch gab es ihrer ohne Vergleich viel mehr als im übrigen Europa, wo sie nur an bedeutenden Höfen, und selbst da nicht durchgängig, vorkommen. Wer in Italien irgend ein größeres Haus machte, hielt sich auch, sobald der Eifer für die Sache groß genug war, einen Astrologen, der freilich bisweilen Hunger leiden mochte.[1]) Durch die schon vor dem Bücherdruck stark verbreitete Literatur dieser Wissenschaft war überdies ein Dilettantismus entstanden, der sich so viel als möglich an die Meister des Faches anschloß. Die schlimme Gattung der Astrologen war die, welche die Sterne nur zu Hilfe nahm, um Zauberkünste damit zu verbinden oder vor den Leuten zu verdecken.

Doch selbst ohne eine solche Zuthat ist die Astrologie ein trauriges Element des damaligen italienischen Lebens. Welchen Eindruck machten alle jene hochbegabten, vielseitigen, eigenwilligen Menschen, wenn die blinde Begier, das Künftige zu wissen und zu bewirken, ihr kräftiges individuelles Wollen und Entschließen auf einmal zur Abdication zwingt! Dazwischen, wenn die Sterne etwa gar zu Ungünstiges verkünden, raffen sie sich auf, handeln unabhängig und sprechen dazu: Vir sapiens dominabitur astris[2]), der Weise wird über die Gestirne Meister; wie es Ludovico Moro in einem Anfall von Entschlossenheit that, als er das Kreuz mit der obenangeführten Inschrift machen ließ, das sich jetzt im Churer Münster befindet, oder Sixtus IV., der einmal sagte, er wolle versuchen, ob der Spruch wahr sei, — um bald wieder in den alten Wahn zurückzufallen.

Zunächst wird allen Kindern angesehener Familien das Horoscop gestellt, und bisweilen schleppt man sich hierauf das halbe Leben hindurch mit irgend einer nichtsnutzigen Voraussetzung von Ereignissen, die nicht eintreffen.[3]) Wenige waren so kühn wie Isabella

[1]) Bei Bandello III. Nov. 60 bekennt sich der Astrolog des Alessandro Bentivoglio in Mailand vor dessen ganzer Gesellschaft als einen armen Teufel.

[2]) Ueber diesen Spruch des Astrologen Ptolemäus, den B. Fazio für einen vergilischen hielt, vgl. Laur. Vallae Opp. p. 461.

[3]) Vgl. Excurs CVII.

d'Este, die, trotzdem sie durch Astrologen vor Pferden gewarnt war, nach kurzer Enthaltsamkeit ihrer Reitlust genügte[1]). Ihr und anderen Frauen wurde von Astrologen die genaue Zeit ihrer Entbindung vorherverkündet.

Dann werden für jeden wichtigen Entschluß der Mächtigen, zumal für die Stunde des Beginnens, die Sterne befragt. Abreisen fürstlicher Personen, Empfang fremder Gesandten,[2]) Grundsteinlegungen[3]) großer Gebäude hängen davon ab. Ein gewaltiges Beispiel der letzteren Art findet sich im Leben des oben genannten Guido Bonatti, welcher überhaupt durch seine Thätigkeit sowohl als durch ein großes systematisches Werk[4]) der Wiederhersteller der Astrologie im 13. Jahrhundert heißen darf. Um dem Parteikampf der Guelfen und Ghibellinen in Forli ein Ende zu machen, beredete er die Einwohner zu einem Neubau ihrer Stadtmauern und zum feierlichen Beginn desselben unter einer Constellation, die

[1]) Luzio u. Renier, Mantova e Urbino 1893 S. 82. Als bedeutende Astrologen (1494) gelten: Ottaviano [Ubaldini], Paolo di Middelbergo; P. Bono Avogario. Ueber Mantua: F. Gabotto, Bartol. Manfredi e l'astrologia alla corte di Mantova, Turin 1891; über Ferrara ders. Nuove ricerche sull' astrologia alla corte degli Estensi ebd.

[2]) Beispiele aus dem Leben des Lodovico Moro: Senarega, bei Muratori XXIV, Col. 518. 524. Benedictus, bei Eccard II, Col. 1623. Und doch hatte sein Vater, der große Francesco Sforza, die Astrologen verachtet, und sein Großvater Giacomo sich wenigstens nicht nach ihren Warnungen gerichtet. Corio, fol. 321. 413. Fr. Sforza wird ermahnt, sich am 27. Febr. 1452 vor Gift, und am 14. Juni 1457 sich maxime per mano di femmina zu hüten. Gabotto (2. Schrift) S. 10 ff.

[3]) Selbst die Zeit der Beerdigung wird per calculo astrologico festgesetzt. Gabotto (1. Schrift) S. 36 ff.

[4]) Sein Leben zunächst bei Filippo Villani: Vite; in neuerer Zeit ausführlich Della Vita e delle opere di Guido Bonati astrologo ed astronomo del secolo decimoterzo raccolte da B. Boncompagni, Rom 1851 (vorher Trotti, Bologna 1844). Sein großes Werk de astronomia tractatus X. ist mehrfach gedruckt. Die verschiedenen Ausgaben bibliographisch beschrieben bei Boncomp. S. 60 fg. Ueber Bonatti ferner Steinschneider in Zeitschr. d. D. Morg. Ges. XVIII, S. 120. Das im Text Mitgetheilte aus Annal. foroliviens., deren ungenannter Verf. sich auf das Zeugniß des Benvenuto da Imola beruft, bei Murat. XXII. Col. 233 fg. (vgl. das. Col. 150). — Leon Battista Alberti sucht die Ceremonie der Grundsteinlegung zu vergeistigen. Opere volgari, Tom. IV, p. 314 (oder de re aedific. L. I).

er angab; wenn dann Leute beider Parteien in demselben Moment Jeder seinen Stein in das Fundament würfen, so würde in Ewigkeit keine Parteiung mehr in Forli sein. Man wählte einen Guelfen und einen Ghibellinen zu diesem Geschäfte; der hehre Augenblick erschien, Beide hielten ihre Steine in der Hand, die Arbeiter warteten mit ihrem Bauzeug, und Bonatti gab das Signal — da warf der Ghibelline sogleich seinen Stein hinunter, der Guelfe aber zögerte und weigerte sich dann gänzlich, weil Bonatti selber als Ghibelline galt und etwas Geheimnißvolles gegen die Guelfen im Schilde führen konnte. Nun fuhr ihn der Astrolog an: Gott verderbe dich und deine Guelfenpartei mit eurer mißtrauischen Bosheit! dies Zeichen wird 500 Jahre lang nicht mehr am Himmel über unserer Stadt erscheinen! In der That verdarb Gott nachher die Guelfen von Forli, jetzt aber (schreibt der Chronist um 1480) sind Guelfen und Ghibellinen hier doch gänzlich versöhnt, und man hört ihre Parteinamen nicht mehr[1]).

Das Nächste, was von den Sternen abhängig wird, sind die Entschlüsse im Kriege. Derselbe Bonatti verschaffte dem großen Ghibellinenhaupt Guido da Montefeltro eine ganze Anzahl von Siegen, indem er ihm die richtige Sternenstunde zum Auszug angab[2]); als Montefeltro ihn nicht mehr bei sich hatte[3]), verlor er allen Muth, seine Tyrannis weiter zu behaupten und ging in ein Minoritenkloster; noch lange Jahre sah man ihn als Mönch terminiren. Bonatti stieg, sobald siegverheißende Constellationen nahten, mit Astrolab und Buch auf den Thurm von S. Mercuriale über der Piazza, und ließ, sobald der Moment kam, gleich die große Glocke zum Aufgebot läuten. Doch wird zugestanden, daß er sich bisweilen sehr geirrt, daß er z. B. einmal von einem Bauern durch eine Regenprophezeiung überwunden und verspottet wurde, und

[1]) Bei den Horoscopen der zweiten Gründung von Florenz (Giov. Villani III, 1) unter Karl d. Gr. und der ersten von Venedig (Bd. I, S. 66) geht vielleicht eine alte Erinnerung neben der Dichtung des spätern Mittelalters einher.

[2]) Ueber einen dieser Siege vgl. die höchst merkwürdige Stelle Bonattis aus seinem Werke tr. VII, cap. 5 mitgetheilt von Steinschneider DMGZ. XXV, S. 416.

[3]) Ann. foroliv. 235—238. — Filippo Villani, Vite. — Machiavelli Stor. fior. L. I.

weder das Schicksal des Montefeltro noch seinen eigenen Tod vorausgekannt habe. Unweit Cesena tödteten ihn Räuber, als er von Paris und italienischen Universitäten, wo er gelehrt hatte, nach Forli zurück wollte.

Die Florentiner ließen sich noch im pisanischen Krieg von 1362 durch ihren Astrologen die Stunde des Auszuges bestimmen[1]); man hätte sich beinahe verspätet, weil plötzlich ein Umweg in der Stadt befohlen wurde. Frühere Male war man nämlich durch Via di Borgo S. Apostolo ausgezogen und hatte schlechten Erfolg gehabt; offenbar war mit dieser Straße, wenn man gegen Pisa zu Felde zog, ein übles Augurium verknüpft, und deshalb wurde das Heer jetzt durch Porta rossa hinausgeführt; weil aber dort die gegen die Sonne ausgespannten Zelte nicht waren weggenommen worden, so mußte man — ein neues übles Zeichen — die Fahnen gesenkt tragen. Ueberhaupt war die Astrologie vom Kriegswesen schon deshalb nie zu trennen, weil ihr die meisten Condottieren anhingen. Jacopo Caldora war in der schwersten Krankheit wohlgemuth, weil er wußte, daß er im Kampfe fallen würde, wie denn auch geschah[2]); Bartolommeo Alviano war davon überzeugt, daß seine Kopfwunden ihm so gut wie sein Commando durch Beschluß der Gestirne zu Theil geworden;[3]) Nicolò Orsini-Pitigliano bittet sich für den Abschluß seines Soldvertrages mit Venedig (1495) von dem Physicus und Astrologen Alessandro Benedetto[4]) eine gute Sternenstunde aus. Als die Florentiner den 1. Juni 1498 ihren neuen Condottiere, Paolo Vitelli, feierlich mit seiner Würde bekleideten, wurde die schöne lateinische Rede des Marcello Virgilio unsanft durch die Rufe des Astrologen, der Feldherrn und derjenigen des Raths unterbrochen, welche meldeten, daß die Stunde[5]) da sei; der Com-

[1]) Matteo Villani XI, 3, s. oben S. 235, Anm. 3.

[2]) Jovian. Pontan. de fortitudine, L. I. — Die ersten Sforza als ehrenvolle Ausnahmen oben S. 239, Anm. 2.

[3]) Paul. Jov., Elog. p. 219 fg., sub. v. Barthol. Livianus.

[4]) Welcher dies selber erzählt. Benedictus, bei Eccard II, Col. 1617.

[5]) „hore 14½ con costellatione pervigiliata da l'astrologia" Vgl. Arch. stor. ital. V. Ser. 7. Bd. (1891) S. 135. Dort S. 134 ff. über die durch die Astrologen festgesetzte Ueberreichung des

mandostab aber, den man dem Neugewählten überreichte, war mit der Abbildung von Constellationen versehen[1]), und zwar auf Vitellis eigenen Wunsch. Doch gibt es auch Kriegsmänner, welche sich in ihren Zügen durch Vorhersagungen nicht bestimmen lassen z. B. Alfonso der Große von Neapel[2]).

Bisweilen wird es nicht ganz klar, ob bei wichtigen politischen Ereignissen die Sterne vorher befragt wurden, oder ob die Astrologen nur nachträglich aus Curiosität die Constellation berechneten, welche den betreffenden Augenblick beherrscht haben sollte. Als Giangaleazzo Visconti (Bd. I, S. 13) mit einem Meisterstreich seinen Oheim Bernabò und dessen Familie gefangen nahm (1385), standen Jupiter, Saturn und Mars im Hause der Zwillinge — so meldet ein Zeitgenosse,[3]) aber wir erfahren nicht, ob dies den Entschluß zur That bestimmte. Nicht selten mag auch politische Einsicht und Berechnung den Sterndeuter mehr geleitet haben als der Gang der Planeten.[4])

Hatte sich Europa schon das ganze spätere Mittelalter hindurch von Paris und Toledo aus durch astrologische Weissagungen von Pest, Krieg, Erdbeben, großen Wassern u. dgl. ängstigen lassen, so blieb Italien hierin vollends nicht zurück. Dem Unglücksjahr 1484, das den Fremden für immer Italien öffnete, gingen unläug-

Commandostabs an die Generalcapitäne von Florenz. — Doch wußten sich die florentinischen Machthaber gelegentlich von diesen astrologischen Bestimmungen zu befreien.

1) So wird wohl die Aussage des Jac. Nardi, Vita d'Ant. Giacomi p. 46 li fu dato il bastone in ringhiera della Signoria, com esi costuma e a punto di stelle, secondo che volle e domandó egli medesimo che si facesse zu verstehen sein. — An Kleidern und Geräthen kommt dergleichen nicht selten vor. Beim Empfang der Lucrezia Borgia in Ferrara trug das Maulthier der Herzogin von Urbino eine schwarzsammtne Decke mit goldenen astrologischen Zeichen. Arch. stor. append. II. p. 305.

2) Aeneas Sylvius in der oben S. 236, A. 4 angeführten Stelle, ferner Opp. 481.

3) Azario, bei Corio, fol. 258.

4) Etwas der Art könnte man selbst bei jenem türkischen Astrologen vermuthen, der nach der Schlacht von Nicopolis dem Sultan Bajazeth I. rieth, den Loskauf des Johann von Burgund zu gestatten: „um seinetwillen werde noch viel Christenblut vergossen werden." Es war nicht zu schwer, den weitern Verlauf des innern französischen Krieges voraus zu ahnen. Magn. chron. belgicum, p. 358. Juvénal des Ursins ad. a. 1396.

bar schlimme Weissagungen nahe voraus,[1]) nur müßte man wissen, ob solche nicht längst für jedes beliebige Jahr bereit lagen.

In seiner vollen, antiken Consequenz dehnt sich aber das System in Regionen aus, wo man nicht mehr erwarten würde ihm zu begegnen. Wenn das ganze äußere und geistige Leben des Individuums von dessen Genitura bedingt ist, so befinden sich auch größere geistige Gruppen, z. B. Völker und Religionen, in einer ähnlichen Abhängigkeit, und da die Constellationen dieser großen Dinge wandelbar sind, so sind es auch die Dinge selbst. Die Idee, daß jede Religion ihren Welttag habe, kommt auf diesem astrologischen Wege in die italienische Bildung hinein und zwar zunächst aus arabischen und jüdischen Quellen.[2]) Die Conjunction des Jupiter, hieß[3]) es, mit Saturn habe den hebräischen Glauben hervorgebracht, die mit Mars den chaldäischen, die mit der Sonne den ägyptischen, die mit Venus den mohammedanischen, die mit Merkur den christlichen, und die mit dem Mond werde einst die Religion des Antichrist hervorbringen.[4]) In frevelhaftester Weise hatte schon Cecco d'Ascoli die Nativität Christi berechnet und seinen Kreuzestod daraus deducirt; er mußte deshalb 1327 in Florenz auf dem Scheiterhaufen sterben.[5]) Lehren dieser Art führten in ihren weiteren Folgen eine förmliche Verfinsterung alles Uebersinnlichen mit sich.

Um so anerkennenswerther ist aber der Kampf, welchen der

[1]) Benedictus, bei Eccard II, Col. 1579. Es hieß u. a. 1493 vom König Ferrante: er werde seine Herrschaft verlieren, sine cruore, sed sola fama, wie denn auch geschah.

[2]) Vgl. M. Steinschneider, Apokalypsen mit polemischer Tendenz DMGZ. XXVIII, S. 627 fg. u. XXIX. S. 261.

[3]) Bapt. Mantuan. de patientia, L. III. cap. 12.

[4]) Das Erscheinen des Antichrist wurde in der zu Padua 1474 gedruckten Schrift eines Deutschen verkündet und von manchen Italienern z. B. Antonio Jvani geglaubt und ausführlich begründet, Giorn. ligust. 12, 418 ff. Manchen erschien die Trostlosigkeit der Zeit so arg, daß sie dem Bonet de Lates glaubten, der auf d. J. 1505 das Erscheinen eines Messias verkündete, Vogelstein — Rieger II, 82.

[5]) Giov. Villani, X, 39. 40. Es wirkten noch andere Dinge mit, u. a. collegialischer Neid. Ueber C. d'A. G. Castelli Ascoli 1867; ders. im Giorn. stor. 15, 251—256. — Schon Bonatti hatte Aehnliches gelehrt und z. B. das Wunder der göttlichen Liebe in S. Franz als Wirkung des Planeten Mars dargestellt. Vgl. Jo. Picus adv. Astrol. II, 5.

lichte italienische Geist gegen dieses ganze Wahngespinnst geführt hat. Neben den größten monumentalen Verherrlichungen der Astrologie, wie die Fresken im Salone zu Padua[1]) und diejenigen in Borsos Sommerpalast (Schifanoja) zu Ferrara, neben dem unverschämten Anpreisen, das sich selbst ein Beroaldus der ältere[2]) erlaubt, tönt immer wieder der laute Protest der Nichtbethörten und Denkenden. Auch auf dieser Seite hatte das Alterthum vorgearbeitet, doch reden sie hier nicht den Alten nach, sondern aus ihrem eigenen gesunden Menschenverstande und aus ihrer Beobachtung heraus. Petrarcas Stimmung gegen die Astrologen, die er aus ihrem eigenen Umgang kannte, ist derber Hohn,[3]) und ihr System durchschaut er in seiner Lügenhaftigkeit. Sodann ist die Novelle seit ihrer Geburt, seit den cento novelle antiche, den Astrologen fast immer feindlich.[4]) Die florentischen Chronisten wehren sich auf das Tapferste, auch wenn sie den Wahn, weil er in die Tradition verflochten ist, mittheilen müssen. Giovanni Villani sagt es mehr als einmal:[5]) „keine Constellation kann den freien Willen des Menschen unter die Nothwendigkeit zwingen, noch auch den Beschluß Gottes"; Matteo Villani[6])

[1]) Es sind die von Mirotto zu Anfang des 15. Jahrh. gemalten; laut Scardeonius waren sie bestimmt ad indicandum nascentium naturas per gradus et numeros, ein populäreres Beginnen als wir uns jetzt leicht vorstellen. Es war Astrologie à la portée de tout le monde.

[2]) Er meint (Orationes, fol. 35, oratio nuptialis habita Mediolani) von der Sterndeutung: Astrologia ab rerum terrenarum contemplatu mentes nostras evocat ad spectanda caelestia ad cursus syderum statos pensitandos ad superas sedes noscitandas; haec efficit ut homines parum a Diis distare videantur! — Ein anderer Enthusiast aus derselben Zeit ist Jo. Garzonius, de dignitate urbis Bononiae, bei Murat. XXI. Col. 1163.

[3]) Petrarca, epp. seniles III, ed. Fracaß. I, 132 fg. Vgl. auch Geiger Petrarca bes. S. 267 A. 11. Petrarca, so eifrig er gegen Astrologie losfuhr, nannte doch Mayno de'Mayneri, „den großen Astrologen" seinen guten Freund und that sich auf die in seiner Jugend erhaltene Prophezeiung, es werde etwas großes aus ihm werden, viel zu gute. (Sen. III, 1 vgl. Rajna, Giorn. stor. X, 101 fg.)

[4]) Bei Franco Sacchetti macht Nov. 151, in welcher der Schriftsteller selbst, handelnd und redend gegen einen Astrologen auftritt, ihre Weisheit lächerlich.

[5]) Gio. Villani III, 1, X, 39. Derselbe G. V. vertieft sich aber an anderen Stellen andächtig und gläubig in astrologische Forschungen, X, 120, XII, 40.

[6]) In der mehrfach angeführten Stelle XI, 3.

erklärt die Astrologie für ein Laster, das die Florentiner mit anderm Aberglauben von ihren Vorfahren, den heidnischen Römern, geerbt hätten. Es blieb aber nicht bei blos literarischer Erörterung, sondern die Parteien, die sich darob bildeten, stritten öffentlich; bei der furchtbaren Ueberschwemmung des Jahres 1333 und wiederum 1345 wurde die Frage über Sternenschicksal und Gottes Willen und Strafgerechtigkeit zwischen Astrologen und Theologen höchst umständlich discutirt.[1]) Diese Verwahrungen hören die ganze Zeit der Renaissance hindurch niemals völlig auf,[2]) und man darf sie für aufrichtig halten, da es durch Vertheidigung der Astrologie leichter gewesen wäre sich bei den Mächtigen zu empfehlen als durch Anfeindung derselben.

In der Umgebung des Lorenzo magnifico, unter seinen namhaftesten Platonikern, herrschte hierüber Zwiespalt. Daß Marsilio Ficino die Astrologie vertheidigt, den Kindern vom Hause das Horoscop gestellt und dem kleinen Giovanni geweissagt haben soll, er würde ein Papst — Leo X. — werden, wie Giovio berichtet,[3]) ist zwar erdichtet, aber andere Akademiker hingen der Astrologie an. Dagegen macht Pico della Mirandola wahrhaft Epoche in dieser Frage durch seine berühmte Widerlegung.[4]) Er weist im Sternglauben eine Wurzel aller Gottlosigkeit und Unsittlichkeit nach; wenn der Astrologe an irgend Etwas glauben wolle, so müsse er am ehesten die Planeten als Götter verehren, indem ja von ihnen alles Glück und Unheil hergeleitet werde; auch aller übrige Aberglaube finde hier ein bereitwilliges Organ, indem Geomantie, Chiromantie und Zauber jeder Art für die Wahl der Stunde sich zunächst an die

[1]) Gio. Villani XI, 2, XII, 58.

[2]) Auch jener Verfasser der Annales Placentini (bei Murat. XX, Col. 931), der Bd. I, S. 262, A. 2. 263, A. 3 erwähnte Alberto di Ripalta schließt sich dieser Polemik an. Die Stelle ist aber anderweitig merkwürdig, weil sie die damaligen Meinungen über die 9 bekannten, und hier mit Namen genannten Cometen, ihre Farbe, Entstehung und Bedeutung enthält. — Eine von Gabotto angeführte Schrift von Massanera, Bologna 1492 soll parodistisch sein.

[3]) Paul. Jov. Vita Leonis X. L. III, wo dann bei Leo selbst wenigstens ein Glaube an Vorbedeutungen &c. zum Vorschein kommt. Vgl. oben S. 237, A. 1.

[4]) Jo. Pici Mirand. adversus astrologos libri XII.

Astrologie wendeten. In Betreff der Sitten sagt er: eine größere Förderung für das Böse gäbe es gar nicht, als wenn der Himmel selbst als Urheber desselben erscheine, dann müsse auch der Glaube an ewige Seligkeit und Verdammniß völlig schwinden. Pico hat sich sogar die Mühe genommen, auf empirischem Wege die Astrologen zu controliren; von ihren Wetterprophezeiungen für die Tage eines Monats fand er drei Viertheile falsch. Die Hauptsache aber war, daß er (im IV. Buche) eine positive christliche Theorie über Weltregierung und Willensfreiheit vortrug, welche auf die Gebildeten der ganzen Nation einen größern Eindruck gemacht zu haben scheint als alle Bußpredigten, von welchen diese Leute oft nicht mehr erreicht wurden.

Vor Allem verleidet er den Astrologen die weitere Publication ihrer Lehrgebäude,[1]) und die, welche bisher dergleichen hatten drucken lassen, schämten sich mehr oder weniger. Gioviano Pontano z. B. hatte in seinem Buche „vom Schicksal" (oben S. 233) die ganze Wahnwissenschaft anerkannt und sie in einem eigenen großen Werke,[2]) dessen einzelne Bücher er hochstehenden Freunden und Gesinnungsgenossen Aldo Manucci, P. Bembo, Sannazar widmete, theoretisch in der Art des alten Firmicus vorgetragen, die Entwickelung jeder geistigen und körperlichen Eigenschaft den Gestirnen zugeschrieben; jetzt in seinem Dialog „Aegidius" gibt er zwar nicht die Astrologie Preis, bekämpft aber einzelne lügnerische Astrologen entschiedener als er es früher gethan hatte, und rühmt den freien Willen, durch welchen der Mensch Gott zu erkennen vermöge.[3]) Die Sache blieb

[1]) Laut Paul. Jov. Elog. lit., p. 76 fg., sub tit. Jo. Picus, war seine Wirkung diese, ut subtilium disciplinarum professores a scribendo deterruisse videatur. Gegen P. erschienen z. B. Lucii Bellantii (aus Siena) Responsiones in disputationes J. P. contra astrologos (Flor. 1498).

[2]) De rebus coelestibus libri 14 (Opp. III, 1963—2591). Im 12. Buche, das dem Paolo Cortese gewidmet ist, will er dessen Bekämpfung der Astrologie nicht gelten lassen. — Aegidius Opp. II, 1455—1514. Demselben Egidio (von Viterbo? Cardinal?) hatte Pontano sein Büchlein de luna (Opp. III, 2592) zugeeignet.

[3]) Die letztere Stelle p. 1486; seinen Gegensatz gegen Picus läßt er den Mitunterredner Franc. Pudericus selbst bestimmt aussprechen (p. 1496): Pontanus non ut Johannes Picus in disciplinam ipsam armis equisque, quod dicitur, irrumpit, cum illam

in Uebung, aber sie scheint doch nicht mehr das Leben so beherrscht zu haben, wie früher. Die Malerei, welche im 15. Jahrhundert den Wahn nach Kräften verherrlicht hatte, spricht nun die veränderte Denkweise aus: Raffael in der Kuppel der Capelle Chigi [1]) stellt ringsum die Planetengötter und den Fixsternhimmel dar, aber bewacht und geleitet von herrlichen Engelgestalten, und von oben herab gesegnet durch den ewigen Vater. Noch ein anderes Element scheint der Astrologie in Italien feindlich gewesen zu sein: die Spanier hatten keinen Theil daran, auch ihre Generale nicht, und wer sich bei ihnen in Gunst setzen wollte, [2]) bekannte sich wohl ganz offen als Feind der für sie halbketzerischen, weil halbmohammedanischen Wissenschaft. Freilich noch 1529 meint Guicciardini: wie glücklich doch die Astrologen seien, denen man glaube, wenn sie unter hundert Lügen eine Wahrheit vorbrächten, während Andere, die unter hundert Wahrheiten eine Lüge sagten, um allen Credit kämen. [3]) Und überdies schlug die Verachtung der Astrologie nicht nothwendig in Vorsehungsglauben um, sie konnte sich auch auf einen allgemeinen, unbestimmten Fatalismus zurückziehen.

Italien hat in dieser wie in anderen Beziehungen den Culturtrieb der Renaissance nicht gesund durch- und ausleben können, weil

tueatur, ut cognitu maxime dignam ac pene divinam, sed astrologos quosdam, ut parum cautos minimeque prudentes insectetur et rideat. — V. Zumbini (L'astrologia e la mitologia nel Pontano e nel Folengo, S.-Dr. aus der Rassegna literaria Bd. II.) hat gezeigt, daß Pontano in Delle cose celesti lib. XII die Astrologie gegen Pico vertheidigt, und auch in der Schrift De fortuna die Vorwürfe des Gegners zurückweist, indem er auf die Widerlegung des scharfsinnigen Lucius Bellantii (oben S. 246 A. 1.) aufmerksam macht. Auch Marin Sanudo hängt noch vollständig an astrologischem Wahn vgl. X, 47 und über eine aus Deutschland gekommene astrologische Verkündigung z. Aug. 1512. Aehnliche Widersprüche (zuerst Zustimmung, dann Ableugnung) in den Schriften des Battista Mantovano und Antonio Cornazzano, vgl. Gabotto a. a. O., S. 388 fg.

[1]) In S. Maria del popolo zu Rom. — Die Engel erinnern an die Theorie Dantes zu Anfang des Convito.

[2]) Dies ist wohl der Fall mit Antonio Galateo, der in einem Brief an Ferdinand den Katholischen (Mai, spicileg. rom. vol. VIII, p. 226, vom J. 1510) die Astrologie heftig verleugnet, in einem andern Brief an den Grafen von Potenza jedoch (ibid., p. 539) aus den Sternen schließt, daß die Türken heuer Rhodus angreifen würden.

[3]) Ricordi, l. c. N. 57.

die Eroberung und die Gegenreformation dazwischen kam. Ohne dieses würde es wahrscheinlich die phantastischen Thorheiten völlig aus eigenen Kräften überwunden haben. Wer nun der Ansicht ist, daß Invasion und katholische Reaction nothwendig und vom italienischen Volk ausschließlich selbst verschuldet gewesen seien, wird ihm auch die daraus erwachsenen geistigen Verluste als gerechte Strafe zuerkennen. Nur Schade, daß Europa dabei ebenfalls ungeheuer verloren hat.

Bei weitem unschuldiger als die Sterndeutung erscheint der Glaube an Vorzeichen. Das ganze Mittelalter hatte einen großen Vorrath desselben aus seinen verschiedenen Heidenthümern ererbt, und Italien wird wohl darin am wenigsten zurückgeblieben sein. Was aber die Sache hier eigenthümlich färbt, ist die Unterstützung, welche der Humanismus diesem populären Wahn leistet; er kommt dem ererbten Stück Heidenthum mit einem literarisch erarbeiteten zu Hilfe.

Der populäre Aberglaube der Italiener bezieht sich bekanntlich auf Ahnungen und Schlüsse aus Vorzeichen,[1]) woran sich dann noch eine meist unschuldige Magie anschließt. Nun fehlt es zunächst nicht an gelehrten Humanisten, welche wacker über diese Dinge spotten und sie bei diesem Anlaß berichten.[2]) Derselbe Giovanni

[1]) Eine Masse solchen Wahnes beim letzten Visconti zählt Decembrio (Murat. XX, Col. 1016 fg.) auf. Odaxius sagt in seiner Rede bei der Beerdigung des Guidobaldo (Bembi Opera I, 598 fg.), die Götter hätten den Tod des G. vorher verkündet: Nam et hoc ipso anno ejus thalamus cum ipse in eo esset, tactus de coelo est et paulo antea quam e vita exiret, terraemotus horribiles in regni finibus crebro fuisse nunciatum est: et ex altissimorum montium cacuminibus mirae ingentesque ab incolis voces multis in locis exauditae sunt: et noctu supra templum hoc atque urbem longissimis ardere tractibus sereno coelo maximos clarissimosque ignes plurimi mortales conspexerunt. Aedes vero ubi nunc humatum ejus cadaver est, medio die a sacerdotibus aperire sese visa, vano illos metu atque pavore perterruit.

[2]) Franc. Roccioli schrieb 1495 (richtig Jan. 1496) eine Schrift De monstro in Tyberi reperto (nach der großen Ueberschwemmung): Eselskopf, Frauenkörper, rechte Hand Elephantenrüssel, rechter Fuß der eines Adlers, linke der eines Ochsen u. s. w. vgl. Pastor II, 345.

Pontano, welcher jenes große astrologische Werk (S. 246) verfaßte, zählte in seinem „Charon" ganz mitleidig allen möglichen neapolitanischen Aberglauben auf: den Jammer der Weiber, wenn ein Huhn oder eine Gans den Pips bekommt; die tiefe Besorgniß der vornehmen Herren, wenn ein Jagdfalke ausbleibt, ein Pferd den Fuß verstaucht, den Zauberspruch der apulischen Bauern, welchen sie in drei Samstagsnächten hersagen, wenn tolle Hunde das Land unsicher machen 2c. Ueberhaupt hatte die Thierwelt ein Vorrecht des Ominösen gerade wie im Alterthum, und vollends jene auf Staatskosten unterhaltenen Löwen, Leoparden u. dgl. (oben S. 11, f.) gaben durch ihr Verhalten dem Volke um so mehr zu denken, als man sich unwillkürlich gewöhnt hatte, in ihnen das lebendige Symbol des Staates zu erblicken. Als während der Belagerung 1529 ein angeschossener Adler nach Florenz hereinflog, gab die Signorie dem Ueberbringer vier Ducaten, weil es ein gutes Augurium sei[1]. Dann waren bestimmte Zeiten und Orte für bestimmte Verrichtungen günstig oder ungünstig, oder überhaupt entscheidend. Die Florentiner glaubten, wie Varchi meldet, der Sonnabend sei ihr Schicksalstag, an welchem alle wichtigen Dinge, gute sowohl als böse, zu geschehen pflegten. Ihr Vorurtheil gegen Kriegsauszüge durch eine bestimmte Gasse wurde schon (S. 241) erwähnt; bei den Peruginern dagegen gilt eines ihre Thore, die Porta eburnea, als glückverheißend, so daß die Baglionen zu jedem Kampfe dort hinaus marschiren ließen.[2] Dann nehmen Meteore und Himmelszeichen dieselbe Stelle ein wie im ganzen Mittelalter, und aus sonderbaren Wolkenbildungen gestaltet die Phantasie auch jetzt wieder streitende Heere und glaubt deren Lärm hoch in der Luft zu hören.[3] Schon bedenklicher wird der Aberglaube, wenn er sich mit heiligen Dingen combinirt, wenn z. B. Madonnenbilder die Augen bewegen[4] oder weinen, ja wenn Landescalamitäten mit ir-

[1]) Varchi, Stor. fior. L. IV. (p. 174). Ahnung und Weissagung spielten damals in Florenz fast dieselbe Rolle wie einst in dem belagerten Jerusalem. Vgl. ibid. III, 143. 195. IV. 43. 177.

[2]) Matarazzo, Arch. stor. XVI, II, p. 208.

[3]) Prato, Arch. stor. III, p. 324, zum J. 1514.

[4]) Wie die Madonna dell' arbore im

gend einem angeblichen Frevel in Verbindung gebracht werden, dessen Sühnung dann der Pöbel verlangt (oben S. 205). Als Piacenza 1478 von langem und heftigem Regen heimgesucht wurde, hieß es, derselbe werde nicht aufhören, bis ein gewisser Wucherer, der unlängst in S. Francesco begraben worden war, nicht mehr in geweihter Erde ruhe. Da sich der Bischof weigerte, die Leiche gutwillig ausgraben zu lassen, holten die jungen Burschen sie mit Gewalt, zerrten sie in den Straßen unter gräulichem Tumult herum, ließen sie von ehemaligen Schuldnern beschimpfen und thätlich beleidigen und warfen sie zuletzt in den Po. „Das Wunderbare war, daß der Regen nun sofort aufhörte", setzt der Chronist hinzu[1]). Freilich auch ein Angelo Poliziano läßt sich auf dieselbe Anschauungsweise ein, wo es Giacomo Pazzi gilt, einem Haupanstifter der nach seiner Familie benannten Verschwörung zu Florenz in demselben Jahre 1478. Als man ihn erdrosselte, hatte er mit fürchterlichen Worten seine Seele dem Satan übergeben. Nun trat auch hier Regen ein, so daß die Getreideernte bedroht war; auch hier grub ein Haufe von Leuten (meist Bauern) die Leiche in der Kirche aus, und alsobald wichen die Regenwolken und die Sonne erglänzte — „so günstig war das Glück der Volksmeinung", fügt der große Philologe bei[2]). Zunächst wurde die Leiche in ungeweihter Erde verscharrt, des folgenden Tages aber wiederum ausgegraben und nach einer entsetzlichen Procession durch die Stadt in den Arno versenkt. Umgekehrt wird auch erzählt, daß der Regen durch derartige abergläubische Handlungen hervorgerufen wird. Um dem Wassermangel abzuhelfen,

Dom von Mailand 1515 that, vgl. Prato. l. c. p. 327. Freilich erzählt derselbe Chronist p. 357, daß man beim Graben der Fundamente für den Bau der triulzischen Grabcapelle (bei S. Nazaro) einen todten Drachen so dick wie ein Pferd gefunden habe; man brachte den Kopf in den Palast Triulzi und gab den Rest Preis.

1) Diarium Parmense bei Murat. XXII, Col. 280. Dieser Autor theilt auch sonst jenen concentrirten Haß gegen die Wucherer, wovon das Volk erfüllt ist. Vgl. Col. 371.

2) Conjurationis Pactianae commentarius, in den Beilagen zu Roscoe, Leben des Lorenzo. — Poliziano war sonst wenigstens Gegner der Astrologie. — Natürlich vermögen die Heiligen durch ihr Wort den Regen zu stillen, vgl. Aeneas Sylvius im Leben des Bernardino da Siena (de vir. ill. p. 25).

der 1464 in der von Ferdinand von Neapel belagerten Stadt Suessa herrschte, warfen Bürger ein Crucifix unter entsetzlichen Lästerungen ins Meer, Geistliche begruben einen Esel, dem sie eine Hostie ins Maul gesteckt hatten, lebendig vor der Kirche; daraufhin brach ein furchtbares Ungewitter los[1]).

Solche und ähnliche Züge sind wesentlich populär und können im 10. Jahrhundert so gut vorgekommen sein, als im 16. Nun mischt sich aber auch hier das literarische Alterthum ein. Von den Humanisten wird ausdrücklich versichert, daß sie den Prodigien und Augurien ganz besonders zugänglich gewesen, und Beispiele davon (S. 222) wurden bereits erwähnt. Wenn es aber irgend eines Beleges bedürfte, so würde ihn schon der eine Poggio gewähren. Derselbe radicale Denker, welcher den Adel und die Ungleichheit der Menschen negirt (S. 79 fg.), glaubt nicht nur an allen mittelalterlichen Geister- und Teufelsspuk (fol. 167, 179), sondern auch an Prodigien antiker Art, z. B. an diejenigen, welche beim letzten Besuch Eugens IV. in Florenz berichtet wurden[2]). „Da sah man in der Nähe von Como des Abends 4000 Hunde, die den Weg nach Deutschland nahmen; auf diese folgte eine große Schaar Rinder, dann ein Heer von Bewaffneten zu Fuß und zu Roß, theils ohne Kopf, theils mit kaum sichtbaren Köpfen, zuletzt ein riesiger Reiter, dem wieder eine Heerde von Rindern nachzog." Auch an eine Schlacht von Elstern und Dohlen (fol. 180) glaubt Poggio. Ja er erzählt, vielleicht ohne es zu merken, ein ganz wohl erhaltenes Stück antiker Mythologie. An der dalmatinischen Küste nämlich erscheint ein Triton,

[1]) Pontanus, de bello neapolit., lib. V. (Nach C. Meyer: Der Aberglaube S. 247.)

[2]) Poggii facetiae, fol. 174. — Aen. Sylvius: De Europa c. 53. 54. (Opera p. 451. 455) erzählt wenigstens wirklich geschehene Prodigien, z. B. Thierschlachten, Wolkenerscheinungen &c. und giebt sie schon wesentlich als Curiositäten, wenn er auch die betreffenden Schicksale daneben nennt. Aehnliches erzählt Antonio Ferrari (il Galateo) de situ Japygiae (Basel 1558) p. 121 und versucht eine Erklärung: et hae, ut puto, species erant earum rerum quae longe aberant atque ab eo loco in quo species visae sunt videri minime poterant. — Daß in Folge der Mondfinsterniß 1483 Menschen todt hinfallen, glaubt Landucci, p. 44. Er ist überhaupt abergläubisch und wundergläubig.

bärtig und mit Hörnchen, als echter Meersatyr, unten in Flossen und in einen Fischleib ausgehend; er fängt Kinder und Weiber vom Ufer weg, bis ihn fünf tapfere Waschfrauen mit Steinen und Prügeln tödten.[1]) Ein hölzernes Modell des Ungethüms, welches man in Ferrara zeigt, macht dem Poggio die Sache völlig glaublich. Zwar Orakel gab es keine mehr und Götter konnte man nicht mehr befragen, aber das schon im Mittelalter übliche Aufschlagen des Vergil und die ominöse Deutung der Stelle, auf die man traf (sortes virgilianæ), wurde wieder Mode.[2]) Es kommt wohl vor, daß die antiken Götter geradezu als Andeuter späterer Unglücksfälle betrachtet werden: Vulkan mit seinen Gesellen erscheint 1538 einem reisenden Kaufmann, mit der Meldung, sie wollten etwas auf dem Aetna bauen; kurz darauf bricht auf dem Aetna ein ungeheures Feuer aus, das trotz vieler Processionen und Gebete furchtbaren Schaden anrichtete.[3]) Außerdem blieb der Dämonenglaube des spätesten Alterthums gewiß nicht ohne Einfluß auf denjenigen der Renaissance. Die Schrift des Jamblichus oder Abammon über die Mysterien der Aegypter, welche hierzu dienen konnte, ist schon zu Ende des 15. Jahrhunderts in lateinischer Uebersetzung gedruckt worden. Sogar die platonische Academie in Florenz z. B. ist von solchem und ähnlichem neuplatonischem Wahn der sinkenden Römerzeit nicht ganz frei geblieben. Von diesem Glauben an die Dämonen und dem damit zusammenhängendeu Zauber muß nunmehr die Rede sein.

Der Populärglaube an das, was man die Geisterwelt nennt,[4])

[1]) Poggii facetiae, fol. 160. cf. Pausanias IX, 20.

[2]) Varchi III, p. 195. Zwei Verdächtige entschließen sich 1529 zur Flucht aus dem Staate, weil sie Virg. Aen. III. 44 (Heu! fuge crudelis terras, fuge litus avarum) aufschlugen. Vgl. Rabelais, Pantagruel, III, 10.

[3]) Li horrendi et spaventosi prodigii . . . nel monte di Ethna vgl. C. Meyer: Der Aberglaube S. 122 fg.

[4]) Phantasien von Gelehrten, wie z. B. den splendor und den spiritus des Hier. Cardanus und den Daemon familiaris seines Vaters Facius C. lassen wir auf sich beruhen. Vgl. Cardanus, de propria vita, cap. 4. 38. 47. Ferner dess. De varietate rerum, wo er auch von den durch seinen Vater beobachteten Privatdämonen Anderer spricht und de subtilitate, wo sogar Tag und Stunde angegeben werden. Merkwürdige Träume und Erscheinungen behauptet Giorgio Valla gehabt zu haben: De expetendis

ist in Italien so ziemlich derselbe wie im übrigen Europa. Zunächst gibt es auch dort Gespenster, d. h. Erscheinungen Verstorbener, und wenn die Anschauung von der nordischen etwas abweicht, so verräth sich dies höchstens durch den antiken Namen ombra. Wenn sich noch heute ein solcher Schatten erzeigt, so läßt man ein paar Messen für seine Ruhe lesen. Daß die Seelen böser Menschen in furchtbarer Gestalt erscheinen, versteht sich von selbst, doch geht daneben noch eine besondere Ansicht einher, wonach die Gespenster Verstorbener überhaupt bösartig wären. Die Todten bringen die kleinen Kinder um, meint der Caplan bei Bandello.[1]) Wahrscheinlich trennt er hierbei in Gedanken noch einen besondern Schatten von der Seele, denn diese büßt ja im Fegefeuer, und wo sie erscheint, pflegt sie nur zu flehen und zu jammern. Um den Spuk los zu werden, öffnete man das Grab, zerstückelte den Leichnam, verbrannte das Herz und streute die Asche in die vier Winde.[2]) Andere Male ist, was erscheint, nicht sowohl das Schattenbild eines bestimmten Menschen als das eines Ereignisses, eines vergangenen Zustandes. So erklären die Nachbarn den Teufelsspuk im alten viscontinischen Palast bei S. Giovanni in Conca zu Mailand; hier habe einst Bernabò Visconti unzählige Opfer seiner Tyrannei foltern und erdrosseln lassen, und es sei kein Wunder, wenn sich etwas erzeige.[3]) Freilich war es in diesem Falle nur ein Amant, der den Gemahl seiner Dame, den Bewohner des Palastes, erschrecken wollte. Er und die Seinigen verkleideten sich in Teufel; Einen, der alle Thierstimmen nachmachen konnte, hatte er sogar von auswärts kommen lassen. Einem ungetreuen Armenhausverwalter zu Perugia

et fugiendis rebus Ven. 1501. lib. 49 (N. Arch. Ven. I, 207). Er selber war Gegner der Magie, cap. 39. Die Prodigien und Gespenster, die ihm begegnet, cap. 37. 41. Wie weit die Gespensterfurcht des letzten Visconti ging, vgl. Decembrio, bei Muratori XX, Col. 1016.

1) Molte fiate i morti guastano le creature. Bandello II, Nov. 1. — Bei Galateo (p. 117) heißt es: die animae der bösen Menschen stiegen aus dem Grabe, erschienen Bekannten und Freunden, animalibus vesci, pueros sugere ac necare, deinde in sepulchra reverti.

2) Galateo, a. a. O. Derselbe spricht dann (p. 119) von der Fata morgana und ähnlichen Erscheinungen.

3) Bandello III, Nov. 20.

erschien eines Abends, als er Geld zählte, ein Schwarm von Armen mit Lichtern in den Händen und tanzte vor ihm herum; eine große Gestalt aber führte drohend das Wort für sie, es war S. Alò, der Schutzheilige des Armenhauses.[1]— Diese Anschauungen verstanden sich so sehr von selbst, daß auch Dichter ein allgemein giltiges Motiv darin finden konnten. Sehr schön gibt z. B. Castiglione die Erscheinung des erschossenen Lodovico Pico unter den Mauern des belagerten Mirandola wieder.[2]) Freilich die Poesie benutzt dergleichen gerade am liebsten, wenn der Poet selber schon dem betreffenden Glauben entwachsen ist.

Sodann war Italien mit derselben Volksansicht über die Dämonen erfüllt, wie alle Völker des Mittelalters. Man war überzeugt, daß Gott den bösen Geistern jedes Ranges bisweilen eine große zerstörende Wirkung gegen einzelne Theile der Welt und des Menschenlebens zulasse; alles, was man einbedang, war, daß wenigstens der Mensch, welchem die Dämonen als Versucher nahten, seinen freien Willen zum Widerstand anwenden könne. In Italien nimmt zumal das Dämonische der Naturereignisse im Mund des Volkes leicht eine poetische Größe an. In der Nacht vor der großen Ueberschwemmung des Arnothales 1333 hörte einer der heiligen Einsiedler oberhalb Vallombrosa in seiner Zelle ein teuflisches Getöse, bekreuzte sich, trat unter die Thür und erblickte schwarze und schreckliche Reiter in Waffen vorüberjagen. Auf sein Beschwören stand ihm einer davon Rede: „Wir gehen und ersäufen die Stadt Florenz um ihrer Sünde willen, wenn Gott es zuläßt.“[3]) Womit man die fast gleichzeitige Erscheinung (1340) vergleichen mag, aus welcher dann irgend ein großer Meister der Schule von Venedig, wahrscheinlich Giorgione, ein wundersames Bild gemacht hat: jene Galeere voller Dämonen, welche mit der Schnelligkeit eines Vogels über die stürmische Lagune daherjagte, um die sündige Inselstadt zu ver-

[1]) Graziani, Arch. stor. XVI, I. p. 640, ad a. 1467.

[2]) Balth. Castilionii carmina ed. P. A. Serassi, II, 294 fg.: Prosopopeja Lud. Pici.

[3]) Gio. Villani XI, 2. Er hatte es vom Abt der Vallombrosaner, dem es der Eremit eröffnet hatte.

derben, bis die drei Heiligen, welche unerkannt in die Barke eines armen Schiffers gestiegen waren, durch ihre Beschwörung die Dämonen und ihr Schiff in den Abgrund der Fluthen trieben.

Zu diesem Glauben gesellt sich nun der Wahn, daß der Mensch sich durch Beschwörung den Dämonen nähern, ihre Hilfe zu seinen irdischen Zwecken der Habgier, Machtgier und Sinnlichkeit benützen könne. Hierbei gab es wahrscheinlich viele Verklagte früher als es viele Schuldige gab; erst als man vorgebliche Zauberer und Hexen verbrannte, begann die wirkliche Beschwörung und der absichtliche Zauber häufiger zu werden. Aus dem Qualm der Scheiterhaufen, auf welchen man jene Verdächtigen geopfert, stieg erst der narkotische Dampf empor, der eine größere Anzahl von verlorenen Menschen zur Magie begeisterte. Ihnen schlossen sich dann noch resolute Betrüger an.

Die populäre und primitive Gestalt, in welcher dieses Wesen vielleicht seit der Römerzeit[1]) ununterbrochen fortgelebt hatte, ist das Treiben der Hexe (strega). Sie kann sich so gut als völlig unschuldig geberden, so lange sie sich auf die Divination beschränkt,[2]) nur daß der Uebergang vom bloßen Voraussagen zum Bewirkenhelfen oft unmerklich und doch eine entscheidende Stufe abwärts sein kann. Handelt es sich einmal um wirkenden Zauber, so traut man der Hexe hauptsächlich die Erregung von Liebe und Haß zwischen Mann und Weib, doch auch rein zerstörende, boshafte Maleficien zu, namentlich das Hinsiechen von kleinen Kindern, auch wenn dasselbe noch so handgreiflich von Verwahrlosung und Unvernunft der Eltern herrührt. Nach Allem bleibt dann noch die Frage übrig, wie weit die Hexe durch bloße Zaubersprüche, Ceremonien und unverstandene

[1]) Von dem, was die Zauberinnen in der römischen Zeit vermögen, ist doch nur ein geringer Rest übrig. Die vielleicht letzte Verwandlung eines Menschen in einen Esel im 11. Jahrh. unt. Leo IX. s. b. Giul. Malmesbur. II, 171 (vol. I, p. 282). — Ueber römische Hexen im 14. Jahrh. vgl. A. Bertolotti in der Rivista Europea vol. XXXII u. XXXIII (1883).

[2]) Dies möchte der Fall gewesen sein bei der merkwürdigen Besessenen, welche um 1513 in Ferrara und an anderen Orten, von lombardischen Großen um der Weissagung willen consultirt wurde; sie hieß Rodogine. Näheres bei Rabelais, Pantagruel IV, 58.

Formeln, oder aber durch bewußte Anrufung der Dämonen gewirkt haben soll, abgesehen von den Arzneien und Giften, die sie in voller Kenntniß von deren Wirkung mag verabfolgt haben.

Die unschuldigere Art, wobei noch Bettelmönche als Concurrenten aufzutreten wagen, lernt man z. B. in der Hexe von Gaeta kennen, welche Pontano [1]) uns vorführt. Sein Reisender Suppatius geräth in ihre Wohnung, während sie gerade einem Mädchen und einer Dienstmagd Audienz gibt, die mit einer schwarzen Henne, neun am Freitag gelegten Eiern, einer Ente und weißem Faden kommen, sintemal der dritte Tag seit Neumond ist; sie werden nun weggeschickt und auf die Dämmerung wieder herbeschieden. Es handelt sich hoffentlich nur um Divination; die Herrin der Dienstmagd ist von einem Mönch geschwängert, dem Mädchen ist sein Liebhaber untreu geworden und ins Kloster gegangen. Die Hexe klagt: „Seit meines Mannes Tode lebe ich von diesen Dingen und könnte es bequem haben, da unsere Gaetanerinnen einen ziemlich starken Glauben besitzen, wenn nicht die Mönche mir den Profit vorwegnähmen, indem sie Träume deuten, den Zorn des Heiligen sich abkaufen lassen, den Mädchen Männer, den Schwangeren Knaben, den Unfruchtbaren Kinder versprechen und überdies des Nachts, wenn das Mannsvolk auf dem Fischfang aus ist, die Weiber heimsuchen, mit welchen sie des Tages in der Kirche Abreden getroffen haben." Suppatius warnt sie vor dem Neid des Klosters, aber sie fürchtet nichts, weil der Guardian ihr alter Bekannter ist.[2])

Der Wahn jedoch schafft sich nun eine schlimmere Gattung von Hexen; solche, die durch bösen Zauber die Menschen um Gesundheit und Leben bringen. Bei diesen wird man auch, sobald der böse Blick ꝛc. nicht ausreichte, zuerst an Beihilfe mächtiger Geister gedacht haben. Ihre Strafe ist, wie wir schon bei Anlaß der Finicella

[1]) Jovian. Pontan., Antonius.

[2]) Wie weit verbreitet der Hexenglaube damals war, ersieht man u. A. daraus, daß Ang. Poliziano 1492/3 eine praelectio hielt in priora Aristotelis analytica cui titulus Lamia (ital. übers. von Isidore del Lungo Flor. 1864 neugedruckt lat. und ital. in Lungo: Florentia, 1897, S. 132 ff.) Freilich handelt nur die Einleitung scherzhaft genug über die Hexen; die Rede selbst gilt der Philosophie. Auch Fiesole darf man danach in gewissem Sinne als Hexengegend bezeichnen.

(S. 193) sahen, der Feuertod, und doch läßt der Fanatismus damals noch mit sich handeln; im Stadtgesetz von Perugia z. B. können sie sich mit 400 Pfund loskaufen.[1]) Ein consequenter Ernst wurde damals noch nicht auf die Sache gewendet. Auf dem Boden des Kirchenstaates, im Hochappennin, und zwar in der Heimath des h. Benedict, zu Norcia (Nursia), behauptete sich ein wahres Nest des Hexen- und Zauberwesens. Die Sache war völlig notorisch, auch im Auslande, so daß Fremde, die nach Italien reisten, namentlich Deutsche, die mit einer Art patriotischen Stolzes diese Uebertragung der Tannhäuser- und Venusberg-Sage auf classische Stätten betrachteten, aber auch Andere, wie der provençalische Ritter Antonio de la Sale (18. Mai 1420) nicht versäumten, in die Sibyllenhöhle herabzusteigen und von ihren Abenteuern zu berichten.[2]) Es ist einer der merkwürdigsten Briefe des Aeneas Sylvius,[3]) aus seiner früheren Zeit, der hierüber Aufschluß gibt. Er schreibt an seinen Bruder: „Ueberbringer dieses ist zu mir gekommen, um mich zu fragen, ob ich nicht in Italien einen Venusberg wüßte? in einem solchen nämlich würden magische Künste gelehrt, nach welchen sein Herr, ein Sachse und großer Astronom,[4]) Begierde trüge. Ich sagte, ich kenne einen Porto Venere unweit Carrara an der ligurischen Felsküste, wo ich auf der Reise nach Basel drei Nächte zubrachte; auch fand ich, daß in Sicilien ein der Venus geweihter Berg Eryx vorhanden sei, weiß aber nicht, daß dort Magie gelehrt werde. Unter dem Gespräch jedoch fiel mir ein, daß in Umbrien, im alten Herzogthum (Spoleto), unweit der Stadt Nursia eine Gegend ist, wo sich unter einer steilen Felswand eine Höhle findet, in welcher Wasser fließt. Dort sind, wie ich mich entsinne gehört zu haben, Hexen (striges), Dämonen und nächtliche Schatten, und wer den Muth hat, kann Geister

[1]) Graziani, Arch. stor. XVI, I, p. 565, ad a. 1445, bei Anlaß einer Hexe von Nocera, welche nur die Hälfte bot und verbrannt wurde. Das Gesetz beschlägt solche, die: facciono le fature overo venefitie overo encantatione d'onmunde spirite a nuocere. (Anm. 1. 2. das.)

[2]) Nachweisungen bei Reumont: Saggi di storia e letteratura, Florenz 1880.

[3]) Lib. I, ep 46. Opera, p. 531 fg. Statt umbra p. 532 ist Umbria, statt lacum locum zu lesen.

[4]) Später nennt er ihn Medicus Ducis Saxoniae, homo tum dives tum potens.

(spiritus) sehen und anreden und Zauberkünste lernen.[1]) Ich habe es nicht gesehen, noch mich bemüht, es zu sehen, denn, was man nur mit Sünden lernt, das kennt man besser gar nicht.“ Nun nennt er aber seinen Gewährsmann und ersucht den Bruder, den Ueberbringer des Briefes zu jenem hinzuführen, wenn er noch lebe. Aeneas geht hier in der Gefälligkeit gegen einen Hochstehenden sehr weit, aber für seine Person ist er nicht nur freier von allem Aberglauben als seine Zeitgenossen, sondern er hat darüber auch eine Prüfung bestanden, die noch heute nicht jeder Gebildete aushalten würde. Als er zur Zeit des Basler Concils zu Mailand 75 Tage lang am Fieber darniederlag, konnte man ihn doch nie dazu bewegen, auf die Zauberärzte zu hören, obwohl ihm ein Mann ans Bett gebracht wurde, der kurz vorher 2000 Soldaten im Lager des Piccinino auf wunderbare Weise vom Fieber curirt haben sollte. Noch leidend reiste Aeneas über das Gebirge nach Basel und genas im Reiten.[2])

Jahrzehnte später (1470) schreibt Luigi Pulci, daß er die Sibylle in Norcia besucht habe[3]); noch 1550, in der von Leandro Alberti herausgegebenen Beschreibung Italiens wird der Zauberberg erwähnt. In Pulcis Beschreibung jedoch, — sie ist an Lorenzo de' Medici gerichtet, dessen abergläubische Gemahlin jene Wallfahrt unternahm — ist das fromme Grauen durch die gesunde Vernunft des aufgeklärten Spötters und die derbe Redeweise des Cynikers vollkommen verdrängt. Er erzählt: „Wir traten in ein Zimmer ein, wo der Hampelmatz auf erhabenem Sitze thronte. Sie saß da mit 2 großen türkischen Perlen auf der Brust, einer Perlenschnur um den Hals, vorstehendem Kinn, nicht üblem Gesicht, fettigen Backen, zwei Augen, die soweit geöffnet waren wie vier und von einer Unmenge Fett und Fleisch umgeben waren dergestalt, daß sie die höchsten Dämme des Po überragten. Auch die Beine waren

[1]) Eine Art von Höllenloch kannte man im 14. Jahrh. unweit Ansedonia in Toscana. Es war eine Höhle, wo man im Sande Thier- und Menschenspuren sah, welche, auch wenn man sie verwischte, des folgenden Tages doch wieder sichtbar waren. Uberti, il Dittamondo, L. III, cap. 9.

[2]) Pii II. comment. L., I. p. 10.

[3]) Lettere, Lucca 1868 p. 42.

nicht eben mager und die benachbarten Körperteile in ähnlichem Verhältniß; Schmutz und Gestank überall, so daß ich kaum ein so lächerliches und widerliches Wesen gesehen habe, wie jene sogenannte Heilige. Den ganzen Tag plapperte sie vermittelst eines Dolmetschers; als solcher diente ihr ein Bruder, der nicht minder kräftige Beine besitzt als sie. Deine Gemahlin aber war in dem Hexenloch ganz verblendet, fand die Weibsperson schön und ergötzte sich an dem Reden mit dem Dolmetscher; auch einer unserer Gefährten bewunderte ihr hübsches und würziges Mäulchen und erklärte, sie spuke so lieblich. Nun redete sie viel griechisch bis zum Abend, aber zu essen und zu trinken gabs weder auf griechisch, noch auf lateinisch, noch auf italienisch. Unserer Herrin hatte sie außerdem mitzutheilen, daß ihr Kleid eng und dürftig wäre, obschon es so reich und gut zugemessen war, daß 6 Stück Seidenzeug darin zu sein schienen, genug, um die Kuppel von Sta Maria Rotonda zu umgeben. Ich habe die ganze Nacht Berge von Butter und Fett, Seife und Pech, und lauter schmutziges Zeug geträumt, und bin froh, daß ich aus der Höhle heraus bin."

Weiter erfahren wir etwas von der Umgegend Norcias durch den Necromanten, welcher den trefflichen Benvenuto Cellini in seine Gewalt zu bekommen suchte. Es handelt sich darum,[1]) ein neues Zauberbuch zu weihen, und der schicklichste Ort hierfür sind die dortigen Gebirge; zwar hat der Meister des Zauberers einmal ein Buch geweiht in der Nähe der Abtei Farfa, aber es ergaben sich dabei Schwierigkeiten, die man bei Norcia nicht anträfe; überdies sind die nursinischen Bauern zuverlässige Leute, haben einige Praxis in der Sache und können im Nothfall mächtige Hilfe leisten. Der Ausflug unterblieb dann, sonst hätte Benvenuto wahrscheinlich auch die Helfershelfer des Gauners kennen gelernt. Damals war diese Gegend völlig sprichwörtlich. Aretino sagt irgendwo von einem verhexten Brunnen: es wohnten dort die Schwestern der Sybille von Norcia und die Tante der Fata Morgana. Und um dieselbe Zeit durfte doch Trissino in seinem großen Epos[2]) jene Oertlichkeit mit allem

[1]) Benv. Cellini, L. I, cap. 65.

[2]) L'Italia liberata da' Goti, canto XIV. Man kann fragen, ob Trissino selber noch an die Möglichkeit seiner

möglichen Aufwand von Poesie und Allegorie als den Sitz der wahren Weissagung feiern.

Mit der berüchtigten Bulle Innocenz' VIII. (1484)[1]) wird dann bekanntlich das Hexenwesen und dessen Verfolgung zu einem großen und scheußlichen System. Beiläufig glaube ich mich zu der Bemerkung veranlaßt, daß hier bei längerer Betrachtung jeder Gedanke an einen ursprünglichen objectiven Thatbestand, an Reste heidnischen Glaubens u. s. w. verschwindet. Wer sich überzeugen will, wie die Phantasie der Bettelmönche die einzige Quelle dieses ganzes Wahns ist, verfolge in den Memorien von Jaques du Clerc den sog. Waldenserproceß von Arras im J. 1459. Erst durch hundertjähriges Hineinverhören brachte man auch die Phantasie des Volkes auf den Punkt, wo sich das ganze scheußliche Wesen von selbst verstand und sich vermeintlich neu erzeugte.[2])

Wie die Hauptträger dieses Systems der Hexenverfolgung deutsche Dominicaner waren, so wurde auch Deutschland am meisten durch diese Geißel heimgesucht und von Italien in auffallender Weise diejenigen Gegenden, welche Deutschland am nächsten lagen. Schon die Befehle und Bullen der Päpste selber[3]) beziehen sich z. B. auf die dominicanische Ordensprovinz Lombardia, auf die Diöcesen Brescia und Bergamo, auf Cremona. Sodann erfährt man aus Sprengers berühmter theoretisch-praktischer Anweisung, dem Malleus Maleficarum, daß zu Como schon im ersten Jahre nach Erlaß der Bulle 41 Hexen verbrannt wurden; Schaaren von Italienerinnen flüchteten auf das Gebiet Erzherzog Sigismunds, wo sie sich noch sicher glaubten. Endlich setzt sich dies Hexenwesen in einigen unglücklichen Alpenthälern, besonders Val Camonica,[4]) ganz unaus-

Schilderung glaubt, oder ob es sich bereits um ein Element freier Romantik handelt. Derselbe Zweifel ist bei seinem vermuthlichen Vorbild Lucan (Ges. VI.) gestattet, wo die thessalische Hexe dem Sextus Pompejus zu Gefallen eine Leiche beschwört.

[1]) Septimo Decretal. Lib. V, Tit. XII. Sie beginnt: summis desiderantes affectibus etc.

[2]) Bedeutung dieser Bulle s. Pastor III, 250 fg., der nachdrücklich leugnet, daß J. mit ihr die Hexenprocesse eingeführt habe.

[3]) Alexanders VI., Leos X., Hadrians VI., a. a. O.

[4]) Sprichwörtlich als Hexenland genannt z. B. im Orlandino, cap. I, str. 12. Vgl. Excurs CVIII.

tilgbar fest; es war dem System offenbar gelungen, Bevölkerungen, welche irgendwie speciell disponirt waren, bleibend mit seinem Wahn zu entzünden. Dieses wesentlich deutsche Hexenthum ist diejenige Nuance, an welche man bei Geschichten und Novellen aus Mailand, Bologna u. s. w.[1]) zu denken hat. Wenn es in Italien nicht weiter um sich griff, so hing dies vielleicht davon ab, daß man hier bereits eine ausgebildete Stregheria besaß und kannte, welche auf wesentlich anderen Voraussetzungen beruhte. Die italienische Hexe treibt ein Gewerbe und braucht Geld und vor Allem Besinnung. Von jenen hysterischen Träumen der nordischen Hexen, von weiten Ausfahrten, Incubus und Succubus ist keine Rede; die Strega hat für das Vergnügen anderer Leute zu sorgen. Wenn man ihr zutraut, daß sie verschiedene Gestalten annehmen, sich schnell an entfernte Orte versetzen könne, so läßt sie sich dergleichen insofern gefallen, als es ihr Ansehen erhöht; dagegen ist es schon überwiegend gefährlich für sie, wenn die Furcht vor ihrer Bosheit und Rache, besonders vor der Verzauberung von Kindern, Vieh und Feldfrüchten überhand nimmt. Es kann für Inquisitoren und Ortsbehörden eine höchst populäre Sache werden, sie zu verbrennen.

Weit das wichtigste Feld der Strega sind und bleiben, wie schon angedeutet wurde, die Liebesangelegenheiten, worunter die Erregung von Liebe und Haß, das rachsüchtige Nestelknüpfen, das Abtreiben der Leibesfrucht, je nach Umständen auch der vermeintliche Mord des oder der Ungetreuen durch magische Begehungen und selbst die Giftküche[2]) begriffen sind. Da man sich solchen

[1]) Z. B. Bandello III, Nov. 29. 52. Prato, Arch. stor. III, p. 409. — Bursellis, Ann. Bonon. ap. Murat. XXIII, Col. 897, erzählt bereits zum J. 1468 die Verurtheilung eines Priors vom Servitenorden, welcher ein Geisterbordell hielt; cives Bononienses coire faciebat cum Daemonibus in specie puellarum. Er brachte den Dämonen förmliche Opfer. — Eine Parallele hierzu bei Procop. Hist. arcana, c. 12, wo ein wirkliches Bordell von einem Dämon frequentirt wird, der die anderen Gäste auf die Gasse wirft. — Auch Galateo p. 116 fg. (oben S. 251, A. 2) constatirt den damals vorhandenen Hexenglauben: volare per longinquas regiones, choreas per paludes dicere et daemonibus congredi, ingredi et egredi per clausa ostia et focamina.

[2]) Die ekelhaften Vorräthe der Hexenküche vgl. Macaroneide, Phant. XVI, XXI, wo das ganze Treiben erzählt wird.

Weibern nur ungern anvertraute, so entstand ein Dilettantismus, der ihnen dieses und jenes im Stillen ablernte und auf eigene Hand damit weiter operirte. Die römischen Buhlerinnen z. B. suchten dem Zauber ihrer Persönlichkeit noch durch anderweitigen Zauber in der Art der horazischen Canidia nachzuhelfen. Aretino[1]) kann nicht nur etwas über sie wissen, sondern auch in dieser Beziehung Wahres berichten. Er zählt die entsetzlichen Schmierereien auf, welche sich in ihren Schränken gesammelt vorfinden: Haare, Schädel, Rippen, Zähne, Augen von Todten, Menschenhaut, der Nabel von kleinen Kindern, Schuhsohlen und Gewandstücke aus Gräbern; ja sie holen selbst von den Kirchhöfen verwesendes Fleisch und geben es dem Galan unvermerkt zu essen (nebst noch Unerhörterm). Haare, Nestel, Nägelabschnitte des Galans kochen sie in Oel, das sie aus ewigen Lämpchen in den Kirchen gestohlen. Von ihren Beschwörungen ist es die unschuldigste, wenn sie ein Herz aus heißer Asche formen und hineinstechen unter dem Gesang:

Prima che'l fuoco spenghi
Fa ch'a mia porta venghi;
Ta ti punga il mio amore
Quale io fo questo cuore.

Sonst kommen auch Zauberformeln bei Mondschein, Zeichnungen am Boden und Figuren aus Wachs oder Erz vor, welche ohne Zweifel den Geliebten vorstellen und je nach Umständen behandelt werden.[2])

[1]) Im Ragionamento del Zoppino. Er meint, die Buhlerinnen lernten ihre Weisheit besonders von gewissen Judenweibern, welche im Besitz von malie seien. Auch in Delicado, Lozana I, 61 heißt es: Elles vont par les rues raccomoder les pucelages des franceis. Sehr merkwürdig ist auch folgende Stelle. Bembo erzählt in der Biographie des Guidobaldo (Opera I, 614): Guid. constat sive corporis et naturae vitio, seu quod vulgo creditum est, artibus magicis ab Octaviano patruo [Ueber diesen Octavio Ubaldini, einen großen Liebhaber der Astrologie, vielleicht von Melozzo bildlich dargestellt, Schmarsow 87, vgl. Luzio-Renier 1893, passim.] propter regni cupiditatem impeditum quarum omnino ille artium expeditissimus habebatur, nulla cum femina coire unquam in tota vita potuisse, neque unquam fuisse ad rem uxoriam idoneum.

[2]) Worte, die auf Messern eingegraben sind, zwingen den Mann, zur Curtisane zurückzukehren Delicado, Lozana II, 175. Manche, die sich ordentlich bezahlen ließen, waren so vernünftig, bei allem Hokuspokus den Frauen Dulden und Schweigen anzurathen. Vgl. das hübsche

Man war an diese Dinge doch so sehr gewöhnt, daß ein Weib, welches ohne Schönheit und Jugend gleichwohl einen großen Reiz auf die Männer ausübte, ohne Weiteres in den Verdacht der Zauberei gerieth. Die Mutter des Sanga [1]) (Secretärs bei Clemens VII.) vergiftete dessen Geliebte, die in diesem Falle war; unseliger Weise starb aber auch der Sohn und eine Gesellschaft von Freunden, die von dem vergifteten Salat mit aßen.

Nun folgt, nicht als Helfer, sondern als Concurrent der Hexe, der mit den gefährlicheren Aufgaben noch besser vertraute Zauberer oder Beschwörer, incantatore. Bisweilen ist er ebensosehr oder noch mehr Astrolog als Zauberer; öfter mag er sich als Astrologen gegeben haben, um nicht als Zauberer verfolgt zu werden, und etwas Astrologie zur Ermittlung der günstigen Stunden konnte der Zauberer ohnehin nicht entbehren (S. 236, 241).[2]) Da aber viele Geister gut [3]) oder indifferent sind, so kann auch ihr Beschwörer bisweilen noch eine leidliche Reputation behaupten, und noch Sixtus IV. hat 1474 in einem ausdrücklichen Breve [4]) gegen einige bolognesische Carmeliter einschreiten müssen, welche auf der Kanzel sagten, es sei nichts Böses, von den Dämonen Bescheid zu begehren. An die Möglichkeit der Sache selber glaubten offenbar sehr Viele; ein mittelbarer Beweis dafür liegt schon darin, daß auch die Frömmsten ihrerseits an erbetene Visionen guter Geister glaubten. Savonarola ist von solchen Dingen erfüllt, die florentinischen Platoniker reden von einer mystischen Vereinigung mit Gott, Guicciardini, der gegen Astrologen gelegentlich starke Worte zu brauchen wußte, spricht aus eigener Erfahrung von Geistern, welche mit den Menschen reden [5]), und Marcellus Palingenius (Bd. I, S. 289 fg.) gibt nicht undeutlich zu ver-

auch sonst erzählte Geschichtchen des Valeriano da Soncino c. 1490. Giorn. lig. 12, 284—287.

[1]) Varchi, Stor. fior. II, p. 153.

[2]) Sehr merkwürdige Berichte über zwei Zauberer, einen Sicilianer und einen Juden, gibt Landi im Commentario fol. 36a und 37a. (U. a. Zauberspiegel, Sprechen eines Todtenkopfes, Aufhalten der Vögel in ihrem Fluge).

[3]) Diese Reservation wurde dann ausdrücklich betont. Corn. Agrippa, de occulta philosophia, cap. 39.

[4]) Septimo, Decretal. l. c.

[5]) Ricordi CCXI.

stehen, daß er mit geweihten Geistern umgehe.[1]) Ebenderselbe ist auch überzeugt vom Dasein einer ganzen Hierarchie böser Dämonen, welche, vom Mond herwärts wohnend, der Natur und dem Menschenleben auflauern,[2]) ja er erzählt von einer persönlichen Bekanntschaft mit solchen, und da der Zweck unseres Buches eine systematische Darstellung des damaligen Geisterglaubens ohnehin nicht gestattet, so mag wenigstens der Bericht des Palingenius als Einzelbeispiel folgen.[3])

Er hat bei einem frommen Einsiedler auf dem Soracte, zu S. Silvestro, sich über die Nichtigkeit des Irdischen und die Werthlosigkeit des menschlichen Lebens belehren lassen und dann mit einbrechender Nacht den Weg nach Rom angetreten. Da gesellen sich auf der Straße bei hellem Vollmond drei Männer zu ihm, deren einer ihn beim Namen nennt und ihn fragt, woher des Weges er komme? Palingenio antwortet: von dem Weisen auf jenem Berge. O du Thor, erwidert Jener, glaubst du wirklich, daß auf Erden Jemand weise sei? Nur höhere Wesen (Divi) haben Weisheit, und dazu gehören wir drei, obwohl wir mit Menschengestalt angethan sind; ich heiße Saracil, und diese hier Sathiel und Jana; unser Reich ist zunächst beim Mond, wo überhaupt die große Schaar von Mittelwesen haust, die über Erde und Meer herrschen. Palingenio fragt nicht ohne inneres Beben, was sie in Rom vorhätten? — Die Antwort lautet: „einer unserer Genossen, Ammon, wird durch magische Kraft von einem Jüngling aus Narni, aus dem Gefolge des Cardinals Orsini, in Knechtschaft gehalten; denn merkt euch's nur, Menschen, es liegt beiläufig ein Beweis für eure eigene Unsterblichkeit darin, daß ihr unser einem zwingen könnt; ich selbst habe einmal, in Krystall eingeschlossen, einen Deutschen dienen müssen, bis mich ein bärtiges Mönchlein befreite. Diesen Dienst wollen wir nun in Rom unserm Genossen zu leisten suchen und bei dem Anlaß ein paar vornehme Herren diese Nacht in den Orcus befördern.“ Bei diesen Worten des Dämons erhebt sich ein Lüftchen, und Sathiel sagt: „Höret, unser Remisses kommt schon von Rom zurück, dies

[1]) Zodiacus vitae, XII, 363 bis 539, cf. X, 393 fg.

[2]) Ibid. IX, 291 fg.

[3]) Ibid. X, 770 fg.

Wehen kündigt ihn an." In der That erscheint noch Einer, den sie fröhlich begrüßen und über Rom ausfragen. Seine Auskunft ist höchst antipäpstlich: Clemens VII. ist wieder mit den Spaniern verbündet und hofft Luthers Lehre nicht mehr mit Gründen, sondern mit dem spanischen Schwerte auszurotten; lauter Gewinn für die Dämonen, welche bei dem großen bevorstehenden Blutvergießen die Seelen Unzähliger zur Hölle führen werden. Nach diesen Reden, wobei Rom mit seiner Unsittlichkeit als völlig dem Bösen verfallen dargestellt wird,[1]) verschwinden die Dämonen und lassen den Dichter traurig seine Straße ziehen.[2])

Wer sich von dem Umfang desjenigen Verhältnisses zu den Dämonen einen Begriff machen will, welches man noch öffentlich zugestehen durfte trotz des Hexenhammers 2c., den müssen wir auf das vielgelesene Buch des Agrippa von Nettesheim „von der geheimen Philosophie" verweisen. Er scheint es zwar ursprünglich geschrieben zu haben, ehe er in Italien war,[3]) allein er nennt in der Widmung an Trithemius unter anderen auch wichtige italienische Quellen, wenn auch nur, um sie nebst den anderen schlecht zu machen. Bei zweideutigen Individuen, wie Agrippa eines war, bei Gaunern und Narren, wie die meisten anderen heißen dürfen, interessirt uns das System, in welches sie sich etwa hüllen, nur sehr wenig, sammt seinen Formeln, Räucherungen, Salben, Pentakeln, Todtenknochen[4]) u. s. w. Allein fürs Erste ist dies System mit Citaten aus dem

[1]) Einzelne der über Rom handelnden Stellen hat d'Ancona, Origini II, 56 mit der Rappresentazione di Biagio contadino (c. 1525?) zusammengestellt.

[2]) Das mythische Verbild der Zauberer bei den damaligen Dichtern ist bekanntlich Malagigi. Bei Anlaß dieser Figur läßt sich Pulci (Morgante, canto XXIV, Str. 106 fg.) auch theoretisch aus über die Grenzen der Macht der Dämonen und der Beschwörung. Wenn man nur wüßte, wie weit es ihm Ernst ist. (Vgl. Canto XXI.) Vgl. ferner Excurs CIX.

[3]) Polydorus Virgilius war zwar Italiener von Geburt, allein sein Werk de prodigiis constatirt wesentlich nur den Aberglauben von England, wo er sein Leben zubrachte. Bei Anlaß der Präscienz der Dämonen macht er jedoch eine curiose Anwendung auf die Verwüstung von Rom 1527.

[4]) Doch ist wenigstens der Mord nur höchst selten (S. 171) Zweck und vielleicht gar nie Mittel. Ein Scheusal wie Gilles de Retz (um 1440), der den Dämonen über 100 Kinder opferte, hat in Italien kaum eine ferne Analogie.

Aberglauben des Alterthums ganz angefüllt; sodann erscheint seine Einmischung in das Leben und in die Leidenschaft der Italiener bisweilen höchst bedeutend und folgenreich. Man sollte denken, daß nur die verdorbensten Großen sich damit eingelassen hätten, allein das heftige Wünschen und Begehren führt dem Zauberer hier und da auch kräftige und schöpferische Menschen aller Stände zu, und schon das Bewußtsein, daß die Sache möglich sei, raubt auch den Fernstehenden immer etwas von ihrem Glauben an eine sittliche Weltordnung. Mit etwas Geld und Gefahr schien man der allgemeinen Vernunft und Sittlichkeit ungestraft trotzen zu können und die Zwischenstufen zu ersparen, welche sonst zwischen dem Menschen und seinen erlaubten oder unerlaubten Zielen liegen.

Betrachten wir zunächst ein älteres, im Absterben begriffenes Stück Zauberei. Aus dem dunkelsten Mittelalter, ja aus dem Alterthum bewahrte manche Stadt in Italien eine Erinnerung an die Verknüpfung ihres Schicksals mit gewissen Bauten, Statuen u. s. w. Die Alten hatten einst zu erzählen gewußt von den Weihepriestern oder Telesten, welche bei der feierlichen Gründung einzelner Städte zugegen gewesen waren und das Wohlergehen derselben durch bestimmte Denkmäler, auch wohl durch geheimes Vergraben bestimmter Gegenstände (Telesmata) magisch gesichert hatten. Wenn irgend etwas aus der römischen Zeit mündlich und populär überliefert weiter lebte, so waren es Traditionen dieser Art; nur wird natürlich der Weihepriester im Lauf der Jahrhunderte zum Zauberer schlechthin, da man die religiöse Seite seines Thuns im Alterthum nicht mehr versteht. In einigen neapolitanischen Vergilswundern [1]) lebt ganz deutlich die uralte Erinnerung an einen Telesten fort, dessen Name im Laufe der Zeit durch den des Vergil verdrängt wurde. So ist das Einschließen des geheimnißvollen Bildes der Stadt in ein Gefäß nichts anderes als ein echtes antikes Telesma; so ist Vergil der

1) Vgl. die wichtige Abhandlung von Roth „über den Zauberer Virgilius", in Pfeiffers Germania, IV. und das Werk von Comparetti (deutsch von H. Dütschke) Vergil im Mittelalter. Lpz. 1876. — Das Aufkommen Vergils an der Stelle des ältern Telesten mag sich am ehesten dadurch erklären, daß etwa die häufigen Besuche an seinem Grabe schon während der Kaiserzeit dem Volk zu denken gaben.

Mauergründer von Neapel nur eine Umbildung des bei der Gründung anwesenden Weihepriesters. Die Volksphantasie spann mit wucherndem Reichthum an diesen Dingen weiter, bis Vergil auch der Urheber des ehernen Pferdes, der Köpfe am Nolaner Thore, der ehernen Fliege über irgend einem andern Thore, ja der Grotte des Posilipp u. s. w. geworden war — lauter Dinge, welche das Schicksal in einzelnen Beziehungen magisch binden, gewöhnlich dergestalt, daß der vergrabene Gegenstand ähnliche fernzuhalten die Aufgabe hat, also eine vergrabene Ratte die Ratten u. ähnl., während jene beiden erstgenannten Züge das Fatum von Neapel überhaupt zu bestimmen scheinen. Auch das mittelalterliche Rom hatte verworrene Erinnerungen dieser Art. Im S. Ambrogio zu Mailand befand sich ein antiker marmorner Hercules; so lange derselbe an seiner Stelle stehe, hieß es, werde auch das Reich dauern, wahrscheinlich das der deutschen Kaiser, deren Krönungskirche S. Ambrogio war.[1]) Die Florentiner waren überzeugt,[2]) daß ihr (später zum Baptisterium umgebauter) Marstempel stehen werde bis ans Ende der Tage, gemäß der Constellation, unter welcher er zur Zeit des Augustus erbaut war; die marmorne Reiterstatue des Mars hatten sie allerdings daraus entfernt, als sie Christen wurden; weil aber die Zertrümmerung derselben großes Unheil über die Stadt gebracht haben würde — ebenfalls wegen einer Constellation — so stellte man sie auf einen Thurm am Arno. Als Totila Florenz zerstörte, fiel das Bild ins Wasser und wurde erst wieder herausgefischt, als Karl der Große Florenz neu gründete; es kam nunmehr auf einen Pfeiler am Eingange des Ponte vecchio zu stehen — und an dieser Stelle wurde 1215 Bondelmonte umgebracht, und das Erwachen des großen Parteikampfes der Guelfen und Ghibellinen knüpft sich auf diese Weise an das gefürchtete Idol. Bei der Ueberschwemmung von 1333 verschwand dasselbe für immer.[3])

1) Uberti: Dittamondo L. III, cap. 4.

2) Das Folgende s. bei Gio. Villani I, 42. 60. II, 1. III, 1. V, 38. XI, 1. Er selber glaubt an solche gottlose Sachen nicht. Vgl. Dante, Inferno, XIII, 146.

3) Laut einem von Baluz. Miscell. IX, 119 mitgetheilten Fragment hatten die Bewohner Perugias mit denen Ravennas in alter Zeit einen Streit et militem marmoreum qui juxta Ravennam se continue volvebat ad solem usurpaverunt et ad eorum civitatem virtuosissime transtulerunt.

Allein dasselbe Telesma findet sich anderswo wieder. Der schon erwähnte Guido Bonatti begnügte sich nicht, bei der Neugründung der Stadmauern von Forli jene symbolische Scene der Eintracht der beiden Parteien (S. 239) zu verlangen; durch ein ehernes oder steinernes Reiterbild, das er mit astrologischen und magischen Hilfsmitteln zu Stande brachte und vergrub,[1]) glaubte er die Stadt Forli vor Zerstörung, ja schon vor Plünderung und Einnahme geschützt zu haben. Als Cardinal Albornoz (Bd. I, S. 109) etwa sechs Jahrzehnte später die Romagna regierte, fand man das Bild bei zufälligem Graben und zeigte es, wahrscheinlich auf Befehl des Cardinals, dem Volke, damit dieses begreife, durch welches Mittel der grausame Montefeltro sich gegen die römische Kirche behauptet habe. Aber wiederum ein halbes Jahundert später (1410), als eine feindliche Ueberrumpelung von Forli mißlang, appellirt man doch wieder an die Kraft des Bildes, das vielleicht gerettet und wieder vergraben worden war. Es sollte das letztemal sein, daß man sich dessen freute; schon im folgenden Jahr wurde die Stadt wirklich eingenommen. — Gründungen von Gebäuden haben noch im ganzen 15. Jahrhundert nicht nur astrologische (S. 239), sondern auch magische Anklänge mit sich. Es fiel z. B. auf, daß Papst Paul II. eine solche Masse von goldenen und silbernen Medaillen in die Grundsteine seiner Bauten versenkte,[2]) und Platina hatte keine üble Lust, hierin ein heidnisches Telesma zu erkennen. Von der mittelalterlich religiösen Bedeutung eines solchen Opfers[3]) hatte wohl freilich Paul so wenig als sein Biograph ein Bewußtsein.

Doch dieser officielle Zauber, der ohnedies großentheils ein bloßes Hörensagen war, erreichte bei Weitem nicht die Wichtigkeit der geheimen, zu persönlichen Zwecken angewandten Magie.

[1]) Den Ortsglauben hierüber geben Annal. Foroliviens. bei Muratori XXII, Col. 207. 238; mit Erweiterungen ist die Sache erzählt bei Fil. Villani, Vite, p. 43.

[2]) Platina, Vitae Pontiff. p. 320: veteres potius hac in re quam Petrum, Anacletum et Linum imitatus.

[3]) Die man z. B. bei Sugerius, de consecratione ecclesiae (Duchesne, scriptores IV, p. 355) und Chron. Petershusanum I, 13 und 16 recht wohl ahnt.

Was davon im gewöhnlichen Leben besonders häufig vorkam, hat Ariost in seiner Comödie vom Necromanten zusammengestellt.[1]) Sein Held ist einer der vielen aus Spanien vertriebenen Juden, obgleich er sich auch für einen Griechen, Aegypter und Africaner ausgibt und unaufhörlich Namen und Maske wechselt. Er behauptet zwar, mit seinen Geisterbeschwörungen den Tag verdunkeln und die Nacht erhellen, die Erde bewegen, sich unsichtbar machen, Menschen in Thiere verwandeln zu können ꝛc., aber diese Prahlereien sind nur das Aushängeschild; sein wahres Ziel ist das Ausbeuten unglücklicher und leidenschaftlicher Liebenden, eigenwilliger Väter u. s. w., und da gleichen die Spuren, die er zurückläßt, dem Geifer einer Schnecke, oft aber auch dem verheerenden Hagelschlag. Um solcher Zwecke willen bringt er es dazu, daß man glaubt, die Kiste, worin ein Liebhaber steckt, sei voller Geister, oder er könne eine Leiche zum Reden bringen u. dgl. Es ist wenigstens ein gutes Zeichen, daß Dichter und Novellisten diese Sorte von Menschen lächerlich machen durften und dabei auf Zustimmung rechnen konnten. Bandello behandelt nicht nur das Zaubern eines lombardischen Mönches als eine kümmerliche und in ihren Folgen schreckliche Gaunerei,[2]) sondern er schildert auch[3]) mit wahrer Entrüstung das Unheil, welches den gläubigen Thoren unaufhörlich begleitet. „Ein solcher hofft mit dem Schlüssel Salomonis und vielen anderen Zauberbüchern die verborgenen Schätze im Schooß der Erde zu finden, seine Dame zu seinem Willen zu zwingen, die Geheimnisse der Fürsten zu erkunden, von Mailand sich in einem Nu nach Rom zu versetzen und

[1]) Vgl. auch die Calandra des Bibbiena. — Ein Beispiel, daß Jemand, ein Holländer offiziell als negromante bezeichnet wird, freilich erst 1627 bei Bertolotti, Artisti belg. ed ol. 370.

[2]) Bandello III, Nov. 52. — Gegen die Nekromantik fährt Fr. Filelfo (Epist. Venet 1502 lib. 34, fol. 240 fg.) sehr heftig los. Er ist überhaupt ziemlich frei von Aberglauben (Sat. IV, 4), doch glaubt er an die mali effectus eines Cometen (Epistolae fol. 246b).

[3]) Bandello III, Nov. 29. Der Beschwörer läßt sich das Geheimhalten mit hohen Eiden versprechen, hier z. B. mit einem Schwur auf dem Hochaltar von S. Petronio in Bologna, als gerade sonst Niemand in der Kirche war. — Einen ziemlichen Vorrath von Zauberwesen findet man auch Macaroneide Phant. XVIII.

Aehnliches. Je öfter getäuscht, desto beharrlicher wird er . . . Entsinnt Ihr Euch noch, Signor Carlo, jener Zeit, da ein Freund von uns, um die Gunst seiner Geliebten zu erzwingen, sein Zimmer mit Todtenschädeln und Gebeinen anfüllte wie einen Kirchhof?" Es kommen die ekelhaftesten Verpflichtungen vor, z. B. einer Leiche drei Zähne auszuziehen, ihr einen Nagel vom Finger zu reißen u. s. w., und wenn dann endlich die Beschwörung mit ihrem Hocuspocus vor sich geht, sterben bisweilen die unglücklichen Theilnehmer vor Schrecken.

Benvenuto Cellini, bei der bekannten großen Beschwörung (1532) im Colosseum zu Rom,[1]) starb nicht, obgleich er und seine, Begleiter das tiefste Entsetzen ausstanden; der sicilianische Priester, der in ihm wahrscheinlich einen brauchbaren Mithelfer für künftige Zeiten vermuthete, macht ihm sogar auf dem Heimweg das Compliment, einen Menschen von so festem Muthe habe er noch nie angetroffen. Ueber den Hergang selbst wird sich jeder Leser seine besonderen Gedanken machen; das entscheidende waren wohl die narkotischen Dämpfe und die von vornherein auf das Schrecklichste vorbereitete Phantasie, weshalb denn auch der mitgebrachte Junge, bei welchem dies am stärksten wirkt, weit das Meiste allein erblickt. Daß es aber wesentlich auf Benvenuto abgesehen sein mochte, dürfen wir errathen, weil sonst für das gefährliche Beginnen gar kein anderer Zweck als die Neugier ersichtlich wird. Denn auf die schöne Angelica muß sich Benvenuto erst besinnen, und der Zauberer sagt ihm nachher selbst, Liebschaften seien eitle Thorheit im Vergleich mit dem Auffinden von Schätzen. Endlich darf man nicht vergessen, daß es der Eitelkeit schmeichelte, sagen zu können: die Dämonen haben mir Wort gehalten, und Angelica ist genau einen Monat später, wie mir verheißen war, in meinen Händen gewesen (Cap. 68). Aber auch wenn sich Benvenuto allmählich in die Geschichte hineingelogen haben sollte, so wäre sie doch als Beispiel der damals herrschenden Anschauung von bleibendem Werthe.

Sonst gaben sich die italienischen Künstler, auch die „wunder-

[1]) Benv. Cellini I, cap. 64.

lichen, cappricciosen und bizarren", mit Zauberei nicht leicht ab; wohl schneidet sich einer bei Gelegenheit des anatomischen Studiums ein Wamms aus der Haut einer Leiche, aber auf Zureden eines Beichtvaters legt er es wieder in ein Grab.[1]) Gerade das häufige Studium von Cadavern mochte den Gedanken an magische Wirkung einzelner Theile derselben am gründlichsten niederschlagen, während zugleich das unablässige Betrachten und Bilden der Form dem Künstler die Möglichkeit einer ganz andern Magie aufschloß.

Im Allgemeinen erscheint das Zauberwesen zu Anfang des 16. Jahrhunderts trotz der angeführten Beispiele doch schon in kenntlicher Abnahme, zu einer Zeit also, da es außerhalb Italiens erst recht in Blüthe kommt, so daß die Rundreisen italienischer Zauberer und Astrologen im Norden erst zu beginnen scheinen, seitdem ihnen zu Hause Niemand mehr großes Vertrauen schenkte. Das 14. Jahrhundert war es, welches die genaue Bewachung des Sees auf dem Pilatusberg bei Scariotto nöthig fand, um die Zauberer an ihrer Bücherweihe zu verhindern. Fazio degli Uberti besucht in der Mark Ancona auch Scariotto, den vermeintlichen Geburtsort des Judas und bemerkt dabei: „an dieser Stelle darf ich auch nicht den Pilatusberg übergehen, mit seinem See, wo den Sommer über regelmäßige Wachen abwechseln; denn wer Magie versteht, kommt hier heraufgestiegen um sein Buch zu weihen, worauf großer Sturm sich erhebt, wie die Leute des Ortes sagen". (Das Weihen der Bücher ist, wie schon S. 266 erwähnt wurde, eine besondere, von der eigentlichen Beschwörung verschiedene Ceremonie.)[2]) Im 15. Jahrhundert kamen dann noch Dinge vor, wie z. B. das Anerbieten Regengüsse zu bewirken, um damit ein Belagerungsheer zu verscheuchen; und schon damals hatte der Gebieter der belagerten Stadt — Nicoló Vitelli in Città di Castello — den Verstand, die Regenmacher als gottlose Leute abzuweisen.[3]) Im

[1]) Vasari VIII, 143, Vita di Andrea da Fiesole. Es war Silvio Cosini, der auch sonst den „Zaubersprüchen und ähnlichen Narrheiten" nachging. — Eine Geisterschlacht battaglia con diavolj erzählt Giovanni Santi, vgl. Schmarsow Ztschr. f. C. u. Lit. d. Ren. II, 177.

[2]) Vgl. Excurs CX.

[3]) De obsidione Tiphernatium 1474. (Rerum ital. scriptt. ex florent. codicibus, Tom. II.)

16. Jahrhundert treten solche officielle Dinge nicht mehr an den Tag, wenn auch das Privatleben noch mannigfach den Beschwörern anheimfällt. In diese Zeit gehört allerdings die classische Figur des deutschen Zauberwesens, Dr. Johann Faust; die des italienischen dagegen, Guido Bonatti, fällt bereits ins 13. Jahrhundert.

Auch hier wird man freilich beifügen müssen, daß die Abnahme des Beschwörungsglaubens sich nicht nothwendig in eine Zunahme des Glaubens an eine sittliche Ordnung des Menschenlebens verwandelte, sondern daß sie vielleicht bei Vielen nur einen dumpfen Fatalismus zurückließ, ähnlich wie der schwindende Sternglaube.

Ein paar Nebengattungen des Wahns, die Pyromantie, Chiromantie[1]), u. s. w., welche erst mit dem Sinken des Beschwörungsglaubens und der Astrologie einigermaßen zu Kräften kamen, dürfen wir hier völlig übergehen, und selbst die auftauchende Physiognomik hat lange nicht das Interesse, das man bei Nennung dieses Namens voraussetzen sollte. Sie erscheint nämlich nicht als Schwester und Freundin der bildenden Kunst und der practischen Psychologie, sondern wesentlich als eine neue Gattung fatalistischen Wahnes, als ausdrückliche Rivalin der Sterndeuterei, was sie wohl schon bei den Arabern gewesen sein mag. Die Linien auf der Stirn nämlich werden je einem Planeten zugewiesen und deuten Schicksal und Zukunft der Betreffenden an. Bartolommeo Cocle, der Verfasser eines physiognomischen Lehrbuches, der sich einen Metoposcopen nannte,[2]) und dessen Wissenschaft, nach Giovios Ausdruck, schon wie eine der vornehmsten freien Künste aussah, begnügte sich nicht mit Weissagungen an die klügsten Leute, die ihn täglich zu Rathe zogen, sondern er schrieb auch ein höchst bedenkliches „Verzeichniß Solcher, welchen verschiedene große Lebensgefahren bevorständen". Giovio, obwohl gealtert in der Aufklärung Roms — in hac luce romana! — findet doch, daß sich die darin enthaltenen

[1]) Diesen unter den Soldaten stark verbreiteten Aberglauben (um 1520) verspottet Limerno Pitocco, im Orlandino, cap. V, Str. 60.

[2]) Barthol. Coclitis chiromantiae et physiognomiae anaphrasis. Bologna 1523. Am bedeutendsten H. Cardanus in seiner Metoposcopia, libri 13.

Weissagungen nur zu sehr bewahrheitet hätten.[1]) Freilich erfährt man bei dieser Gelegenheit auch, wie die von diesen und ähnlichen Voraussagungen Betroffenen sich an den Propheten rächten; Giovanni Bentivoglio ließ den Lucas Gauricus an einem Seil, das von einer hohen Wendeltreppe herabhing, fünfmal hin und her an die Wand schmeißen, weil Lucas ihm — und zwar aus den Sternen, denn Gauricus kannte die Physiognomik nicht — den Verlust seiner Herrschaft vorhersagte, der tactfeste Astrolog aber überstand diese Peinigung und lebte nach derselben noch ein halbes Jahrhundert;[2]) Ermes Bentivoglio sandte dem Cocle einen Mörder nach, weil der unglückliche Metoposcop ihm, noch dazu wider Willen, prophezeit hatte, er werde als Verbannter in einer Schlacht umkommen. Der Mörder höhnte, wie es scheint, noch in Gegenwart des Sterbenden: Dieser habe ihm ja selber geweissagt, er würde nächstens einen schmählichen Mord begehen! — Ein ganz ähnliches jammervolles Ende nahm der Neugründer der Chiromantie, Antioco Tiberto von Cesena[3]) durch Pandolfo Malatesta von Rimini, dem er das Widerwärtigste prophezeit hatte, was ein Tyrann sich denken mag: den Tod in Verbannung und äußerster Armuth. Tiberto war ein geistreicher Mann, dem man zutraute, daß er weniger nach einer chiromantischen Methode, als nach einer durchdringenden Menschenkenntniß seinen Bescheid gebe; auch achteten ihn seiner hohen Bildung wegen selbst diejenigen Gelehrten, welche von seiner Divination nichts hielten.[4])

Die Alchemie endlich, welche im Alterthum erst ganz spät, unter Diocletian, erwähnt wird, spielt zur Zeit der Blüthe der Renaissance nur eine untergordnete Rolle.[5]) Auch diese Krankheit hatte Italien

[1]) Aus Giovio spricht hier vernehmlich der begeisterte Porträtsammler.

[2]) Ueber Gauricus vgl. Ronchini in den Atti e memorie (Napoli) VII, p. 77 bis 85. Gauricus lebte 1475—1558, die Prophezeiung für den Bentivoglio 1506. Vgl. die neue Excurs XLVI erwähnte Schrift.

[3]) Paul. Jov. l. c. p. 100 fg. s. v. Tibertus.

[4]) Das Nothwendigste über diese Nebengattungen der Mantik gibt Corn. Agrippa, de occulta philosophia cap. 57.

[5]) Libri, Hist. des sciences mathém. II, p. 122. Karl Meyer, der Aberglaube (Basel 1884) S. 41 fg.

früher durchgemacht im 14. Jahrhundert, als Petrarca in seiner Polemik dagegen es zugestand: das Goldkochen sei eine weitverbreitete Sitte.[1]) Seitdem war in Italien diejenige besondere Sorte von Glauben, Hingebung und Isolirung, welche der Betrieb der Alchemie verlangt, immer seltener geworden, während italienische und andere Adepten im Norden die großen Herren erst recht auszubeuten anfingen.[2]) Unter Leo X. hießen bei den Italienern die Wenigen[3]), die sich noch damit abgaben, schon „Grübler" (ingenia curiosa) und Aurelio Augurelli, der dem großen Goldverächter Leo selbst sein Lehrgedicht vom Goldmachen widmete, soll als Gegengeschenk eine prächtige, aber leere Börse erhalten haben. Die Adeptenmystik, welche außer dem Gold noch den allbeglückenden Stein der Weisen suchte, ist vollends erst ein spätes nordisches Gewächs, welches aus den Theorien des Paracelsus &c. emporblüht.

Fünftes Capitel.

Erschütterung des Glaubens überhaupt.

Mit diesem Aberglauben sowohl als mit der Denkweise des Alterthums überhaupt hängt die Erschütterung des Glaubens an die Unsterblichkeit eng zusammen. Diese Frage hat aber überdies noch viel weitere und tiefere Beziehungen zu der Entwickelung des modernen Geistes im Großen und Ganzen.

Eine mächtige Quelle aller Zweifel an der Unsterblichkeit war zunächst der Wunsch, der verhaßten Kirche, wie sie war, innerlich nichts

[1]) Novi nihil narro, mos est publicus. (Remed. utriusque fortunae, p. 93), eine der sehr lebendig und ab irato geschriebenen Partien dieses Buches.

[2]) Hauptstelle bei Trithem. Ann. Hirsaug. II, p. 286 fg.

[3]) Neque enim desunt, heißt es bei Paul. Jov. Elog. lit., p. 150 s. v. Pompon. Gauricus. Vgl. ibid. p. 130 s. v. Aurel. Augurellus. — Macaroneide, Phant. XII.

mehr zu verdanken. Wir sahen, daß die Kirche diejenigen, welche so dachten, Epicureer nannte (oben S. 221 fg.). Im Augenblick des Todes mag sich Mancher wieder nach den Sacramenten umgesehen haben, aber Unzählige haben während ihres Lebens, zumal während ihrer thätigsten Jahre, unter jener Voraussetzung gelebt und gehandelt. Daß sich daran bei Vielen ein allgemeiner Unglaube hängen mußte, ist an sich einleuchtend und überdies geschichtlich auf alle Weise bezeugt. Es sind diejenigen, von welchen es bei Ariost heißt: sie glauben nicht über das Dach hinaus.[1]) In Italien, zumal in Florenz, konnte man zuerst als ein notorisch Ungläubiger existiren, wenn man nur keine unmittelbare Feindseligkeit gegen die Kirche übte.[2]) Der Beichtvater z. B., der einen politischen Delinquenten zum Tode vorbereiten soll, erkundigt sich vorläufig, ob derselbe glaube? „denn es war ein falsches Gerücht ergangen, er habe keinen Glauben".[3])

Der arme Sünder, um den es sich hier handelt, jener (Bd. I, S. 63 erwähnte) Pierpaolo Boscoli, der 1513 an einem Attentat gegen das eben hergestellte Haus Medici Theil nahm, ist bei diesem Anlaß zu einem wahren Spiegelbild der damaligen religiösen Confusion geworden. Von Hause aus der Partei Savonarolas zugethan, hatte er dann doch für die antiken Freiheitsideale und anderes Heidenthum geschwärmt; in seinem Kerker aber nimmt sich jene Partei wiederum seiner an und verschafft ihm ein seliges Ende in ihrem Sinne. Der pietätvolle Zeuge und Aufzeichner des Herganges ist einer von der Künstlerfamilie della Robbia, der gelehrte Philologe Luca. „Ach, seufzt Boscoli, treibet mir den Brutus aus dem Kopf, damit ich meinen Gang als Christ gehen kann!" — Luca: „wenn Ihr wollt, so ist das nicht schwer; Ihr wisset ja, daß

[1]) Ariosto, Sonetto 34. . . . non creder sopra il tetto. Der Dichter sagt es mit Bosheit von einem Beamten Alfonso Trotto aus, der in einer Sache von Mein und Dein gegen ihn entschieden hatte.

[2]) Auch hier muß wieder auf Ge. Gemisthos Plethon hingewiesen werden, dessen Ignorirung des Christenthums auf die damaligen Italiener, besonders die Florentiner bestimmend wirkte.

[3]) Narazione del caso del Boscoli. Arch. stor. I, p. 273 fg. — Der stehende Ausdruck war non aver fede, vgl. Vasari VII, p. 122, Vita di Piero di Cosimo.

jene Römerthaten uns nicht schlicht, sondern idealisirt (con arte accresciute) überliefert sind". Nun zwingt Jener seinen Verstand, zu glauben, und jammert, daß er nicht freiwillig glauben könne. Wenn er nur noch einen Monat mit guten Mönchen zu leben hätte, dann würde er ganz geistlich gesinnt werden! Es zeigt sich weiter, daß diese Leute vom Anhang Savonarolas die Bibel wenig kannten; Boscoli kann nur Paternoster und Avemaria beten, und ersucht nun den Luca dringend, den Freunden zu sagen, sie möchten die heilige Schrift studiren, denn nur was der Mensch im Leben erlernt habe, das besitze er im Sterben. Darauf liest und erklärt ihm Luca die Passion nach dem Evangelium Johannis; merkwürdiger Weise ist dem Armen die Gottheit Christi einleuchtend, während ihm dessen Menschheit Mühe macht; diese möchte er gerne so sichtbar begreifen „als käme ihm Christus aus einem Walde entgegen" — worauf ihn sein Freund zur Demuth verweist, indem dies nur Zweifel seien, welche der Satan sende. Später fällt ihm ein ungelöstes Jugendgelübde einer Wallfahrt nach der Impruneta ein; der Freund verspricht es zu erfüllen an seiner Statt. Dazwischen kommt der Beichtvater, ein Mönch aus Savonarolas Kloster, wie er ihn erbeten hatte, gibt ihm zunächst jene oben erwähnte Erläuterung über die Ansicht des Thomas von Aquino wegen des Tyrannenmordes, und ermahnt ihn dann, den Tod mit Kraft zu ertragen. Boscoli antwortet: „Pater, verlieret damit keine Zeit, denn dazu genügen mir schon die Philosophen; helfet mir, den Tod zu erleiden aus Liebe zu Christus". Das Weitere, die Communion, der Abschied und die Hinrichtung, wird auf sehr rührende Weise geschildert, besonders hervorzuheben ist aber der eine Zug, daß Boscoli, indem er das Haupt auf den Block legte, den Henker bat, noch einen Augenblick mit dem Hieb zu warten: „er hatte nämlich die ganze Zeit über (seit der Verkündigung des Todesurtheils) nach einer engen Vereinigung mit Gott gestrebt, ohne sie nach Wunsch zu erreichen, nun gedachte er in diesem Augenblick durch volle Anstrengung sich gänzlich Gott hinzugeben." Offenbar ist es ein Ausdruck Savonarolas, der — halbverstanden — ihn beunruhigt hatte.

Besäßen wir noch mehr Bekenntnisse dieser Art, so würde das

geistige Bild jener Zeit um viele wichtige Züge reicher werden, die uns keine Abhandlung und kein Gedicht gibt. Wir würden noch besser sehen, wie stark der angeborene religiöse Trieb, wie subjektiv und auch wie schwankend das Verhältniß des Einzelnen zum Religiösen war und was für gewaltige Feinde dem letztern gegenüberstanden. Daß Menschen von einem so beschaffenen Innern nicht taugen, um eine neue Kirche zu bilden, ist unläugbar, aber die Geschichte des abendländischen Geistes wäre unvollständig ohne die Betrachtung jener Gährungszeit der Italiener, während sie sich den Blick auf andere Nationen, die am Gedanken keinen Theil hatten, getrost ersparen darf. Doch wir kehren zur Frage von der Unsterblichkeit zurück.

Wenn der Unglaube in dieser Beziehung unter den höher Entwickelten eine so bedeutende Stellung gewann, so hing dies weiter davon ab, daß die große irdische Aufgabe der Entdeckung und Reproduction der Welt in Wort und Bild alle Geistes- und Seelenkräfte bis zu einem hohen Grade für sich in Anspruch nahm. Von dieser nothwendigen Weltlichkeit der Renaissance war schon (S. 216) die Rede. Aber überdies erhob sich aus dieser Forschung und Kunst mit derselben Nothwendigkeit ein allgemeiner Geist des Zweifels und der Frage. Wenn derselbe sich in der Literatur wenig kund gibt, wenn er z. B. zu einer Kritik der biblischen Geschichte (S. 227) nur vereinzelte Anläufe verräth, so muß man nicht glauben, er sei nicht vorhanden gewesen. Er war nur übertönt durch das so eben genannte Bedürfniß des Darstellens und Bildens in allen Fächern, d. h. durch den positiven Kunsttrieb; außerdem hemmte ihn auch die noch vorhandene Zwangsmacht der Kirche, sobald er theoretisch zu Werke gehen wollte. Dieser Geist des Zweifels aber mußte sich unvermeidlich und vorzugsweise auf die Frage vom Zustand nach dem Tode werfen, aus Gründen, welche zu einleuchtend sind, als daß sie genannt zu werden brauchten.

Und nun kam das Alterthum hinzu und wirkte auf diese ganze Angelegenheit in zweifacher Weise. Fürs erste suchte man sich die Psychologie der Alten anzueignen und peinigte den Buchstaben des Aristoteles um eine entscheidende Auskunft. In einem der lucianischen Dialoge jener Zeit[1]) erzählt Charon dem Mercur, wie er den Aristoteles bei der Ueberfahrt im Nachen selber um seinen Unsterblichkeitsglauben befragt habe; der vorsichtige Philosoph, obwohl selber bereits leiblich gestorben und dennoch fortlebend, habe sich auch jetzt nicht mit einer klaren Antwort compromittiren wollen; wie werde es erst nach vielen Jahrhunderten mit der Deutung seiner Schriften gehen! — Nur um so eifriger stritt man über seine und anderer alter Schriftsteller Meinungen in Betreff der wahren Beschaffenheit der Seele, ihren Ursprung, ihre Präexistenz, ihre Einheit in allen Menschen, ihre absolute Ewigkeit, ja ihre Wanderungen, und es gab Leute, die dergleichen auf die Kanzel brachten.[2]) Die Debatte wurde überhaupt schon im 15. Jahrhundert sehr laut: die einen bewiesen, daß Aristoteles allerdings eine unsterbliche Seele lehre;[3]) andere klagten über die Herzenshärte der Menschen, welche die Seele gern breit auf einem Stuhl vor sich sitzen sähen, um überhaupt an ihr Dasein zu glauben;[4]) Filelfo in seiner Leichenrede auf Francesco Sforza führt eine bunte Reihe von Aussagen antiker und selbst arabischer Philosophen zu Gunsten der Unsterblichkeit an und schließt dies im Druck[5]) anderthalb enge Folioseiten betragende Gemisch mit zwei Zeilen: „überdies haben wir das alte und neue Testament, was über alle Wahrheit ist". Dazwischen kamen die florentinischen Platoniker mit der Seelenlehre Platos, und, wie z. B. Pico, mit sehr wesentlicher Ergänzung derselben aus der Lehre des Christenthums. Allein die Gegner erfüllten die gebildete Welt mit ihrer Meinung. Zu Anfang des 16. Jahrh. war das Aergerniß, das den Kirche darob empfand, so hoch gestiegen, daß Leo X. auf dem lateranensischen Concil (1513) eine Constitution[6]) erlassen mußte zum Schutz der Unsterblichkeit und Individualiät der Seele, letzteres gegen die, welche lehrten, die Seele sei in allen Menschen nur eine.

1) Jovian. Pontan. Charon. Opp. II, p. 1128—1195.

2) Faustini Terdocei triumphus stultitiae, L. II.

3) So Borbone Morosini um 1460, vgl. Sansovino, Venezia, L. XIII, p. 243. Er schrieb de immortalitate animae ad mentem Aristotelis. — Im übrigen vgl. Excurs CXI.

4) Vespas. Fiorent. p. 260.

5) Orationes Philelphi, fol. 8.

6) Septimo Decretal. Lib. V. Tit. III, cap. 8.

Wenige Jahre später (1516) erschien aber das Buch des Pomponazzo, worin die Unmöglichkeit eines philosophischen Beweises für die Unsterblichkeit dargethan wurde, und nun spann sich der Kampf mit Gegenschriften und Apologien fort und verstummte erst gegenüber der katholischen Reaction. Die Präexistenz der Seelen in Gott, mehr oder weniger nach Platos Ideenlehre gedacht, blieb lange ein sehr verbreiteter Begriff und kam z. B. den Dichtern[1]) gelegen. Man erwog nicht näher, welche Consequenz für die Art der Fortdauer nach dem Tode daran hing.

Die zweite Einwirkung des Alterthums kam ganz vorzüglich von jenem merkwürdigen Fragment aus Ciceros sechstem Buche vom Staat her, welches unter dem Namen „Traum des Scipio" bekannt ist. Ohne den Commentar des Macrobius wäre es wahrscheinlich untergegangen wie die übrige zweite Hälfte des ciceronischen Werkes; nun war es wieder in unzähligen Abschriften[2]) und von Anfang der Typographie an in Abdrücken verbreitet und wurde mehrfach neu commentirt. Es ist die Schilderung eines verklärten Jenseits für die großen Männer, durchtönt von der Harmonie der Sphären. Dieser Heidenhimmel, für den sich allmählich auch noch andere Aussagen der Alten fanden, vertrat in demselben Maße den christlichen Himmel, in welchem das Ideal der historischen Größe und des Ruhmes die Ideale des christlichen Lebens in den Schatten stellte, und dabei wurde doch das Gefühl nicht beleidigt, wie bei der Lehre von dem gänzlichen Aufhören der Persönlichkeit. Schon Petrarca gründet nun seine Hoffnung wesentlich auf diesen „Traum des Scipio", auf die Aeußerungen in anderen ciceronischen Schriften und auf Platos Phädon, ohne die Bibel zu erwähnen.[3]) „Warum

[1]) Ariosto Orlando, canto VII, Str. 61. — Ins Lächerliche gezogen: Orlandino, cap. IV, Str. 67. 68. — Cariteo, Gareth, eig. ein Spanier, geb. c. 1450, seit 1467 bis zu seinem Tode 1514 in Italien, ein Mitglied der neapolitanischen Academie des Pontanus, benützt die Präexistenz der Seelen, um die Sendung des Hauses Aragon damit zu verherrlichen. Roscoe, Leone X, ed. Bossi, II, p. 288. Vgl. jetzt Percopos Ausg. 1892.

[2]) Orelli ad Cic. de republ. L. VI. — Vgl. auch Lucan. Pharsal. IX, Anfang.

[3]) Petrarca, epp. fam. IV, 3, IV, 6, Fracass. (ital.) I, 498 fg., 510 fg.

soll ich, fragt er anderswo, als Katholik eine Hoffnung nicht theilen, welche ich erweislich bei den Heiden vorfinde?" Etwas später schrieb Coluccio Salutati seine (noch handschriftlich vorhandenen) „Arbeiten des Hercules", wo am Schluß bewiesen wird, daß den energischen Menschen, welche die ungeheuren Mühen der Erde überstanden haben, der Wohnsitz auf den Sternen von Rechtswegen gehöre.[1]) Wenn Dante noch strenge darauf gehalten hatte, daß auch die größten Heiden, denen er gewiß das Paradies gönnte, doch nicht über jenen Limbus am Eingang der Hölle hinauskamen,[2]) so griff jetzt die Poesie mit beiden Händen nach den neuen liberalen Ideen vom Jenseits. Cosimo der ältere wird, laut Bernardo Pulcis Gedicht[3]) auf seinen Tod, im Himmel empfangen von Cicero, der ja auch „Vater des Vaterlandes" geheißen, von den Fabiern, von Curius, Fabricius und vielen Anderen; mit ihnen wird er eine Zierde des Chores sein, wo nur tadellose Seelen singen.[4])

Aber es gab in den alten Autoren noch ein anderes, weniger gefälliges Bild des Jenseits, nämlich das Schattenreich Homers und derjenigen Dichter, welche jenen Zustand nicht versüßt und humanisirt hatten. Auf einzelne Gemüther machte auch dies Eindruck. Gioviano Pontano legt irgendwo[5]) dem Sannazar die Erzählung einer Vision in den Mund, die er früh Morgens im Halbschlummer gehabt habe. Es erscheint ihm ein verstorbener Freund, Ferrandus Januarius, mit dem er sich einst oft über die Unsterblichkeit der Seele unterhalten hatte; jetzt frägt er ihn, ob die Ewigkeit und Schrecklichkeit der Höllenstrafen eine Wahrheit sei? Der Schatten

[1]) Fil. Villani, Vite p. 15. Diese merkwürdige Stelle, wo Werkdienst und Heidenthum zusammentreffen, lautet: che agli uomini fortissimi poichè hanno vinto le mostruose fatiche della terra, debitamente sieno date le stelle.

[2]) Inferno IV, 24 fg. — Vgl. Purgatorio VII, 28, XXII, 100.

[3]) Der jüngste der 3 Brüder geb. 1438. Ueber ihn F. Flamini, Propugnatore N. S. I, 1, 217—248; über unser Gedicht p. 228: es ist gedruckt in der Lond. Ausg. von Lorenzos Poesien.

[4]) Dieser Heidenhimmel findet sich deutlich auch in der Grabschrift des Thonbildners Nicolo dell' Arca:

Nunc te Praxiteles, Phidias, Polycletus adorant
Miranturque tuas, o Nicolae, manus.

(Bei Bursellis, ann. Bonon., Murat. XXIII, Col. 912.)

[5]) In seiner späten Schrift Actius.

antwortet nach einigem Schweigen ganz im Sinne des Achill, als ihn Odysseus befragte: „soviel sage und betheure ich dir, daß wir vom leiblichen Leben Abgeschiedenen das stärkste Verlangen tragen wieder in dasselbe zurückzukehren". Dann grüßt und verschwindet er.

Es ist gar nicht zu verkennen, daß solche Ansichten vom Zustande nach dem Tode das Aufhören der wesentlichsten christlichen Dogmen theils voraussetzen, theils verursachen. Die Begriffe von Sünde und Erlösung müssen fast völlig verduftet gewesen sein. Man darf sich durch die Wirkung der Bußprediger und durch die Bußepidemien, von welchen oben (S. 194 u. f., 212 u. f.) die Rede war, nicht irre machen lassen; denn, selbst zugegeben, daß auch die individuell entwickelten Stände daran Theil genommen hätten wie alle anderen, so war die Hauptsache dabei doch nur das Rührungsbedürfniß, die Losspannung heftiger Gemüther, das Entsetzen über großes Landesunglück, der Schrei zum Himmel um Hilfe. Die Weckung des Gewissens hatte durchaus nicht nothwendig das Gefühl der Sündhaftigkeit und des Bedürfnisses der Erlösung zur Folge, ja selbst eine sehr heftige äußere Buße setzt nicht nothwendig eine Reue im christlichen Sinne voraus. Wenn kräftig entwickelte Menschen der Renaissance uns erzählen, ihr Princip sei: nichts zu bereuen [1]), so kann dies allerdings sich auf sittlich indifferente Angelegenheiten auf blos Unkluges und Unzweckmäßiges beziehen, aber von selbst wird sich diese Verachtung der Reue auch auf das sittliche Gebiet ausdehnen, weil ihre Quelle eine allgemeine, nämlich das individuelle Kraftgefühl ist. Das passive und contemplative Christenthum mit seiner beständigen Beziehung auf eine jenseitige höhere Welt beherrschte diese Menschen nicht mehr. Machiavelli wagte dann die weitere Consequenz: dasselbe könne auch dem Staat und der Vertheidigung von dessen Freiheit nicht förderlich sein.[2])

Welche Gestalt mußte nun die trotz Allem vorhandene starke Religiosität bei den tieferen Naturen annehmen? Es ist der Theismus oder Deismus, wie man will. Den letzteren Namen mag die-

[1]) Cardanus, de propria vita, cap. 23: non poenitere ullius rei quam voluntarie effecerim, etiam quae male cessisset; ohne dieses wäre ich der unglücklichste Mensch gewesen.

[2]) Discorsi, L. II, cap. 2.

jenige Denkweise führen, welche das Christliche abgestreift hat, ohne einen weitern Ersatz für das Gefühl zu suchen oder zu finden. Theismus aber erkennen wir in der erhöhten positiven Andacht zum göttlichen Wesen, welche das Mittelalter nicht gekannt hatte. Dieselbe schließt das Christenthum nicht aus und kann sich jederzeit mit dessen Lehre von der Sünde, Erlösung und Unsterblichkeit verbinden, aber sie ist auch ohne dasselbe in den Gemüthern vorhanden.

Bisweilen tritt sie mit kindlicher Naivetät, ja mit einem halbheidnischen Anklang auf; Gott erscheint ihr als der allmächtige Erfüller der Wünsche. L. B. Alberti erzählt[1]) wie er nach der Hochzeit sich mit seiner Gemahlin einschloß und vor dem Hausaltar mit dem Marienbilde niederkniete, worauf sie aber nicht zur Madonna, sondern zu Gott beteten, er möge ihnen verleihen die richtige Benützung ihrer Güter, langes Zusammenleben in Fröhlichkeit und Eintracht und viele männliche Nachkommen; „für mich betete ich um Reichthum, Freundschaften und Ehre, für sie um Unbescholtenheit, Ehrbarkeit und daß sie eine gute Haushälterin werden möge". Wenn dann noch eine starke Antikisirung im Ausdruck hinzukommt, so hat man es bisweilen schwer den heidnischen Stil und die theistische Ueberzeugung auseinander zu halten.[2])

Auch im Unglück äußert sich hier und da diese Gesinnung mit ergreifender Wahrheit. Es sind aus der spätern Zeit des Firenzuola, da er jahrelang am Fieber krank lag, einige Anreden an Gott vorhanden, in welchen er sich beiläufig mit Nachdruck als einen gläubigen Christen geltend macht und doch ein rein theistisches Bewußtsein an den Tag legt.[3]) Er faßt sein Leiden weder als Sündenschuld noch

[1]) Del governo della famiglia. p. 114.

[2]) Als Beispiel die kurze Ode des M. Antonio Flaminio aus den Coryciana (vgl. Bd. I, S. 294.)

Dii quibus tam Corycius venusta
Signa, tam dives posuit sacellum,
Ulla si vestros animos piorum
Gratia tangit,
Vos jocos risusque senis faceti
Sospites servate diu; senectam
Vos date et semper viridem et Falerno
Usque madentem.
At simul longo satiatus aevo
Liquerit terras, dapibus Deorum
Laetus intersit, potiore mutans
Nectare Bacchum.

[3]) Firenzuola, opere, vol. IV, p. 147 fg.

als Prüfung und Vorbereitung auf eine andere Welt; es ist eine Angelegenheit zwischen ihm und Gott allein, der die mächtige Liebe zum Leben zwischen den Menschen und seine Verzweiflung hineingestellt hat. „Ich fluche, doch nur gegen die Natur, denn deine Größe verbietet mir dich selbst zu nennen . . . gib mir den Tod, Herr, ich flehe Dich an, gib mir ihn jetzt!"

Einen augenscheinlichen Beweis für einen ausgebildeten, bewußten Theismus wird man freilich in diesen und ähnlichen Aussagen vergebens suchen; die Betreffenden glaubten zum Theil noch Christen zu sein und respectirten außerdem aus verschiedenen Gründen die vorhandene Kirchenlehre. Aber zur Zeit der Reformation, als die Gedanken gezwungen waren, sich abzuklären, gelangte diese Denkweise zu einem deutlichern Bewußtsein; eine Anzahl der italienischen Protestanten erwiesen sich als Antitrinitarier und Socinianer, machten sogar als Flüchtlinge in weiter Ferne den denkwürdigen Versuch, eine Kirche in diesem Sinn zu constituiren. Aus dem bisher Gesagten wird wenigstens so viel klar geworden sein, daß außer dem humanistischen Rationalismus noch andere Geister in diese Segel wehten.

Ein Mittelpunkt der ganzen theistischen Denkweise ist wohl in der platonischen Academie von Florenz und ganz besonders in Lorenzo magnifico selbst zu suchen. Die theoretischen Werke und selbst die Briefe jener Männer geben doch nur die Hälfte ihres Wesens. Es ist wahr, daß Lorenzo von Jugend auf bis an sein Lebensende sich dogmatisch christlich geäußert hat[1]) und daß Pico sogar unter die Herrschaft Savonarolas und in eine mönchisch ascetische Gesinnung hinein gerieth.[2]) Allein in den Hymnen Lorenzos,[3]) welche

[1]) Nic. Valori, vita di Lorenzo, passim. — Die schöne Instruction an seinen Sohn Giovanni, bei Fabroni, Laurentius, Adnot. 178 und in den Beilagen zu Roscoe, Leben des Lorenzo.

[2]) Jo. Pici vita, auct. Jo. Franc. Pico. — Seine Deprecatio ad Deum, in den Deliciae poetar. italor.

[3]) Es sind die Gesänge: Orazione („Magno Dio, per la cui costante legge etc."' bei Roscoe, Leone X., ed. Bossi, VIII, p. 120). — der Hymnus („Oda il sacro inno tutta la natura etc.", bei Fabroni, Laurentius, Adnot. 9); — L'altercazione (Poesie di Lorenzo magn. I, p. 265; in letzterer Sammlung sind auch die übrigen hier genannten Gedichte mit abgedruckt). Die alter-

wir als das höchste Resultat des Geistes jener Schule zu bezeichnen versucht sind, spricht ohne Rückhalt der Theismus, und zwar von einer Anschauung aus, welche sich bemüht, die Welt als einen großen moralischen und physischen Kosmos zu betrachten. Während die Menschen des Mittelalters die Welt ansehen als ein Jammerthal, welches Papst und Kaiser hüten müssen bis zum Auftreten des Antichrist, während die Fatalisten der Renaissance abwechseln zwischen Zeiten der gewaltigen Energie und Zeiten der dumpfen Resignation oder des Aberglaubens, erhebt sich hier, im Kreise[1]) auserwählter Geister, die Idee, daß die sichtbare Welt von Gott aus Liebe geschaffen, daß sie ein Abbild des in ihm präexistirenden Vorbildes sei, und daß er ihr dauernder Beweger und Fortschöpfer bleiben werde. Die Seele des Einzelnen kann zunächst durch das Erkennen Gottes ihn in ihre engen Schranken zusammenziehen, aber auch durch Liebe zu ihm sich ins Unendliche ausdehnen, und dies ist dann die Seligkeit auf Erden.

Hier berühren sich Anklänge der mittelalterlichen Mystik mit platonischen Lehren und mit einem eigenthümlichen modernen Geiste. Vielleicht reifte hier eine höchste Furcht jener Erkenntniß der Welt und des Menschen, um derentwillen allein schon die Renaissance von Italien die Führerin unseres Weltalters heißen muß.

cazione und die übrigen religiösen Gedichte ausführlich behandelt in Nic. Scarano, Il platonismo nelle poesie di Lor. de'Medici, Nuova ant. III. ser. vol. 46, p. 609 ff., vol. 47, p. 49 ff. (wo mit Unrecht 46 p. 613 die Erwähnung des Gedichtes an unserer Stelle übergangen ist).

1) Wenn es dem Pulci in seinem Morgante irgendwo mit religiösen Dingen Ernst ist, so wird dies von Ges. XVI, Str. 6 gelten: diese deistische Rede der schönen Heidin Antea ist vielleicht der greifbarste Ausdruck der Denkweise, welche unter Lorenzos Genossen geltend war. Die oben (S. 214 fg., 218, Anm. 1) citirten Reden des Dämons Astarotte bilden dann gewissermaßen die Ergänzung dazu.

Excurse zum zweiten Bande.

Zum vierten Abschnitt.

LXI.

(Zu Seite 5, Anm. 2.) (vgl. auch S. 17, Anm. 1.)

Im 16. Jahrh. hielt sich Italien noch lange als die vorzugsweise Heimath der cosmographischen Literatur, als die Entdecker selbst schon fast nur den atlantischen Völkern angehörten. Die einheimische Geographie hat gegen Mitte des Jahrhunderts das große und sehr achtungswerthe Werk des Leandro Alberti: Descrizione di tutta l'Italia 1582 aufzuweisen. — Eine Karte Italiens auf Pergament 1438 nahm Niccolo Strozza nach Neapel mit und schenkte sie dem König Alfonso (vgl. Lettere di Alessandra Strozzi ed. Guasti [1877] p. 76). Daß wirklich dieser sie dem Flavio Biondo, der um italienische Karten bat, schenkte, möchte ich bezweifeln. — Berchet, il planisfero di Giovanni Leandro del' anno 1452 facsimil nella grandezza dell' originale, Nota illustrativa 16 S. 4°. Venezia (1879). Vgl. ferner das Werk von G. B. de Rossi, Piante iconographice di Roma anteriori ad secolo XVI. Rom 1879. — Ueber Petrarcas Versuch, eine Karte Italiens zu entwerfen vgl. Flavio Biondo: Italia illustrata (ed. Basil.) p. 352 fg. Vgl. ferner Petr. Epist. var. LXI, ed. Fracassi. (lat.) III, p. 476. Ueber die in seinem Besitz befindlich gewesenen geographischen Karten s. Nolhac, Pétrarque et l'humanisme p. 125 ff., 276. Ueber Petr.'s Plan, ein großes geogr. Werk zu schreiben, die Nachweisungen von Attilio Hortis: Accenni alle scienze naturali nelle opere di G. Boccacci. Triest 1877, S. 45 fg. — In den Verzeichnissen der mediceischen Bibliotheken findet sich (Arch. stor. ital. 19, 280 z. J. 1510): Duae tabulae quae plicantur in quibus est Lombardia depicta und (21, 112 z. J. 1456): Libro d'una descriptione d'Italia; libro d'una et dell' altra parte di Lombardia. — Ein sehr merkwürdiger Versuch einer Karte: Europa, Asia, Africa, Brumae findet sich auf der Rückseite einer Medaille des Karl IV. v. Anjou von Francesco da Laurana 1462. Sie ist veranlaßt durch König René von Anjou, der große Vorliebe für die Geographie hatte. Beweis dafür die ihm gewidmete Straboübersetzung des Guarino von Verona und das Bild, das er bei dieser Gelegenheit machen ließ. Vgl. A. Heiß, F. d. L. (Les médailleurs de la Renaiss. II. Paris 1882) S. 28. 29. — In der 1. Hälfte des 16. Jahrh. hat Italien auch durch seine Karten und Atlanten den Vorzug vor anderen Ländern. — Ueber den Bolognesen Ludovico de Varthema, dessen Itinerar zuerst 1510 erschien, vgl. die Studie mit Bibliographie von P. Amat di S. Filippi im Giorn. ligust. V, 3—73. — Vgl. über andere Karten Wieser: Der Portulan des Infanten Philipp II. von Spanien in: Sitzungsber. der Wiener Akad., phil.-hist. Kl. Bd. 82 (1876) S. 541 fg. Im allgemeinen ist für italienische Karten, Entdeckungsreisen auf die vorzügliche Sammlung von Oskar Peschel, Abhandlungen zur Erd- und Völkerkunde (Leipzig 1878), zu verweisen. Wichtige Mittheilungen über Entdeckungsreisen, Abbildung einzelner Karten und dergl. in dem schönen Werke von Sophus Ruge, Geschichte des Zeitalters der Entdeckungen, Berlin 1881—1883.

Ueber Karten und Kartographen noch folgende Notizen aus der neueren Literatur. Mitglieder der Familie Magliolo waren sicher seit 1511 in Genua als Kartographen thätig, seit 1519 erhielt Visconti M. einen öffentlichen Gehalt. Vgl. Giorn. ligust. IV, p. 82 ff. — Für Landkarten (1120—1750) sehr wichtig: G. Uzielli: Leonardo da Vinci e le Alpi con sette carte antiche in fac-simile. Turin 1890. (S. A. aus dem Bolletino des Club alpino italiano, vol. XXIII.) — Als Ergänzung zu G. B. de Rossi, Piante iconografiche e prospettiche di Roma anteriori al secolo XVI, (oben angeführt) ist zu betrachten Hülsen, Di una pianta prospetticha di Roma del sec. XV. Rom 1892. S. A. — Ob der große Prospect von Venedig 1500 von Jacopo de'Barberi ist, wird in Zweifel gezogen von E. Jacobsen, Giorn. stor. dell'arte, ser. II, vol. 1 (1895), S. 106—109. — Vgl. ferner die große Veröffentlichung von K. Müller, Mappae mundi, die ältesten Weltkarten, Stuttg. 1898. Dort sind abgebildet und behandelt: Die Weltkarten des Marino Sanudo, Petrus Vesconte und Paulinus von Puteoli, c. 1320. Die Karten des Dati a. 1422. Die Weltkarte des Andrea Bianco a. 1463. Die Karten des Johannes von Udine († 1363). Die Borgiakarte in Rom, 15. Jahrh. — Vgl. E. Müntz: Notice sur un plan inédit de Rome à la fin du 14. siècle (Gazette archéologique 10. Jahrg. Nr. 5, 6 S. 169—176 mit einer Tafel; eine Photogr. des Plans wurde Dec. 1884 von Minghetti der Akad. dei Lincei in Rom vorgelegt). Mittheilung über einen Plan, der sich im livre d'heures des Herzogs von Berry (im Besitze des Herzogs von Aumale) befindet. Der Plan ist italienischen Ursprungs, wahrscheinlich in den letzten Jahren des 14. Jahrh. entstanden, vermuthlich abhängig von dem durch Stevenson veröffentlichten Plan des Taddeo di Bartolo. — Eine Ansicht Roms (c. 1465) von E. Müntz in einem Fresko des Benozzo Gozzoli zu S. Gimigniano erkannt, ist veröffentlicht in den Procès verbaux de la société nationale des Antiquaires de France 1880. Von demselben verschiedenes Aehnliche zusammengestellt in: Les antiquités de la ville de Rome 1886, S. 1—24, die genannten Arbeiten resümirt und durch Neues vermehrt Müntz Antiquités S. 1—24.

LXII.

(Zu Seite 12, Anm. 2.)

Florenz schickte an den König Wladislaw von Polen (23. Mai 1406) einen Löwen und eine Löwin, ut utriusque sexus animalia ad procreandos catulos haberetis. Die Sendung wird mit folgender naturwissenschaftlichen Belehrung nebst philologisch-philosophischen Excursen begleitet, die in einem diplomatischen Aktenstück ungemein ergötzlich wirkt: Sunt equidem hi leones Florentini, et satis quantum natura promittere potuit mansueti, deposita feritate, quam insitam habent, hique in Gaetulorum nascuntur regionibus et Indorum, in quibus multitudo dictorum animalium evalescit, sicuti prohibent naturales. Et cum leonum complexio sit frigoribus inimica, quod natura sagax ostendit, natura in regionibus aestu ferventibus generantur, necessarium est, quod vestra serenitas, si dictorum animalium vitam et sobolis propagationem, ut remur desiderat, faciat provideri, quod in locis calidis educentur et maneant. Conveniunt nempe cum regia majestate leones, quoniam leo graece latine rex dictur. Sicut enim rex dignitate, potentia, magnanimitate ceteros homines antecellit, sic leonis generositas et vigor imperterritus animalia cuncta praeit. Et sicut rex sic leo adversus imbecilles et timidos clementissimum se ostendit, et adversus inquietos et tumidos terribilem se offert animadversione justissima. Das höchst charakteristische Schreiben ist abgedruckt im Cod. epistolaris saeculi XV (Mon. med. aevi hist. res gestas Poloniae illustr. Krakau 1876 S. 25).

LXIII.

(Zu Seite 10 ff.)

Einzelnes zur Naturwissenschaft.

Nachträglich zu S. 7, Anm. 2: Dantes Schrift de aqua et terra, deren Authenticität schon manchmal angezweifelt worden, wird von Luzio u. Renier Giorn. stor. 20, 125—150 als Fälschung des ersten Herausgebers Benedetto Moncetti da Castiglione Aretino sehr wahrscheinlich gemacht. Er sagt selbst, er habe die Schrift castigatam, limatam, elucubratam herausgegeben. Eine Originalhandschrift fehlt, kein Chronist Veronas, wo die Abhandlung vorgetragen sein soll, spricht von ihr, manche Ausdrücke stimmen mit den Schriften des B. M. überein, B. M. war ehrgeizig, nicht wählerisch in seinen Mitteln. — Ueber Petrarcas Thätigkeit im Garten s. einzelne Notizen aus einer römischen Apulejus-Handschrift cod. Vatic. 2193, bei P. de Nolhac: Pétrarque et son jardin, Paris 1890. Am 16. März 1359 notirt er z. B. die Pflanzung von 5 Lorbeerbäumen und hofft gutes Wachsthum für diese den Musen theuren Pflänzlinge, weil an demselben Tage sein Freund Boccaccio angekommen sei. — Eine Schrift (Par. Bibl. nat.) Justuli Spoletani opera. Romae 1510 enthält u. A.: de cultu croci ad Ag. Geraldinum opusculum elegantissimum, de sere seu stivom animalibus. Ad Felisiam Ruveram poemation egregium; Descriptio montis Spoleti imminentis ad Claudium Lupum. — Tuckermann, Die Gartenkunst der ital. Renaissance-Zeit, Berlin 1884 kommt über die Burckh.'schen Andeutungen nicht hinaus. — Zur Thierliebhaberei vgl. das Vermächtniß des Basso della Penna (Sacchetti Nov.) für die Fliegen, sie sollen alle Jahre am St. Jacobstag einen Korb mit Birnen erhalten. (Freilich mehr aus Groll gegen die Erben, als aus Vorliebe für die Thiere.) — Die mannigfachen Darstellungen des Christuskindes mit einem Stieglitz haben wohl eher ihren Grund in der bunten Schönheit des Vogels als im Vergleich des Vogels, der nur von Disteln lebt und doch schön singt, mit Christus, der trotz seines Leidens Gott fröhlich dient. Amico Aspertini von Bologna stellt in einer Verkündigung einen auf einem Stabe sitzenden Papagei dar. Aehnliches berichtet um 1470 Fr. Zambeccari aus Bologna (?) R. Förster Fr. Z. Stuttg. 1878 S. 236. — Venedig (s. Cecchetti in Arch. ven. 28, 8 fg.) besaß einen Löwen u. Löwin als Geschenk des Königs Friedrich v. Aragonien; am 12. Sept. 1316 wurden 3 Junge, ein männliches und 2 weibliche geboren. Der Portier des Dogenpalastes hatte die Thiere zu füttern. 4 Leoparden waren ein Geschenk des dominus Prestozane partium Indie, 1 astore vom König v. Bosnien, ein Hirsch wurde im Arsenal verwahrt. — In der Schrift: Theatrum capitolinum magnifico Juliano institutum per Aurelium Serenum Monopolitanum et de elephante carmen ejusdem. A. E.: Romae in edibus Mazochianis imperante Diuo Leone X Pont. Maximo pontificatus sui anno secundo anno Dni MDXIV. 25 Bll. in 4 (Paris, Bibl. nat.) heißt es (Widmungsbrief an Leo X., 10. cal. apr. 1514), es sei etwas noch nie Dagewesenes geschehen. Indus elephas omnium animalium sagacissimus a Emanuele Lusitanorum rege missus. Er vergleicht sein eigenes Werk mit dem Elephanten. Es werde ebensowenig verachtet werden: maurus ille et agrestis homo elephantis rector et moderator universae urbis spectantique populo ingentem voluptatem tribuit. Quo ductore immanis belua mitis et mansueta incedit ad cujus nutum omnia perficit obsequiturque docilissima. Auf den Elephanten werden Gedichte mitgetheilt von dem Herausgeber, Joh. Capito Aretinus, Ja. Marius Philoenus, Vitalis, von dem erstern auch Verse auf ein anderes Geschenk Emanuels, den leo rugiens. — (Nebenbei sei bemerkt, daß während Paris de Grassis p. 13—20 berichtet, Emanuel habe die goldne Rose und das Schwert erhalten, unser Autor sagt: Altaris tegmen gemmis decoratur et auro Ampla sacerdotis fit tunica atque nitens Adduntur geminae pro binis inde ministris Magnum auri pondus quae preciosa valent). — Ueber die Grabschrift des Elephanten Amone (gest. 8. Juni 1516) und über Raffaels Antheil an seiner künstlerischen Verewigung D. Gnoli in Nuova ant. 3. ser. vol. 14, p. 583. — Ueber den Stierkampf 1519 vgl. den Brief des ferraresischen Gesandten Paulucci vgl. gleichfalls Nuova ant. 3. ser. vol. 14 p. 583. — 1487 kam der Gesandte des Sultans von Babylon nach Florenz und brachte Lorenzo je einen Löwen und eine Giraffe mit. Er blieb fast 9 Monate auf Kosten der Commune in Florenz Morelli p. 197. 1488 kamen 2 Löwen aus Mantua das. 198.

Ein luchesischer Ritter trug 1363 im Kriege einen lebendigen Adler, Sercambi I, 122. — Die Haut (?) eines wilden Mannes und ein mehrfarbiger Esel wird in Venedig gezeigt 1402 Arch. ven. VI, 323. — Ein Bär, der in den Straßen von Florenz 1486 allerlei Unheil anrichtet Landucci p. 51. — Eine Giraffe, Geschenk des Sultans, macht 1487 das. großes Aufsehen p. 52. — Thierkämpfe auf der piazza de' Signoria, z. B. 1514 Landucci p. 345. — 3 Löwen von Florenz an Venedig geschenkt 1427 Arch. ven. XXXVI, 247. — In Florenz werden Jan. 1511 bei ungeheurem Schneefall und starkem Frost eine Anzahl kunstreicher Schneelöwen gemacht Landucci p. 306. — Daß in Florenz 1520 Febr. zwei Löwen eine Löwin getödtet und gefressen hätten, berichtet Sanudo 28, 302.

LXIV.

(Zu Seite 14, Anm. 4.)

Bei diesem Anlaß mögen einige Notizen über die Sklaverei in Italien zur Zeit der Renaissance ihre Stelle finden. Kurze Hauptstelle bei Jovian. Pontan. de obedientia L. III, cap. 1: An homo, cum liber natus sit, domino parere debeat. Sklaven gab es in ganz Italien; außerdem kaufte man aber auch Christen aus dem türkischen Reich, ferner Bulgaren und Circassier und ließ sie dienen, bis sie die Kaufsumme abverdient hatten. Die Neger dagegen blieben Sklaven, nur durfte man sie, wenigstens im Reich Neapel, nicht castriren. Die im Mittelalter am Boden haftende Leibeigenschaft war gegen Ende des 13. Jahrhunderts meist abgeschafft (in Florenz 1289); Mitte des 14. Jahrh. bildete sich in Folge des Handelsverkehrs eine neue persönliche Sklaverei durch Käufe Schwarzer seitens der Venezianer, Genuesen und anderer

19*

schiffahrender Nationen. Geistlichen erschien das Herbeibringen von Sklaven heilsam, weil dadurch Seelen für das Christenthum gewonnen wurden; Sklavinnen dienten namentlich zur bequemen Befriedigung sinnlicher Gelüste. In Florenz war seit 1363 die Sklaverei offiziell gestattet. Unter den 393 von 1366 bis 1397 dort gekauften Sklavinnen waren 259 tartarischen Ursprungs. Der Kaufpreis schwankte im 14. Jahrh. zwischen 30 und 70 Goldgulden, im 15. war er etwas höher. Das Alter der Sklavinnen war sehr verschieden; es begegnen schon solche von 7 Jahren (in Mantua kamen sie noch jünger vor). Zahlreiche Gesetze schützten die Sklavenbesitzer gegen die Flucht der Sklavinnen. — Diese dienten als Concubinen, Hausmädchen, Wärterinnen in Hospitälern. Befreiung durch Entlassung bei Lebzeiten oder durch testamentarische Bestimmung kam häufig vor. Das 1460 erlassene Verbot, neue Sklavinnen einzuführen, fruchtete nicht viel.

Einzelne Notizen, bei denen eine bestimmte alphabetische oder chronologische Ordnung nicht gewahrt werden konnte, und literarische Nachweisungen mögen hier folgen:

Moro bezeichnet alle dunkelfarbigen; der Neger heißt Moro nero. — Fabroni, Cosmus, Adn. 110 (Bd. II, S. 214): Akt über den Kauf einer circassischen Sklavin (1427; von welcher Cosmus einen Sohn, Carlo, hatte); Adn. 141 (Bd. II, S. 254 fg.): Verzeichniß der Sklavinnen des Cosimo. — Nantiporto, bei Murat. III, II, Col. 1106: Innocenz VIII. erhält hundert Mori als Geschenk von Ferdinand d. Kathol. und verschenkt sie weiter an Cardinäle und andere Herren (1488). — Massuccio, Novelle 14: Verkäuflichkeit von Sklaven; — 24 u. 25: Negersklaven, die zugleich (zum Nutzen ihrer Herren?) als fachini arbeiten und die Liebe der Frauen genießen; 39: eine Italienerin begiebt sich in Tunis in Gefangenschaft; — 48: Catalanen fangen tunesische Mori, u. A. den Sohn des Königs, und verkaufen sie in Pisa. — Gaye, carteggio I, 360: Manumission und Beschenkung eines Negersklaven in einem florentin. Testamente (1490). — Paul. Jov. Elogia, sub Franc. Sfortia primo p. 138; Porzio congiura, lib. III, p. 195, und Comines, Charles VIII, chap. 17: Neger als bestellte Henker und Kerkermeister des Hauses Aragon in Neapel. — Paul. Jov. Elog., sub Galeatio: Neger als Begleiter von Fürsten bei Ausgängen. — Aeneae Sylvii opera, p. 456: Negersklave als Musikant. — Paul. Jov. de piscibus, cap. 3: ein (freier?) Neger als Schwimmlehrer und Taucher in Genua. — Alex. Benedictus, de Carolo VIII, bei Eccard, scriptores, II, Col. 1608: ein Neger (Aethiops) als höherer venezianischer Offizier, wonach auch Othello als Neger gefaßt werden kann. Aethiops servus des Pontano, in dessen de reb. coel. lib. XVI, Opp. III, p. 2587. — Eine sarmatische Sklavin, die einem sicilianischen Herrn dient und, um seinen Liebesanträgen zu entgehen, sich den Tod gibt, gepriesen von Pontanus tumulorum lib. 4. Opp. IV, 3397. — Notizen über eine Sklavin (1450) in den Lettere der Alessandra Strozzi (1877) S. 104. — Sannazaro hat einen Sklaven, den er, von seinem Talent entzückt, befreit und mit seinem Namen beschenkt. Aless. Alessandri geneal. dierum, Colon. 1539, p. 49. — Bandello, Parte III, Nov. 21 (14). Wenn ein Sklave in Genua Züchtigung verdient, wird er nach den Balearen, und zwar nach Iviza zum Salztragen verkauft. — In Sicilien gab es im 16. Jahrh. bei 1,220,000 Einwohnern 50,000 Sklaven. Vgl. Corr. Avollio im Arch. stor. siciliano n. S. vol. X. Einzelne Bestimmungen sind sehr merkwürdig. Der Kaufpreis mußte zurückerstattet werden, wenn der Sklave Heimweh empfand, dadurch betrübt und arbeitsuntüchtig wurde, aber für Männer war auch ein Grund: mingere lecto, für Frauen: menstruis carere. — In Mantua scheint Isabella d'Este besondere Freude an der schwarzen Farbe gehabt zu haben: die Sklavinnen (moretta) waren nicht eigentlich zum Dienst, sondern zur Augenweide und Erheiterung bestimmt. — Sklaven in Mantua von 1422 an in dem oben Bd. I. Exc. XXVI genannten Aufsatze Luzio-Renier's bes. 35, 141 ff., auch in Ferrara. Vgl. auch Mantegnas Bild in der Camera degli sposi, wo eine der 5 Dienerinnen eine Negerin mit orientalischem Costüm ist.

In neuerer Zeit ist Manches über Sklavenhandel in Italien erschienen. Das höchst seltsame Buch von Filippo Zamboni: Gli Ezzelini, Dante e gli schiavi, ossia Roma e la schiavitù personale domestica. Con documenti inediti. Seconda edizione aumentata, Wien 1870, enthält zwar nicht was der Titel verspricht, gibt aber S. 241 fg. werthvolle Notizen über Sklavenhandel, S. 270 eine höchst merkwürdige Urkunde über Kauf und Verkauf einer Sklavin, S. 282 ein Verzeichniß einzelner Sklaven (nach Ort des Kaufs und des Verkaufs, Heimath, Alter, Preis) vom 13.—16. Jahrh. Eine Abhandlung von Wattenbach: Sklavenhandel im Mittelalter (Anzeiger für Kunde der deutschen Vorzeit 1874, S. 37—40) bezieht sich nur zum Theil auf Italien: Clemens V. bestimmt 1309, daß die gefangenen Venetianer der Sklaverei verfallen sollen; 1501 nach der Einnahme von Capua werden viele Capuanerinnen in Rom um geringen Preis verkauft. In den Monum. historica Slavorum meridionalium ed. Vinc. Macuscev. Tom. I, vol. I, Warschau 1874, findet sich u. A. S. 199 eine Bestimmung (Ancona 1458), daß die Greci, Turci, Tartari, Sarraceni, Bossinenses, Burgari vel Albanenses stets Sklaven sein und bleiben sollen, außer wenn sie von ihren Herrn durch notarielle Urkunde befreit werden. S. 443 Sklavin aus Chios, von einem Florentiner nach Pisa, dann nach Palermo verkauft (1456). — Egnatius, exempl. ill. ir. Ven. Fol. 246a rühmt Venedig servorum Venetis ipsis nullum unquam usum extitisse; doch ist im Gegensatz dazu Zamboni p. 223 und besonders Vincenzo Lazari: del traffico e delle condizioni degli schiavi in Venezia nei tempi di mezzo in: Miscellanea di stor. ital. Torino 1862 vol. I, p. 463—501 zu vergleichen. Literatur über Sklaven zusammengestellt, Giorn. stor. vol. XXXII, p. 215. Im Allg. Cibrario, storia della schiavitù in Italia, 2 Bände, Mail. 1888. Specieller: A. Zanelli, Le schiave orientali a Firenze nei secoli XIV e XV. Flor. 1885. Einzelnes Neue bei Gregorovius, Athen im Mittelalter 1889, II S. 505 fg. Ferner: Ueber Sklaverei in Florenz im 14. u. 15. Jahrh. von A. v. Reumont im Hist. Jahrb. (Görres-Ges.) Jahrg. 7. — Müntz: La Renaissance en Italie I (1887) passim.

Daß wirklich Venedig der Hauptmarkt war, ist erwiesen. Felix Faber behauptet (1488) 3000 Sklaven dort gesehen zu haben. Vgl. auch unten. Nach Molmnti p. 330 fanden das. 1393—1491 150 Verkäufe von Sklaven und Sklavinnen statt. Der Verkaufspreis schwankte zwischen 16 und 87 Dukaten. Das. 687 ff. Verzeichniß von Verkäufen mit Preisen aus dem J. 1588. Ueber Venedig speciell Cecchetti im Arch. Ven. 31 (1886) S. 324 ff.; das. S. 328 furchtbare Bestrafung verbrecherischer Sklaven. S. 330 fg.: Geschenke an Sklaven und Freilassungen laut Testament. — Unsittlichkeit und Störung des Hausfriedens durch die Sklavinnen s. Pastor III, 93. Notiz über einen genuesischen Sklavenhändler (1496) bei Pontano S. 346 fg. Alessandra Macinghi (Lettere 1877 p. 475), die vor einer Sklavin Angst hat, unterscheidet die Sklaven, Russen, Tartaren, Circassier nach ihrer Schönheit, Stärke, Fähigkeit, Mühen zu ertragen. — Sklavinnen als Haushälterinnen bei Künstlern, eine Circassierin von 22, eine Russin von 32 Jahren, Kaufpreis der ersteren 42, der letzteren 50 fl. (1457) Müntz, Les arts Nachtr. 1884 S. 23. 27. — Ueber Excesse von Sklaven und über Sklaven als eine Art Leibwache der Nobili Lamansky p. 682. Eine russische Sklavin in Venedig 1328 das. S. 383 Anm. — Ein servus und eine sclava werden unter den animalia in einem Nachlaßinventar aufgeführt, 1390, Giorn. ligust. 17. 39. 40. — Ueber Sklaven in Cypern die merkwürdigsten venetianischen Urkunden und Befehle von 1494 an. (Bei Lamansky S. 14 ff.) Das interessanteste Aktenstück ist das vom 7. März 1506, wo Befreiung und Rückkauf von Sklaven verboten wird, weil in ihnen die größte Einnahme der Republik beruhe. Die Zahl der Sklaven wird 1516 auf 26 bis 27000 angegeben und der Rückkauf von 200, pro Kopf mindestens 50 Dukaten gefordert. — Für Sklavenwesen und -Verkauf ist sehr bedeutsam, trotz seiner allegorischen Tendenz, Pand. Collenuccios Dialog: Misopenes (gedruckt Rom 1526 und sonst), Saviotti 165 ff. — Eine Sklavin bei einer Curtisane, deren mangelhafte Sprache nachgeahmt wird, Delicado, Lozana I, 211. — Eine Sklavin, die im Hause eines Florentiner Kaufmanns lebt, erhält eine Tochter, die von diesem, dem Vater, erzogen und ausgestattet wird Lapo Mazzei p. XLV fg. — Schwarze aus Indien, aber keine Sklaven, sind 1404 in Florenz Mazzei, Lettere II, 30. — Kauf einer Sklavin Catarina d'Ungheria 1448 für 70 fl. mit Verpflichtung sie für dies. Summe freizugeben, die von dem Vater des Vorbesitzers 1419 aufgewendet worden war (90 fl.). Es kam auch vor, daß Sklavenbesitzer ihre Sklavinnen für 6 fl. jährlich weiter vermietheten, Arch. stor. ital.

5. ser. 4. vol. p. 163. — Ein Sklave, für 35 Dukaten gekauft, dient auf einem neapolitanischen Schiffe als trombetta (1470), Arch. napol. 9, 328. — Ferdinand der Katholische schickt 100 gefangene Saracenen, von den 5000, die er bei der Eroberung Malagas gemacht, an den Papst 1488 Conti I, 307. Nach einer andern Version I, 360 waren es 200. — Landucci p. 227 sagt dem Cesare Borgia nach (1501), er raube Kinder, um sie als Sklaven in Rom verkaufen zu lassen.

LXV.

(Zu Seite 35, Anm. 1.)

Eine Geschichte des Theaters soll in keiner Weise gegeben werden, nur ein paar Notizen zur Ergänzung. Besonders wichtig sind die Ausführungen von Gaspary, Bd. II passim (dort S. 698 der Hinweis, daß Frauenrollen von Männern gespielt wurden) und Creizenach, Geschichte des neuern Dramas, 1. Bd., Halle 1893, bes. 485—563, dessen 2. Bd. gerade hier sehr viel bringen wird; für die älteste Zeit Cloetta, Beiträge. — Ueber den Hiempsal des Leon. Dati s. außer Gaspary, die Notiz im Giorn. stor. 22, 415 ff. — Ueber Cefalo 1487, Psiche 1491, beide von Nicolo da Correggio, die Analyse von Luzio-Renier im Giorn. stor. 22, 90 ff. — Die erste Aufführung von Bibbienas Calandria fand, nach Vernarecci's Forschungen am 6. Febr. 1513 in Urbino statt. Vgl. auch L. Celli: Un carnevale alla corte d'Urbino e la prima rappresentazione della „Calandria", Castelplano 1894, S. A. aus der Nuova rivista misena, Bd. 7. — Für vieles Einzelne ist zu vgl.: De Amicis, L'imitazione latina nella comedia italiana del XVI secolo. Nuova edizione reviduta dall' autore. Firenze 1897. (Bibl. crit. della lett. ital. vol. 16, 17 diretta da Fr. Torraca.) — Die in einem frühern Excurs LXIII, oben S. 290 genannte Schrift des Aur. Ser. Monopolitanus, von der mir jetzt (1898) nur dürftige, 1886 gemachte, Excerpte vorliegen, gibt ein anschauliches Bild des theatrum capitolinum. Einmal wird Marius Capputius als conservator bezeichnet, dann Joh. Ge. Cesarinus, structorum princeps, neben ihm Jul. Alberinus, M. A. Bufalus, Petrus Marganus, Jul. Lenus. Gelegentlich wird erwähnt, daß der Poenulus aufgeführt wurde. Den Prolog trug Paulus Cannabatus vor, Blosius (Palladius) spielte den senex Henno; Jo. Bapt. Parmensis fungirte als Regisseur. 4000 nummum auri werden vom römischen Senat als Kosten bewilligt. — Ueber dies capitolinische Theater Janitschek, Repertorium f. Kunstwiss. V, 259 ff., der, wie ich nachträglich sehe, die Sammlung des Aurelius Serenus Monopolitanus benutzt, hauptsächlich aber eine Beschreibung des Baus und der Gemälde gibt. Der Arrangeur der Vorstellungen war (Fedra) Inghirami, vgl. auch Rep. II, 416. Das Bauwerk erregt allgemeines Staunen und Entzücken. — Eine Notiz aus P. de Grassis (ed. 1884 p. 77) sei hier mitgetheilt, der Papst habe aufführen lassen comoediam vulgarem potius ridiculam quamvis moralem. — Die Tragödie (1499) Pamphila (Filostrato e Panfila) in 5 Akten von Antonio Cammelli, detto il Pistoja entnimmt ihren Stoff dem Decamerone IV, 1, gedruckt in Rime di Cammelli pubbl. da Cappelli e Ferrari, Livorno 1884, p. 279—353. — Einführung des Dialekts in die Comödie schon von Allione u. A. Ende des 15. Jahrh., vermehrt und vervollkommnet durch Ruzzante, Burchiello, Calmo, vgl. Rossi, Calmo p. LXVII fg. — Calmo führt den Typus des Alten (Pantalone) in die Commedia dell' arte ein, Rossi, Calmo p. LXX fg.

LXVI.

(Zu Seite 38, Anm. 1.)

Franc. Sansovino: Venezia, fol. 169. Die Stelle lautet im Original: „Si sono anco spesso recitate delle tragedie con grandi apparecchi, composte da Poeti antichi o da moderni. Alle quali per la fama degli apparati, concorrevano le genti estere et circonvicine per vederle et udirle. Ma hoggi le feste de particolari si fanno fra i parenti et essendosi la città regolata per se medesima da certi anni in quà, si passano i tempi del Carnovale in Comedie e in altri piu leti e honorati diletti. — B. ändert parenti in pareti, was wohl nicht nöthig ist: die theilnehmenden Verwandten werden den ehemals anwesenden Fremden entgegengesetzt. Die gesperrt gedruckte Stelle bedeutet vielleicht: Da seit einigen Jahren die Stadt innerlich neu geordnet ist (Nach dem Frieden mit den Türken, 1573? Romanin, Storia di Ven. VI, 341). — Neuerdings sind zwei kleine Schriften erschienen, die zur Ergänzung des im Text Gesagten angeführt sein mögen: E. Flechsig, Die Dekoration der modernen Bühne in Italien von den Anfängen bis zum Schluß des 16. Jahrhunderts. Dresden 1894 und A. Warburg, I costumi teatrali per gli intermezzi del 1589 etc. Florenz 1895 (S. D. aus Atti dell' Accademia del R. Istituto Musicale di Firenze).

LXVII.

(Zu Seite 52, Anm. 1.)

Ueber Comines vgl. oben Bd. I, S. 101. Während Comines, wie dort angedeutet ist, die Fähigkeit objectiven Urtheils z. Th. seinem italienischen Umgange zu danken hat, haben die deutschen Humanisten und Staatsmänner, trotz ihres oft jahrelangen Aufenthaltes in Italien und trotz ihres fleißigen, theilweise sehr erfolgreichen Eingehens in die classischen Studien, von der Gabe der Charakterschilderung und der biographischen Darstellung wenig oder nichts angenommen. Vielmehr sind Reiseberichte, Biographien, historische Skizzen deutscher Humanisten im 15. und sehr häufig noch in den ersten Jahrzehnten des 16. Jahrhunderts trockene Aufzählungen oder wortprächtige, aber inhaltsleere Declamationen.

Doch gibt es einzelne Ausnahmen: Briefe Huttens, welche autobiographische Mittheilungen enthalten, Abschnitte aus Bartholomäus Sastrows Chronik und Joh. Kesslers Sabbata führen uns trefflich in die inneren Kämpfe der redenden Personen ein, meist freilich nicht allgemein menschliche, sondern specifisch religiös-reformatorische.

LXVIII.

(Zu Seite 53, Anm. 1.)

Aleanders Selbstbiographie, richtiger Notizbücher, Reiseaufzeichnungen, kurze Memoranda, oft Jahrzehnte nach den Ereignissen niedergeschrieben, mitunter aber tagebuchartig in lat., griech., gelegentlich hebr. Sprache, erwähnen Zeitereignisse, Vorfälle aus seinem Leben: Geschlechtskrankheit (1501, Dez. 7., griechisch, vgl. auch p. 38 unter dems. Datum), Verlust und Wiederfinden einer goldenen Kette, wofür er sechsmal fasten will, Kälte und Gewitter, Ausgaben, Recepte; unter seinen Büchern (1514) außer griechischen röm. Autoren, Humanisten: Politianus, Picus auch: Dante und Froissart.

LXIX.

(Zu Seite 61, Anm. 1.)

Forcianae quaestiones, in quibus varia Italorum ingenia explicantur, multaque alia scitu non indigna. Autore Philalete Polytopiensi cive. Darunter: Mauritii Scaevae carmen.

Quos hominum mores varios quas denique mentes
 Diverso profert Itala terra solo
Quisve viris animus, mulierum et strennua virtus
 Pulchre hoc exili codice lector habes.

Neapoli excudebat Martinus de Ragusia. Anno MDXXXVI. 24 Bl. in kl. 8°. Das Schriftchen, von Ranke, Päpste I, S. 385 benutzt, gilt als Eigenthum des Ortensio Landi (vgl. Tiraboschi VII, 800—812) ohne daß freilich in demselben der Verfasser irgendwie angedeutet wird. Der Titel erklärt sich aus dem Umstande, daß Unterhaltungen mitgetheilt sind, die in Forcium, einem Bade bei Lucca, von einer größeren Gesellschaft von Männern und Frauen (ihre schwerlich fingirten Namen Fol. 3b, Fol. 14b) gepflogen werden über die Frage, woher die unter den Menschen bestehende so große Verschiedenheit komme. Diese Frage wird nun zwar nicht beantwortet, wohl aber eine Anzahl der unter den damaligen Italienern bemerkbaren Verschiedenheiten aufgezählt; nämlich folgende: Die der Studien, des Handels, der Kriegstüchtigkeit (dies die von Ranke benutzte Stelle), der Anfertigung von Kriegsgeräthen, der Lebensweise, der Kleidung, der Sprache, des Verstandes, der Geneigtheit zum Hasse und zur Liebe, der Art, Liebe zu gewinnen, der Aufnahme von Gästen, des Essens; den Schluß macht eine Betrachtung über die Verschiedenheit der philosophischen Systeme. Ein besonders großer Abschnitt ist den Frauen gewidmet: ihrer Verschiedenheit überhaupt, der Macht ihrer Schönheit, insbesondere der Frage, ob die Frauen den Männern gleich oder überlegen seien. Diese und andere Abschnitte des Schriftchens sind unten an einigen Stellen benutzt. Hier mag folgender zur Probe ausgewählter Abschnitt genügen (Fol. 7b fg.): Aperiam nunc quae sit in consilio aut dando aut accipiendo dissimilitudo. Praestant consilio Mediolanenses, sed aliorum gratia, potius quam sua. Sunt nullo consilio Genuenses. Rumor est Venetos abundare. Sunt perutili consilio Lucenses, idque aperte indicarunt, cum in tanto totius Italiae ardore, tot hostibus circumsepti suam libertatem, ad quam nati videntur semper tutati sint, nulla quidem, aut capitis, aut fortunarum ratione habita. Quis porro non vehementer admiretur? Quis callida consilia non stupeat? Equidem quotiescunque cogito, quanta prudentia ingruentes procellas evitarint, quanta solertia impendentia pericula effugerint, adducor in stuporem. Lucanis vero summum est studium, eos deludere qui consilii captandi gratia adeunt, ipsi vero omnia inconsulte et temere faciunt. Brutii optimo sunt consilio, sed ut incommodent, ac pernitiem afferant, in rebus quae sunt magnae deliberationis dictu mirum quam stupidi sint, eisdem plane dotibus instructi sunt Volsci quod ad caedes ac furta paulo propensiores sint. Pisani bono quidem sunt consilio, sed parum constanti, si quis diversum ab eis senserit, mox acquiescunt, rursus si aliter suadeas, mutabunt consilium, illud in caussa fuit, quod tam duram ac diuturnam obsidionem ad extremum usque non pertulerint. Placentini utrisque abundant consiliis, scilicet salutaribus, ac pernitiosis, non facile tamen ab eis impetres pestilens consilium, apud Regienses neque consilii copiam invenias. Si sequare Mutinensium consilia, raro cedet infeliciter, sunt enim peracutissimo consilio, et voluntate plane bona. Providi sunt Florentini (si unum quemque seorsum accipias), si vero simul conjuncti sint, non admodum mihi illorum consilia probabuntur; feliciter cedunt Senensium consilia, subita sunt Perusinorum; salutaria Ferrariensium, fideli sunt consilio Veronenses; semper ambigui sunt in consiliis aut dandis aut acci-

piendis Patavini. Sunt pertinaces in eo quod coeperint consilio Bergomates, respuunt omnium consilia Neapolitani, sunt consultissimi Bononienses.

LXX.

(Zu Seite 61, Anm. 2.)

Commentario delle piu notabili et mostruose cose d'Italia et altri luoghi, di lingua Aramea in Italiana tradotto. Con un breve catalogo degli inventori delle cose che si mangiano et beveno, novamente ritrovato. In Venetia 1553 (zuerst gedruckt 1548, geschrieben auf Grund einer Reise, die Ortensio Landi 1543 und 1544 durch Italien unternahm). Daß Landi wirklich der Verfasser des Commentario ist, geht aus dem Nachwort des Nicolo Morra (Fol. 46 a) hervor: il presente commentario nato del constantissimo cervello di M. O. L. und aus der Unterschrift des Ganzen (Fol. 70 a): SVISNETROH SVDNAL, ROTUA TSE = est autor Landus Hortensius. Nach einer Verkündigung über Italien aus dem Munde eines wunderbaren Greises enthält das Schriftchen die Beschreibung einer Reise von Sicilien durch ganz Italien nach Griechenland und dem Orient. Alle einzelnen Städte Italiens werden mehr oder minder ausführlich besprochen; daß Lucca besonders gerühmt wird, ist bei der Sinnesart des Verfassers erklärlich; vornehmlich wird Venedig, wo er mit Pietro Aretino mehrfach zusammen gewesen sein will, außerdem Mailand ausführlich besprochen, letzteres unter Anführung der tollsten Geschichten (Fol. 25 fg.). Auch sonst fehlt es an solchen nicht: Rosen, die das ganze Jahr blühen, Sterne, die am Mittag scheinen, Vögel, die in Menschen verwandelt sind, und Menschen, die mit Ochsenköpfen herumgehen, Seemenschen, Männer, die Feuer aus dem Munde speien u. s. w. Daneben mancherlei gute Nachrichten, von denen Einzelnes an gehörigem Orte benutzt werden wird, kurze Erwähnung der Lutheraner (Fol. 22 a, 38 a) und häufige Klagen über die elende Zeit und die traurigen Verhältnisse, in denen man sich befinde. So heißt es einmal (Fol. 22 a): Son questi Italiani liquali, in un fatto d'arme uccisero ducento mila Francesi? sono finalmente quelli, che di tutto'l mondo s'impadronirno? Hai quanto (per quel che io vego) degenerati sono. Hai quanto dissimili mi paiono dalli antichi padri loro, liquali et singolar virtu di cuore et disciplina militare ugualmente mostrarno havere. — Ueber den unserer Schrift als Anhang folgenden Eßcatalog s. unten.

LXXI.

(Zu Seite 62, Anm. 1.)

Eine Abhandlung über Aerzte und Medicin soll hier nicht gegeben werden. (Auf eine Krankheit morbus gallicus wird unten Excurs XCVII, S. 341 hingewiesen.) Ich gebe hier, absichtlich ohne eine Geschichte der Medicin zu consultiren, vermischte Notizen, wie sie sich mir aus den Studium hauptsächlich literar- und cultur-historischer Quellen ergaben. (Ueber Aerzte oben Bd. I, S. 338 Excurs XXVI.) — Contract eines Augenarztes und einer Wäscherin 1479, 28. Sept. Arch. Ven. 29, 418 fg. — A. Corradi, L'acqua del legno e le cure depurative del cinquecento in den Annali universali, Bd. 259. — A. Rossi u. L. Marconi, I medici dall' acqua condotti dal Comune di Perugia nel cinquecento. Perugia 1881. — Spott gegen die Aerzte war stark verbreitet, vgl. bes. Petrarca's früher mehrfach angeführte Invectiven. Auch Salutati, Briefe p. 171, der die physiologi spöttlich fingilogi nennt, polemisirt gegen ihre Meinung, daß schlechte Luft die Pest befördere. Aehnlich II, 89. Salutati schrieb (1399) einen Tractat: de nobilitate legum et medicinae, in dem er die Jurisprudenz erhob und die Medicin heftig angriff. — Der Verf. der folgenden Schrift ist doch wohl ein Italiener: Branchaleone (Fr.) De balneorum utilitate cum ad sanitatem tuendam, tum ad morbos curandos dialogus. Parisiis, Christ. Wechelus. 1536. — Ein sehr merkwürdiges Gespräch eines Arztes und eines Chirurgen Delicado, Lozana II, 231 ff. — Bauer als Arzt, wo die Schlauheit des Bauern triumphirt, vgl. die Notizen bei Rossi, Calmo p. 271 ff. — Ein holl. Kaufmann Vielmo (Wilhelm) unternimmt, einen schwer verwundeten Venezianer durch Zauberei zu heilen; nach scheinbarer Besserung stirbt der Venezianer; Sanudo 35, 221. 230 (28. Jan. 1. Febr. 1518). — Ein merkwürdiges Recept eines Arztes c. 1400 Mazzei I, CXXVI Anm.; andere ärztliche Vorschriften das. II, 355 fg.; 371—375 ein förmliches Verzeichniß aller der Gerichte, die den Patienten nützlich sind. Bes. wird Tauben- und Kalbfleisch empfohlen (ders. Arzt aß wie es scheint nur Pflanzenkost), von Früchten: baccelli, mele, castagne, pere abgerathen. Vor Medicin wird gewarnt: nur cassia angerathen mit Ingwer, auch Theriak. Eine Stunde nach dem Abendessen soll man schlafen gehn. Beim Aufstehn fregare il capo con uno sciagatoio ruvido leggiermente; dann Bewegung bis man warm wird. — Ueber pietra de Aquila, die beim Gebären helfen soll, vgl. F. Marzolo, I pregiudizi medicine Mail. 1879, Luzio-Renier 1893. S. 70 A. — Der erste ital. Arzt, der Mineral-Bäder zu Heilzwecken empfahl, war Ugolino de Montecatini, in seiner Schrift de balneis. Ueber den Verf., einen Freund des Coll. Salutati und seine Schrift vgl. F. Novati in Memorie del R. Istituto Lombardo XX, 3. — Heftige Angriffe gegen die Aerzte in den sacri drammi s. d'Ancona, Origini I, 579—587. — Daß der Körper eines gehängten Diebes den Aerzten zu anatomischen

Zwecken übergeben wird (24. Jan. 1505), verzeichnet Landucci, p. 272 als etwas Besonderes; in der Erlaubniß der Otto heißt es (p. 273 A.), daß die Aerzte für die Seele des Verstorbenen auf ihre Kosten eine Messe lesen lassen müssen. — Eine Erwähnung verdient in diesem Zusammenhang auch der merkwürdige Streit des Naturforschers und Mediciners Niccolò Leoniceno, der 1492 Plinius manche Irrthümer vorgeworfen hatte, deswegen von A. Poliziano privatim, von P. Collenuccio in der Defensio Pliniana und von E. Barbaro. durch die Castigationes Plinianae öffentlich zurechtgewiesen wurde, und sich gegen Letzteren in einem offenen Briefe wendete; die Behauptung L.'s, er könnte ein ganzes Buch mit den Irrthümern des Plinius füllen, hatte die Alterthumsfreunde mächtig erregt. — Eine Fundgrube für seltsame Krankheiten und Kuren, übermäßigen Harnerguß, Hungerkuren, monatelangen Schlaf bietet Cardanus, de rerum varietate lib. VIII de subtilitate, de sanitate tuenda; Bapt. Fulgosius dictorum factorumque memorabilium libri 9, Bassel 1567. (Darüber vgl. oben Bd. I, S. 341, wo medicinische Seltsamkeiten erwähnt sind.) — Wie fürchterlich die Pest im 14. u. 15. Jahrh. in Florenz hauste, kann man aus zahllosen Notizen bei Salutati, Mazzei, Landucci ersehen. Doch sind die Angaben meist allgemein, bestimmte Zahlen werden nicht genannt. — Ueber Aerzte im Solde der Republik Venedig (14. Jahrh.) Urkunden hgg. v. Cecchetti Arch. Ven. XXVI, XXXI. — Viele Heilmittel auch in den Experimenti der Caterina Sforza oben II, S. 90 A. 3. — Aus den Pragmaticae edicta hgg. von Prosper Caravita, Neapel 1570 theilt Clodovico Bonfigli u. d. T. L'igiena publica nel secolo XV (Giorn. della societa d'igiene 1885, VII, 178 ff.) neapolitanische Edicte aus den J. 1487 ff., mit, die z. Th. von Pontano verfaßt sind. Jeden Sonnabend sollte vor den Häusern gekehrt und der Kehricht zur Stadt herausgebracht, die Abwässer in die unterirdischen Kloaken geleitet werden u. s. w. Vom Mai bis Sept. sollte keiner in der Stadt brusciare linaccio, paglia, ò letame. — Zu Zeiten der Pest wurden außergewöhnliche Mittel ergriffen: Alle Bettler sollten unter Androhung von Prügelstrafe die Stadt verlassen. Keine Schule durfte gehalten werden. Die Aerzte und Medicinalbeamten sollten an Zeichen kenntlich sein. (Eine bestimmte Anzahl Juden mußten auswandern, den Anderen durfte kein Leid zugefügt werden). In den Häusern, wo ein Krankheitsfall vorgekommen war, mußten alle Hunde und Katzen getödtet werden. Die Strafe, die auf eine Uebertretung gesetzt war, war häufig cinquanta onze. — Als Commissar der öff. Gesundheitspflege figurirt Cola Pagliaminuta.

LXXII.

(Zu Seite 64, Anm. 1 und 2.)

Bei diesem Anlaß etwas über das Auge der Lucrezia Borgia, aus den Distichen eines ferraresischen Hofpoeten, Ercole Strozza (Strozii poetae, fol. 85, 88). Die Macht ihres Blickes wird auf eine Weise bezeichnet, die nur in einer künstlerischen Zeit erklärlich ist, und die man sich jetzt verbitten würde. Bald heißt dies Auge entflammend, bald versteinernd. Wer die Sonne lange ansieht, wird blind; wer Medusa betrachtete, wurde Stein; wer aber Lucreziens Angesicht schaut:

Fit primo intuitu caesus et inde lapis.

Ja der marmorne schlafende Cupido in ihren Sälen soll von ihrem Blick versteinert sein:

Lumine Borgiados saxificatus Amor.

Man kann nur darüber streiten, ob der sogenannte praxitelische oder derjenige von Michelangelo gemeint sei, da sie beide besaß.

Und derselbe Blick erschien einem andern Dichter, dem Marcello Filosseno, nur mild und stolz, mansueto e altero. (Roscoe, Leone X, ed. Bossi, VII, p. 306.) Die Farbe ihres Auges war blau, bianco wie der Zeitgenosse Cagnolo von Parma (Gregorovius, Lucr. Borgia I. 226) sagt, noch heute bedeutet der in toskanischen Liedern vorkommende Ausdruck: occhi bianchi: blaue Augen. (Ein Originalporträt der Lucrezia Borgia existirt nicht, es gibt nur 4 Copien von 3 verschiedenen Originalen 1500—1510 und 2 Medaillen vgl. Yriarte, César Borgia I, S. 10 fg., wos. die Specialliteratur.)

Vergleichungen mit antiken Idealgestalten kommen damals nicht selten vor (Bd. I, S. 32 fg., 199). Von einem zehnjährigen Knaben heißt es im Orlandino (II, St. 47): er hat einen antiken Kopf, ed ha capo romano. — Im Anschlusse an die von Firenzuola charakterisirte Idealschönheit mag auf die Analyse einer wirklichen Schönheit hingewiesen werden, der Saltarella in Florenz, welche Nic. Martelli 1546 in einem Briefe an Simone Strozzi gibt, vgl. Cian, Galanterie italiane, Turin 1888 S. 23 fg.

LXXIII.

(Zu Seite 68, Anm. 3.)

Ueber die Turniere Lorenzos und Giulianos vgl. Reumont, Lorenzo 2. Aufl. I, 195. 263; II, 44. 53. 458 und die dort angeführten Stellen. Das des erstern fällt ins Jahr 1469, das des letztern 1475. Ueber das erstere handelt außer einem handschriftlichen Berichte, der in der Zeitschrift Il Borghini, Florenz 1864 von Fanfani, auch separat erschienen, gedruckt ist, das Heldengedicht über die Giostra, welches unter diesem Titel 4mal bis 1527, dann mit dem Ciriffo Calvaneo des Luca (älteren Bruders des Luigi) Pulci z. B. in der Ausgabe: C. C. con la giostra del magnifico Lorenzo de Medici, Florenz 1572 p. 75—91 gedruckt ist; die Stanzen über die Giostra sind aber gewiß von Luigi vgl. G. Volpi im Giorn. stor. 16, 361—367. R. Truffis Ausführungen (das. 24, 187ff.), die die Giostra wieder dem Luca zuschreiben wollen, sind nicht überzeugend. Auf Giulianos Turnier bezieht sich ein unvollendetes, wahrscheinlich 1476, also unmittelbar nach dem Ereignisse, begonnenes Gedicht des Ang. Poliziano, am besten in der Ausgabe von G. Carducci: Le Stanze, l'Orfeo e le Rime di M. A. P. Florenz 1863. Freilich bricht Polizians Gedicht bei der Schilderung des Aufbruchs Giulianos zum Turnier ab, Pulci dagegen bringt eine ausführliche Beschreibung der Kämpfenden und der Kampfweise: die Beschreibung Lorenzos ist besonders schön (p. 82). — G. Mazzoni, Luca o Luigi Pulci (Propugnatore N. S. I, 1, 132—136) entscheidet sich dafür, daß der Driadeo von Luca ist, der Ciriffo Calvaneo und die Giostra angefangen von Luca, beendet von Luigi sind. Die Verwechselungen mußten entstehen, weil Luca lateinisch Lucio genannt wurde.

LXXIV.

(Zu Seite 69, Anm. 2.)

Die Echtheit von Dantes Eclogen ist neuerdings stark bezweifelt worden, sowohl von Gaspary als von Italienern. Für die Echtheit tritt Franc. Macri-Leone ein in seiner Schrift: La bucolica latina nella letteratura italiana del secolo XIV con una introduzione sulla bucolica latina nel medioevo. Turin 1889. Am Anfang des 16. Jahrhunderts weicht dann die ecloga aulica des 15. Jahrh. der wirklichen Volkskomödie alla villanesca, der dann Calmo und Ruzzante (1520) folgen. Auf diese Volkskomödie ist neuerdings mehrfach hingewiesen und characteristische Proben herausgegeben worden: die egloga rusticale des Cesare Nappi hgg. von L. Frati (1893) die favola pastorale des Cavassico (Cian I, 204ff. und II, 88ff.).

LXXV.

(Zu Seite 70, Anm. 2.)

Ueber das Schicksal der damaligen italienischen Bauern überhaupt und je nach den Landschaften insbesondere sind wir außer Stande,

Näheres hier beizubringen. Wie sich der freie Grundbesitz damals zum gepachteten verhielt, welches die Belastung beider im Verhältniß zur jetzigen Zeit war, müssen Specialwerke lehren. Eine gute Zusammenstellung bietet der 1. Abschnitt der wichtigen Schrift von Robert Pöhlmann: Die Wirthschaftspolitik der Florentiner Renaissance und das Princip der Verkehrsfreiheit. Gekrönte Preisschrift. Leipzig 1878. — In stürmischen Zeiten pflegen die Bauern bisweilen schrecklich zu verwildern (Arch. stor. XVI. I, p. 451 fg. z. J. 1440. — Corio, fol. 259. — Annales Foroliv. bei Murat. XXII, Col. 227; hier heißt es nur, daß rustici machinantes contra statum scelera gehängt werden), aber nirgends kommt es zu einem großen gemeinsamen Bauernkrieg. Von einiger Bedeutung und an sich sehr interessant ist der Bauernaufstand um Piacenza 1462. Vgl. Corio, Storia di Milano, fol. 409. Annales Placent. bei Murat. XX, Col. 907. Sismondi V, p. 138. Vgl. auch oben 6. Abschn. 1. Cap. S 158. — Eine der ersten Schilderungen des Bauernlebens in F. Bapt. Mantuani Bucolica seu adolescentia in decem eclogas divisa; häufig gedruckt, z. B. Straßburg 1504. Die Abfassungszeit ergibt sich aus der 1498 geschriebenen Vorrede, aus der auch hervorgeht, daß die 9. und 10. Ecloge später hinzugefügt wurden. In der Aufschrift der letzten heißt es: post religionis ingressum, in der 7. dagegen: cum jam autor ad religionem aspiraret. Die Eclogen haben es keineswegs ausschließlich mit dem Bauernleben zu thun; vielmehr handeln von diesem nur zwei, nämlich 6. de disceptatione rusticorum et civium (in welcher der Dichter mehr auf Seiten der Bauern steht) und 8. de rusticorum religione; die übrigen sprechen über Liebe, über das Verhältniß der Reichen zu den Dichtern, über Bekehrung zur Religion, über die Sitten der römischen Curie.

LXXVI.

(Zu Seite 70, Anm. 4.)

Epigramme des Maffeo Vegio gegen die Bauern (1. Okt. 1431) sind verzeichnet bei Biadego Catal. della bibl. di Verona 1892, S. 41 ff. Handschriften seiner Rusticalia in Giorn. stor. XXIV, 436. Vgl. auch Novati in Carmina medii aevi, Flor. 1883 S. 30 fg. Im Allg.: Dan. Merlini, Saggio di ricerche sulla satira contra il villano. Con appendice di documenti inediti. Turin 1894.

Folgendes Einzelne verdient Hervorhebung:

Haß gegen die Bauern bei Sercambi 3, 46 Anrede an den Kaiser, wie könne er sich auf Bauern verlassen, li homini grossi et materiali, nati in ne boschi e in nelle montagne come le bestie; die aus der Gegend von Brescia gelten als die schlimmsten. — Verspottung der

Sprache und Sitte der Bauern in den sacri drammi s. d'Ancona Origini I, 603—609. — Auch gegen eine reichgewordene und stolze Bäuerin gibt es ein Sonett von Pistoja (ed. Renier 1888 nro. 189). — Eine gelegentliche Notiz über Bauern soll, wenn sie auch in diesen Zusammenhang nicht gehört, erwähnt werden: Salutati sagt, Briefe III, 59: examina, si placet, agricolas nostros et artifices manuales; invenies hujus sortis homines ab uxoribus taliter adjuvari, quod ipsae abunde se laboribus nutriant suis et viris multotiens lucris aequent saepeque domibus plus inferant quam mariti.

LXXVII.

(Zu Seite 73.)

Jo. Pici oratio de hominis dignitate. Die betr. Stelle lautet: Statuit tandem optimus opifex ut cui dari nihil proprium poterat commune esset quidquid privatum singulis fuerat. Igitur hominem accepit indiscretae opus imaginis atque in mundi positum meditullio sic est alloquutus: Nec certam sedem, nec propriam faciem, nec munus ullum peculiare tibi dedimus, o Adam, ut quam sedem quam faciem quae munera tute optaveris, ea pro voto pro tua sententia habeas et possideas. Definita caeteris natura intra praescriptas a nobis leges coercetur, tu nullis angustiis coercitus pro tuo arbitrio, in cujus manus te posui, tibi illam praefinies. Medium te mundi posui ut circumspiceres inde commodius quidquid est in mundo. Nec te caelestem neque terrenum, neque mortalem, neque immortalem facimus, ut tui ipsius quasi arbitrarius honorariusque plastes et fictor in quam malueris tute formam effingas. Poteris in inferiora quae sunt bruta degenerare, poteris in superiora quae sunt divina ex tui animi sententia regenerari. O summam dei patris liberalitatem, summam et admirandam hominis felicitatem. Cui datum id habere quod optat, id esse quod velit. Bruta simulatque nascuntur id secum afferunt, ut ait Lucilius (bei Non. 78, 14) e bulga matris quod possessura sunt; supremi spiritus aut ab initio aut paulo mox id fuerunt quod sunt futuri in perpetuas aeternitates. Nascenti homini omnifaria semina et omnigenae vitae germina indidit pater: quae quisque excoluerit illa adolescent et fructus suos ferent in illo. Si vegetalia, planta fiet, si sensualia, obbrutescet, si rationalia, caeleste evadet animal, si intellectualia, angelus erit et dei filius et si nulla creaturarum sorte contentus in unitatis centrum suae se receperit, unus cum deo spiritus factus in solitaria patris caligine qui est super omnia constitutus omnibus antestabit.

Die Rede findet sich zuerst in den commentationes des Joh. Picus, ohne besondern Titel; die Ueberschrift de hominis dignitate wurde erst später hinzugefügt. Sie ist nicht ganz passend, denn ein Haupttheil der Rede ist dazu bestimmt, die eigenthümliche Philosophie des Picus zu vertheidigen und die jüdische Cabbalah zu verherrlichen. Ueber Pico vgl. oben besonders Bd. I, S. 215 fg.; oben Bd. II. S. 245 ff. ist hauptsächlich sein Kampf gegen die Astrologie behandelt. Neuere Forscher, wie Dorez u. A. haben sich vielfach mit Pico beschäftigt. — Mehr als zwei Jahrhunderte früher hatte Brunetto Latini (Tesoro, lib. I, cap. 13 ed. Chabaille Paris 1863 S. 20) gesagt: Toutes choses dou ciel en aval sont faites pour l'ome; mais li hom at faiz pour lui meisme. Die Aeußerung schien einem Zeitgenossen zu selbstbewußt menschlich; er setzte hinzu: et por Dieu amer et servir et por avoir la joie pardurable.

Zum Fünften Abschnitt.

LXXVIII.

(Zu Seite 79, Anm. 1.)

Ueber das bekannte Wort Dantes: È gentilezza dovunque è vertude ma non vertù dov' ella lange Dissertation bei Salutati, Briefe III, 645—652, wo der Briefschreiber ganz auf Seite Dantes steht. — Daß Adlige und Reiche die Studien vernachlässigen (virtuti vel studio litterarum heißt es ein anderes Mal I, 122), beklagt Coll. Salutati in s. Briefen I, p. 51. 56 fg. — Als Schande für den Adel bezeichnet es Salutati, Briefe III, 599, daß nichts Literarisches unter ihnen entstehen kann.

LXXIX.

(Zu Seite 81, Anm. 2.)

Das strenge Urtheil Machiavellis über den Adel, Discorsi I, 55, bezieht sich blos auf den noch mit Lehnsrechten versehenen, völlig unthätigen und politisch zerstörenden Adel. — Agrippa von Nettesheim, der seine merkwürdigsten Ideen wesentlich seinem Leben in Italien verdankt, hat doch einen Abschnitt über Adel und Fürstenthum (de incert. et vanitate scient. cap. 80 opp. ed. Lugd. II, 212—230), der an radicaler Bitterkeit stärker als Alles ist und wesentlich der nordischen Geistergährung angehört. So lautet eine Stelle p. 213: Si.. nobilitatis primordia requiramus, comperiemus hanc nefaria perfidia et crudelitate partam, si ingressum spectemus, reperiemus hanc mercenaria militia et latrociniis auctam. Nobilitas revera nihil aliud est quam robusta improbitas atque dignitas non nisi scelere quaesita benedictio et haereditas pessimorum quorumcunque filiorum. Bei der Geschichte des Adels kommt er auch mit einem Worte auf den italienischen zu sprechen (p. 227).

LXXX.

(Zu Seite 83, Anm. 4.)

Senarega, de reb. Gen. bei Murat. XXIV. col. 525: Bei der Hochzeit des Joh. Adurnus mit der Leonora von Sanseverino certamina equestria in Sarzano edita sunt . . . proposita et data victoribus praemia. Ludi multiformes in palatio celebrati a quibus tamquam a re nova pendebat plebs et integros dies illis spectantibus impendebat. — Angel. Politianus schreibt an Joh. Picus von einem Reiterspiele seiner Schüler (Ang. Pol. epist. lib. XII. ep. 6): tu tamen a me solos fieri poetas aut oratores putas, at ego non minus facio bellatores. — Ortensio Landi erzählt im Commentario (vgl. Excurs LXX), fol. 180 von einem Zweikampf zweier Soldaten in Coreggio mit tödtlichem Ausgange, der ganz an die alten Gladiatorenkämpfe erinnert. (Der Autor, sonst mit seiner Phantasie freiwaltend, macht hier den Eindruck der Wahrhaftigkeit.) Aus den angeführten Stellen erhellt übrigens, daß zu solchen öffentlichen Kämpfen nicht nothwendig Ritter erforderlich waren. — Gegen die Turniere tritt schon Petrarca auf, epist. senil. XI, 13, an Ugo, Marchese von Este (es handelt sich also nicht um ein florentinisches Ereigniß). Eine andere Stelle, in den Epist. famil. lib. V, ep. 6 (ed. Fracassetti vol. I, p. 272, 1. Dec. 1343), schildert das Grausen, das der Dichter empfand, als er bei einem Turnier in Neapel einen Ritter fallen sah. (Gesetzliche Bestimmungen über die Turniere in Neapel vgl. bei Fracassetti, ital. Uebersetzung der Briefe Petr. Florenz 1864, II, p. 34). — Auch L. B. Alberti erklärt sich gegen das Gefährliche, Nutzlose und Kostspielige der Turniere; della famiglia, Opp. volg. II, p. 229. — Turniervorschriften mit genauer Angabe der einzelnen Preise, Padua 1514, Marin Sanudo 19, 399 fg.

LXXXI.

(Zu Seite 84, Anm. 3.)

Vgl. die schon genannten Gedichte des Poliziano und Luigi Pulci oben Exc. LXXIII. Ferner Paul. Jov. Vita Leonis X, L. I. — Machiav., Storie fiorent. L. VII. — Paul. Jov. Elogia p. 187 fg. und 332 fg. bei Anlaß des Petrus Medices, der über Turniere und Ritterspiele seine Amtsthätigkeit versäumte, und des Franc. Barbonius, der bei einem solchen sehr gefährlichen Spiele umkam. — Vasari IX, 219, v. di Granacci. — Im Morgante des Pulci, welcher unter Lorenzos Augen gedichtet wurde, sind die Ritter oft komisch in ihrem Reden und Thun, aber ihre Hiebe sind echt und kunstgerecht. Auch Bojardo dichtet für genaue Kenner des Turniers und des Krieges, vgl. S. 43. — Aus der frühern Florentiner Geschichte ein Turnier zu Ehren des Königs von Frankreich c. 1380 bei Leon. Aret. hist. Flor. lib. XI ed. Argent. p. 222. — Turniere in Ferrara 1464, Diario Ferrar. Muratori XXIV. Col. 208 — in Venedig, Sansovino, Venezia fol. 153 fg. — in Bologna 1470, seqq., Bursellis Annal. Bonon., Murat. XXIII. Col. 898. 903. 906. 908. 911, wobei eine wunderliche Vermischung mit dem Pathos zu bemerken ist, welches sich damals an die Aufführung römischer Triumphe knüpfte; ut antiquitas Romana renovata videretur heißt es einmal. — Das Turnier fand in Giovanni Sabbadini degli Arienti (1459—1511) seinen Geschichtsschreiber (hgg. von A. Zambiagi, Parma 1888). Als Sieger wird Egano Lambertini gerühmt. Ueber dass. Turnier ein großes Gedicht Torneamento des Francesco Cieco aus Florenz vgl. Giorn. stor. XI, 296 fg. — Federigo von Urbino (Bd. I, S. 46 fg.) verlor bei einem Turnier das rechte Auge ab ictu lanceae. — Ueber das damalige nordische Turnierwesen ist statt aller anderen Autoren zu vergleichen: Olivier de la Marche, Mémoires, passim, bes. Cap. 8. 9. 14. 16. 18. 19. 21 ꝛc.

LXXXII.

(Zu Seite 88, Anm. 1.)

Aehnliche Verzeichnisse von Frauenkostbarkeiten in Luzio und Reniers oft angeführtem Werke, (1893, z. B. S. 293 ff. aus d. J. 1488), ferner im Bulletino dell' Istit. stor. ital. No. 13. Rom. 1893 und in Motta, Nozze principesche. Mail. 1894, S. 16 fg. Das letztere Verzeichniß füllt acht Druckseiten und zeugt von einer Pracht, der gegenüber das im Text Mitgetheilte völlig verschwindet (z. B. 29 Hauben, darunter manche von Silber und Gold). Ein anderes Verzeichniß aus späterer Zeit (1535) das. S. 27—36). — Das Verzeichniß der Perlen, Silbergeräthe u. s. w., das Galeazzo Maria seiner Gemahlin Bona von Savoyen schenkte 1468 das. S. 39—53 ist, wie der Herausgeber selbst bemerkt, di una ricchezza sorpassante ogni idea. Der Werth der aufgezählten Kostbarkeiten wurde damals mit 207000 Dukaten angegeben. Die beiden kostbarsten Stücke waren die mit 30000 Dukaten bewerthete collana bianca e morella cum uno ziglio facto com uno diamante grandissimo et una perla grossa und die mit 25000 angegebene Ballasso cum uno smeraldo in cima cum sei diamanti in poncta et perla una grossa com uno piro. — Das Verzeichniß der Kostbarkeiten der Ippolita Sforza (1455), außerdem Bücher, Kleider und andere Gegenstände das. S. 71—81. — Für eine etwas spätere Zeit sei auf Giov. Marinelli: Gli ornamenti delle donne Venedig 1574 hingewiesen. Nach einer handschriftlichen Notiz in dem mir vorliegenden Ex. erschien die erste Ausgabe 1562. (Ausführlich über

Haare, Augen, Ohr, Zähne, Athem, Blut, Hals, Brust u. s. w.) — Ein interessantes Ausstattungsverzeichniß der Nannina Medici, Schwiegertochter des Kaufmanns Giov. Rucellai bei Marcotti S. 89 ff. — Interessante Mittheilungen über Frauenmoden in Genua 1518, Giorn. ligust. 2, p. 395 fg. Batina Ciba, die inventrice de tutte le pompe feminile genannt wird, macht sich einmal ein Kleid, von dem sie hofft restare sola in tale abito. — Bei einem Feste in Genua 1415 werden 700 Frauen gezählt, die mit Gold und Brillanten beladen waren, Giorn. lig. 12, 33. In Venedig gingen 1433 mehr als 600 Damen außerhalb des Hauses „bedeckt mit Seide, Gold, Silber, Geweben, ein herrlicher Anblick" (che è una maesta vederle) Luzio-Renier 63, 454. Kleider, Schmuckgegenstände der Isabella d'Este und anderer Zeitgenossinnen, I. d'E. als tonangebend für die Mode und ihre Rivalität (in dieser Beziehung) mit Lucrezia Borgia, Luzio-Renier 63 passim, auch mit Beatrice Sforza, die novarum vestium inventrix genannt wurde. — Verzeichniß der Ausstattung einer jungen Frau 1466, z. Th. mit Angabe des Werths der Gegenstände, Landucci 6—8. — Die Fächer, die die Toilette vervollständigen halfen, waren theilweise wie die heutigen zum Oeffnen und zum Schließen. Luzio-Renier 65, 687 fg. — Inventar der Kostbarkeiten (Perlen u. s. w.) der Tullia d'Aragona bei Rodocanachi, Courtisanes 1894, S. 180 f. — Weitere Literatur über Luxusgesetze bei Luzio Renier 63, 446, 1 — Pastor III, 76. — Mailändische Luxusgesetze von 1396 u. 1498 veröffentlicht E. Verga im Arch. stor. lomb. XXV. — Ein Luxusgesetz aus Treviso 1507 mitgetheilt von L. G. Pélissier im N. Arch. Ven. XIV, 52—57.

LXXXIII.

(Zu Seite 89, Anm. 1.)

Die interessante Stelle des sehr seltenen Schriftchens (s. oben Excurs LXIX). mag hier mitgetheilt werden. (Der geschichtliche Vorgang, auf den angespielt wird, ist die Eroberung Mailands durch Antonio Leiva, den Feldherrn Karls V., 1522.) Olim splendidissime vestiebant Mediolanenses. Sed postquam Carolus Caesar in eam urbem tetram et monstruosam Bestiam immisit, ita consumpti et exhausti sunt, ut vestimentorum splendorem omnium maxime oderint, et quemadmodum ante illa durissima Antoniana tempora nihil aliud fere cogitabant quam de mutandis vestibus, nunc alia cogitant, ac mente versant. Non potuit tamen illa Leviana rabies tantum perdere, neque illa in exhausta depraedandi libidine tantum expilare, quin a re familiari adhuc belle parati fiant, atque ita vestiant quemadmodum decere existimant. Et certe nisi illa Antonii Levae studia egregios quosdam imitatores invenissent, meo quidem judicio, nulli cederent. Neapolitani nimios exercent in vestitu sumptus. Genuensium vestitum perelegantem judico, neque sagati sunt neque togati. Ferme oblitus eram Venetorum. Ii togati omnes. Decet quidem ille habitus adulta aetate homines, juvenes vero (si quid ego judico) minime utuntur panno quem ipsi vulgo Venetum appellant, ita probe confecto, ut perpetuo durare existimes, saepissime vero eas vestes gestant nepotes, quas olim tritavi gestarunt. Noctu autem dum scortantur, ac potant, Hispanicis palliolis utuntur. Ferrarienses ac Mantuani nihil tam diligenter curant, quam ut pileos habeant aureis quibusdam frustillis adornatos, atque nutanti capite incedunt seque quovis honore dignos existimant, Lucenses, neque superbo, neque abjecto vestitu. Florentinorum habitus mihi quidem ridiculus (Druck: rediculus) videtur. Reliquos omitto, ne nimius sim. — Ugolinus Verinus, de illustratione urbis Florentiae sagt von der Einfachheit der alten Zeit

non externis advecta Britannis
Lana erat in pretio, non concha aut coccus in usu. — Ueber den Luxus der Juden in Italien vgl. das angeführte Werk von Güdemann S. 213 fg., 330 fg.

Zum Vergleiche mag hier eine Aufzählung der Toiletten- und Schmuckgegenstände der deutschen Männer und Frauen nach Conr. Summenharts (1450—1502) Werk: De contractibus folgen. Als Schmuckgegenstände, die blos zur Zier dienen, nennt er: Werkzeuge zum Kräuseln der Haare, Ketten, die um den Hals gehen und vorn an der Brust, wo die Kleider ausgeschnitteu sind, herabhängen, Perlenschnüre, womit die Kleider über der Brust zusammengehalten werden; Edelsteine, wie sie die Jungfrauen von ihren Kronen an der Stirne niederhängend tragen; Ohrschmuck, Armspangen, Schleppkleider; Netzgewebe um den Hals, genannt „Brisgoller"; buntfarbige Kleider mit eingewirkten Figuren; Pelzwerk, womit die Kleider am Hals verbrämt werden; lange Schnabelschuhe, goldene und silberne Knöpfe an den Kleidern, wo sie nicht hingehören; Kleider mit vielen Schlitzen; Schminke aus einer Fucustinctur, womit das Angesicht roth gefärbt wird; falsches Haar. Als Schmuckgegenstände, welche außer der Annehmlichkeit noch einen Nutzen oder Vortheil (commoditas) gewähren, bezeichnet er: verschiedene Formen des Kopfschmucks zur Befestigung der Haare, Kronen, Birette, feine seidene Tücher, Riechfläschchen mit Moschus oder anderen Wohlgerüchen; Fingerringe; Agraffen (spinteria), womit die Frauen ihre Obergewänder befestigen. Der deutsche Nationalökonom und Moralist läßt nun bei der Aufzählung und Beurtheilung dieser Gegenstände die Schönheits- und Gesundheitspflege ganz außer Acht und betrachtet nur die Landesgewohnheit und Sittlichkeitsfrage, so daß er von vornherein nur dasjenige verdammt, was der Sitte des Landes widerstrebt oder was in der Absicht getragen wird, die Moralität zu verletzen. Vgl. Linsenmann: Summenhart, Tübingen 1877, S. 60.

LXXXIV.

(Zu Seite 92, Anm. 5.)

Deutsche.

Die Deutschen als Inbegriff des Schmutzes. Giraldi Hecatommithi, Introduz. nov. 6. — Ein paar Notizen über Deutsche in Italien mögen hier zusammengestellt werden. Ueber die Furcht vor deutscher Invasion vgl. oben Bd. I, S. 91 Anm. 2. Deutsche in Venedig Bd. II. S. 97; deutsche Moden Bd. II, S. 88, Anm. 1, S. 90, A. 3. — Die Bezeichnung germanus ist freilich damals nicht immer mit deutsch gleichbedeutend. Christ. Longolius, ein Burgunder, der sich dem König von Frankreich gegenüber L. Parisiensis bezeichnet, nennt sich in Rom L. germanus. — Die Gesinnung der Italiener war den Deutschen zumeist abgeneigt; diese Abneigung äußerte sich in Spott. Schon Boccaccio im Decamerone VIII, 1 sagt: un Tedesco in soldo prò della persona è assai leale a coloro ne' cui servigi si mettea; il che rade volte suole de' Tedeschi avenire; die Erzählung dann ein Beweis für die Schlauheit des Deutschen. — Dagegen spielt Ormanno im Pecorone VII, 2 (1378) eine nicht unedle Rolle, der Verf. nennt ihn „höflich, wohlgesittet" und läßt ihn sehr muthig sterben. — Die italienischen Humanisten des 15. Jahrh. sind voll von Wendungen gegen die Deutschen, die Barbaren, am schlimmsten diejenigen, welche, wie Poggio, Deutschland gesehen hatten. Vgl. im Allgem. G. Voigt: Wiederbelebung II, S. 374 fg., L. Geiger: Beziehungen zwischen Deutschland und Italien zur Zeit des Humanismus in: Zeitschrift für deutsche Culturgeschichte 1875, S. 104—124; einzelnes Anderes bei Janssen, Geschichte des deutschen Volkes I (1876) S. 262 fg. — Einer der schlimmsten Gegner der Deutschen war Joh. Ant. Campanus s. dessen epistolae et poemata 1707, Opera selectiora Leipzig 1734 ed. Mencken, der auch eine Rede de Campani odio in Germanos gehalten hat. — Fil. Bernaldo, der Deutschland schön zu loben wußte (L. Geiger a. a. O. S. 117 fg.), gebrauchte einmal einen hübschen Spott gegen einen Deutschen: Castiglione, il cortegiano lib. II, cap. 63. — Der Haß gegen die Deutschen wurde durch Hadrian VI. genährt, durch das Verfahren der Landsknechte bei der Eroberung Roms (Gregovorius, Gesch. der Stadt Rom VIII. S. 548 Anm. 1) noch mehr befördert. — Bandello III, nov. 30 hat den Deutschen als Typus des schmutzigen und einfältigen Menschen geschildert (über einen andern Deutschen das. III, nov. 51). — Auch gesetzliche Beschränkungen finden sich: Ancona 1394 u. 1458: Deutsche dürfen keine waffentragenden Diener sein. Macuscev I, S. 196. 198. — Wollte man eine puttana besonders tief herabsetzen, so rief man ihr zu: va, sta co tedeschi (Lucca 1338) Propugnatore N. S. III, 1 p. 82. — Die Abneigung gegen die Deutschen stammte wohl schon von der Herrschaft der Staufen in Sicilien: nisi Teutonice nationis titulus obstitisset, quod nomen Manfredi memoria facit adhuc cunctis regnicolis odiosum sagt Salutati, Briefe II, 23 (in dem Riesenbrief an König Karl v. Sicilien 1387). — Ganz vereinzelt ist wohl der Fall, daß ein Florentiner Gian de Pietramala mit dem Ehrennamen Tedesco genannt wurde, weil er mit einem Deutschen corpo a corpo gekämpft und ihn besiegt hatte; Ricordi di G. Morelli z. J. 1385, Florenz 1785 S. 2. — Aehnlich läßt Parabosco (I Diporti, London 1795, S. 267) einen Unterredner sagen — es handelt sich um Schlagfertigkeit im Antworten —: „Ma uno il quale a me pare che sia maraviglioso, come per essere cosi pronto come egli è, è il gentilissimo M. Cristoforo Mielich Alemano che ciascuno di voi e per le gran faccende che egli fa nella mercanzia, e per la dolce conversazione sua, deve facilmente conoscere". (Dieser Christ. Mielich, fuggerischer Agent in Venedig, Freund der Poesie und Musik, wird auch von Calmo u. A. gerühmt vgl. Calmo, Lettere 238 fg.) Wenn sonst ein Italiener einen Deutschen loben will, so sagt er wohl (wie Petrus Alcyonius in der Widmung seines Dialogs de exilio an Nikolaus Schomberg ed. Mencken p. 9): Itaque etsi in Misnensi clarissima Germaniae provincia illustribus natalibus ortus es, tamen in Italiae luce cognosceris. — Selten findet sich ein uneingeschränktes Lob z. B. das der deutschen Frauen zur Zeit des Marius: Il cortegiano lib. III, cap. 33 (ed. Flor. 1854, p. 198) oder der Kunstfertigkeit eines deutschen Handwerkers, der eine Kiste mit beweglichen Figuren construirt hatte, die selbst den Italienern Bewunderung abnöthigte (Mars. Ficinus, de immortalitate animarum lib. II, cap. 13.) — Wenn Nic. Leonicenus dem Vadian schreibt (vor 1518, St. Galler Mittheilungen XXIV, 149), er liebe ihn, weil er ein Deutscher sei, so begründet er diesen Satz damit: ex qua (Germania) multos habui in Italia discipulos qui in patria reverse meum nomen non mediocribus laudibus illustrarunt. — Von deutschen **Kaufleuten** in Venedig, von denen namentlich bei Sanudo viel gesprochen wird und über die eine große Literatur existirt, soll hier nicht weiter die Rede sein. — Ueber die **Drucker** in Rom, die ersten waren Deutsche: Hahn, Pannartz, Schweinheim, Gaspar. Veron. Vita Pauli II, bei Murat. III, Col. 1046 und Laire, Spec. hist. typographiae Romanae XV. saeculi, Rom 1778 (Gregorovius VII, 525—533). — Deutsche **Buchdrucker** in Modena seit 1460: Joh. Furster (Vurster) aus Kempen (Rabb und Brendlin aus Bern, Prendü aus Straßburg), Enrico aus Cöln, Mich. Volmer, Urkundliche Erwähnungen derselben, Verzeichniß und Beschreibung ihrer Druckwerke, Atti e memorie, Modena 1880, Bd. V, Theil 1 S. 121—262; eine ausgezeichnete Studie von Ercole Sola. — Ueber Sczinzenzeller in Mailand A. d. B. XXXIII, 476—479 und die Arch. stor. lomb. XX, S. 158 A. 4 verzeichnete Literatur. Deutsche Drucker in Venedig Arch. Ven. 29, 412 vgl. Riv. stor. ital. 1884 S. 260. Ueber den Drucker Leonhard von Wild und Verleger Nicolaus aus Frankfurt. 1478 in Venedig Arch. Ven. XXIII,

103. — Drucker Joh. Herborth 1484 das. XXIX, 411. Peter Lichtenstein, Jakob aus Straßburg 1514, 1515 das. XXIII, 181. 183, Daniel aus Bamberg (sic) 1515 das. 185 (gemeint ist Daniel Bomberg vgl. das. 191). [Sanudo 25, 339 (1518) wird Daniel de Bembergo merchadante anglico genannt.] — In Neapel druckte 1505 Sigismundus Mayr, alemanus. — In Bologna gab es (Anf. des 16. Jahrh.) einen Drucker Joh. v. Nördlingen mit einem Holländer associirt.

Deutsche Künstler finden sich nicht selten in Diensten der Päpste: ein Maler Lukas bei Nikolaus V., Müntz, Les arts à la cour des papes I, S. 96. 130 u. a. Sticker: Dionisi Roscals, Giovanni di Guglielmo das. 186. Vier andere deutsche Sticker im 15. Jahrh. bei Milanesi, Docum. per la storia dell' arte senese II, 246 fg. 365; 1431 in Carpi ein Sticker aus Bonn, Campori, S. 442. — Unter Paul II. der deutsche Baumeister Johannes Petri, Müntz II, 20. Pius II. begünstigt den deutschen Architekten Paolino und läßt sich von ihm auch auf seinen Reisen nach Mantua und Siena begleiten, Müntz I, 242, ein Bildhauer Michael oder Ambrosinio, das. 262. — Deutsche Künstler: ein cartilaro Nicilao, ein miniatore Niccolo in Diensten des Lionello d'Este 1441. 1452. Vgl. Atti e memorie (Parma) VI, 247. 249. 252. — Das Characteristischste ist doch wohl, daß der Herzog von Mailand für seinen Dom den Straßburger Rath um einen Baumeister bittet. Dem Straßburger Humanistenkreise schien der Brief so merkwürdig, daß Gresemund ihn ins Deutsche übersetzte (Upsalaer Codex aufgefunden v. Holstein). Vlämische und deutsche Künstler in Italien während des Quattrocento behandelt E. Müntz in „l'art" vom 15. October 1885. Man findet dort eine interessante Zusammenstellung von etwa 80 verschiedenen mehr oder weniger bekannten Namen. Das größte Interesse erweckt der Hinweis auf einige bisher unbeachtete Stellen in dem von Petro Summonte an den Venetianer Marcantonio Michiel gerichtetes Schreiben, aus dem bisher nur die Erwähnung des Malers Colantonio bekannt war. — Der Maler Simon aus Straßburg (d'Argentina) seit 1430 in Ferrara vgl. A. Venturi, I primordi del rinascimento artistico a Ferrara, Turin 1884 (S.-A.) S. 21. S. 23 Nicolo d'Alemagna. A. Venturi, Relazione artistiche tra le Corti di Milano e Ferrara nel secolo XV (Arch. stor. lomb. Serie seconda fasc. VI 1885 S. 225—281) erwähnt 1455 Nicolo teutonicus pictor, der den Borso d'Este zwei Bilder, je eins des Herzogs von Mailand und seiner Gemahlin, schenkt. — Deutsche Kunst und Künstler in Italien: Verbot der Einfuhr deutscher Spielkarten nach Venedig 1441, Lippmann, Art of wood-engraving in Italy, London 1888, 56. — Auch unter den Vertretern der s. g. Kleinkunst (Gold-, Silberschmiede, Steinschneider) gibt es deutsche vgl. Bertolotti, Le arte minori alle corte de Mantova, arch. stor. lomb. 15, 259—318. 491—590, 980—1075 z. B. de Rigo (Friedrich?), Exeler de Auspurgh, Goldschmied in Venedig 1497; ein deutscher Goldarbeiter in Mantua, dessen Name nicht genannt wird, 1520;

in Mantua 1596 Hermann Blixgen aus Augsburg, 1588 ff. ein Wappenschneider David Gaugher aus Augsburg. (Brieflich standen mantuanische Fürsten mit manchen deutschen Goldschmieden in Augsburg, Prag, Linz in Verbindung.) Ein Steinschneider Sebastiano tedesco 1595. — Auch ebanisti werden aus Baiern verschrieben 1580. — 1526 stirbt in Mantua Vitali, ebreo, tedesco (librajo? er wird unter den Buchbindern aufgeführt). 1539 Uhrmacher Conrad Beck aus Augsburg. 1591, G. S. Fristh, Ingenieur. Besonders auch die deutschen armajuoli: Colmann u. A. seit 1506 (a. a. O. p. 555 ff.). Deutsche Künstler aller Art werden auch erwähnt von Bertolotti, Artisti belgi ed olandesi a Roma nei secoli XVI e XVII. Flor. 1880, z. B. Menardo Aurich aus Paderborn, orefice gest. 1588; die meisten aber aus dem 17. Jahrh., Federico Sculer, orefice 1598. Viel mehr, freilich nicht aus dem eig. Deutschland, sondern aus der deutschen Schweiz in der Zusammenstellung dess.: Artisti svizzeri in Roma nei secoli XV, XVI e XVII, ricerche e studj negli archivi romani, Bellinzona 1886. Dort ist von Architekten, Ingenieuren, Malern und Künstlern aller Art die Rede; der bei weitem größere Theil gehört dem Ausgang des 16. und dem 17. Jahrhundert an. Bei Venturi (s. oben Titelang.) S. 45. 49. 58. 62. werden deutsche Künstler in Ferrara genannt; Zorzo de Alemagna, Miniaturist, mehrere deutsche Steinschneider, Organisten und andere Musiker, Majolika-Arbeiter. — Musiker waren mehrfach Deutsche. In Mailand 1450 ein Federico d'Allemagna, besonder aber die Pfeifer von 1460—1472 (Motta S. 36. 44 ff.). Zorzo tedesco, auch in Mantua. Citherspieler aus München und Basel. Die Orgel des Mailänder Doms wird von einem deutschen Organisten Bernhard 1466 (das. S. 284) gespielt. — Ob Arrigo Tedesco Capellmeister in Florenz, wirklich ein Deutscher war, ist zweifelhaft (S. 289); andere deutsche Organisten das. Pietro d'Alemagna, Organist in Bologna das. 300. — Einzelne Namen der nicht ausdrücklich als Deutsche bezeichneten Künstler klingen sehr deutsch; Georg Brant, Michel Fedit (S. 323; vgl. allerdings 523, wo die Namensform wesentlich undeutscher lautet) — Alessandro d'Allemagna 1470 ff. (S. 532). — Zorzo, pifero della Signoria hat auch Beziehungen zu Lorenzo magnifico. Dem Giovanni d'Alemagna, sonatore di bombarda stellt C. Marsuppini ein glänzendes Zeugniß aus. Vgl. G. Zippel, I suonatori della Signoria di Firenze Trient 1892. — Einzelnes aus Mail. Archiven Tedeschi in Milano nel quattrocento 1384—1494 Arch. stor. lomb. 19, 996 ff.

Deutsche Lehrer an der Universität Pavia. (Das Folgende nach Memorie e documenti per la storia dell' universita in Pavia vol. I, Pavia 1878.) Die juristische Facultät hat eine Zeit lang einen ständigen Lehrer für die Ultramontanen. 1420: Ulrich Molitor aus Constanz, 1420: Heinrich aus Bremen, 1426: Hugo Doze aus Speier, 1429: Wilhelm von Breda aus Cöln, 1430: Caspar de Tronis, 1453: Leonhard Alamanno, 1469: Heinrich aus Nürnberg, 1472: Johann aus

Cöln (vgl. noch mehrere p. 63—70). Von Medicinern: Philipp aus Deutschland 1439—1443, Obert aus Deutschland 1444, der gleichfalls ad lect. Ultramontanor. Medicorum berufen wird, Jacob aus Deutschland ebenso 1489. Unter den Philosophen Nicolaus aus Deutschland 1469 ad lectur. Metaphysicae (pro Ultramontanis). Ein medico Andrea di Alemagna 1381 Arch. Ven. XXXI, 320. — Ueber deutsche (preußische, schlesische, hamburgische) Studenten an italien. Universitäten gibt es manche neuere Veröffentlichungen. Zdekauer über Siena nennt viele deutsche Namen; interessant ist B. Brugi, Gli studenti tedeschi e la S. Inquisizione a Padova nella seconda metá del secolo XVI. Venedig 1894 (S. A. aus den Atti del R. Istit. Ven.). — Ein deutscher Student, wie es damals in manchen ital. Univ. üblich war, Joh. Herrgott, aus Marburg, später in Straßburg, 1454/5 Rector in Turin vgl. Th. Klette, J. H. und Joh. Maria Philelphus, Bonn 1898 (des Letztern Begrüßungsrede, in der auch die Deutschen gelobt werden, wird aus einer Handschrift abgedruckt.) — Ueber deutsche Gewerbetreibende in Treviso 1440—1680 vgl. H. Simonsfeld Abhandlungen d. kgl. bayr. Akad. München 1890, über eine deutsche Bruderschaft in Udine 1449—1562 vgl. G. Loschi, Statuto di una Confraternita di Tedeschi Udine 1895. — Der bombardiere Aluisi Filaborgo in Genua 1495 ist wohl ein Deutscher Giorn. ligust. 15, 227 fg. — Deutsche Handwerker bes. Schuster (Bruderschaften mit religiösem Element in Florenz, Lukka, Pisa 1454—1629). (Vgl. Paoli in Mittheilungen des Inst. f. österr. Geschichtsforschung VIII, 3, 1887). Nur die Florentiner Genossenschaft hatte eine kurze Zeit der Blüthe. — Deutsche an der Curie Pius II. und Pauls II.; Pastor II. 423, 3. Pius, Nicolaus V. und Sixtus IV. beförderten je einen Deutschen zum Cardinal; Pastor II., 429, 1, 591, 6. — Daß man sich in Ferrara 1500 und 1502 nach französischer und deutscher Mode trug, berichtet das Diario ferrarese z. d. J.; Camicie alla todesca noch 1516 in Frankreich im Bericht Luzio-Renier 63, 401. — Den Italienern (z. B. Pand. Collenuccio vgl. seinen handschriftlichen Bericht 1494 bei Saviotti 83 fg.) fiel es auf, daß die deutschen Frauen, wenn sie pin leggiadri erscheinen wollten una brettina de brocato über den Haaren trugen, so daß sie wie Männer aussahen. — — Der Tractat aus dem 15. Jh. (oben II, S. 100) Il libro dei colori spricht p. 29 ff. 38 von einem azurro Thodesco und einem azurrum Alemaneum. Auch das giallolino de Lamagna p. 96 ff. gehört wohl hierher. — Auch deutsche Pferde waren beliebt. Alfons v. Calabrien schreibt an Giangaleazzo v. Mailand (1484, Pontano S. 336) er möchte ihm ein bon ronzino tudescho schicken, serria possibile che facendo mistura con queste cavalle de qua produria alcun bon corsero. — Ein deutscher Pferdearzt c. 1400 Florenz Mazzei I, 165. 334.

LXXXV.

(Zu Seite 93, Anm. 2.)

Padua rühmte sich um 1450 eines sehr großen palastähnlichen Gasthofes zum Ochsen, welcher Ställe für 200 Pferde hatte. Michele Savonar. ap. Murat. XXIV, Col. 1175 fg. — Florenz hatte vor Porta S. Gallo eine von den größten und schönsten Osterien, die man kannte, doch wie es scheint, nur als Erholungsort für die Leute aus der Stadt. Varchi, Stor. fiorent. III, p. 86. — Dagegen war noch zur Zeit Alexanders VI. das beste Gasthaus Roms in der Hand eines Deutschen. Vgl. die sehr merkwürdige Notiz aus der Handschrift des Burcardus bei Gregorovius, Gesch. der Stadt Rom VII, S. 361 Anm. 2. vgl. auch das. S. 93, Anm. 2, 3. — Eine deutsche Gastwirthin in Rom, faceva la locandiera 1596, bei der Deutsche und Holländer verkehrten, Bertolotti, Artisti belgi ed ol. 261. — Die Namen der römischen Gasthäuser zur Zeit Pauls II. aus dem Liber quintus Bullet. mitgetheilt bei Pastor II, 417. — Ein Wirthshaus des Don Diego oder Santiago und ein andres des Bertolero (beide wohl spanisch) in Rom werden genannt Delicado Lozana II, 141. — Ein albergo delle Bertucci in Florenz, das 1500 einstürzte, wird erwähnt Landucci p. 218.

LXXXVI.

(Zu Seite 94, Anm. 3.)

Diese Häufigkeit der Wagen freilich erst im 16. Jahrh.; denn früher wurden innerhalb der Städte und von einer Stadt zur andern außer der Sänfte fast ausschließlich Pferde benutzt. — So geschah z. B. die Reise einer ganzen Familie eines reichen Mannes Aug. 1400 auf Pferden und Mauleseln, Mazzei I. CXVIII fg. — Sänften, die von Sklaven oder von Mauleseln und Pferden getragen wurden, waren sehr häufig. Wagen, cocchi, carrozze, die den modernen Equipagen zu entsprechen anfingen, wurden in Italien 1509 durch den Cardinal Ippolito d'Este aus Ungarn eingeführt, Issabella d'Este führte sie in Rom ein, Luzio-Renier 65, 285 fg. — Auch dabei konnte große Pracht entfaltet werden. Burchard berichtet, daß bei Ces. Borgias Zug nach Frankreich die mit Goldschmuck, der auch sonst vielfach vorkommt, behangenen Pferde silberne Hufe hatten. Diarium ed. Thuasne II, 496.

LXXXVII.

(Zu Seite 96, Anm. 3.)

Das allmähliche Vordringen der neuen Idealsprache in Literatur und Leben könnte ein einheimischer Kenner leicht tabellarisch darstellen. Es müßte constatirt werden, wie lange sich während des 14. und 15. Jahrh. die einzelnen Dialecte in der täglichen Correspondenz, in den Regierungsschriften und Gerichtsprotocollen, endlich in den Chroniken und in der freien Literatur ganz oder gemischt behauptet haben. Auch das Fortleben der ital. Dialecte neben einem reinern oder geringern Latein, welches dann als officielle Sprache diente, käme dabei in Betracht. — Die Art und Weise der Sprache und Aussprache in den verschiedenen Städten Italiens wird von Landi, Forcianae questiones fol. 7ª zusammengestellt. In Bezug auf die erstere heißt es z. B.: Hetrusci vero quamquam caeteris excellant, effugere tamen non possunt, quin et ipsi ridiculi sint, aut saltem quin se mutuo lacerent; in Bezug auf die letztere werden Sienesen, Lucchesen und Florentiner besonders gerühmt, über Florenz aber bemerkt: plus (jucunditatis) haberet, si voces non ingurgitaret aut non ita palato lingua jungeretur. — Giovio nennt Petrarca Italicae linguae conditorem et principem. P. wurde das Muster für die poetische, wie Boccaccio für die prosaische Sprache. — Calmeta's Buch della volgar poesia (c. 1500), für Poesie ähnlich, wie Castigliones Cortigiano für die Prosa scheint verloren zu sein, Luzio-Renier 1893 S. 102.

LXXXVIII.

(Zu Seite 107, Anm. 1.)

Coelius Calcagninus (Opera, p. 514) schildert die Erziehung eines jungen Italieners von Stande um 1500 (in der Leichenrede auf Antonio Costabili) wie folgt: zuerst artes liberales et ingenuae disciplinae; tum adolescentia in iis exercitationibus acta, quae ad rem militarem corpus animumque praemuniunt. Nunc gymnastae (d. h. dem Turnlehrer) operam dare, luctari, excurrere, natare, equitare, venari, aucupari, ad palum et apud lanistam ictus inferre aut declinare, caesim punctimve hostem ferire, hastam vibrare, sub armis hyemem juxta et aestatem traducere, lanceis occursare, veri ac communis Martis simulacra imitari. — Cardanus (de propria vita, c. 7) nennt unter seinen Turnübungen auch das Hinaufspringen auf das hölzerne Pferd. — Vgl. Rabelais, Gargantua I, 23. 24: die Erziehung überhaupt und 35: die Künste der Gymnasten. — Auch für die Philosophen verlangt Marsilius Ficinus (Epist. IV, 171 Galeotto) gymnastische

Ausbildung; für die Knaben Maffeo Vegio de puerorum educatione, lib. III, c. 5. Battista Mantovano de vita beata erklärt sich gegen gymnastische Uebungen.

LXXXIX.

(Zu Seite 108—112.)

Musik. Deutsche Musiker oben S. 315.

B. Loos, Ueber den Einfluß der Renaissance auf die Entwickelung der Musik, Basel 1875 bietet nichts Neues. — Ueber Dante's Verhältniß zur Musik und über die Weisen zu Petrarca's und Boccaccio's Gedichten vgl. Trucchi, poesie ital. inedite II, p. 139. Vgl. ferner Poesie musicali dei secoli XIV, XV e XVI tratte da vari codici per cura di Antonio Capelli. Bologna 1868 und G. Carducci: Musica e poesia nel mondo elegante del secolo XIV in: G. C.: Studî litterari, Livorno 1874, p. 378—395 über Francesco Landini 1325—1397. Andere Componisten des 14. Jahrhunderts werden in den Anm. zu S. 415—444 genannt. Einzelnes auch bei Tiraboschi VI, 426—429. — Ueber Theoretiker des 14. Jahrhunderts Filippo Villani, vite, p. 46 und Scardeonius, de urb. Patav. antiq. bei Graev. Thesaur. VI, III, Col. 297. — Die lange Stelle gegen Musik bei Salutati Briefe III, 14 ff. beweist weniger Feindschaft gegen die Kunst, als Abneigung gegen die Weichlichkeit, die sie bei Männern und Frauen bewirken könne.

Ueber einen bisher nur als Dichter und Soldaten bekannten Pippo (Filippo) Sacchetti, Sohn des Novellendichters, als Musiker, qui novum et inauditum concinendi genus et modum invenit (1393) handelt eine merkwürdige Stelle bei Salutati, Briefe II, 459. Vgl. auch III, 512, wo die neue Art folgendermaßen beschrieben wird: sinistro quidem oris angulo inter linguae sinum, dentium sepem palatique convexum mellifluum ac tonum emittens sibilum, superni cantus notulas atque tonum dulcedine mira format et nunc elevans nunc reprimens suum concentum, musicales notulas velocitate (et) perfectione percurrit. — Im 14. Jahrh. war jedenfalls Frankreich in musikalischer Beziehung Italien überlegen. Salutati sagt (1363, Briefe p. 74): jam in musicis se indubiam palmam arbitrantur habere, qui Italos non canere, sed, ut eorum verbis utar capricare [chevroter] confirment. — Ueber die Musik am Hofe des Federigo von Urbino umständlich Vespasiano Fior. I, 295. — Ein Verzeichniß der cantori della nostra capella des Galeazzo Maria Sforza im Arch. stor. lomb. Ann. V. fasc. II, p. 255 fg. — In einem Gedichte des Giovan. Maria Parente (Ende des 15. Jahrh.) wird ein Modeneser Musiker Jacomo Fogliano gerühmt als „con man con piedi egli è molto dignissimo"; ferner „in sonare alpicorari egli è maestro“ vgl. Atti e memorie, Modena 1880, Bd. V, Th. 1, S. 91. — Die Kindercapelle (? 10 Kinder, von 6 bis 8 Jahren, die E. in seinem Hause erziehen, auch im Gesang unterrichten ließ) Ercole's I, Diario Ferrarese bei Murat. XXIV; Col. 359. — Nicolaus Schlöfer Germanus vir modestus alterque Orpheus lautet die Umschrift einer Münze von 1457 (Königl. Münzcabinet in Berlin). Die Medaille ist von Giovanni Boldù vgl. Heiß, Les Médailleurs VII, 109. — Ueber die Musik in Mantua: Davari, Riv. stor. mantov. I und Bertolotti, Musici alla corte dei Gonzaga. Bes. berühmt waren (um 1500) Jacopo di Sansecondo und Marchetto Cara. Beide gelegentlich auch in Urbino vgl. Rossi, Appunte per la storia della musica in Urbino, Modena 1888, ferner Luzio-Renier 1893 107 fg., über Musik in Urbino überhaupt das. p. 110 fg. In Mantua zwischen 1492—1530 auch Giov. Franc. Picenardi, kurz als poeta zeichnet, wahrscheinlich Musiker, ein Liebling der Elisabetta vgl. Luzio-Renier, 1893, S. 60. — Barth. Facius, de vir. ill. p. 12 rühmt den Leonardus Justinianus als Componisten, der Liebeslieder in seiner Jugend, religiöse Gesänge in seinem Alter gedichtet habe. — J. A. Campanus (Epist. I, 4 ed. Mencken p. 30) rühmt den Musiker Zarrarus in Teramo und sagt von ihm: inventa pro oraculis habentur. — Die Musiker Fulcus und Perinellus werden von Pontanus (Tumul. lib. I, Opp. IV, p. 3388. 3390) gerühmt und betrauert. — Thomas aus Forli, musicien du pape in Burchardi diarium ed. Leibnitz, p. 62 fg. — Immanuel b. Salomo (13. Jahrh.) beklagt, daß die Musik, die früher von den Juden eifrig gepflegt worden sei, nnn im ausschließlichen Besitze der Christen sich befinde. Vgl. Güdemann, S. 120. — Für Mailand: E. Motta, Musici alla corte dei Sforza im Arch. stor. lomb. XIV, 29—64, 278—340, 511—561. — Ueber Leos X. Begünstigung der Musik Arch. stor. ital. 1866. III, S. 226. 233, daß zwei unbekannte Virtuosen, ein Jeder jährlich 276 Dukaten erhielt, und: Il Buonarotti 1871, p. 246. 247, daß er am 27. August 1519 den Sängern, Flötisten und anderen Musikern eine Extravergütung von 200 Golddukaten auszahlen ließ. — Der Jude Jov. Maria, der dem Papst zu Liebe den Beinamen de Medicis annahm, erhielt eine monatliche Pension von 23 Goldgulden und die Einkünfte der Stadt Verrochium. Jacopo Sansecondo (vgl. oben) zeichnete sich besonders bei der Hochzeit der Lucrezia Borgia aus. Näheres Vogelstein-Rieger II, 121 ff. — Ueber Gianmaria del Corneto, von dem eben die Rede war, vgl. auch Calmo, Lettere p. 118—120. — Auch andere Musiker werden dort p. 121 ff. gepriesen, z. B. die Bellina Hebrea, die als colona de la musica bezeichnet wird. — Girolamo d'Asti, gleichfalls bei Leo X. beliebter Musiker, bekam 120 Dukaten jährlich, Bertolotti, Artisti subalpini 1884 S. 141. — Eine Musikschule besonders für die Armen wird in Cremona 1520 eingerichtet; F. Novati: Domenigo Bordigallo, Venedig 1880, S. 4 Anm. Außerhalb Italiens war den angesehenen Leuten das persönliche Musiciren noch kaum gestattet, am niederländischen Hofe des jungen Carl V. kommt es darüber zu gefährlichem Streit; vgl. Hubert. Leod. de vita Frid. II. Palat., L. III. — Heinrich VIII. v. England macht darin eine Ausnahme und ganz besonders der deutsche Kaiser Maximilian I., der, wie alle Künste, so auch die Musik begünstigte. Joh. Cuspinian † 1529 nennt im Leben M.s den Kaiser: Musices singularis amator und sagt dann: Quod vel hinc maxime patet, quod nostra aetate musicorum principes omnes, in omni genere musices omnibusque instrumentis in ejus curia, veluti in fertilissimo agro succreverant. Scriberem catalogum musicorum quos novi, nisi magnitudinem operis vererer. In Folge dieser Liebhaberei wurde die Musik auf der Universität Wien sehr gepflegt. Auch die Anwesenheit des musikliebenden jungen Herzogs Franc. Sforza von Mailand trug zu dieser Pflege bei. S. Aschbach, Gesch. der Wiener Universität, Bd. II (1877) S. 79 fg.

Eine merkwürdige und umfangreiche Stelle über die Musik findet sich, wo man sie nicht suchen würde, Macaroneide, Phant. XX. Es wird ein Quartettgesang komisch geschildert, wobei man erfährt, daß auch französische und spanische Lieder gesungen wurden, daß die Musik bereits ihre Feinde hatte (um 1520), und daß Leos X. Capelle und der noch frühere Componist Josquin de Prés das Höchste waren, wofür man schwärmte; die Hauptwerke des letztern werden genannt. Derselbe Autor (Folengo) legt auch in seinem (unter dem Namen Limerno Pitocco herausgegebenen) Orlandino III, 23 fg. einen ganz modernen Musikfanatismus an den Tag. — Spanische und italienische Singart, unterscheidet zu Gunsten der letztern Burchardi diarium ed. Thuasne III, 517. — Musiker und Künstler aller Art wurden zu Festlichkeiten von einem Hof an den andern geliehen, Lungo, Florentia, S. 304 fg. — Musik in Venedig Molmenti p. 340 fg. Ende des 15. u. 16. Jahrh. war der Organist Franc. Anna bes. berühmt, aus dessen Compositionen Cappello in einem Bande der Scelta di curiosità 1868 ein Facsimile gab. — Ueber einen berühmten Musiker (1. Hälfte des des 16. Jahrh.) Marco dell' Aquila und einen weniger bekannten Zeitgenossen Calmo, Lettere p. 295 fg. — Ueber den Einfluß der ital. Musik im 16. Jahrhundert die Nachweise von Chilesotti, Riv. crit. della lett. ital. V (1889) 152 und das von demselben (Leipz. 1890) herausgegebene „Lautenbuch" eines deutschen Musikers, welcher die damals beliebten italienischen Melodien sammelte. — Isaac Argyropulos, Sohn des Joh., liest mehrmals 1503—5 griechisch die Messe vgl. Legrand p. 180. — Musicirende Frauen vgl. 2 Plaketten aus dem 16. Jahrh., auf deren Rücks. Musikinstrumente oder musicirende Frau (Cass. Fedele vgl. Cat. d. Berl. Ren.-Ausst. Nr. 562 und 635). — Einzelnes: Ed. Birnbaum über jüdische Musiker am Hofe von Mantua von 1542—1620 im Kalender der österreichisch-italienischen Union in Wien 1893, Seite 213—48. — Fulgosius p. 580 erwähnt die merkwürdige Testamentsclausel eines Lud. Cortesius, ipsius exequias omnium musicorum qui in urbe erant cantu celebrare, wofür sie natürlich anständigen Lohn empfangen sollten. — Einer der ersten Violonisten, der auch als Erfinder der Violine (mit 4 Saiten) gilt, war Gasparo da Salò. (Vgl. March. de Piccolellis, Liutai antichi e moderni, Flor. 1885, A. Berenzi, I liutai bresciani, Brescia 1890 und G. Livi, G. d. S. e l'invenzione del violino in Nuova ant. III ser. vol. 34, p. 663—681.) — G., Sohn des Francesco Bertolotti (selbst als Violino bezeichnet) geb. 1542 (od. 43), lebte in Brescia, jung verheirathet, mit einer zahlreichen Familie, war nicht abgeneigt (1588), andar l'arte mia nella Franza, secondo il solito, blieb aber in Brescia, kam zu Ruhm und Vermögen und † 14. Apr. 1609. — Die eig. Oper ist später als der hier behandelte Zeitraum. Fremde Operncomponisten haben sich durch ihren ital. Aufenthalt beeinflussen lassen, der Belgier Fil. Verdelot (in Florenz c. 1530 ff.), der Deutsche Eckardt aus Königsberg; die ersten Italiener sind Alessandro Striggio: Mascherate piacevoli 1584 und Giovanni Croce: Triacca musicale 1590 ff. Für das Nähere vgl. Romain Rolland, Les origines du théâtre lyrique moderne; Histoire de l'opéra en Europe avant Lulli et Scarlatti, Paris 1895.

Als Anhang einige Worte über Improvisatoren, Straßensänger. Ueber einen Straßensänger Andrea Gori in Florenz und Lucca († 1413), der hauptsächlich französische Ritterlieder, aber auch Eigenes singt und eine sehr merkwürdige politische Rolle spielt, Sercambi I, 452—454. — Der berühmteste Improvisator war Serafino de' Ciminelli dell' Aquila (1465—1500), dessen Werke erst nach seinem Tode erschienen; Ausg. s. Schriften von Fioravanti, Teramo 1888, neue krit. Ausg., freilich nur 1 Band von Mario Menghini, Bologna 1894 (so auf dem Titel, ausgegeben 1896). Vgl. über ihn schon Luzio Renier 1893, S. 89—96 Serafino (wohl derselbe wie eben) als Sänger bei Hochzeiten sehr gerühmt Altieri S. 12; dagegen ist mit diesem der Buffone, Fra Serafino nicht zu verwechseln. — Als „ausgezeichnetster" Improvisator wird der 1486 gest. Antonio di Guido bezeichnet Landucci p. 3 und 51; vgl. auch den Bericht des Humanisten Ivani, Giorn. ligust. 12, 370. — Als Improvisator war auch Bern. Accolti (l'Unico) vgl. oben Bd. I, S. 251 berühmt. Wenn er seine Kunst zeigte, schlossen die Leute ihre Läden und strömten ihm zu. Ueber einen florentinischen Improvisator (1. Viertel des 16. Jahrh.) Galeazzo da Valle aus Vicenza handelt Bandello, nov. III, 23. — Straßensänger in Venedig singen con la lira corte rime del Turcho e di Franza et era cose da non dover esse dite, sie werden ins Gefängniß gebracht Dez. 1517, Sanudo 25, 159. — Nachtrag vgl. unten S. 336.

XC.

(Zu S. 112, Anm. 3.)

Für und wider die Frauen.

Bibliographisches.

Literatur für und gegen die Frauen ist zusammengestellt von Rossi, Calmo p. 225 fg. — Reiche Zusammenstellungen von Literatur über und gegen die Frauen, lateinische und italienische, gelehrte und volksthümliche aus dem 15. bis 18. Jahrh. bei Cian, Cavassico I, CLXXVIII —CLXXXVII. — Besondere Lobredner der Frauen waren Lodovico Martelli 1537, und Nicolò Zoppino 1516. — Benedetto da Cesena schrieb De honore mulierum (Gedicht in 4 Büchern, Venedig 1500, die in Briefe zerfallen). — Neuerdings ist der Gegenstand von V. A. Arullani La donna nella letteratura del cinquecento, Turin 1890 breiter behandelt worden, vgl. auch Wotke in Ztschr. f. österr. Gymn. 43, 609 ff. (Sehr selten die Schrift des M. Equicola: Perigynaecon vgl. Giorn. stor. 15, 409.) — Vgl. auch H. Janitschek: Die Frauenfrage im Mittelalter „Die Nation" 1884 Nr. 21. Er verweist u. A. auf Domenico Bruni, Difese delle donne, Flor. 1552 und kommt zu dem Resultat, daß die Frauenfrage eine Ehren- keine Erwerbsfrage war. — C. Braggio, La donna del secolo XV nella storia, Theil einer Artikelreihe: Vita privata dei Genovese, Giorn. lig. 12, 22—48, 269—290. — Ueber ital. pop. Gedichte zu Lob und Tadel der Frauen Flamini, La lirica toscana del rinascimento Turin 1891, S. 522—532.

Einzelnes:

Einzelne Schriften z. B. Ermolao Barbaro: de re uxoria, Poggio: An seni sit uxor ducenda, in denen viel Schlimmes über die Frauen gesagt ist, die Spöttereien des Codro Urceo, besonders seine sehr merkwürdige Rede: An uxor sit ducenda Opera 1506. fol. XVIII—XXI und die Stichelreden mancher lateinisch schreibenden Epigrammatisten. Marcellus Palingenius (Bd. I, S. 289) preist mehrfach lib. IV, 275 fg. V, 466—585 die Ehelosigkeit; den Verheiratheten empfiehlt er als Mittel gegen ungehorsame Frauen:

tu verbera misce
Tergaque tunc duro resonent pulsata bacillo.

Italienische Schriften für die Frauen sind z. B. La defensione delle donne (Mitte des 15. Jahrh.) ed. Fr. Zambrini, Bologna 1876. Giov. Maria Parente veröffentlicht einen poetischen Dialog in commendatione delle donzelle. Atti e memorie, Modena 1880, Bd. V, Th. 1, S. 160 fg. — Ueber die Ehe schrieben auch J. A. Campanus: de dignitate matrimonii; Collenuccio: Oratio in nuptiis Const. Sfortiae u. A. Dardano: La difesa della donna. Ven. 1554. Domenico Bruni mit dems. Titel. 153, Per donne Romane Rime ed. Manfredi. Bol. 1575. Anderes bei Janitschek, Gesellschaft, S. 112 A. 87. Vgl. ferner Steinschneiders gelehrte Zusammenstellung: Letteratura delle donne, Rom 1884, Sonderabdruck aus dem Journal Il Buonarotti 1879 und 1884 ders. Monatsschr. 1898, S. 517 ff. Vgl. ferner Güdemann a. a. O. S. 214 fg. — Die Lettere di molte valorose donne, Venedig 1549, in welchen die Ebenbürtigkeit der Frau mit dem Mann in Beredtsamkeit und Gelehrsamkeit erwiesen werden soll, sind, wie Sanesi in Giorn. stor. 24, 1 ff. erwiesen hat, von O. Landi fingirt, aber keine wirklichen Frauenbriefe. — In neuerer Zeit mehrfach gedruckt F. Luigini, Il libro della bella donna, zuerst 1554 und Franc. da Barberino, De reggimento e dei costumi delle donne (der Vitt. Colonna gewidmet).

Die vielen Klosterwitze über und gegen die Frauen erhalten auch im Renaissancezeitalter Zuwachs. Vgl. die Spielerei ve und Eve in der Z. f. vgl. Litg. u. Ren.-Lit. N. F. II, 151 und die Ableitung femena = fe men a, welche Franc. da Barberino in Reggimento e costumi di donne, ed. Baudi di Vesme Bologna 1875, S. 146 (Vgl. Cian, Motti di Bembo, S. 27) gab. — Gedichte gegen die Frauen aus dem MA. veröffentlichte F. Novati, Carmina medii aevi, Flor. 1883. — Gegen die Frauen ein dem Fazio degli Uberti zugeschriebenes Gedicht vgl. Renier, Fazio CCCXXXII, wahrscheinlich dem Niccolò Soldanieri zugehörig, vgl. auch CCCXXVI und p. 223 ff. Manche echte Gedichte des F. d. U. dagegen sind der Donna amata gewidmet. — Eine sehr merkwürdige Auseinandersetzung über das Wesen der Frau bei Salutati, Briefe III, 592 ff. Ein Correspondent hatte behauptet, daß das Weib ganz anderer und niedrigerer Art als der Mann sei. — Ital. Terzinen, trotz des lat. Titels von Leonardo Montagna aus Verona (geb. 1425) pro defensione mulieri (sic) an Barbara Markgräfin v. Mantua veröffentlicht G. Biadego im Propugnatore n. s. VI, 2 p. 68 ff. — Verherrlichung der Frauen und der Ehe in der Rede Pand. Collenuccios zur Hochzeit des Costanzo Sforza mit Camilla von Aragonien 1475 vgl. Saviotti 27 fg. — Dasselbe Thema (Bekämpfung oder Vertheidigung der Frauen mit Anführung der berühmten und berüchtigten Frauen bis auf ihre Zeit) ist auch von den Juden in Italien theils in hebräischer, theils in italienischer Sprache behandelt worden und zwar im Anschluß an eine jüdische Literatur, die schon am Anfang des 13. Jahrhunderts beginnt. Erwähnt seien um die Wende des 16. Jahrh. Abr. aus Sarteano, der Ankläger, Abigdor aus Fano, der Vertheidiger, während Eliah aus Genazzano die Entscheidung übernahm, welcher Letztere den Ersteren gegen Angriffe des Abigdor vertheidigt. Vgl. Steinschneider, Hebr. Bibliogr. VI, S. 48. — Die Gedichte sind jetzt gedruckt von Neubauer in Roests Israel. Letterbode X, 97—105, vgl. Kaufmann in Rev. des ét. juives XXXIV, 309 ff. Aber auch später noch unternahm Juda b. Isak (auch Leo genannt) de' Sommi in hebr. und ital. Versen (Rendiconti della R.

Acc. dei Lincei vol. VII, S. 347 ff.) gegen einen Ungenannten die Verherrlichung der Frau mit besonderm Hinweis auf Benvenida Abravanel. Gegen Leos Gedicht richtet sich ein hebr. des Jakob b. Joab Elia di Fano (Isr. Letterbode a. a. O.), der Vermischung des Hebräischen mit Italienisch für eine Entweihung und Leones Lob des Geschlechts als hervorgerufen durch eine parteiische Bevorzugung der genannten Frau erklärt. Durch einen Ungenannten erhielt aber Leone in dem Streit Recht. (Vgl. für das Ganze Kaufmann in Allg. Z. d. Jud. 1898 Nr. 24. 25.) — Vgl. im Allg. Susio, G. B., Rime et imprese dedicate alle dame pavesi del sec. XVI., tratte da un codice inedito della bibl. dell' Arsenale di Parigi dai proff. P. Toldo e T. Mairaghi. Pavia, Fusi. 39 S. 8⁰. (aus Memorie e documenti per la Storia di Pavia e suo principato, anno II. 1—3) 1898. — Die Studie von G. Battista Marchese Le polemiche sul sesso femminile ne' sec. XVI e XVII Giorn. stor. XXV, 362 ff. geht über unsere Zeit hinaus. — Zum Schluß eine Notiz, die nicht streng hierher gehört, die aber für die Stellung der Frau interessant ist: Landucci notirt als etwas neues, daß die Frau des Gonfaloniere Piero Soderini im Palast in Florenz wohnt (1503, p. 254). — Da in der Literatur über die Frauen viel von Liebe die Rede ist, so mag hier Einiges über Liebesbriefe und Liebesbriefsteller zusammengebracht werden. — Der älteste gedruckte Liebesbriefsteller ist wohl der (Venedig 1533) erschienene Rifugio di amanti — opera amorosa che insegne a componer lettere e a risponder a persone d'amor ferite. Der Sammler ist G. A. Tagliente. Dies wie ähnliche Zusammenstellungen 1535—1536 analysirt bei Cian Cavassico I, CCXV ff. — Fragen über Liebesdinge werden aufgestellt und gelöst in den Lettere di molte ingegnose donne, Venedig 1549. Auch hierin galt Petrarca, wie Domenichi (Dialoghi Venedig 1562) gelegentlich sagt, als gran maestro per pratica e per scientia di tutti gli affetti amorosi. — Liebeslehrbriefe sind z. Th. die Lettere amorose des Parabosco, Ven. 1555, ebenso die Sammlung unter gleichem Titel von Luigi Pasqualigi (mehrfach anonym erschienen) und Ortensio Landi, Lettere di molte valorose donne, Ven. 1549 (vgl. S. 324). Ähnlich auch die Briefe Calmos, 4 Theile 1547 — c. 1560, jetzt hgg. von Rossi 1888.

XCI.

(Zu Seite 113—119.)

Frauenerziehung. Gebildete und gelehrte Frauen. Nähren der Kinder durch die Mutter.

Das Nähren der Kinder durch die Mutter empfiehlt M. Vegio, ferner M. Palmieri, Della vita civile. Aber er, ferner F. Patrizi, der dieselbe

Forderung stellt, sowie besonders Sperone Speroni, Discorso del lattare i figliuoli dalle madri constatiren, daß die Kinder von Ammen genährt werden. Auf einer Plakette des 15. Jahrh., die ähnlich wie so viele Bilder jener Zeit Maria das Jesuskind säugend darstellt, Ren.-Ausst. Berlin 1898, steht die Umschrift: Dulcissimo lacte educavi te. — Auch der Kaufmann Giov. Rucellai (ed. Marcotti p. 95) fordert Ernährung durch die Mutter: quando fusse sanza pericolo e sanza offensione della persona della madre. — Tansillos Gedicht: La Balia nach 1552 (neugedruckt in Flaminis Ausg. Neapel 1893, S. 242—273) hatte im Mscr. den Nebentitel: Esortazione alle nobili donne a volersi allattar elle stesse i lor figli. Freilich ist auch dies Werk ähnlich wie Sperone Speronis eben angeführten Tractat womit Erasmus' Gespräch puerpera zusammengestellt werden kann, aus vielen Vorschriften des Plutarch, Tacitus, Aulus Gellius, Macrobius entstanden.

Frauenerziehung Maffeo Vegio, de liberorum educatione lib. III, c. 12. — Tansillo, Capitoli ed. Volpicella, Neapel 1870, S. 187. Vgl. auch Leon. Aretini de studiis et literis ad illustrem Dominam Baptistam de Malatesta tractatulus. Nebst: Jacobi Purliliarum comitis de generosa liberorum educatione libellus neugedruckt in A. Israels Sammlung seltener pädagog. Schriften Heft 6, Zschopau 1880. L. A. erklärt, Redekunst schicke sich nicht für Frauen, dagegen mag sie sich mit theologischen und philosophischen Dingen befassen. Geschichte wird empfohlen: Livius, Sallust, Tacitus, Curtius, Caesar, oder Dichter, griechische und lateinische bilden die vortrefflichste Lectüre. Auch hier gilt Homer als Encyclopädie: Quid Homero deest quominus in omni sapientia sapientissimus existimari possit? ejus poesim totam esse doctrinam vivendi quidam ostendunt. — Die Schilderung Hectors als Beispiel für die Krieger: wenn sich manche Führer heutzutage ihn zum Muster genommen hätten, so würden sie schlimme Niederlagen vermieden haben. — Die Erziehungsschrift des Jac. Purl. comitis beginnt mit einem Abschnitte de obstetrice, dem ein anderer de nutrice folgt; dann fordert er, daß die Kinder mit dem fünften Jahre dem Lehrer übergeben werden sollen. — Den L. Marsigli, der Frauen zu seinen Disputationen in der Kirche S. Spirito zuließ, befehdete Angelo Turini in einem heftigen Sonett, in dem er die Frauen als unfähig zur Wissenschaft erklärte. — Ueber Frauenerziehung enthalten die von Gerini (oben I, 368) gesammelten Schriften nicht viel: M. Palmieri will das Mädchen nur für Haus und Ehe erzogen wissen. Aehnlich sprechen sich auch Alberti und Vergerio aus. — Als Bild einer durch Anlage, Schönheit, Erziehung, Sitte und Frömmigkeit harmonisch entwickelten Frau muß man z. B. bei Vespasiano Fiorentino ed. Frati III, 246—288 die Biographie der Alessandra de' Bardi auffassen. Der Autor ist, beiläufig gesagt, ein großer laudator temporis acti, und man darf nicht vergessen, daß fast hundert Jahre vor dem, was er die gute alte Zeit nennt, schon Boccaccio den Decamerone schrieb. Ueber Bildung und Erziehung der damaligen italienischen Frauen sind besonders die zahlreichen Mittheilungen bei Gregorovius, Lucrezia Borgia (3. Aufl., Stuttg. 1876) zu vergleichen. Es ist uns aus den Jahren 1502 und 1503 ein Verzeichniß der im Besitze **Lucrezia Borgias** befindlichen Bücher erhalten (bei Gregorovius, L. B. 3. Aufl. I, S. 310; II, S. 167 fg.), das für die italienischen Damen jener Zeit überhaupt charakteristisch sein mag. Dieses Verzeichniß führt folgende Bücher auf: „ein Breviarium; ein Büchlein mit den sieben Psalmen und anderen Gebeten; ein pergamentnes Buch mit Miniatur in Gold, genannt de Coppelle ala Spagnola; die gedruckten Briefe der heiligen Catarina von Siena; die gedruckten Episteln und Evangelien in Vulgär; ein spanisches Buch religiösen Inhalts; eine handschriftl. Sammlung von spanischen Canzonen mit den Sprichwörtern des Domenico Lopez; ein gedrucktes Buch, genannt Aquila volante; ein gedrucktes Buch, genannt Supplement von Chroniken in Vulgär; den „Spiegel des Glaubens", gedruckt in Vulgär; einen gedruckten und commentirten Dante; ein Buch in Vulgär über die Philosophie; die Legende der Heiligen in Vulgär; ein altes Buch de Ventura; einen Donatus; ein Leben Christi in spanischer Sprache; einen Petrarca, handschriftlich auf Pergament in Duodez." In einem zweiten Verzeichnisse vom J. 1516 findet sich aber kein profanes Buch mehr. — Bei der Aufnahme der Lobpreisungen der Frauen muß man jedoch sehr vorsichtig sein; bei näherer Betrachtung schrumpft die vielgerühmte Gelehrsamkeit mancher Frau in nichts zusammen. Isotta da Rimini, die wegen ihrer Bildung Hochgepriesene, konnte nicht schreiben. Vgl. Yriartes Nachweis in seinem Werke über Rimini. Heiß' Widerspruch: Les Médailleurs de la Renaissance: L. B. Alberti, Paris 1883, S. 45 fg., bedeutet nicht viel.

Sabbadinos Werk Gynevera geschrieben 1483, ist von furchtbarer Schmeichelei gegen Ginevra erfüllt, die trotz ihrer Grausamkeit, Habsucht und Untreue (in einem zeitgenössischen Epigramm heißt es von ihr: impia, avara, tenax, horrida, terribilis. Stammt der Haß der Anderen gegen sie vielleicht theilweise daher, daß sie, wie es in einer poetischen Grabschrift heißt, d'Ebrea madre nata war?) als Muster aller weiblicher Tugenden beständig gerühmt wird. Das Werk enthält 33 ausgeführte Biographieen, meist von Zeitgenossinnen, vorzugsweise Italienerinnen, doch auch der Barbara tedesca, 2. Markgräfin von Mantua, und der Jungfrau von Orleans (dabei führt er einmal den mündlichen Bericht eines Zeitgenossen an). — In einem Schlußcapitel werden kürzer eine ganze Anzahl Frauen characterisirt z. B. Cassandra Fedele S. 400, das. auch Catarina Cornaro. — Vielfach sind es Fürstinnen, doch auch Isota Nogarola ist darunter und außer der Gattin eine Unbekannte, Freundin oder Geliebte des Verf. — Von der Ippolita Sforza sagt der ebengenannte Sabbadino degli Arienti: Fu in eloquio facunda et eloquente. Legea egregiamente com suavi accenti et resonantia et intendea assai mediocremente latino . . . Sapea parlare di hystorie, de le condictione di stati et di regni et come quelli se doveano acquistare et mantenere. Sapea disputare di cose urbane de le arme, de cavalli, de ani, sparvieri, falchoni, de la agricoltura, de li eserciti, de le donne et de varie virtu degli huomini ch'era una felicità ad udire. — Eine solche Characteristik könnte man auf die Gesellschaftsdamen jener Zeit überhaupt beziehen. — Auch sonst betont Sabbadino degli Arienti in seinen Frauenbiographieen häufig ihre Bildung, ja Gelehrsamkeit z. B. p. 155: Constanza Strozza da Gonzaga, ferner Battista Sforza, Herzogin v. Urbino (p. 289). — Daß die Beschäftigung mit ernsten Dingen bei den Frauen jener Zeit aber nicht allgemein war, geht aus Lud. de Varthemas Widmung seines Itinerario (1510) an Agnesina di Montefeltro, Herzogin von Tagliacozzo hervor, sie sei nicht come molte altre che porgono le orecchie ad canzonette et vane parole. — Daß die römischen Frauen besonders lernbegierig seien, sagt Eg. da Viterbo an einer anderswo angeführten Stelle. — Von einzelnen gelehrten Frauen sei Cassandra Fedele genannt, der Simonsfeld (Allg. Zeitg. 1891 Beil. 40. 41) eine Studie gewidmet hat. — Corr. zwischen derselben und Lud. Moro, worin sich Letzterer der Armen hilfbereit zeigt, sie auch dem Dogen von Venedig empfiehlt 1493 fg., mitgetheilt von Adr. Cappelli Arch. stor. lomb. ser. III vol. IV p. 388 fg. (Ob C. F. wirklich 102 Jahre alt wurde, ist ungewiß.) Auch Fulgosius unterläßt nicht, über Isota Nogarola und Cassandra Fedele ein paar Bemerkungen zu machen p. 596. — Von einer andern bekannten Schriftstellerin Veronica Gambara war mehrfach die Rede. — Eine kurze Biographie der V. G. von dem Zeitgenossen Rinaldo Corso (vgl. über ihn eine große Studie im Propugnatore N. S. VI, 1) nebst Briefen der Erstern veröffentlichte Ferd. Rossi Foglia, Correggio 1884. — Ver. Gambara war (vgl. ihre Briefe 1759 p. 195) trotz aller Bildung eitel und auf Schmuck bedacht. Als sie 1549 mit ihrer Schwiegertochter zu einer fürstlichen Hochzeit ging, wünschte sie che gli ornamenti di questa mia giovane superassero tutti gli altri. — Cecilia Gallerani († 1536), eine der Geliebten Moros, verh. mit dem Grafen Lod. Bergamini, sprach lateinisch wie ital., machte Verse und hielt philosophische und theologische Reden. Sie wurde von Jul. Caesar Scaliger und Bandello gefeiert („la moderna Saffo"). — Ersilia Cortese del Monte, gest. nach 1587, deren schicksalsreiches Leben Raffaele Erculei erzählt hat (Nuova antol. 3 ser. vol. 52 499—520. 688—702), führt über unseren Zeitraum hinaus. — Auch als Jägerinnen werden Frauen gerühmt z. B. Diana Saliceto di Bentivogli, Sabbadino degli Arienti p. 332. — Endlich noch folgende Notiz: Eine alte armatura femminile (von vorn und hinten) aus dem museo civico in Bologna ist abgebildet bei Pasolini, Caterina Sforza Bd. II Tafel 21. 23); ob der C. S. gehörig?

XCII.

(Zu Seite 119, Anm. 1.)

Die Zahl der Buhlerinnen in Rom 1490 giebt Infessura ed. Tommasini p. 260. Es sind nur die öffentlichen Weiber, nicht die Concubinen und die quae non publice sed secreto cum quinque vel sex earum exercent artificium mitgerechnet. Die Zahl ist übrigens im Verhältniß zur vermuthlichen Bevölkerung von Rom enorm hoch; doch kann ein Schreibfehler nicht angenommen werden; denn J. setzt hinzu: consideretur modo qualiter vivitur Romae. — Bei der Gelegenheit sagt Infessura: quod vix reperitur sacerdos qui concubinam non retineat. — Noch weniger glaubhaft dürfte die Zahl von 11654 öff. Dirnen bei 300000 Einwohnern sein (auch letzteres höchst zweifelhaft), die Sanudo VIII, 414 z. J. 1509 für Venedig gibt. — Aus: Un censimento della città di Roma sotto il Pontificato di Leone X. tratto da un codice inedito dell' Archivio vaticano veröffentlicht von T. Armellini in Gli studi in Italia anno IV, vol. II, 1881, p. 890 fg.; anno V, vol. I, p. 83 fg. geht hervor, daß im Bezirk Sto Salvatore de Cupellis 14 cortesine wohnten, darunter auch die Imperia und eine Margarita todesca. Vgl. auch die andere Statistik Bd. I Exc. IX, S. 320 ff. — Für Rom, das für dies Unwesen eine der Hauptstätten war, vgl. Giraldi, Introduz. nov. 2. Vgl. ferner die Notiz über die meretrices in Rom (1480), die sich in einer Kirche versammeln und ihrer Kostbarkeiten beraubt werden, Murat. XXII, 342 fg. und die Notizen in Burchardi diarium ed. Thuasne II, 443 von einer cortegiana i. e. meretrix honesta, Namens Cursetta. Sie hat einen Mohren in ihrem Gefolge, den sie in weiblicher Kleidung gehen läßt. Der Mohr wird grausam getödtet, sie selbst geht straflos aus. III, 146: den nach Neapel durchziehenden franz. Soldaten wird Brot, Wein u. s. w. herausgeschickt und 16 meretrices quae necessitati illorum providerent. III, 180: Wettlauf der Courtisanen beim Carneval 1503. vgl. auch das. III, 167. 209. 212. — Eine für dieses Unwesen namentlich in Rom hochbedeutsame Quelle ist Delicado, Lozana (genauen Titel s. Einl.). Ich citire hier, wie sonst, nach der franz. Uebersetzung, weil der spanische Dialekt des Originals zu schwer verständlich ist. — Die Schilderung gibt sich aus als entstanden 30. Juni 1524, gedruckt wurde sie 1528, der Autor lebte in Rom 1523—1527. Höchst wahrscheinlich ist sie aber erst 1527 entstanden, oder die vielfachen Hinweise auf den sacco müßten nachträglich eingeschoben sein. Das Ganze besteht fast ausschließlich in Gesprächen der Lozana, einer aus Spanien nach Rom im 1. Viertel des 16. Jahrh. gekommenen Courtisane, mit Frauen, ihren Geliebten, ihrem Diener, dem Autor des Buchs u. s. w. Es ist ein merkwürdiger culturhistorischer Roman: spanische Gerichte I, 55; Unterschied spanischer und italienischer Wäsche I, 95; schneller Wechsel der Diener in vornehmen Häusern I, 97; allerlei Toilettenmittel I, 123. 127; die Marktschreier I, 133; vielfach über Juden I, 51. 129. 139 (Catalanische Synagoge) der Trödler Trigo I, 141 ff.; Liebeszauber I, 155; Vorhersagungen aus dem Uringlas das.; Hängen grüner Blätter an verkäufliche Gegenstände I, 163; Heilmittel deren Unwirksamkeit freilich zugestanden wird I, 251 gegen die Krankheiten der Geschlechtstheile I, 215. — Hauptsächlich sind es aber Scenen aus dem Gewerbe der Erzählerin und ihrer Genossinnen. — Sehr deutlich ist die Schilderung der ersten Liebesnacht in Rom I, 113 ff., die schnell auf einander folgenden Besuche zahlungsfähiger Kunden I, 165 ff.; doch dürfte ein Hinweis auf weitere derartige Stellen schwerlich angebracht sein. Von culturhistorischem Werthe sind die folgenden Notizen. Imperia II, 257 ff. u. A. und andere II, 253. Beschreibung der Courtisanen in Rom Carlina ill. (1524 ff.); ihre Belästigung durch die Polizei, die Pfänder, die sie geben und dann durch ihre Freunde wieder abholen lassen, I p. 81 ff.; die verschiedenen Arten der Cortisanen das. II, 187 ff., die Orte und Länder, aus denen sie stammen, wo unter den Städten Genua ausdrücklich I, 197 ausgelassen wird. — Die Spanierinnen werden als die schönsten bezeichnet. Die Zahl 14000 (I, 201) — der in Rom lebenden spanischen Weiber — ist stark übertrieben. Die Zeit Alexanders VI. galt als die goldne für das ganze Treiben I, 271. Die große, für ihren Stand ungünstige Veränderung (1527 gegen etwa 1521, als sie nach Rom kam) constatirt sie ausdrücklich II, 103 fg. 28 Jahre (12—40) werden als die Zeit angegeben, in der eine Frau das Gewerbe treiben kann (II, 63). — Alle ihre Künste: Heilung der Indigestionen, Schwäche, Physiognomik, Chiromantik, Vorhersagung der Zukunft zählt die Lozana auf II, 85 fg. — Zur Characteristik der merkwürdigen Person, die gewiß, wenn auch nicht grade unter diesem Namen, gelebt hat, so daß die ausschmückende Phantasie nicht viel bei der Schilderung ihrer Erlebnisse zu thun hatte, heißt es einmal: sie sagt, was ihr grade in den Mund kommt. Ihr Gewerbe besteht außer dem faire l'amour, im Kochen und Heilen von allerlei Gebresten. Sie ist gutmüthig wird daher häufig betrogen. Zum Schluß lebt sie, was auch durchaus der Wirklichkeit entsprechen kann, mit ihrem Diener, der von Anfang an eine sehr bedeutsame Rolle spielt, zurückgezogen, in einer gewissen Heiligkeit. — In Rom ging erst Pius V. (1566—1572) dem Unwesen gründlich zu Leibe vgl. Repressioni straordinarie alla prostituzione in Roma in Rivista di discipline carcerarie anno XVI energisch gegen das Unwesen vor. In Folge dieser und anderer strenger Bestimmungen fand eine förmliche Massenauswanderung aus Rom statt. — Außer Rom nennt Landi, Commentario, fol. 76 Neapel und Venedig als Hauptstädte der cortigiane; das. fol. 286 ist der Ruhm der Frauen von Chiavenna wohl auch ironisch zu verstehen. Nach Giraldi VI, 7 war Venedig ganz besonders reich di quella sorte di donne che cortigiane son dette, vgl. auch das Epigramm des Pasquino (Gregor. VIII. S. 279, A. 2). — Gegenüber dem genannten Autor lobt Egnatius

(De exempl. ill. vir. Ven. fol. 212 b. fg.) die Keuschheit der Venezianerinnen, früher habe man öffentliche Weiber jährlich aus Deutschland herbeigebracht. — Dagegen sagt Conr. Agr. de van. scientiae cap. 63 (Opp. ed. Lugd. II, 158) sagt: Vidi ego nuper atque legi sub titulo Cortosanae Italica lingua editum et Venetiis typis excusum de arte meretricia dialogum utriusque Veneris omnium flagitiosissimum dignissimumque, qui ipse cum autore suo ardeat.

Für Venedig Saggi e memorie venete sulla prostituzione fino alla caduta della Repubblica, Venedig 1870—72, dort auch die Bestimmungen gegen die Sodomie (bes. 1553). In diesem Werke ist ein c. 1550 von A. C. herausgegebenes und der als Erste bezeichneten Livia Azalina gewidmetes Büchlein wiederabgedruckt: Catalogo di tutte le principal et più honorate cortigiane di Venetia (im Ganzen 215) il nome loro et il nome delle loro piaze et le stanzie ove loro abitano et di più ancor vi narra la contrata ove sono le loro stantie et etiam il numero de li derari che hanno da pagar quelli Gentilhomini et al che desiderano entrar nella sua gratia (der Tarif wechselt zwischen 1—30 scudi, die Dame, der das Buch gewidmet ist, verlangte 25; dagegen begnügte sich Veronica Franco, die auch aufgezählt ist, mit 2). — In dem Verzeichniß der Courtisanen in Venedig begegnen auch verheirathete Frauen. — Selbst eine kleine Stadt wie Perugia besaß 1557: 14 puttane vgl. die Notiz aus Fabretti: La prostituzione in Perugia nei secoli XIV e XV, Turin 1885 bei A. Graf in der unten S. 332 anzuführenden Schrift S. 265; das. S. 280 ff. ausführliche Nachrichten über Venedig als den Mittelpunkt dieses ganzen Treibens (vgl. oben). — In Turin bemühen sich die Stadtväter postribula ad causam studentium zu errichten. Vgl. Gabotto, studenti e male femmine in Torino nel sec. XV; Giorn. lig. XVII, 316 ff. — In den lettere de' principi I, 108 (Bericht des Negro 1. Sept. 1522) werden die donne Greche als fonte d'ogni cortesia et amorevolezza bezeichnet. — Eine Hauptquelle für dieses Unwesen Ant. Panormitanus: Hermaphroditus, besonders für Siena. Die Aufzählung der lenae lupaeque in Florenz (lib. II, 37) ist schwerlich fingirt; darin die Stelle: Annaque Theutonico tibi se dabit obvia cantu. — Für die damals herrschende Auffassung ist es ebenso characteristisch, daß Ambr. Traversari (Epistolae lib. VIII, 2 f.) die Geliebte des Nicolò Niccoli: foemina fidelissima, als daß Burchardus gewisse cortigianae honestae nennt (vgl. oben). Gegen diese Bezeichnung polemisirt Bandello (Parte III nov. 31), solche Damen verdienten nicht das onesto vocabolo Cortegiane. — Manche dieser cortig. haben schriftliche Zeugnisse und schriftstellerische Bekenntnisse hinterlassen. Hierfür sind besonders wichtig die von L. A. Ferraj herausgegebenen Lettere di cortigiane del secolo XVI, Florenz 1884, neu hgg. und sehr vermehrt von A. Baccini, Flor. 1892. (Die von Ferraj hgg. Sammlung ist nochmals genauer von Matini und Orlando in ihrer Bibliotechina Grassoccia herausgegeben worden.) — Es handelt sich hauptsächlich um die Camilla aus Pisa und die Alessandra aus Florenz, die in einem Lusthause des Filippo Strozzi leben, aber ihre Herzensneigung dem Francesco del Nero zuwenden. Die erstere, die Hauptbriefschreiberin, bedient sich eines correcten, manchmal eleganten Stils, sie braucht lateinische Phrasen, sie scheint selbst Gedichte gemacht zu haben und steht im Verkehr mit Schriftstellern. Sie ist, trotz ihres Gewerbes, fromm, sie entschuldigt sich einmal, sie habe wegen der „frommen Pflichten der Charwoche" das Schreiben unterlassen. Manche dieser Briefe verrathen echtes und tiefes Gefühl. Die eine der Cortigiane scheint Beatrice von Ferrara gewesen zu sein, an welche, da sie schwanger war, Molza eine bekannte Elegie gerichtet hat. Andere Briefe dieser Dame sind an Lorenzo, Herzog von Urbino, und Giovanni de' Medici gerichtet.

In den letzten Jahren ist gerade diese Literatur sehr gepflegt worden. Vgl. V. Cian: Galanterie italiane del secolo XVI, Turin 1888 und die von ihm beigebrachten zahlreichen literarischen Notizen. Die in diesen hauptsächlich behandelte Persönlichkeit ist Tullia d'Aragona. Die Gedichte dieser Frau, gest. 1556 in Dürftigkeit, sind von E. Celani kritisch herausgegeben (Bologna 1891); ihr Dialog dell' infinità d'amore (Bologna 1864). — In den von Cian mitgetheilten Aktenstücken erscheinen zwei florentinische Saltarella u. A. Auch diese beiden sind gebildete Damen, sie schreiben Briefe, die letztere sogar Verse, die, vielleicht etwas zurechtgemacht, ihr Liebhaber Nicolò Martelli in primo libro delle lettere 1546 aufgenommen hat. — Wie schade, daß das Album der berühmten Courtisanen, das Aless. Benedetto in seinen Diaria de bello Carolino (Venedig 1496) unter den Schätzen des flüchtigen Carl VIII. gesehen zu haben behauptet (vgl. über sie die Bemerkung oben S. 80), nicht wieder gefunden worden ist. — Eine andere aus dieser Schaar (una fra mille) Veronica Franco hat in A. Graf (Attraverso il cinquecento (Turin 1888) und in G. Tassini, Veronica Franco, celebre poetessa e cortigiana del secolo XVI, Venedig, 2. Ausg. 1888 ihre Biographen gefunden; sie ist ihrer Stellung und ihrer geistigen Bildung nach wohl die Höchststehende, eine Schriftstellerin (Dichterin und Briefschreiberin), welche noch heute Beachtung verdient, wenn ihr auch das laute Lob der interessirten Kritiker nicht mehr zu Theil wird. — Briefe römischer Buhlerinnen Orsola Maria, Teresa da Lavorgnano, Beatrice da Ferrara an Lorenzo v. Medici (1516 fg.) werden aus dem Flor. Arch. erwähnt von Nitti Nuova ant. 3. ser. vol. 28 p. 404. — Calmos (fingirte) Briefe an cortigiane, 4. Buch seiner Lettere ed. Rossi p. 351—367. — In einer Bestimmung des J. 1471 war den meretrice, die in Rom lebten, verboten portamenti Romani cioe lensoli, panni listati machagnani et veste al modo Romano bei Strafe der Confiscation und 25 Dukaten Geldbuße, Altieri p. LXV. — Oeffentlichen Frauen war verboten, an Processionen theilzunehmen P. de Grassis ed. 1884 p. 64. — Daß aber auch auf schlechte Weiber Bußpredigten großen

Eindruck machten, geht aus einem Briefe vom 21. Apr. 1492 (Bibliofilo, 1887, VII, p. 39 fg.) hervor. Dort wird mitgetheilt, daß in Mailand nach einer Predigt des frate del Zardino einige meretrices bekehrt worden seien; die lenones aber widersetzten sich solchem Beginnen, als ihren Interessen schädlich. — Bestimmungen über gewisse Kleider, Bänder, gelbe Schleier, rothe Kappen und sonstige Abzeichen, strenge Verfügungen über Wohnen in gewissen Straßen, äußeres Auftreten aus verschiedenen Gegenden Italiens 12—16. Jahrh. und Vieles aus der Literatur stellt G. Rezasco Giorn. lig. 17, 161—220 ziemlich ungeordnet zusammen. — Ueber den gelben Schleier vgl. auch Bongi, Riv. crit. della lett. ital. III, S. 90. — S. endlich P. Parchi, Il bordello de Pavia dal XIV al XVII secolo (Mem. dell' Istituto lomb. XX, 6.

XCIII.

(Zu Seite 121, Anm. 1.)

Eine gründliche, mit psychologischem Geiste gearbeitete Geschichte des Prügelns bei den germanischen und romanischen Völkern wäre wohl soviel werth, als ein paar Bände Depeschen und Unterhandlungen. (Einen kleinen Anfang macht Lichtenberg, Vermischte Schriften, Bd. V, S. 276—283: Etwas über Nutzen und Cours der Stockschläge, Ohrfeigen, Hiebe u. s. w. bei den verschiedenen Völkern.) Wann und durch welchen Einfluß ist das Prügeln in der deutschen Familie zu einem alltäglichen Gebrauch geworden? Es geschah wohl erst lange nachdem Walther gesungen: Nieman kan mit gerten kindes zuht beherten. In Italien hört das Schlagen ziemlich früh auf. Maffeo Vegio († 1458) empfiehlt (de educ. liber. lib. I, c. 19) Mäßigkeit im Schlagen; sagt aber doch: caedendos magis esse filios quam pestilentissimis blanditiis lactandos. — Gegen Prügeln sprechen sich P.P. Vergerius, De ingenuis moribus et liberalibus studiis und M. Palmieri Della vita civile aus. Der letzere will es höchstens bei Kindern gestatten, die in der Lehre sind (Handwerker). Ueber V. da F. vgl. oben I. S. 231. — Fr. Corraro will das Prügeln nur bei größern Kindern ganz ausgeschlossen wissen. Später bekommt ein siebenjähriges Kind keine Schläge mehr. Der kleine Roland (Orlandino, cap. VII, str. 42) stellt das Princip auf:

Sol gli asini si ponno bastonare,
Se una tal bestia fussi, patirei.

Die deutschen Humanisten der Renaissancezeit, z. B. Rudolf Agricola und Erasmus treten energisch gegen das Prügeln auf, das die alten Schulmeister als das nothwendigste Erziehungsrequisit betrachteten. Auch in den Lebensbeschreibungen der „fahrenden Schüler" am Ende des Jahrh. (Thomas Platters Lebensbeschreibung ed. Fechter, Basel, 1840; Butzbachs Wanderbuch ed. Becker, Regensburg 1869) finden sich crasse Beispiele der Prügelmethode jener Zeit.

XCIV.

(Zu Seite 135, Anm. 1.)

Ueber die Feste des Cardinal Pietro Riario 1473 vgl. die bei Favre, Mélanges d'hist. lit. I, 138, angeführten Quellenstellen. Corio fol. 417 fg. (Vgl. auch Una cena carnavalescha del cardinale P. R. Lettera inedita di Ludovico Genovesi 2 marzo 1473. Rom 1885 der Brief ist an die Barbara v. Brandenburg in Mantua gerichtet). Der Küchenzettel nimmt bei Corio fast 2 enggedruckte Seiten ein. „Unter anderen Speisen brachte man auch einen Berg herein, aus welchem ein lebender Mensch hervorstieg, mit Zeichen der Verwunderung, sich mitten in diesem strahlenden Feste zu finden, worüber er einige Verse sagte und dann verschwand." (Gregorovius VII, S. 241.) Vgl. auch die urkundlichen Mittheilungen von C. Corvisieri im archivio della R. Società Romana di storia patria, Roma 1877. 1888, vol. I. X. Das. auch das Gedicht des Aemilius Boccabella über das glänzende Festmahl des Cardinals Riario (Beschreibung des Festes auch bei Pastor II, 458 ff. nach einzelnen bisher unbeachteten oder unbekannten Quellen). — Man vergleiche ferner die Berichte der Lianora (Elyonora unterschreibt sie sich selbst) über ihre Aufnahme in Rom und Florenz bei A. de Tummulillis p. 194—204 Beschreibung der Zimmer, Aufzählung der Gerichte, Mittheilung der gesungenen Verse. Verzeichniß der erhaltenen Geschenke. Danach dauerte das Mahl 6 volle Stunden. Die Vorstellungen in Florenz waren ausschließlich aus dem alten und neuen Testament. — Strozii poetae fol. 193 fg. in dem ersten Buche der Aeolostichen. Vgl. Bd. I, S. 49. 54. Eins der bedeutendsten Feste in Rom zu Zeiten Leos war das zu Ehren der Bürgerrechtsertheilung an Lorenzo und Giuliano veranstaltete vgl. Le Feste pel conferimento del patriziato Romano a Giuliano e Lorenzo de' Medici narrate da Paolo Palliolo Fanese hgg. von O. Guerrini (Scelta di curiosità letterarie vol. 206) Bologna 1885. Vgl. auch den Bericht aus Altieris Baccanali hgg. von Loreto Pasqualucci, Rom 1881. — Genaue Beschreibung des Einzugs Leo X. in Florenz und der Ausschmückung der Stadt Landucci p. 352—360. — Auf Grund beider Berichte ausführliche Schilderung bei d'Ancona, Origini II, 84 ff. — Mittheilungen über Essen und Trinken würden hier am Platze sein. Nur ein paar Notizen. Aus Galeotto del Carrettos Storia del Monferrato ist neuerdings (Turin 1884) neugedruckt worden: Splendido convito nuziale dato da Galeazzo Visconti. — Notizen aus dem libro di cucina (14. Jahrh. Bologna) giebt L. Stecchetti: La tavola e la cucina nei secoli XIV e XV (Florenz 1884); aus einem Florentiner Codex theilt S. Morpurgo ein poetisches Recept des Antonio Pucci mit per fare la salsa in riv. crit. della lett. ital. Okt. 1884 p. 120. — Notizen über Preise und Gerichte bei einer bürgerlichen Hochzeit Ende des 14. Jahrh. Lapo Mazzei I, XXXV. Vgl. auch XLVI Anm. — Leon. Aretino (Epist. lib. III, ep. 18) klagt, wieviel er für Hochzeitsmahl, Kleidung u. s. w. habe ausgeben müssen, so daß er an demselben Tage matrimonium geschlossen und patrimonium verbraucht habe. — Ermolao Barbaro beschreibt in einem Briefe an Pietro Cara das Menu eines Hochzeitsmahles bei Trivulzio (Angeli Politiani, epist. lib. III). — Bei einem Fest in Neapel (1455 Bündniß zwischen Alfons, Mailand, Florenz, Venedig und Papst) werden ungeheure Torten in Form von Schlössern vorgesetzt, auf denen Wappen und Zeichen der verbündeten Mächte sich befinden. Schließlich plünderte die umstehende Volksmenge die Tafel und nahm auch die Schlösser fort. Vgl. Il carteggio originale di Francesco I Sforza im Arch. stor. ital. IV. Ser. 1878, H. 2 S. 366. — Interessant ist auch die nozze-Publication 1870: Della nozze di Lor. de' Medici con Clarice Orsini nel 1469; informazione di Pietro Parenti fiorentino. — Die Festlichkeiten bei der Hochzeit des Guidobaldo von Urbino 1488 mit Elisabetta Gonzaga beschreibt B. Capilupus, Luzio-Renier (1893) S. 18 ff. Von Confekt allein gab es 63 große Stücke: cita, castelli, fontane, diece arbori fatti al naturale, grandi e colloriti con li frutti loro. — Von ganz besonderem Interesse ist das Speisen- und Getränkverzeichniß im Anhang zu Landis Commentario (oben Excurs LXX). Landi spricht von der großen Mühe, die er auf die Zusammenstellung verwendet; er habe sie aus 500 Schriftstellern gezogen. Er nennt die Namen, Männer und Frauen durcheinander, meist aus dem Alterthum, Römer, Griechen und Barbaren, auch ein Schweizer ist darunter. Die Stelle ist viel zu lang, um mitgetheilt zu werden; einmal heißt es: Li antropophagi furono i primi che mangiassero carne humana! — Poggio (Opera 1513, fol. 14 fg.) erörtert die Frage: Uter alteri gratias debeat pro convivio impenso isne qui vocatus est ad convivium an qui vocarit? — Platina schrieb einen Tractat de arte coquinaria, der mehrfach gedruckt sein soll, und unter den verschiedensten Titeln citirt wird, der aber nach seinen eigenen Andeutungen (dissert. Vossiane I, 253 fg.) mehr Warnungen vor Schlemmerei und Schwelgerei, als Belehrungen über dieselbe enthält. (Ueber den Tractat ein witziges Epigramm Sannazars in dessen Opp. 1535 fol. 360.) — Aber Küchenrecepte und Aehnl. werden schon damals zusammengestellt. Einzelnes davon ist neuerdings gedruckt. Vgl. Frammento di un libro di cucina del secolo XIV, hgg. von O. Guerrini, Bologna 1887; LVII ricette d'un libro di cucina del buon secolo della lingua, Bologna 1890. Erstere Schrift rührt vermuthlich von einem Sienesen, letztere von einem Florentiner her. Vgl. auch außer dem obenerwähnten Buche von L. Stecchetti, noch L. A. Gandini, Tavola, cucina e cantina della corte di Ferrara nel quattrocento, Modena 1881. — Scappi, Bart. (Cuoco secreto di Papa Pio V.) Opera. (Di diuerse uiuande di carne, della statura e stagione di pesci ec.) Con il discorso funerale che fu fatto nelle essequie di Papa Paulo III. S. l. e. a. (Venez. 1571.) 4⁰. C. 27 tav. — Einzelne Notizen in der Publikation von Emilio Motta: Nozze principesche nel Quattrocento. Corredi, inventaro e descrizione con una canzone di Claudio Trivulzio in lode del Duomo di Milano 1894. (Festspiel bei einer Hochzeit im Hause Trivulzio) S. 10 fg. Der Küchenzettel bei der Hochzeit des Gian. Giac. Trivulzio 1488. — Kalonymus, Masecheth purim, Venedig 1552: Die Purimspeisen: castagni, tortole, tortolecchi, mustazioni oder mostacciouli Pfefferkuchen, tocchetto Ragoût, anitri Enten, Fasanen, Rebhuhn, pollanca Truthahn, folaghe Wasserhuhn, cotornici Wachtel, maccheroni Nudeln, crescione Kresse (Vogelstein-Rieger). — Notizen über Speisen auch Archiv. ven. 38, 423 ff. — Schilderung einer ländlichen aber recht reichlichen Mahlzeit mit Aufzählung der einzelnen Speisen in Andr. Dactius' lateinischer satira oder silva: verna profectio, Rüdiger, Dactius S. 33. — Ueber die Küche bei Leo X. der, selbst sehr mäßig, nach Giovios Bericht, die Hälfte der Einkünfte von Spoleto, Romagna und den Marken für seinen Haushalt ausgab, vgl. Notizen in Briefen P. Aretino's und Comento del Grappa sopra la canzone in lodo della salsiccia, Scelta di curiosità disp. 184, Bologna 1881. — Messisburgo: Bancchetti, compositioni di vivande et apparechio generale Ferrara 1549 kenne ich nur aus einem Citat. — Schlemmerei beschreibt im Einzelnen und stellt die üblen Folgen des zu vielen Essens und Trinkens dar Salutati, Briefe I, p. 264 und 270. — Nachtrag zu oben S. 319—322. Zur Literatur über Musik ist noch zu erwähnen: Ambros, Gesch. der Musik Bd. 3 und 4. — Ferner: Fr. Caffi: Storia della musica sacra nella già cappella ducale di San Marco in Venezia dal 1318 al 1797. Venezia 1854. — P. Canal: Della musica in Venezia. Venezia 1881. — St. Davari: La musica a Mantova 1881. — Fr. Florimo: La scuola musicale di Napoli. Napoli 1880.

Zum sechsten Abschnitt.

XCV.

(Zu Seite 157, Anm. 1*).)

Spiel und Tanz.

Welche Stellung das Spiel im Gesellschaftsleben jener Zeit einnimmt, läßt sich nicht leicht bestimmen. Das Kartenspiel kommt frühestens in der zweiten Hälfte des 14. Jahrhunderts auf; bis dahin kennen die Italiener Würfel-, Brett- (Dame) und Knöchelspiel. Diese Spiele wurden zumeist am Tage auf öffentlichen Plätzen gespielt; ihre Vornahme in Häusern und bei nächtlichen Zusammenkünften war streng verboten und nur zur Weihnachts- und Osterzeit erlaubt. Der berufsmäßige Spieler wurde schon in den Statuten Friedrichs II. als infam erklärt; von den Spielen erhob die Gemeinde Abgaben, die große Summen einbrachten. Trotz dieser Erschwerungen und jener gesetzlichen Beschränkungen muß das Spielen eine ungeheure Ausdehnung gewonnen haben, wie außer aus den strafrechtlichen Bestimmungen der Ortsstatute besonders aus den Zeugnissen und Klagen der Schriftsteller hervorgeht. Dante braucht das Spiel zu einem weit ausgeführten Vergleiche; Petrarca, der in seinen Dialogen vom Glück und Unglück dem Spiel einen ganzen Abschnitt widmet, vermacht seinem Diener die Summe von 20 Dukaten, in der Hoffnung, daß er sie nicht verspielt. Boccaccio erzählt von einem Spieler, der sein eignes und das ihm anvertraute Geld im Spiel verbringt. Theologische Schriftsteller, wie Thomas von Aquino, ereifern sich gegen das Spiel als gegen etwas Lasterhaftes, weil es wider die Natur sei; eifervolle Männer wie Antonio von Ferrara [die Geschichte, schon angedeutet bei Vesp. Fior. I, 179, wie er nach einer Predigt auf dem Nachhauseweg Spieler antrifft, die Spieltische über den Haufen wirft und die Spieler zur Buße treibt, wird von Joh. Dominici ausführlich erzählt s. Dominicis Erziehungslehre

*) Dort wird irrthümlich auf den 85., statt auf den 95. Excurs verwiesen.

ed. Rösler S. 36], aber auch Spieler von Profession, wie der oben genannte Buonaccarsi Pitti legen das Gelübde ab, eine Reihe von Jahren nicht zu spielen und sind im tiefen Innern betrübt, wenn sie das Gelübde brechen; Bußprediger erzählen wohl von leidenschaftlich Erregten, die durch Spielverlust verblendet gegen Gott selbst wüthen und, von ihrer blinden Wuth zurückgekommen, Einsiedler werden oder Kirchen stiften. — Die hier erwähnten Aussagen der Zeitgenossen und Quellenstellen sind zusammengestellt in Zdekauer: Il guoco in Italia im Arch. stor. ital. XVIII, 1886, über Venedig ders. Arch. Ven. 28, 132 ff. Petrarcas Dialog: De ludo aleae et calculorum (De remed. utr. fort. 26) ist doch nach der Unart des Autors mehr eine wortreiche Declamation, als eine unterrichtende Darstellung der Zustände der Zeit. — Coelio Calcagnini de talorum tesserarum et calculorum ludis, Opera Basil. 1544 p. 286—301) ist eine durchaus archäologische Abhandlung, welche das Zeitgenössische nur streift. — Die wichtigste Quellenschrift dürfte Girolamo Bargaglias Dialogo dei giuochi Sanesi che nelle veghie se usano di fare, Siena 1572 sein, denn Zustände einer Stadt kann man wohl mit einzelnen Veränderungen auf ganze Theile Italiens übertragen; ich habe sie mir aber nicht verschaffen können. — Würfelspiel in Venedig auf dem Markusplatz und dem Rialto waren bald verboten, bald erlaubt vgl. Cecchetti in Arch. ven. 28, 263. Die Strafbestimmungen wurden schärfer von der Mitte des 16. Jahrh. an.

Ferneres über Spiel (chronologisch geordnet):

In Lucca standen (2. Hälfte des 14. Jahrh.), wie Sercambi berichtet 3, 324 f., auf der Piazza S. Michele die ribaldi, bloß mit einem durch einen Gürtel befestigten Hemd bekleidet, ohne Hüte und Schuhe, eine Art officiöse, unter einem Führer stehende Genossenschaft, die hauptsächlich von Spiel und Raub lebten, aber auch nach Art heutiger Dienstmänner Commissionen ehrlich und sorgfältig ausrichteten. Die Kaufleute hatten durch sie buono e leale servigio. — Ueber das Spiel in Pisa (14. Jh.) veröffentlichte Simoneschi einige Urkunden. Pisa 1890. — In Lucca war 1392 das Monopol des Würfelspiels auf der Straße für 1530 Goldgulden jährlich verpachtet, Sercambi I, 453. — Salutati klagt sich eines eifrigen Würfelspiels an, Briefe I, p. 59 und eifert gegen die traurigen Folgen des Spiels überhaupt. Vgl. auch die scharfe Verurtheilung der rabies taxillorum das. III, 449. — Als Einzelschrift zu beachten: G. Campori: Le carte da giuoco dipinte per gli Estensi nel sec. XV. Mantua 1875. — Vgl. bei Vesp. Fior. I, 78 fg. die hübsche Geschichte: Alfonso von Neapel der spielt, verliert, neues Geld herbeischaffen läßt, Alles wiedergewinnt, das Gewonnene an die Spieler vertheilt und schwört nie wieder zu spielen. — Gian. Manetti setzt in Pistoja Prügelstrafe aufs Spiel und hat damit radicalen Erfolg; Vesp. Fior. a. a. O. II, 47. — Zur Geschichte des Spiels ferner die Mittheilungen von G. Rezasco in Giorn. ligust. 11, 196—225. — Die Anfänge des Lotto, unter der Bezeichnung Ventura Modena 1476 durch einen ungenannten Florentiner, öffentliche lotti in Genua 1519, Venedig 1521, dort wird es vom Senat verboten: nuovo zuogo da alcuni zorni in qua trovato da trazer danari da questo e da quel altro chiamato Lotho, cum tanta murmuration universalmente de tuti. — Uebr das Kartenspiel scartino 1493 ff. (vielleicht = écarté) und das Hazardspiel flusso vgl. Luzio-Renier 1893 S. 63. — Für das Tarockspiel vgl. das Gedicht: Capitoli del giuoco dei Tarocchi, 7 Ausg. im 16., nur eine revid. im 19. Jahrh., jetzt hgg. von Solerti, Poesie di M. M. Bojardo, Bologna 1894 p. 313—339 und erklärt von Renier in dem Sammelband über Boj. (1894). Renier hatte 1886 die Entdeckung gemacht, daß die 5 capitoli zur Erklärung eines Spiels dienen; die Entdeckung ist jetzt durch den von Solerti aufgefundenen und abgedruckten Commentar des Pier Antonio Viti bestätigt. Es ist eine Art literarisch-historisch-mythologisches Gesellschaftsspiel, in dem die 4 Leidenschaften amore, speranza, gelosia, timore durch je 13 Karten eingezeichnet sind.

Das Kartenspiel kommt in Europa seit 1369 vor, in Italien war es gegen Ende des 15. Jahrhunderts sehr verbreitet. Die carte theilten sich in carticelle und in naibi, auch carte da trionfi genannt; die ersteren waren die gewöhnlichen 52 Spielkarten, in 4 Serien getheilt, deren jede 10 Zahlen- und 3 Figuren-Karten enthielt, die letzteren die Tarock-Karten. Diese letzteren, die Tarock-Karten, bestanden aus 4 Serien zu je 10 Zahlen- und 4 Figuren-Karten; aus einer 5. mit 21 trionfi und 1 matto. Seit 1491 gab es gedruckte Karten. Der Ursprung des Tarockspiels ist lombardisch-venezianisch. — Näheres über dies Spiel und andere, auch über Schriften für und wider vgl. in der von Renier angeführten Bibliografica italiana de' giuochi di carte, von A. Lensi, Flor. 1892. — Ein Spieler, der in der Wuth über seinen Verlust sich gegen Heiligenbilder versündigt hat, wird gehängt (Flor. 1501) Landucci p. 233. — Spiele in Venedig (16. Jh.). Reiche Nachweise bei Rossi, Calmo p. 347 ff. — Ueber Lotterien viele Notizen bei Sanudo (u. A. 1526, Bd. 41) z. B. eine von 8000 Loosen à 2 Ducaten, wo der Werth der Gewinne (Häuser, Edelsteine, baar Geld) dem Ertrag der Loose entsprach, doch wurden 2% Provision und 3% Kosten abgezogen. — Von den Spielen, die Gewinn erhoffen ließen, sind solche zu unterscheiden, die bloß zu geistiger Unterhaltung oder körperlicher Erholung betrieben wurden. Ueber letztere nur ein paar Hinweise: Bei der Construction der Schachspiele wurde ein besonderer Luxus entfaltet. Vgl. die Zusammenstellung bei Luzio-Renier 65, 272. — Vom sehr gewöhnlichen Ballspiel braucht hier nicht die Rede zu sein. Dagegen mag des Schneeballspiels gedacht werden (giuoco colle palle di neve), das von Cecco Angiolieri, von Lasca erwähnt, und laut Graziani, Chronik von Perugia, 1486 auch von Mönchen in Klosterhöfen und auf der Straße gespielt wurde. Vgl. A. d'Ancona, Studi, 1880, S. 211 fg. — Ueber Knabenspiele vgl. Pitrè, Giuochi fanciulleschi, Palermo 1883. — Für die Spiele speciell in Urbino und Bembos literarische Betheiligung daran vgl. Cian, Motti de Bembo, Venedig 1888. In einem dort mitgetheilten Commentar zu einem Gedicht Bembos handelt es sich um ein Gesellschafts- (Frage- und Antwort-) spiel, in welchem die Fragen und Antworten von Nachbar zu Nachbar geflüstert, dann laut wiederholt und beurtheilt werden. Ariost, Ras. Rol. VII, 21 spielt schon darauf an und meint, daß derartige Spiele zur Zuflüsterung von Liebesgeheimnissen benutzt werden konnten und benutzt wurden.

Für den Tanz die 1890 erschienene Veröffentlichung G. Zannoni's über il libro dell' arte del danzare von A. Cornazano 1465; andere Schriftsteller des 15. Jahrhunderts, die über diese Kunst schrieben, sind Guglielmo ebreo, Domenico da Piacenza, Domenico da Ferrara. Bei Cornazano werden z. B. folgende in Mailand übliche Tänze genannt und beschrieben: Verzeppe, Prima figlia Guilielmino, Figlie Guilielmin, Sobria, Mignotta nova, Corona. — Der Tanz wurde von manchen Erziehern, wie Guarino erlaubt, von Anderen, wie Vergerio und Maffeo Vegio verboten, von Letzterem auch für Mädchen. — Zum Vergleich mit dem Letzterwähnten mag man Edmond Bonaffé. Notes sur la vie privée de la Renaissance Rev. de Paris 15. Spt. 1896 p. 358—389 herbeiziehen, wo auch ausführlich von Les danseurs die Rede ist. — Ueber den Tanz vgl. ferner Guglielmo da Pesaro, Trattato dal' arte del ballo, neu hgg. Scelta di curiosità letterarie Bd. 131 Bologna 1873. Vgl. auch einzelne Erwähnungen in den Gedichten des B. Cavassico ed. Cian II, 189.

XCVI.

(Zu Seite 160, Anm. 2.)

Einzelnes zur Blutrache.

Die beleidigende Erinnerung an nicht geübte Vendetta wurde in Lucca 1308 bestraft Propugnatore N. S. III, 1, 78. Trotzdem galt der, der sie nicht übte, als schmählicher Feigling (1336 vgl. das. 79). Die, welche sie zu üben berufen waren, trugen eine Binde vor den Augen (?) das. 80 vgl. 105. — Eine furchtbare Vendetta in Neapel 1420, die er selbst nahm, erzählt der Florentiner Luca di Matteo di messer Luca Firidolfi da Panzano in seinen Erinnerungen 1406—61, mitgetheilt von Carnesecchi in Arch. stor. ital. ser. 5, vol 4, p. 145 ff. — Das Bewußtsein von der Pflicht der vendetta auch bei Poliziano. (Wegen der Ermordung seines Vaters.) Vgl. Js. da Lungo, Florentia, Flor. 1897 S. 15 ff. 49. 52. 93. Nach geübter Rache erfolgte eine wirkliche Versöhnung.

XCVII.

(Zu Seite 161, Anm. 2.)

Einen sehr merkwürdigen Abschnitt über den morbus gallicus findet man bei Fulgosius p. 61. Danach ist diese Krankheit 2 Jahre vor Karl VIII. Zug in Florenz zuerst aufgetreten und zwar von Spanien aus, dorthin sei sie von Aethiopien gekommen. — Vgl. jetzt die frühere Veröffentlichungen zusammenfassende Arbeit von A. Corradi, Nuovi documenti per la storia delle malattie veneree in Italia dalla fine del quattrocento alla metà del cinquecento in den Annali universali di medicina e chirurgia vol. 269. Mail. 1884, p. 299—386. Es sind Mittheilungen aus Briefen, Chroniken, gedruckten und ungedruckten. — Einzelnes bei Renier, Giorn. stor. V, 409—432. Auch Franc. Gonzaga, der Gatte der Elisabeta, war von dem Uebel befallen. — Literatur über malfrancese zusammengestellt und z. Th. abgedruckt bei Rossi, Calmo p. 371 ff.

XCVIII.

(Zu Seite 162, Anm. 2 und überhaupt S. 161—165.)

Ehe, Mitgift, eheliche Treue, Alter bei Eingang der Ehe, Ehebruch, Ehevermittler, Bigamie.

Ehe. Daß die Ehen seltener werden, sagt geradezu Alessandra Strozzi in ihren Briefen (p. 548 aus d. J. 1465) che de'giovanni che sono nella terra, volentieri si stanno senza tor donna. Schon sie deutet die Höhe der Mitgift einzelner Mädchen als Hinderungsgrund für weniger begünstige an.

Ferner:

In Siena werden Anf. des 15. Jahrh., Lucca 1454, Città di Castello in derselben Zeit Verordnungen wegen des Einreißens der Ehelosigkeit getroffen, z. B., daß kein Unverheiratheter zwischen 30 und 50 Jahren ein Amt bekleiden dürfe, vgl. die Stellen bei Pastor III, 94. — Ruheliebende warnten frühe vor der Ehe, so Petrarca, doch fand er Gegner. — Salutatis Verehrung für Petrarca ging nicht soweit, daß er dessen Angriffe gegen die Ehe guthieß; vielmehr suchte er einem Freunde die Göttlichkeit und Nothwendigkeit dieser Einrichtung zu erweisen (Briefe II, 370 ff.). — Ueber Glück oder Unglück in der Ehe kann man keine statistischen Aufstellungen machen. Nur einzelne Beispiele. — Als hohes Muster ehelicher Treue rühmt Arienti p. 169 die Genevera, die Frau des Brunoro da Gambara. — Eine sehr beglückte Ehe scheint auch der Humanist Ivani geführt zu haben, vgl. seinen schönen Brief, Giorn. lignst. 12, 283. — Als Beispiel besonderer Keuschheit in der

Ehe führt der schon erwähnte Sabadino degli Arienti eine Ausländerin, die Königin Margarethe von Schottland an (p. 315) che non se congiungea se non a procreatione de figliuoli. — Auch Männer, die sich mit einer Ehe begnügen und nach dem Tode der Gattin ehelos bleiben, werden gerühmt, Salutati Briefe I. 107, der das hübsche Wort dafür hat: non uxorius sed maritus. Sal. rühmte sich Briefe I. 157, nach dem Tode seiner Frau (1372), in der ungetrübtesten Ehe gelebt zu haben, heirathete aber doch zum zweiten Male, p. 206; die 2. Frau † 1. März 1396, Briefe III, 126. — Auch die Frage der Ehescheidung wurde mehrfach erwogen: Alberti war dagegen, Castiglione dafür, vgl. V. Cian, Divorzisti e antidivorzisti in Gazzetta letteraria XVII, 6. (Vgl. auch unten S. 344 Z. 345 Z. 10.) — Sehr merkwürdig ist der Fall der Caterina, Tochter des Vieri di Donatino aus Arezzo. Sie wurde 11jährig in ein Kloster gebracht, wurde gezwungen, die Gelübde auszusprechen, entfloh nach einigen Jahren, heirathete und erlangte schließlich 1403 Befreiung vom Klostergelübde und Anerkennung ihrer Ehe. Sie hatte sich an Coll. Salut. gewandt 1399, um von ihm Billigung ihres Schrittes zu erlangen, erfuhr jedoch von ihm starke Mißbilligung, Briefe III, 337—341. — Ein auffallendes und gewiß seltenes Beispiel gegenseitiger Nachsicht ist der Contract eines genuesischen Ehepaars 2. Mai 1384, wonach der Mann eine Concubine halten, die Frau mit einem Freunde durfte se jungere ad ejus liberam voluntatem sine metu alicujus poenae, Giorn. ligust. 12, 25 fg. — Die Ehe Cariteos war eine sehr glückliche, wie er selbst, Pontano und Sannazaro rühmten, vgl. die Gedichte Propugnatore 19, 1, p. 309 fg. — Gedichte von Männern auf ihre Frauen kommen häufig vor: Pontano, de amore conjugali, Ariosto, Galeazzo di Tarsia, Bern. Tasso, ebenso wie Poesien von Gattinnen: Vitt. Colonna, Veronica Gambara, Barbara Torello; als besonderer poeta conjugale gilt Berardino Rota 1509—1575. Vgl. über ihn und seinen Canzoniere, 2 Theile, welcher der 1543—1559 mit ihm verbundenen Gattin Porzia aus der Familie dei Capece gewidmet ist, — der 1. Theil wohl vor der Ehe gedichtet — G. Rosalba im Giorn. stor. 26, 92—113. — Welches war das Durchschnittsalter in dem Ehen damals eingegangen wurden? Denn die Ehe des acht- oder neunjährigen Giangaleazzo Visconti (1362, er war Ende 1351 oder Anf. 1352 geb.) mit der ebenso alten Isabella v. Valois dürfte zu den größten Ausnahmen gehören. — Doch kommen (wirklich vollzogene) Ehen mit 10jährigen Mädchen vor, z. B. des Girolamo Riario mit Catarina Sforza. (Die Ehe des G. R. mit der gleichfalls elfjährigen Constanza (von Mantua) kam nicht zu Stande, weil deren Mutter Gabriele den Vollzug der Ehe nicht zugeben wollte.) 18. Jan. 1473. Ein Berichterstatter meldet 23. Jan.: Et lui G. R. ha dormito con la mogliere un altra volta et viene ben contento et lieto. Freilich wurde dafür päpstlicher Dispens nachträglich erbeten und gewährt. (P. Ghinzoni im Arch. stor. lomb. XV. 101—111. Vgl. auch Pastor

II, 463 A. 1, der auf eine andere (?) Schrift Ghinzonis verweist). — Ginevra 1442—1506, Tochter des Alessandro Sforza, Herrenvon Pesaro, der Sabbadino degli Arienti sein Buch von den berühmten Frauen widmete, war 12 Jahre alt, als sie 1454 Sante Bentivoglio heirathete. — Die Heirat der rechtmäßigen Tochter des Cesare Borgia mit Federigo von Mantua wurde verabredet, als letzterer zwei Jahre, erstere einige Monate alt war. Sie kam dann freilich nicht zu Stande. Luzio-Renier 1893 S. 136 ff. Die Heirat des Giov. Franc. Maria della Rovere und der zehnjährigen Leonora Gonzaga wurde 1505 per Procura geschlossen. a. a. O. 155. — Interessante Ausführungen über die Ehe, deren Unlöslichkeit proclamirt wird, mit ersichtlicher Tendenz gegen die Frauen, in Fra Paolino Minorita (1. Drittel des 14. Jahrh.) trattato de regimine rectoris publ. da A. Mussafia, Wien u. Flor. 1868 p. 66—78; das. 79 ff. auch Vorschriften über Kindererziehung. Auch er ist gegen das Prügeln mit Hinweis auf Bibelstellen (p. 94) che altramente se de' correzer l'omo et altramente lo anemal. (Vgl. den Excurs XCIII S. 333.) — In einer (Rom 1471) gedruckten Sammlung von Bestimmungen über Ehen und Begräbnisse wird festgesetzt, daß die Mitgift nicht 800 Goldgulden überschreiten, die Ausstattung höchstens 600 fl. kosten darf. Geschenke an Verwandte, Tracht der Braut werden genau bestimmt. Altieri XLII fg. — 1511 wurde in Florenz bestimmt, daß die Mitgift der Mädchen nicht 1600 fl. überschreiten sollte, Landucci p. 307. Auch dies sollte eine Maßregel zur Beförderung der Ehen sein, denn damals gab es in Florenz mehr als 3000 unverheirathete Mädchen zwischen 18 und 30 Jahren. — Franc. Zambrini; Trattato della moglie e della concordia (nozze, Bologna 1864) Abhandlung aus der 1. Hälfte des 14. Jahrh. enthält fast nur Auszüge aus früheren Schriftstellern. — Die Dialoghi del matrimonio e vita vedovile von Bern. Trotto 1578 sind zu spät, um hier beachtet zu werden. — Eine Hauptquelle über Ehe sind Altieri: nuptiali (s. d. Büchertitel) geschrieben zwischen 1506 bis 1513). (Marco Antonio Alt. 1450—1532. Außer dem Nuptiali hat er auch ein Werk Baccanali verfaßt, das neuerdings veröffentlicht worden ist.) Nur schade, daß die Nuptiali ihrem Titel nicht völlig entsprechen. Außer zahllosen Citaten aus alten Schriftstellern bringt das Werk z. B. Notizen über glänzende Hochzeiten S. 6, berühmte Schriftsteller jener Zeit 8 fg., Plätze und Straßen früher und jetzt S. 15 fg., Geschichten einzelner Familien 22, hervorragende Kriegsleute 26, Regierung Venedigs 44, bemerkenswerthe Bürger 15. 61. 64. 103 ff. 109. 116. 151 ff., Bürger und Adel 110 ff., Feste in Testaccio u. A. 113, Feste von 1513 118, Lob des Alters 124, Wesen der Gesetze 128, Formen des Staatswesens 140, Preis der Dichter und der Dichtung 146, besonders ausführlich: Vida, Bembo, Sadoleto, von den früheren Schriftstellern: Biondo und Poggio 149. 151, Kriegswesen 157, Jurisprudenz und Medicin 180 fg. — Ueber den eig. Gegenstand des Buches Folgendes: Verschiedene Ehen werden erwähnt 27, daß man zu wenig auf Familienehre Rücksicht nimmt, beklagt 28. Altrömische Ehegebräuche 33, gegen die Sitte, daß Eltern ihre Töchter zur Ehe anbieten 49. Verlobungs- und Hochzeitsgebräuche: das abboccamento, Arraglia, Geschenke 51 ff. Einladungen 54. Gebräuche am Donnerstag, Freitag, Sonnabend vor dem Sonntag, dem eigentlichen Hochzeitstage 55 ff.; über die Giaranzana (Ball?) am Sonnabend ausführlich p. 58 fg., die eig. Hochzeitsfeier 66 fg., in der Kirche, Zahl der Lichter u. s. w. 70, Zug aus der Kirche 76. Hochzeitsmahl 81 ff. Der lendemain, Montag Besuch der jungen Mädchen, Dienstag der Männer und älteren Frauen 86. Wiederverheirathung. 94. Ehescheidung verpönt 101. — Von da an bis zum Schluß des Buches lauter Abschweifungen, meist gelehrte Auseinandersetzungen; das Thema des Werks scheint völlig verlassen zu sein. — V. Cian, Candidature nuziali di Baldassare Castiglione, Venedig 1892 (nozze) meint S. 12, daß die Renaissancezeit die Ehe hauptsächlich vom prosaischen und Nützlichkeitsstandpunkt ansah. Die Veröffentlichung ist bes. deshalb wichtig weil sie von freiwilligen Heirathsvermittlern, die es freilich zu allen Zeiten gab, Kunde bringt. In ihren Briefen ist immer nur von Geld und Geist, auch von Schönheit, nie von Character und Gemüth die Rede. Die erste Partie des B. C. wurde von Isabella d'Este (1500), die zweite vom Bischof Lod. Gonzaga (1501) angetragen; seit 1504 sehr zahlreiche durch die Mutter und durch Freunde. Einmal wird eine Mitgift von 14000 Dukaten, ein anderes Mal von 10000 Dukaten erwähnt; gelegentlich handelt es sich um ein Mädchen aus dem Hause Medici. Unter den Vorgeschlagenen befindet sich auch ein 14jähriges Mädchen. Endlich fand 1516 der ebreo errante del matrimonio, wie C. ihn nennt, durch Vermittlung des marchese Francesco von Mantua die Lebensgefährtin: Ippolita, Tochter des Grafen Torello (2 sehr hübsche Brieffragmente aus den ersten Monaten der Ehe S. 41), die Gattin † schon 1520. — Neben solchen freundschaftlichen gab es wohl auch geschäftsmäßige Vermittler. Denn der sanser di noze, Bernardin di Martini, der Aug. 1518 in Venedig stirbt (Sanudo 25, 608) ist wohl nichts anderes, als was das Register auch besagt, sensale di matrimonio. — Bigamie und Ehebruch, Fälle und Strafen in Venedig (14. u. 15. Jahrh.) Arch. Ven. 31, 313—316, 331—33. Der „einfache" Ehebruch wurde mit 50 Lire und 6 Monaten Gefängniß bestraft. Ein Fall von Bigamie 1532 in Venedig nach Sanuto. Molmenti p. 329. — Viel merkwürdiger die bei Rieger-Vogelstein II, 305 fg. erwähnten Fälle, daß Bigamien bei Juden gesetzlich gestattet waren.

XCIX.

(Zu Seite 162, Anm. 4, vgl. auch Seite 176, Anm. 3.)

Zu den damaligen Abweichungen von heutigen Moralbegriffen gehört die Existenz der Päderastie (Knabenliebe) und die Art der darüber herrschenden Anschauung. Auch dafür mag die Zusammenstellung einiger Notizen genügen. — Für Michelangelo bringt das Buch L. v. Scheffler's: MA. Eine Renaissancestudie, Altenburg 1892, merkwürdige Einzelheiten. — Betr. Verochio und L. da Vinci gibt es in Florenz Akten über einen ihnen angehängten Päd.-Proceß, aus dem sie jedoch siegreich hervorgingen. — Die Päd. gehört auch zu den Verbrechen, die den Akademikern unter Paul II. imputirt werden (Aktenstücke bei Pastor II, 702. 706; vgl. Pomp. Laetos Vertheidigung, Giorn. stor. XIII, 144). — Auch Politiano wird dieses Lasters von Andreas Dactius (Poemata 1549) beschuldigt; sein Tod erklärt als eingetreten in Folge der unerwiederten Leidenschaft zu einem Knaben von P. P. Valeriano und P. Giovio (Lungo, Florentia 256 fg.), die das Echo mancher unmittelbar nach dem Tode in Briefen erwähnter Gerüchte sind. — Es kam sogar soweit, daß in Venedig die meretrice eine Frisur (?) fungo (vgl. darüber Calmo, Lettere 33 fg.) trugen, die ihnen ein männliches Aussehen gab, um die Männer anzulocken. Das wurde 1480 verboten quod est species sodomie und befohlen mulieres appareant sicut Deus illas fecit; aber 1512 war der fungo wieder da, Sanudo, Diar. XVI, 149. 151. — Im J. 1506 berichtet Prierio aus Genua, das, im Gegensatz zu Lucca, strenge Gesetze gegen Prostitution erließ: Ormai non si ha più nessun rispetto all' inclinazione naturale; la sodomia si tiene per nulla. Giorn. lig. 12, 214. — Freilich darf man nicht jede zärtliche, an einen Knaben geäußerte Anrede, als Aufforderung zu unsittlichen Handlungen betrachten. So finden sich in A. Dactius' Epigrammen solche wie: De puero fugiente und ad Candidum, die man aber bei der sonst vielfach bezeugten Keuschheit des Dichters unschuldig auffassen muß. — Auch das Epigramm in Pedagogum, Dactii Opera p. 68 richtet sich, wenn ich es recht verstehe, gegen einen Vertreter dieses Lasters. — Auch Sanudo, Ant. Loredano gelten des Lasters für überwiesen (Pastor III, 98). Ariosto sat. VII sagt, wohl übertreibend: Senza quel vizio son pochi umanisti. So muß z. B. Sixtus IV. von der Anklage freigesprochen werden, Pastor II, 595 fg. — Daß dagegen P. Aretino Päderastie getrieben, geht aus den von A. Luzio, P. A. nei suoi primi anni a Venezia e la corte dei Gonzaga, Turin 1888 mitgetheilten Briefen des Fr. Gonzaga deutlich hervor, wodurch die Bemerkungen Grafs Nuov. ant. 3. ser. vol. 3, p. 547 hinfällig sind. — Die ital. Anschauung wird klar aus der Aeußerung des Marin Sanudo (Mai 1499, II, 694), der Bruder des Herzogs v. Württemberg have a far con uno puto, cossa molto abominevole in Alemagna (d. h. doch wohl: in Italien nicht). — Ein

Knabe, der Sodomie gestattet hatte, wird in Mantua 1500 freigelassen; der Markgraf freut sich, daß dies geschieht „mit Rücksicht auf seine Jugend und Unwissenheit“; Giorn. stor. 22, 437. — Charakteristisch für die gelegentlich hervortretende Unsittlichkeit ist, daß Alfonso v. Ferrara, über dessen Ausgaben für die Venere lasciva sich ein besonderes Ausgabenbuch erhalten hat (1503), einmal am hellen Mittag mit anderen Jünglingen nackt durch die Straßen Ferraras zog (Marin Sanudo z. J. 1497). — Julius' II. Sodomie (von Pastor geläugnet) wird bezeugt durch einen von Cian (Giorn. stor. 29, 437) abgedruckten Brief des Ludovico da Campo San Piero an den Marchese v. Mantua 1507. — In einer Schrift des Alpinus gegen die Frauen, von der Nicolaus Lucensis dem Jac. Luc. Kunde gibt (15. Jahrh., mitgetheilt bei Cian, Cavassico, I, CLXXXIV), werden die Männer geradezu ermahnt, ut pueris utantur, confert enim id plurimum stomaco et epati.

Dagegen Beschimpfung und Strafen: sodomita als einfaches Schimpfwort (ohne bes. Nebensinn) oben I, S. 99, A. 3. — Ein Sodomit (?) in Lucca 1343 wird lupo delli garzoni geschimpft (Propugnatore N. S. III, 1, 88). — Die Verbrennung eines sodomita in Lucca 1368 erzählt (mit schrecklichen Einzelheiten) und bildlich dargestellt in Sercambi I, 158. — Erlaß gegen die Sodomie in Venedig (mit Bemerkung, daß die früheren Bestimmungen wenig gefruchtet hätten) 1418 Arch. Ven. II 382. Eine bes. Deputation wird zur Aburtheilung dieses Verbrechens eingesetzt 1422, das. 383, 1431 das. 386 u. s. w.

C.

(Zu Seite 173, Anm. 3 und S. 174 ff.)

Vergiftungen.

Die von dem Rath der Zehn in Venedig beschlossenen Vergiftungen sind bei Lamansky zusammengestellt. Einzelnes aus verschiedenen Zeiten sei hier erwähnt: 1415 König von Ungarn; der Vergifter soll 35000 Dukaten erhalten; 1451 ff: Mannigfaches gegen Fr. Sforza: 1463 ff.: Tod des Sultans gegen Bezahlung von 10000 Dukaten, außerdem Gewährung großer Renten für die Söhne des Mörders. Unter den Kandidaten zum Mordhandwerk befinden sich Mönche, Barbiere, Soldaten, Juden. Außer direkten Vergiftungen wird Verpestung der Brunnen vorgeschlagen, außerdem Zerstörung der Militärmagazine. Auch Privatpersonen stehen auf der Liste der zum Tode Vorgeschlagenen. — M. Brosch hat (Hist. Zeitschr. Bd. XXVII, S. 295 fg.) aus venetianischen Archiven Nachrichten zusammengestellt über fünf vom Rath gut geheißene Anträge, den türkischen Sultan zu vergiften (1471—1504), über den daselbst gehegten Plan, Karl VIII.

zu ermorden (1495) und über den Auftrag an den Provveditor in Faenza, den Cesare Borgia tödten zu lassen (1504). — Das Schlimmste ist aber doch wohl (Vgl. „Ausland" 1829 S. 137 aus den Protokollen des Zehnerrathes) das Anerbieten des Joh. v. Ragusa (1514, 4. Jan.) an den Rath von Venedig, Jeden, den man wolle, zu vergiften gegen eine Bezahlung von 1500 Dukaten jährlich. Der Rath zeigte sich nicht abgeneigt, der erste Versuch sollte an dem Kaiser Maximilian gemacht werden. — 1526 kam J. R. wieder, um seine ähnlichen Dienste gegen den Connetable von Bourbon anzubieten. — Nicht so stark ist, aber in dasselbe Gebiet gehört die Bereitschaft des Celio Malespini (in einer Eingabe 19. Aug. 1579 an Dogen und Rath in Venedig; mitgetheilt von E. Saltini in Arch. stor. ital. 1894 vol. 13), jede Handschrift in italienischer, lat., franz., span. Sprache, aber auch in allen anderen, in denen ihm ein Dolmetscher gegeben wird, und jedes Siegel nachzumachen. Er wurde nach abgelegter Probe mit einem Jahrgeld von 800 Dukaten angestellt. (1591 verließ er Venedig.) — Die Gegner Venedigs bedienten sich gleichfalls des von der Inselstadt angewandten Mittels, Feinde aus der Welt zu schaffen. 1478 schickte Ferrante einen frate nach Venedig, um dort die Cisternen zu vergiften, Lamansky S. 163. — Im Norden gab man sich über die Giftkunst der Italiener noch stärkeren Phantasien hin; s. bei Juvénal des Ursins ad a. 1382 (ed. Buchon p. 336) die Lanzette des Giftmischers, welchen König Karl von Durazzo in seinen Dienst nahm; schon wer sie starr ansah, mußte sterben. — Ob in unglücklichen Ehen mehr wirkliche Vergiftungen oder mehr Besorgnisse vor solchen vorherrschten, mag unentschieden bleiben. Vgl. Bandello II, Nov. 5 u. 54. Sehr bedenklich lautet II, Nov. 40. In einer und derselben westlombardischen Stadt, die nicht näher bezeichnet wird, leben zwei Giftköche; ein Gemahl, der sich von der Echtheit der Verzweiflung seiner Frau überzeugen will, läßt sie einen vermeintlich giftigen Trank, der aber nur ein gefärbtes Wasser ist, wirklich austrinken und darauf versöhnt sich das Ehepaar. — In der Familie des Cardanus allein waren vier Vergiftungen vorgekommen. De propria vita, cap. 30. 50. (In den päpstlichen Absolutionstaxen taxa cancell. Rom. seit 1514 ist die Ermordung der Gattin durch den Gatten, nicht aber die des Gatten durch die Gattin vorgesehn, vgl. Castelnau, Les Médicis II, 209.)

Maleficien z. B. gegen Leonello von Ferrara s. Diario Ferrarese, bei Murat. XXIV, Col. 194 ad a. 1445. Während man dem Thäter, einem gewissen Benato, der auch sonst übelberüchtigt war, auf der Piazza das Urtheil vorlas, erhob sich ein Lärm in der Luft, und ein Erdbeben, so daß männiglich davon lief oder zu Boden stürzte; Lärm und Erdbeben seien geschehen weil B. havea chiamato et scongiurato il Diavolo. — Was Guicciardini (L. I.) über den bösen Zauber des Lodovico Moro gegen seinen Neffen Giangaleazzo sagt, mag auf sich beruhen. — Ueber Zauberei vgl. auch oben 6. Cap., besonders S. 260 ff. — Selbst bei einem päpstlichen Krönungsmahl brachten die Cardinäle jeder seinen eigenen Kellermeister und Wein mit, „vielleicht weil man aus Erfahrung wußte, daß sonst Gift in den Trank gemischt wurde.“ Und diese Sitte war in Rom allgemein und galt sine injuria invitantis! — Blas Ortiz, Itinerarium Adriani VI., ap. Baluz. Miscell. (ed. Mansi) I, 380.

CI.

(Zu Seite 195, Anm. 1.)

Daß es an Reibungen zwischen den berühmten Observantenpredigern und den neidischen Dominicanern nicht fehlte, zeigt der Streit über das vom Kreuz auf die Erde geflossene Blut Christi (1462, vgl. G. Voigt, Enea Silvio, III, 591 fg.). Ueber Fra Jacopo della Marca, der in diesem Streit dem dominicianischen Inquisitor durchaus nicht nachgeben wollte, äußert sich Pius II. in seinem ausführlichen Bericht (Comment. L. XI, p. 511) mit einer ganz hübschen Ironie: Pauperiem pati et famem et sitim et corporis cruciatum et mortem pro Christi nomine nonnulli possunt; jacturam nominis vel minimam ferre recusant, tanquam sua deffciente fama Dei quoque gloria pereat. —

Der Ruf der Einsiedler, die häufig die Rolle der Bußprediger übernahmen, schwankte schon damals zwischen Extremen. Man muß sie von den Eremitanermönchen unterscheiden. — Ueberhaupt waren die Grenzen in dieser Beziehung nicht fest gezogen. Die als Wunderthäter herumziehenden Spoletiner beriefen sich immer auf San Antonio und, ihrer Schlangen wegen, auf den Apostel Paulus. Sie brandschatzten schon seit dem 13. Jahrh. die Bauern mit halbgeistlicher Magie, und ihre Pferde waren dressirt niederzuknien, wenn man San Antonio nannte. Dem Vorgeben nach sammelten sie für Hospitäler. Massuccio. Nov. 18. Bandello III. Nov. 17. Firenzuola in seinem asino d'oro (Opere vol. IV) läßt sie die Stelle der Bettelpfaffen des Apulejus vertreten. — Ein solcher Buße predigender Eremit c. 1470 wird von A. de Tummulillis p. 191 so beschrieben: sobrius et squalidus, barbatus, vestitus vilibus vestimentis in habitu apostolorum, discalciatus, dormiens super terram et super tantum unam pellem ursi desupter et aliam desuper. Er predigt fast täglich und verkündet viel Schreckliches propter peccata populorum. Dicuntur esse XII secundum numerum apostolorum deputati hoc in tempore per totum mundum ad similia praedicandum. — Sanudo (1516 Bd. 32 passim) erzählt von einem toscanischen Eremiten, der wegen einer ital. Schrift gegen Julius II. gefangen gewesen war, Priester und Mönche haßt, nach Jerusalem gehen will; seine Predigten in der Kirche, dann auf dem Markusplatz haben großen Zulauf, der Patriarch möchte ihn entfernen lassen; schließlich wird er ausgewiesen. Sanudo ist sehr für ihn; nennt ihn optima anima und bemerkt, er rede die Wahrheit.

CII.

(Zu Seite 204, Anm. 1.)

Ueber heidnische Gebräuche, besonders das Hinstellen von Speisen für die Todten, ruft Bapt. Mantuan. de sacris diebus, L. II. aus:

Ista superstitio, ducens a Manibus ortum
Tartareis, sancta de religione facessat
Christigenûm! vivis epulas date, sacra sepultis.

Ein Jahrhundert vorher, als das Exekutionsheer Johanns XXII. gegen die Ghibellinen in der Mark zog, geschah es unter ausdrücklicher Anklage auf eresia und idolatria; Recanati, das sich freiwillig ergeben, wurde doch verbrannt, unter dem Vorwande, „weil daselbst Idole angebetet worden waren", in Wahrheit aber aus Rache für manche von der Stadt Getödteten Giov. Villani, IX, 139. 141. — Unter Pius II. kommt ein hartnäckiger Sonnenanbeter, Urbinate von Geburt, zum Vorschein. Aen. Sylvii opera p. 289. Hist. rer. ubique gestar. c. 12. — Das Erstaunlichste geschah unter Leo X., richtiger in der Zwischenzeit zwischen Leos und Hadrians Pontifikat, Juni 1522 (Gregorovius VIII, 388) auf dem Forum in Rom: wegen einer Pest wurde ein Stier feierlich auf heidnische Weise geopfert; Paul. Jovius, Hist. XXI, 8.

CIII.

(Zu Seite 210, Anm. 4.)

Der hier nach Corios Zeugniß angedeutete Büßerzug wird von vielen anderen Schriftstellern geschildert. Diese plötzliche Bußfertigkeit, hervorgerufen durch die Züge der dealbati, die fast zwei Monate dauerte, von den Alpen nach Lukka, von da nach Florenz und weiter sich erstreckte, wird z. B. constatirt von Leon. Aretinus, Hist. Flor. lib. XII. Zu Anfang, fast wörtlich gleichlautend in desselben rer. ital. hist. (ed. Argent. 1610 p. 252). — Sodann nennt Morelli, der überhaupt sehr fromm ist, vgl. z. B. p. 154, das Erscheinen der Weißen una volontà di Dio. — Ihr Ein- und Auszug aus Genua Muratori S. R. J. 12, 1123 fg. — Die Wirkung dieser Bianchi war, wie Salutati, Briefe III, 357 (vgl. auch andere Notizen bis 362) beschreibt, jacent artes, silet forum curiaque ferias agit. omnes parant vestitus saccos, cordas cingulis, funiculosque flagellis; überall Bußvorbereitungen. Vgl. auch Sercambi, Le croniche II, 355. — Die Sache, die dem Florentiner Rath von vornherein bedenklich schien, wurde dann als zu gefährlich und nicht frei von Betrügereien vom Papst unterdrückt. Allmählich wurde auch Sal.'s Stimmung kühler Briefe III, p. 382. — Sehr ausführliche Schilderung des Zuges der Bianchi bei Sercambi Bd. III, cap. 614—654. — Interessante zeitgenössische Mittheilungen über den Zug der Bianchi, an dem auch Franceso Datini theilnahm, bei Mazzei I, XCIX ff., II, 358 ff., das. auch ein Ausgabebuch des Genannten während der Reise.

CIV.

(Zu Seite 226, Anm. 1.)

Eine sehr schöne Plaquette, auf der Galeotto Marzio als poeta, mathematicus, orator bezeichnet wird, mit dem Bild des wenig gekannten Mannes in der Renaissance-Ausstellung Berlin 1898. (Sollte in der oben II, 264 angeführten Stelle auch eine Erinnerung an G. M. nachklingen?)

Der Hauptbericht über G. M. bei Paul. Jovii Elogia lit. p. 90. Doch mußte G. M. auf einem öffentlichen Platze in Venedig Abbitte leisten. G. M.'s Brief an Lorenzo von Medici, Venedig 1478, 17. Mai mit der Bitte um Verwendung bei dem Papst satis enim poenarum dedi, bei C. Malagola, Codro Urceo, Bologna 1878, S. 433.

Einzelne andere Briefe von und an Galeotto, ein kurzer Auszug aus dem dem archiepiscopus Strigoniensis gewidmeten Werke de homine, sowie eine längere Abhandlung über ihn in Adalékok a humanismus történetéhez Magyarországon. Kiadja a Magyar Tud. Akadémia irodalomtörténeti bizottsága. Közzéteszi Dr. Abel Jenö, Budapest 1880, S. 90 fg.— Anderes bei Rawdon-Brown, Itinerario di Marin Sanudo 1847, p. XVII ff. — Seine Invectiva in Franc. Philelphun handschr. in einem Cod. vaticanus, neuerdings mehrfach benutzt, bezog sich nicht auf religiöse Differenzen.

Merulas (vgl. üb. ihn die in der Z. f. vgl. Litg. u. R.-L. N. F. II zusammengestellten Veröffentlichungen) Schmähungen gegen G. M. bezogen sich wohl auch auf dessen religiöse Aeußerungen. G. Marzios Schrift de homine libri duo mit Georg Merulas annotationes erschienen z. B. Basel 1517. Nicht hierher gehörig ist sein Buch de promiscua doctrina. Marzios Hauptwerk sind seine libri tres de vulgo incognitis, die ihm seine Anfechtungen zuzogen. Sie sind niemals gedruckt worden. Handschriften des Werkes sollen sich in Paris und Turin befinden. Ueber den Inhalt und die Schicksale des Buchs wurden viele Sagen verbreitet (über die letzteren Abel S. 287 A. 1). Berti (vgl. Gabotto in der Riv. stor. ital. VIII, 1891, p. 311) bereitet eine Ausgabe dieser Schrift vor. — In diesen Zusammenhang gehört wohl auch sein Liber excellentium sive de excellentibus, das nur in einer Handschrift zu existiren scheint. Es ist König Karl von Frankreich gewidmet, und enthält in 32 Capiteln (genaue Angabe bei Abel S. 288 bis 290 Anm.) theologische und philosophische Untersuchungen, die theilweise denen der früheren Werke entsprechen.

Der Eindruck, welchen Galeottos — des aus Narni stammenden — Ketzereien machten, scheint ein so starker gewesen zu sein, daß Paris de Grassis in einer Stelle seines Diarium einen anderen Ketzer scholaris Narniensis nannte. Die Stelle ed. 1884 S. 59 folge hier, da sie auch sonst, für das Heidenthum unter Leo X., nicht unwichtig ist: Sermonem habuit quidam scholaris Narniensis potius gentilitio more quam christiano invocans deos deasque in exclamatione, ita ut multi riserint et multi detestati fuerint. P. d. Gr. setzt hinzu: Papa patienter toleravit propter suam indolem patientissimam et dulcissimam. (Creighon V, 315 druckt 1894 diese von mir bereits 1884, vor dem Erscheinen der neuen Edition, veröffentlichte Stelle ab, als sei sie ungedruckt und liest falsch: scholaris Normensis.)

CV.

(Zu Seite 233, Anm. 3.)

Notizen über Heidenthum und Christenthum.

Zur Characteristik der Stimmung ist wichtig eine Stelle aus Filelfo, de exilio (Arch. stor. ital. ser. 5. vol. 5. p. 205): Soleo nonnunquam mirari quorundam inscitiam qui cum aliquod aut exemplum aut dictum e fidei christianae religione vel tempestive apteque depromptum audierint, tanquam offensi et mutant vultum et avertunt faciem; iidem, si quid e poetarum fabulis atque gentium diis exceperint, laeti exhilaratique exultant. — Das Heidenthum tritt auch bei Pomp. Gaurico hervor, der in seiner 20. Elegie (Eleg. lib. 1523) von Christus nicht als Gottessohn, sondern als innocuus vir spricht, dessen Geschick mit dem des Sokrates verglichen wird. — (Auch ein jüdischer Prediger sprach auf der Kanzel von der „göttlichen Diana". Jüd. Monatsschrift 1898, S. 169.) — Daß das Zeitalter Boccaccios profondamente ascetico gewesen, ist doch eine unwiesene Behauptung C. Guastis, Mazzei I, XCIII. — Sehr fromm ist die (selbstverfertigte?) Grabschrift des Veroneser Humanisten aus dem 15. Jahrh. Leonardo Montagna, der als prophetarum studiosus bezeichnet und Christus seinen solus dux und comes nennt.

(Vgl. über den wenig bekannten Mann Giuf. Biadego im Propugnatore VI, 1 (1893). Proph. stud. heißt er, weil er in einer fälschlich consolatio podagrae bezeichneten Schrift alte Prophezeihungen auf zeitgenössische Ereignisse übertrug.

CVI.

(Zu Seite 235, Anm. 3 und Seite 236 ff.)

Verschiedenes zur Astrologie.

Salutati ist ein Gegner der Astrologie: Zukünftiges könne man wohl errathen; es aus den Sternen zu verkünden, habe ihm immer perridiculum geschienen 1378 Briefe I, p. 280 vgl. auch das Gedicht 281—288; 1366 p. 18 das. dachte er freilich etwas anders. Er glaubte daher auch nicht an den Weltuntergang, den Andere für 1378 aus Zeichen in Sonne und Mond prophezeiten das. p. 297. Dagegen schreibt er dem König Karl von Neapel II, 17: habet nescio quid pronosticum atque divinum dies ista und in dems. Briefe p. 30 scheint er den Astrologen Recht zu geben, die die Kriege der Guelfen und Ghibellinen durch die Sterne bestimmt sein lassen (die einzelnen Ansichten der Astrologen über Jupiter, Sol, Saturn werden dann erörtert). Derartiger Widerspruch begegnet auch sonst. Dann wieder heftige Ablehnung der Astrologie (II, 136 fg.). — Benv. de Imola drückt wohl die Meinung Vieler aus: certe fateor quod astra non mentiuntur, sed astrologi bene mentiuntur de astris. — Auch Pand. Collenuccio war ein Gegner der Astrologie vgl. Saviotti, S. 204. — Lucas Gauricus 1475—1558, dessen Prophezeiungen oben mehrfach erwähnt sind, war einer der berühmtesten politischen Astrologen. P. Aretino nannte ihn höhnend profeta dopo il fatto; traf das Prophezeite nicht ein, so bezeichnete er es als dei miracolo adscribendum. Am bekanntesten wurde seine 1552 für Franz II. von Frankreich ausgesprochene Prophezeiung, er werde auf dem linken Auge verwundet werden und Thränen vergießen, die sich 1559 insofern erfüllte, als der König einen Lanzenstich ins Auge erhielt. (Auch 1525 hatte er Franz I. Niederlage und Gefangenschaft prophezeit.) — Der Astrologe Hermodorus Spoletinus (familiaris meus nennt ihn Conti II, 212), der dem Lud. Moro den Tag seiner Rückkehr prophezeit hatte, wurde von diesem mit Gütern und dem Grafentitel belohnt, fiel aber später der Volkswuth zum Opfer (das. II, 229). — Ueber den Spiritisten(?) Nicolò de Achabellis in Ferrara, der mit Medium und Hilfskräften reiste und operirt zu haben scheint, der sich 1499, doch wohl vergeblich, dem Moro anbot, s. Arch. stor. lomb. 16, 419—424. — Galeazzo Maria beschäftigt, Nisast zu gleicher Zeit, folgende Astrologen: Raphael de Vimercato, Nicolò di Arzago und Francesco Montano (Montagna), Giovanni da Viterbo, Girolamo Manfredi; freilich bedrohte er gelegentlich die, welche ihn schlecht prognosticirten, mit dem Tode. (Gabotto in Riv. filos. l. c.; das. 410 ff. auch über Lud. Moro.) — Alte Prophezeiungen auf zeitgen. Ereignisse vgl. oben: Jer. 5: Ich werde gegen Euch ein fremdes Volk führen auf die Türkeneinfälle. Die mannigfachen Prophezeiungen von den Leuten aus dem Norden (z. B. Jerem. 31) auf Friedrich III.! — Daß bei dem Friedensschluß zwischen Pisa und Florenz 1509 eine Taube in den Palazzo vecchio fliegt und dem Vorsitzenden der Zehn in die Hand fällt, wird als ein gutes Zeichen gedeutet, Landucci p. 294. — Gegen Alchymie und ähnl. Wahn, auch gegen Astrologie erklärt sich Calmo Lettere III, 14 ed. Rossi p. 187 fg. (vgl. auch eine ähnliche Stelle aus C.'s Eklogen). — Sehr merkwürdige Mittheilungen über libri di ventura bei Rossi, Calmo, 446—463. Ergänzung dazu p. 492—494. — 1513 u. 1517 veröffentlichte Francesco da Meleto zwei Sammlungen von Prophezeiungen: Convivio de' Segreti della Scriptura santa; Convivium temporum prophetatorum. Er stellte 1502 als das Jahr der Bekehrung der Juden und 1537 als das Ende der mohammedanischen Religion hin. Seine Schriften wurden von dem Florentiner Concil verdammt. Vgl. S. Bongi in Arch. stor. ital. ser. V, vol. III, p. 62—71. — Ueber jüdische Astrologen theilt mir Herr Dr. Rieger folgende Auszüge mit: „Marino Sanudo, Diarii, V, 83 Aron giudeo filosofo ateo. Das. XII, 99. In Treviso prophezeit ein jüdischer Astrolog Erdbeben, das nicht eintrifft. Das. XV, 578. 579. Copia di una letera di uno Astrologo (April 1511) Marco Challo hebreo, habita in questa terra (Venezia), mandata al Principe nostro enthält Prophezeiungen für die Republik (27. Febr. 1513). Unterzeichnet Calo Calonymus phisico hebreo. (Ueber ihn näheres in einer Anmerkung von Rieger-Vogelstein.) Das. XXIV. 51 Moise astrologo e medico di Venezia.")

CVII.

(Zu Seite 238, Anm. 3.)

Der Vater des Piero Capponi, selber Astrolog, steckte den Sohn in den Handel, damit er nicht die gefährliche Kopfwunde bekomme, die ihm angedroht war. Vita di P. Capponi, Arch. stor. IV, II, 15. Das Beispiel aus dem Leben des Cardanus S. 54. — Der Arzt und Astrolog Pier Leoni von Spoleto glaubte, er werde einst ertrinken, mied deshalb alle Gewässer und ging aus Padua und Venedig nach Spoleto zurück, um dem Meere fern zu leben. Schließlich machte er doch seinem Leben durch einen Sturz ins Wasser ein Ende, aus Verzweiflung über den theilweise durch ihn verschuldeten Tod Lorenzos. Paul.

Jov. Elog. liter. p. 67 fg. (Vgl. oben Bd. I, S. 381 fg.) — Hier. Aliottus hatte die Weissagung erhalten, er solle sich vor dem 62. Jahre hüten, da ihm dann Todesgefahr drohe, wagte daher in diesem Jahre (Juli 1473—74) nichts zu unternehmen, vertraute sich auch keinem Arzte an; doch ging das Jahr glücklich vorüber, H. A. Opuscula (Arezzo 1769) II, 72. — Marsilio Ficino, der die Astrologie verachtete (Epist. lib. IV, Opp. p. 772), hört doch an, daß ein Freund ihm schreibt (Epist. lib. 17): Praeterea me memini a duobus vestrorum astrologis audivisse, te ex quadam syderum positione antiquas revocaturum philosophorum sententias.

Für diesen ganzen Abschnitt ist auch Karl Meyer: Der Aberglaube des Mittelalters und der nächstfolgenden Jahrhunderte, Basel 1884 zu vergleichen. Das Buch bietet eine gute Zusammenstellung der abergläubischen Vorstellungen früherer Zeiten nach drei Abschnitten: Der Aberglauben in den verschiedenen Gebieten der Natur und des Lebens; Zauber- und Hexenwahn; die Geisterwelt. Doch beschränkt es sich weder auf Italien, noch auf die Zeit der Renaissance. — Ueber den Aberglauben bei den Juden Italiens vgl. Güdemann, Juden in Italien (Wien 1884) S. 219—224. — Verspottung der Astrologen in den sacri drammi s. d'Ancona, Origini I, 576 ff.

CVIII.

(Zu Seite 260, Anm. 4 und 258 ff.)

Hexenwesen und Hexenprocesse.

Eine Hexe ward 1442 in Rom verbrannt s. Ms. ital. 9 Berol. (Informatione politiche VIII) 274a. (Frdlche. Mittheilg. des Hrn. Dr. Rieger.) — Gegen die Glaubwürdigkeit der auf der Folter (nicht blos von Hexen) erpreßten Geständnisse, B. Fulgosius p. 599. — Gerade aus Valcammonica sind merkwürdige Berichte über einen Hexenproceß erhalten 1518, abgedruckt im Arch. stor. Lomb. 16, 625 ff.: 64 Personen (männliche und weibliche) seien wegen Zauberei verbrannt, ebensoviele im Gefängniß. Aus den Berichten geht hervor, daß die verdächtigen Frauen oft durch falsche Versprechungen oder durch unmenschliche Qualen zu Geständnissen gezwungen wurden. Die Hexen wurden mehrere zusammen verbrannt, wobei es vorkam, daß einige schon verkohlt waren, bevor die anderen von den Flammen ergriffen wurden. — Unter den Vorwürfen, die einzelne Bürger auf ihren Eid einer Hexe, Benvegnuda Pincinella machen, werden genannt: Unzucht, Tödten, Sturmerregen, unziemliches Tanzen auf dem Berge „Tonal" mit den anderen Dämonen (die Kreuzverspottungen und Besudelungen werden von der Hexe das. 634 angegeben). Dagegen wird ihnen die Fähigkeit zugeschrieben, Kranke zu heilen, das Alter der Kranken, auch ohne deren Mittheilung, anzugeben. Nach den Angaben der „Hexe“ selbst (S. 633) sind ihre Heilmittel unschuldige Kräutermischungen. Als ihren Meister nennt sie „Zuan Pelizaro“, ihren „Separatteufel“ Juliano, den sie neben Gott und Maria als Heiligen anrufe. Von diesem bekomme sie Salben, um ihre Stöcke in Thiere zu verwandeln, die sie durch die Luft tragen. Sie macht die genaueste Beschreibung seines Aussehens, citirt seine Worte und erzählt seine Thaten. Sie erklärt auch, trotz mehrfacher Anerbietungen, keinen Vertheidiger haben zu wollen, sondern unterwirft sich der Milde der Richter. Natürlich wird sie als Ketzerin erklärt und von der weltlichen Macht zum Feuertode verdammt. Daß diese zum Schluß gebeten wird, das Urtheil zu mildern, ist wohl die übliche heuchlerische Phrase. Von anderen Zeugen werden die Zauber- und Beschwörungsformeln angegeben; besonders ihre Thätigkeit in Liebesangelegenheiten. Sie macht, so heißt es einmal, „daß Männer ihre Weiber nicht schlagen können, selbst wenn sie ihnen Hörner aufsetzen“. Die Beschwörungsformeln für Frauen, die sich die Liebe ihrer Männer erhalten wollen, das. S. 638. — Bericht über einen anderen Hexenproceß (1530 in Cassano d'Adda) Arch. stor. lomb. 17, 879—892: 5 unglückliche Weiber, von denen 3 verbrannt wurden; eine wurde in der Kirche mit Ruthen geschlagen und mußte eine weiße Binde mit rothem Kreuz auf jeder Seite tragen. — Hexenprocesse (oder Vernehmungen) aus früherer Zeit: 1271, 1350, 1389 Venedig im Arch. Ven. 31, 52 ff.: es handelt sich hauptsächlich um Liebeszauber; eine Frau schärft besonders ein, daß ihrem Liebhaber kein Leid geschehen solle. — Ausführliche Briefe und Berichte über dies. Angelegenheit (Valcamonica 1518) bei Sanudo, 25, 545 ff. vol. 26, p. 58 (nach dem einen Berichte 70, nach dem andern gar 80 verbrannt); als officielle Zahl 66 Frauen, 10 Männer. Die Zahl der derartigen Ungläubigen wird von einem Berichterstatter auf 5000 angegeben. In dem procedere meint er se usi termini non convenienti. Er berichtet, daß viele Frauen sagten, man hätte ihnen versprochen, sie loszulassen, sobald sie geständen; andere versichern, man habe ihnen Geständnisse durch Folter erpreßt. Von den grausamsten Qualen berichtet er: einer habe man die Füße abgebrannt! Er schließt sehr verständig: Dico quod tales processus deberent formari per homines peritissimos, theologos et canonistas bonae conscientiae et Deum timentes cum agatur de morte hominis. Von einem wird die Aufnahme einer Novize in das Teufelsreich ausführlich geschildert. Einzelne sollen gestanden haben, durch ein ihnen übergebenes Gift 40—200 Menschen getödtet zu haben. Der eine Briefschreiber, castellanus Vallis Camonicae drückt den Zweifel auf utrum sint illusiones demonum et utrum fuerunt corporaliter et etiam si debent vivae tradere igni et de statu animarum suarum. — Einer der Berichterstatter schmückt seine Erzählung mit Reminiscenzen an Venus, Helena u. s. w. Von dem Rathe der 10 wird die Sache dem päpstlichen Legaten übergeben. (Der officielle Proceßbericht über die Pulcinella p. 632—650.) — Der päpstliche Legat geht nach Valcamonica 11. Sept. vol. 26, 23. — Geschichte eines Priesters, der sich den Hexen anschließt das. p. 29 ff. — Beispiele ähnlicher Hexengeschichten und Bestimmungen darüber werden mitgetheilt p. 32 ff. 9. Dec. 1485, 5. Sept. 1499 p. 35 ff. Bekenntnisse dreier ketzerischer Priester. — Der venez. Gesandte beschwert sich (vol. 26 p. 95) beim Papst über die ganze Sache; der Papst erklärt, er könne den Inquisitor nicht ohne Weiteres absetzen, werde aber die Sache durch den Legaten in Venedig untersuchen lassen. — Vom 17. Dec. 1518 aus Clusone (im Bergamaskischen): 5 Hexen. Der Berichterstatter ist von dem wirklichen Hexenthum der senza tortura in seiner Gegenwart Befragten überzeugt, obwohl er am Schlusse von illusion spricht. Sie ist seit 1503 Genossin des Teufels. Die auf dem Berge Tonale, der auch schon in früheren Berichten eine Rolle spielt, Versammelten essen Menschenfleisch. (Vgl. auch Einzelnes aus d. J. 1519 das. 418 ff.: Ein Dr. Francesco da Verona wird wegen derartiger Verbrechen aus Venedig verbannt.) — In einer lat. Beschreibung des ganzen Hexentreibens, wo auch ein 70j. Priester als Anhänger bezeichnet wird (p. 413 fg.) heißt es: manche bekennen brevi fore ut secta sua in his partibus major et amplior sit quam eorum qui sunt vere christiani. — Auch in Venedig selbst gebe es nach Behauptung der Geistlichen Hexen (vol. 26. 217. 396. 412. 436: Streit zwischen Patriarchen und Rathsmitgliedern; der erstere solle nicht weiter gehen, die im Gefängnisse befindlichen Frauen werden entlassen).

Einer schönen Studie F. v. Bezolds: Conrad Celtis (Hist. Z. 45, 208) sei Folgendes wörtlich entnommen: „Wenn Marsilio Ficino die ganze Atmosphäre von lauernden Dämonen wimmeln läßt, von Buhlteufeln erzählt, die wunderbare Kraft gewisser Steine, Bilder und Zaubersprüche anerkennt; [Ficinus Opera 1, 382. 383 (de immort.) 16, 7); 551. 562 (de vita 3, 15. 21.). 2, 1491 (in Plat. de leg. I); 1935 (in Porphyr. de sacrif. 2)], so sind das Anschauungen, die jedenfalls mit den wüsten Phantasieen der Hexenmeister vortrefflich übereinstimmen. Ein Neffe des großen Pico Giovanni, Francesco von Mirandola schreibt bereits einen eleganten Dialog „Die Hexe“, um die gebildeten Ungläubigen in klassischer Form zu bekehren; er meint, eher als an der Existenz der Hexen, die ja schon das Alterthum bezeuge, könnte man der Entdeckung von Amerika zweifeln. Vgl. außer dem Dialog Strix (Bologna 1523) sein Werk de rerum praenotione (z. B. 4, 4; 7, 7).“

Neuerdings nimmt man an (vgl. Grenzboten 1892 Nr. 17), daß die sog. Hexen sich mit einer aus verschiedensten Pflanzen bereiteten Salbe bestrichen, deren Säfte auf das Rückenmark und als Aphrodisiaca wirkten. Nach dem Gebrauch dieses Mittels verfielen sie in einen sehr langen Schlaf (Andreas a Laguna beobachtete 1540 einen 36stündigen), in welchem sie gelegentlich heftige Bewegungen machten und aus dem sie mit dem Gefühl erwachten, geflogen zu sein und den Umgang eines Mannes genossen zu haben. Danach waren die Hexen zunächst Kranke, die an einem Volkslaster litten und sich durch ein Rauschmittel betäubten.

CIX.

(Zu Seite 265, Anm. 2.)

Alexandri ab Alexandro: Dierum genialium libri VI (Colon. 1539) ist für Dämonen- und Wundergeschichten im damaligen Italien eine Quelle ersten Ranges, zumal der Verfasser, ein Freund und Mitglied der Akademie des **Pontanus**, das Erzählte selbst erlebt oder von durchaus glaubwürdigen Zeugen erfahren zu haben versichert. Lib. VI, c. 19: Zwei schlechte Menschen und ein Mönch von Teufeln angegriffen, die an der Gestalt ihrer Füße erkannt, theils durch Gewalt, theils durch das Zeichen des Kreuzes verdrängt werden. Lib. VI, c. 21: Ein von einem grausamen Fürsten wegen eines leichten Vergehens ins Gefängniß geworfener Diener ruft den Teufel an, wird auf wunderbare Weise aus dem Kerker befreit und in denselben wieder zurückgebracht, hat in der Zwischenzeit die Unterwelt gesehn, zeigt dem Fürsten seine im höllischen Feuer verbrannte Hand, theilt ihm im Namen eines Verstorbenen die diesem anvertraut gewesenen Geheimnisse mit, mahnt ihn, von seiner Grausamkeit abzulassen und stirbt bald an den Folgen des Schreckens. Lib. II, c. 19, III, 15, V, 23: Geistererscheinungen verstorbener Freunde, des h. Cataldus und unbekannter Wesen in Rom, Arezzo und Neapel. Lib. II, c. 32, III, 8: Erzählungen von Wasser- und Fischmenschen, in Neapel, Spanien, im Peloponnes, letztere bestätigt durch die Autorität des Theodoros Gaza und des Georg von Trapezunt. (Der italienische Wassermensch, Colan aus Catania, ertrinkt in Messina, als er eine vom König ins Meer geworfene goldene Schale, die er als Preis hätte behalten dürfen, heraufholen will. — Quelle für Schillers „Taucher".) —

Eine eigenthümliche Ansicht über Dämonen stellte **Ge.** Gemisthos Pletho auf, dessen großes philosophisches Werk *οἱ νόμοι*, heute nur noch in Bruchstücken erhalten (ed. Alexander, Paris 1858), bei den Italienern des 15. Jahrh. aber vielleicht in Abschriften oder durch Tradition vollständiger bekannt, ohne Zweifel auf die philosopisch-politisch-religiöse Bildung der Zeit einen großen Einfluß geübt hat. Nach ihm waren die Dämonen, die zu den Göttern dritter Ordnung gehörten, vor jedem Irrthum bewahrt und „fähig, der Spur der über ihnen stehenden Götter nachzugehn", Geister, welche den Menschen das Gute bringen, „das von Zeus her durch die anderen Götter hindurch bis auf sie herunter fließt; sie bewachen und läutern den Menschen, erheben und stärken sein

Gemüth". Vgl. besonders Fritz Schultze: Geschichte der Philosophie der Renaissance, I. Band. Jena 1874.

Das handschriftliche Diarium von Paris de Grassis enthält manche derartige Mittheilungen 1513—1516: In Catalonien läutete eine Glocke von selbst: quae semper mortem Regis illius portendere solet .... de qua re etiam Rex Hispanorum in hanc Urbem scripsit ita verum esse, seque multum de morte sua dubitare, aut casu aliquo .... Geboren wurde: infans media parte puer, et media parte Anguis, sive serpens. In Viterbo: puer medius homo et medius canis. (Mittheilung H. Heidenheimers.) — In dem castrirten Druck (1884 S. 62) einzelnes Derartiges, das der Papst nicht als signa, sondern als naturalia erklärte. —

Ueber ein Thier mit 2 Köpfen (1399) Salutati Briefe III, 368 und die dort angeführten Stellen. — An Wundererscheinungen glaubte auch Salutati Briefe II, 91. Zu den Zeiten der Pest sei in synagoga circumcisionis visus est angelus cedens populum; ähnlich in der christl. Kirche. — Wunderbare Geburten 1474, Landucci p. 13 (nach dem brieflichen Zeugniß des M. Palmieri; 1489 in Padua und Venedig das. p. 52). — Eine Art zusammengewachsener Zwillinge in Florenz 1513 gezeigt Landucci p. 343. — Nur um Geschicklichkeit, nicht um Wunderbares handelt es sich in folgender Notiz, die, weil irgendwo, hier erwähnt sein mag. — Ein Feuerkünstler, der in einen heißen Ofen steigt, Brennendes verschlingt, die Hände in siedendes Oel taucht 1509 Landucci p. 299 fg.; der Berichterstatter hat Alles selbst gesehn und meint: non o veduto el maggiore miracolo che questo, se miracolo è.

CX.

(Zu Seite 271, Anm. 2.)

Im 16. Jahrhundert war das Besteigen des Pilatusberges bei Luzern „by lib und guot" verboten, wie der Luzerner Diebold Schilling (S. 67) meldet. Man glaubte, in dem See auf dem Berge liege ein Gespenst, welches „der Geist Pilati" sei. Wenn Leute hinaufkamen, oder etwas in den See warfen, erhoben sich furchtbare Gewitter.

In des Deutschen Fel. Hemmerlins de nobilitate (c. 1450) cap. 32 wird von dem Pilatussee gesagt: wer dort den Namen Pilatus nenne, werde bei klarstem Wetter von Ungewitter heimgesucht. Das. eine Strega in Rom 1420, die sich in eine Katze verwandelte und mit Wiegenkindern Umfug trieb. Das. c. 26: Der Erzählende, der nobilis, sagt, er habe in Bologna, zur Zeit Johanns XXIII. einen Schwyzer gesehen, der ein ganzes Jahr in den Bergen mit Succuben, schönen weiblichen Geistern sich aufgehalten und der Köstliches von seinen Genüssen erzählt habe.

Von dem Venusberg in der Nähe von Norcia wird Aehnliches wie vom Pilatus erzählt, vgl. oben S. 250. So berichtet z. B. Arnold von Harff von seiner 1496—1499 unternommenen Pilgerfahrt, vgl. Karl Meyer, Der Aberglaube (Basel 1884) S. 115.

Die Sage vom Versenken des Körpers des Pilatus in dem Tiber, wodurch die Fische sterben, oder seiner Gefangenschaft in einer italienischen Stadt (gar in Rom selbst) oder in Seen, Berge, von einem Berge, Pilato, oberhalb Norcia als Teufelsort, wie die ganze Gegend, berüchtigt, einem Prediger aus Foligno, Bernardino Bonavoglia, der Mordgeschichten darüber erzählte, vgl. Graf: Un monte di Pilato in Italia in Miti, leggendi u. s. w. Turin 1893, II, 143 fg.

CXI.

(Zu Seite 278, Anm. 3.)

Unsterblichkeit der Seele.

Pomp. Laetus hielt es für ein wirksames Mittel zu seiner Befreiung aus dem Gefängniß, darauf hinzuweisen, daß er eine Epistel über die Unsterblichkeit der Seele verfaßt habe. Vgl. oben Excurs: XCIX und Band I, S. 382. Denn zu den Anklagen gegen die Akademiker gehörte (Pastor II, 102): sie glaubten chel non fusse altro mondo che questo et morto il corpo morisse la anima. — Im Gegensatz dazu die Spöttereien des Luigi Pulci über die Unsterblichkeit in einem Sonett, angeführt bei Galeotti, Arch. stor. ital. n. S. IX, p. 49 fg. Codro Urceo als Läugner der Unsterblichkeit, oben S. 226 ff. — Einer der eifrigsten Vertheidiger der Unsterblichkeitslehre ist Marsilio Ficino (vgl. im Einzelnen Geiger, Renaissance und Humanismus S. 116); er galt daher den Späteren für besonders geeignet, aus der Geisterwelt als Verkündiger jener Lehre zu erscheinen und Ungläubige zu belehren. Er kommt, wie Baronius in seinen Annales erzählt (vgl. K. Meyer, Der Aberglaube S. 362), vor das Haus des Michele Mercato in Rom und ruft ihm zu: O Michael, vera sunt illa, läßt sich aber nicht zu längerm Verweilen erbitten. Mercato erfährt dann, Ficino sei in derselben Stunde gestorben, da er ihm erschienen sei. Aehnlich wie Filelfo geht Petrus Marsus zu Werke in einer Oratio dicta a Petro Marso in die ascensionis de immortalitate anime ad reverendissimum in Christo patrem et dominum d. Raphaelem T. sancti Georgii Cardinalem ac sanctissimi domini nostri Pape Camerarium (Flor. Bibl. naz. K. 6 63). Er wendet sich mit Schärfe gegen Epikur, den er porcus nennt; auch magnus ille Plato ad veritatem interdum accedens habe geirrt, Cicero und Xenophon dagegen seien der Wahrheit nahegekommen. Praetereo alios paene innumerabiles qui animam esse immortalem asseruerunt. Fastidium profecto pareret oratio si in re manifesta testibus non necessariis uteretur. Est enim communis omnium qui ratione quoquo modo uti possunt de animorum immortalitate consensus. — Auch ein anderer aus Marsi stammender, M. Antonius, war, trotzdem er sich Epikur nannte, vgl. oben I, 274, Anhänger der Unsterblichkeitslehre, vgl. die an ihn gerichtete Vertheidigung dieser Lehre von Janus Anysius, Neapel 1532. — Viel früher (c. 1430) schrieb auch P. C. Decembrio de animae immortalitate, bes. eine Zusammenstellung der Ansichten Plato's, Seneka's u. A.

Ueber Unsterblichkeit der Seele handelt auch ein handschriftlicher, dem Lor. v. Medici gewidmeter Tractat des Leon. Nogarola (Bibl. Med. Laurenz. Florenz, Plut. 83 cod. 22). Der Verf. ist Anhänger der Unsterblichkeitslehre; seine Beweisform ist scholastisch, seine Beweisführung erläutert in größter leidenschaftsloser Ruhe die Gründe der Gegner.

Einzelne andere Äußerungen über Unsterblichkeit:

Für das 14. Jahrh. kommt noch in Betracht das 1374 verfaßte, von Fr. Zambrini hrgg. Werk: Breve raccoglimento della miseria umana per Agnolo Torino da Firenze, testo di lingua, non mai fin qui stampato, Imola 1877, p. 216—275, wo die Unsterblichkeit ziemlich eigenartig begründet wird. — Coll. Salutati glaubt an die Unsterblichkeit und malt ordentlich das Leben im Jenseits aus, Briefe I, p. 105. Er polemisirt ausdrücklich p. 111 gegen die anders meinende turba non parva; anima vero incorruptibilis et immortalis heißt es II, 334. — Für die Unsterblichkeit trat ein (Anf. d. 15. Jahrh.): Ognibene Scola (nicht zu verwechseln mit dem späteren Ognibene da Lonigo in dem Werke de perpetuitate animorum libri tres ad L. Aretinum handschr. in Paris. N. Arch. Ven. 8 (1894) p. 125 ff. — Auch Matt. Palmieri: Della vita civile vertheidigt eifrig die Unsterblichkeit. — Ein Brief des Enea Silvio 1453, in dem die Unsterblichkeit gleichsam als Belohnung edler Seelen aufgefaßt wird, bei A. Weiß: A. S. Picc., Graz 1897 S. 179. — Die Dämonen, die dem Fac. Cardanus (vgl. Hier. Card. de subtilitate lib. XIX) am 12. Aug. 1492, 2 Uhr erscheinen, übrigens in sehr nobler Tracht, erklären, daß von den Seelen der Menschen nichts übrig bliebe.

Register

zum

ersten und zweiten Bande.

Register.

Die bloßen arabischen Ziffern beziehen sich auf den ersten Band.

C.

G.

H.

M.

N.

O.

P.

R.

S.

T.

U.

V.

W.

X.

Z.

Druck von August Pries in Leipzig.

Made in the USA
Monee, IL
13 September 2026

62974257R00226